彩色图像处理理论与方法

金良海 ◎ 著

清華大学出版社
北 京

内 容 简 介

彩色图像处理的应用非常广泛，但目前大多数处理方法都基于灰度图像处理技术，这种处理方法没有充分利用彩色图像的特性，从而导致彩色图像处理性能下降。本书介绍彩色图像处理的基本理论方法和一些比较新的研究成果，兼顾学科的基础性、学术性和实用性，主要内容包括颜色空间表示、彩色图像处理基础、彩色图像增强、彩色图像滤波与去噪、彩色图像边缘检测、彩色图像分割、彩色图像压缩编码以及基于四元数的彩色图像处理方法。

本书可作为计算机、模式识别和人工智能、通信和信号处理等相关专业的本科高年级学生和研究生的专业课教材，也可供相关专业的学术研究人员参考，同时对从事图像处理相关领域研发的技术人员也具有重要的实用价值。

图书在版编目（CIP）数据

彩色图像处理理论与方法/金良海著. -- 北京：清华大学出版社，2025.2.

ISBN 978-7-302-68435-0

Ⅰ. TN911.73

中国国家版本馆 CIP 数据核字第 2025VD8554 号

责任编辑：张瑞庆　常建丽
封面设计：何凤霞
责任校对：刘惠林
责任印制：刘海龙

出版发行：清华大学出版社
网　　址：https://www.tup.com.cn，https://www.wqxuetang.com
地　　址：北京清华大学学研大厦 A 座　　**邮　　编**：100084
社 总 机：010-83470000　　**邮　　购**：010-62786544
投稿与读者服务：010-62776969，c-service@tup.tsinghua.edu.cn
质量反馈：010-62772015，zhiliang@tup.tsinghua.edu.cn
课件下载：https://www.tup.com.cn，010-83470236
印 装 者：三河市龙大印装有限公司
经　　销：全国新华书店
开　　本：185mm×260mm　　**印　　张**：17.25　　**插　　页**：3　　**字　　数**：430 千字
版　　次：2025 年 4 月第 1 版　　**印　　次**：2025 年 4 月第1次印刷
定　　价：68.00 元

产品编号：105459-01

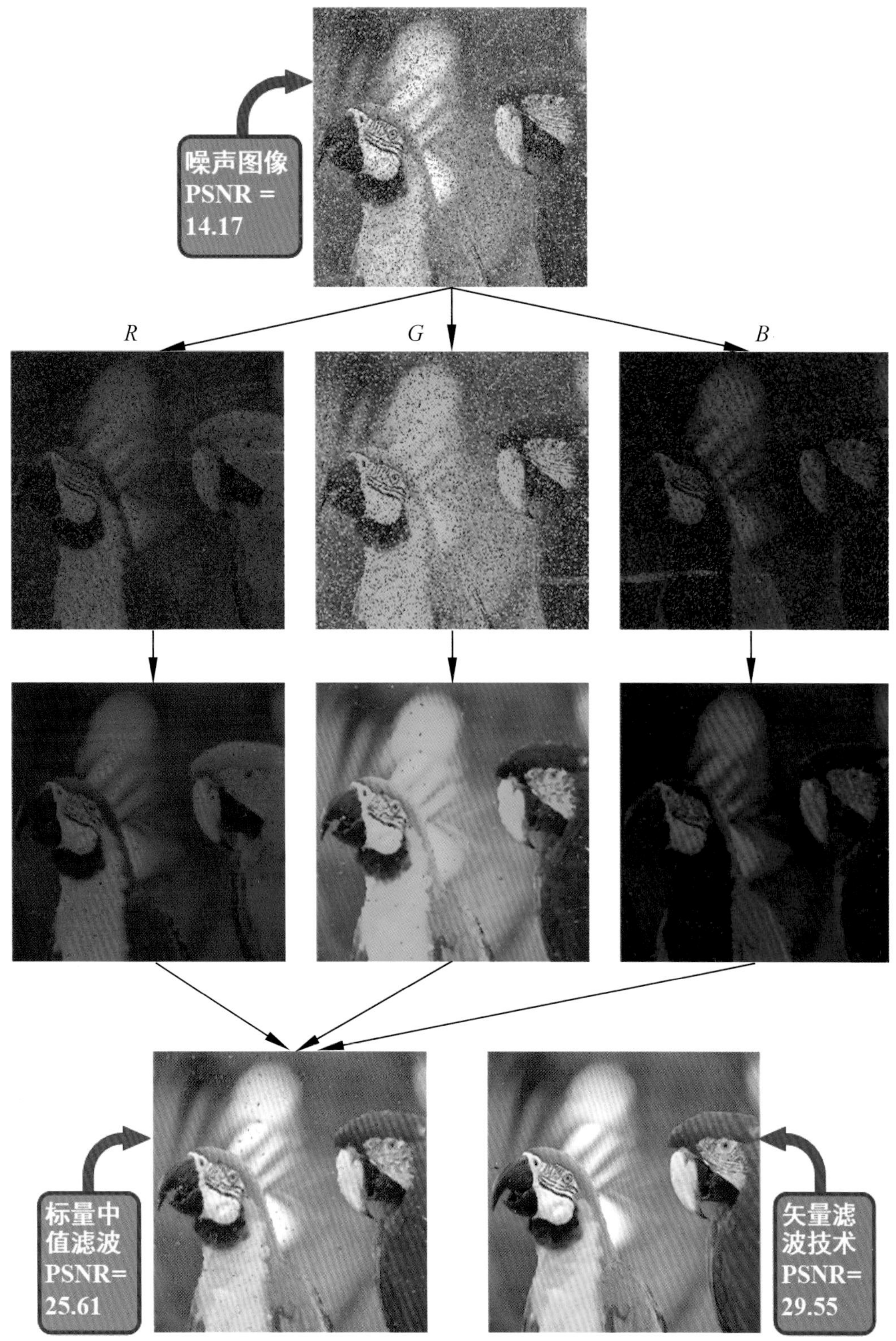

彩插 1　彩色图像处理

彩插 2　彩色图像增强

噪声图像(均方差25)：PSNR=20.40　　CBM3D去噪：PSNR=31.55

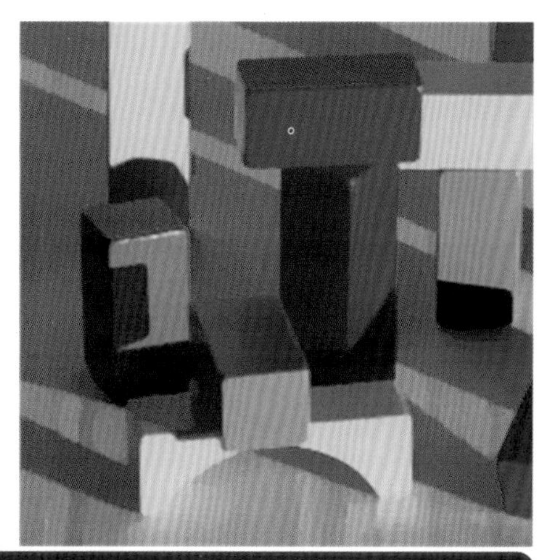

源图像　　P-M各向异性平滑

雾气图像　　去雾后的图像

彩插 3　彩色图像 CBM3D 去噪、去雾和各向异性平滑

绿色椭圆为初始轮廓　　C-V模型分割结果

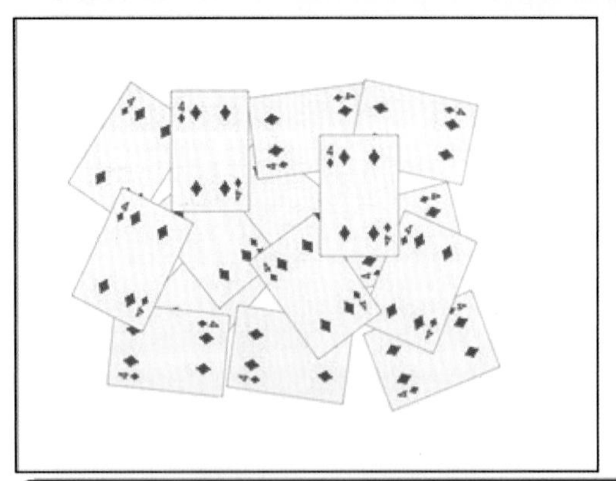

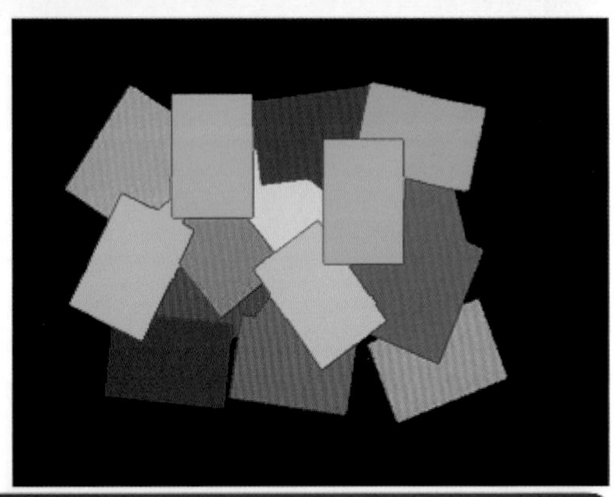

源图像　　分水岭算法分割结果

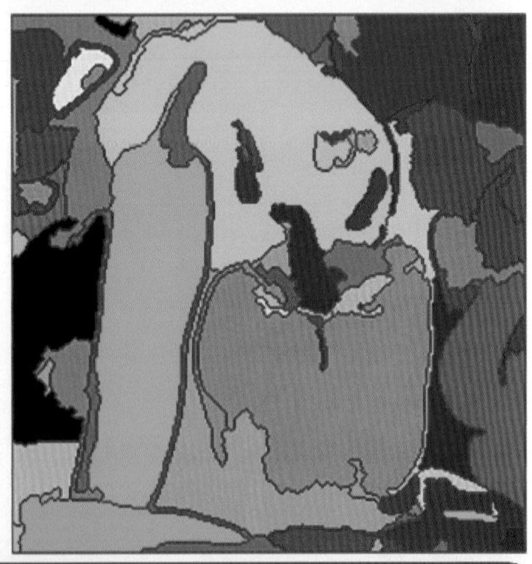

源图像　　分水岭算法分割结果

彩插 4　彩色图像分割

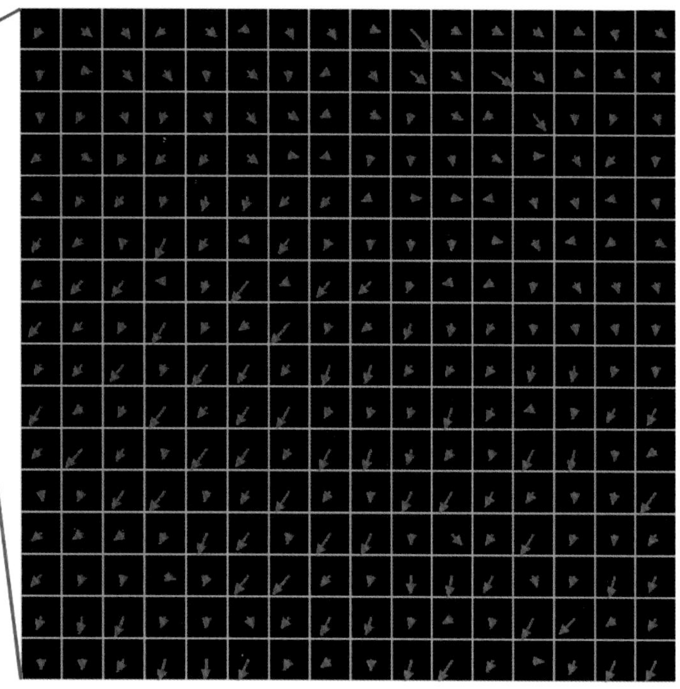

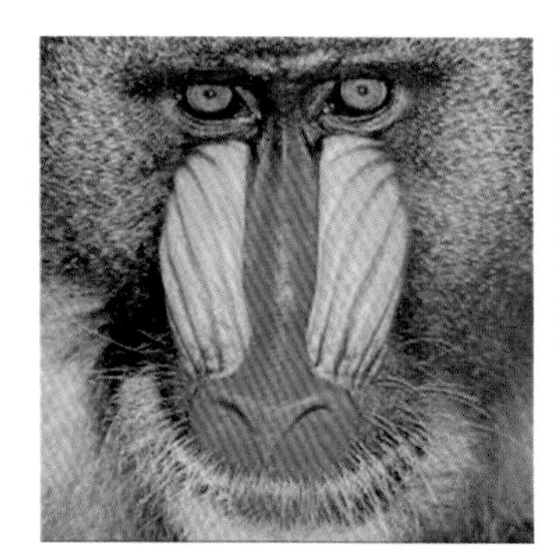

视觉化彩色图像块的梯度：箭头方向表示梯度方向，箭头长度表示梯度模的大小

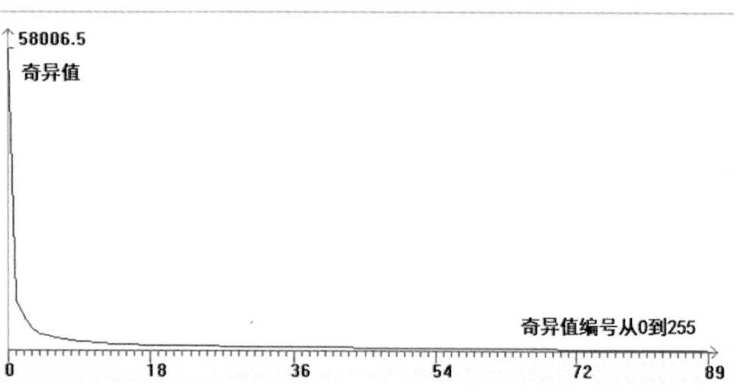

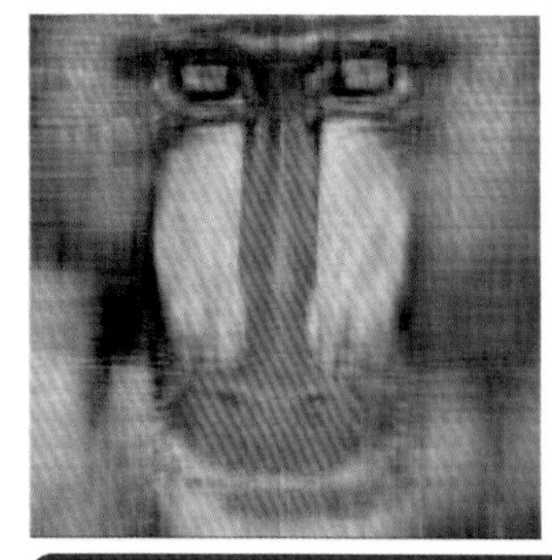

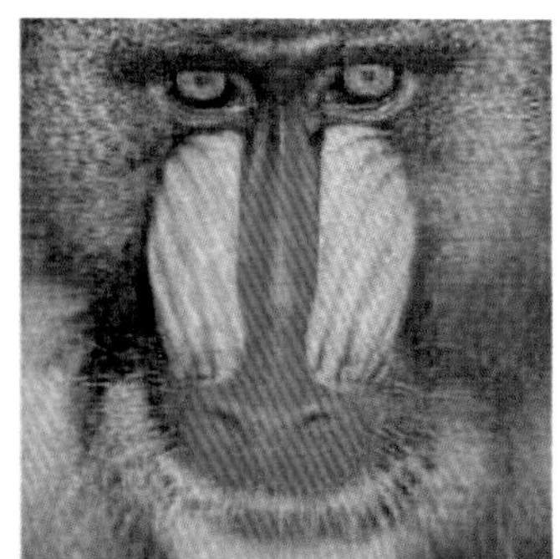

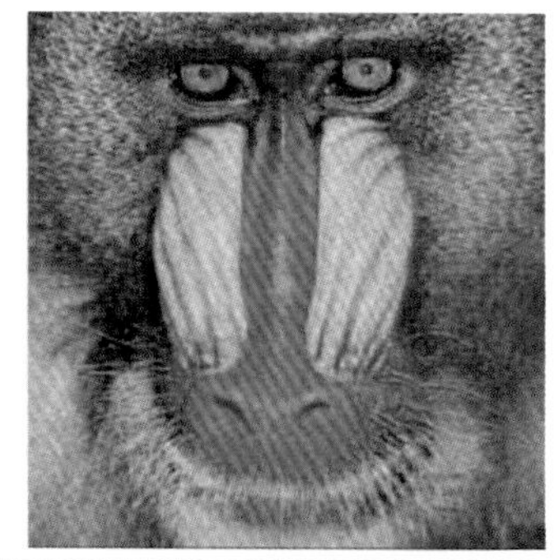

彩色图像四元数奇异值分解：上面的左边是源图像(256×256)，右边是奇异值曲线；下面的左、中、右分别是由10、30、50个奇异值及相应的列向量重建的图像

彩插 5　彩色图像梯度和四元数奇异值分解

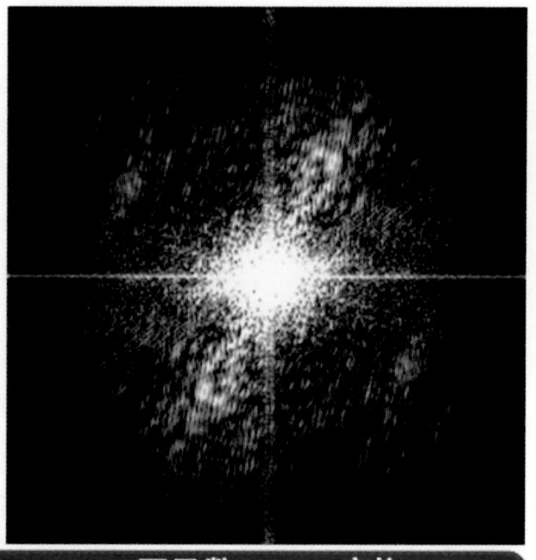

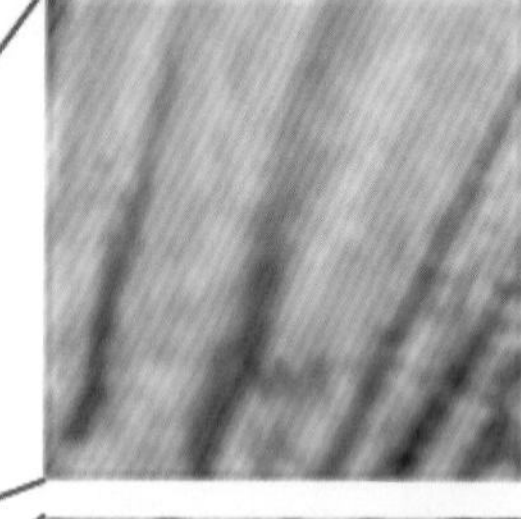

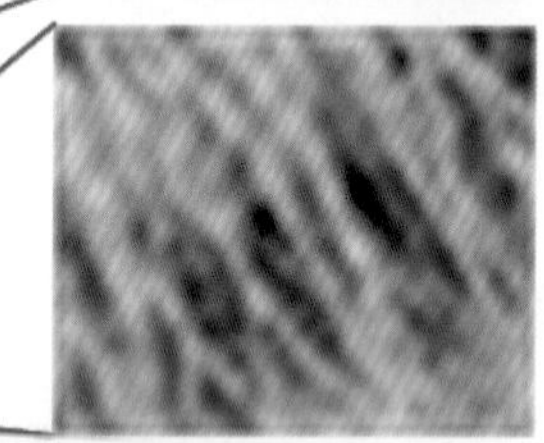

彩插 6　基于四元数的彩色图像处理

前　言

彩色图像的应用非常广泛。目前大部分处理彩色图像的方法都是基于灰度图像的，这种处理方式没有充分利用彩色图像的属性，从而导致处理性能下降。彩色图像的处理方法与灰度图像的处理方法有本质的不同，这是因为彩色图像的3个颜色通道之间存在强烈的光谱相关性。作者近20年来一直从事彩色图像处理的研究，很多年之前就计划编写一本关于彩色图像处理理论方法的书籍，但由于各种原因一直没有开始这项工作，直到近几年才正式进行，并在国家自然科学基金项目(60972098，61370181)的资助下，完成了该项工作。

虽然很多彩色图像处理任务，可以直接使用灰度图像的处理方法完成，但是这样的处理方式一般不能取得最佳效果。例如，彩色图像分割和边缘检测，可以使用其亮度图像(灰度图像)的分割和边缘检测结果代替。彩色图像去噪则可以直接对3个颜色通道进行独立的去噪。显然，这些方法都没有充分利用颜色通道之间的相关性，会造成颜色失真和信息丢失。例如，在把颜色转换成灰度值时不仅会丢弃色调信息，而且会把一些不同的颜色转换成相同的灰度值，如RGB颜色(200,36,10)、(0,114,132)、(10,110,126)、(30,102,114)、(60,90,95)都被转换成灰度值82，从而造成信息丢失。如果采用专门的彩色图像处理方法，则能克服这样的问题，从而提升处理性能。此外，很多彩色图像处理任务，必须利用颜色信息才能完成。例如，对于一些彩色图像的基本运算(如彩色图像的Fourier变换、卷积和相关等)，灰度图像的处理方法是无法完成的。

彩色图像和灰度图像在处理方法上有着本质的区别。一方面，由于彩色图像中颜色通道之间强烈的光谱相关性，使得对彩色图像的处理比对灰度图像的处理困难得多；另一方面，一些历史原因(如早期计算机存储器和CPU运算能力的限制等)也导致对彩色图像处理的研究远没有灰度图像处理那么丰富。目前关于灰度图像处理方法的书籍非常多，但专门的彩色图像处理方法的书籍则较少。迄今为止，国内基本上没有彩色图像处理方法的学术著作，国际上也比较少。

彩色图像本质上是一种矢量信号，矢量(彩色像素)内部的元素(颜色通道)具有强烈的(光谱)相关性。因此，对彩色图像的处理，需要遵循矢量处理的原则。同时，处理彩色图像时，需要尽量兼顾颜色通道(矢量元素)之间的相关性。这是彩色图像处理理论和方法的一个总体原则。然而，同时兼顾彩色像素的整体性和光谱相关性是非常困难的，需要更多的研究和探索，目前这方面的研究还非常有限。

本书包含作者多年来从事彩色图像处理研究的成果，具有一定的学术研究价值。图像处理的研究内容很多，本书仅包含基本的彩色图像处理方法，同时还介绍一些比较前沿的彩色图像处理技术，兼顾了学科的基础性、学术性和实用性。本书主要内容包括彩色图像表示、彩色图像处理基础、彩色图像增强、彩色图像滤波与去噪、彩色图像边缘检测、彩色图像分割、彩色图像压缩编码以及基于四元数的彩色图像处理方法。

本书内容由作者独立完成。由于作者学识水平有限，书中难免出现错误和不当之处，欢迎读者批评指正。

金良海
于华中科技大学
2024年8月

全书图片素材文件

目 录

第1章 绪 论

1.1 图像表示

图像(Image)是客观世界物体能量或状态以可视化的形式在二维平面上的投影,是社会生活中最常见的一种信息媒体。它传递着物理世界的能量和事物状态的信息,是人类相互交流、获取外界信息和认识客观世界的主要途径。科学研究和统计表明,人类从外界获取的信息中约有75%来自视觉系统,也就是从图像中获得的照片、动画、影像和书籍等。

一幅图像可以理解成各种波长的光某个时刻在二维平面上的能量反映。若用四元非负函数 $c(x,y,t,\lambda)$ 表示辐射能量的图像源在平面位置 (x,y)、时间 t 和波长 λ 处的能量分布,则在时刻 t 图像光函数在 (x,y) 的强度响应 $f(x,y,t)$ 为[1-4]

$$f(x,y,t)=\int_{0}^{+\infty} c(x,y,t,\lambda)\, V(\lambda)\, \mathrm{d}\lambda \tag{1.1.1}$$

这里,$V(\lambda)$表示相对亮度效率函数,也就是人类视觉的光谱响应。

通常,人眼对颜色的响应是根据与组成颜色所需的红色、绿色、蓝色光线的强度成线性比例的一系列三原色值测量的:

$$R(x,y,t)=\int_{0}^{+\infty} c(x,y,t,\lambda)\, R_S(\lambda)\, \mathrm{d}\lambda \tag{1.1.2}$$

$$G(x,y,t)=\int_{0}^{+\infty} c(x,y,t,\lambda)\, G_S(\lambda)\, \mathrm{d}\lambda \tag{1.1.3}$$

$$B(x,y,t)=\int_{0}^{+\infty} c(x,y,t,\lambda)\, B_S(\lambda)\, \mathrm{d}\lambda \tag{1.1.4}$$

式中,$R_S(\lambda)$、$G_S(\lambda)$、$B_S(\lambda)$分别表示红色、绿色、蓝色光谱的三原色值。

在实际应用中,如果对某个场景连续拍照(即 t 是连续的),那么在不同的时刻会得到不同的图像,从而在一段时间内得到的是一个视频信号。如果研究的是某个特定时刻的物体对光线的响应,这时就可以将时间 t 省略,这样一幅图像就可用一个二维函数 $f(x,y)$表达:

$$f(x,y)=\boldsymbol{F} \tag{1.1.5}$$

成像时,物体的位置(x,y)和在该位置物体对光线的响应 $\boldsymbol{F}$ 是连续的值,相应地 $f(x,y)$ 就称为连续图像或模拟图像。如果使用单一光谱的光照射物体,那么得到的是灰度图像(Grayscale Image),这时 $\boldsymbol{F}$ 是一个标量信号;如果用不同光谱的光同时照射物体,得到的则是多普/多通道图像(Multispectral/Multichannel Image),这时 $\boldsymbol{F}$ 是一个多维矢量信号。典型地，一个彩色图像(Color Image)由红、绿、蓝3个通道组成，$\boldsymbol{F}$是由红、绿、蓝3个通道的值构成的三维矢量信号。

为了使用计算机加工和处理图像，需要对空间位置(x,y)和幅值$\boldsymbol{F}$进行离散数字化。空间位置的离散化称为图像采样，而幅值的数字化称为颜色量化。将空间位置和幅值离散化后的图像称为数字图像。数字图像一般使用矩阵表示。将空间坐标(x,y)在纵、横方向上采样M和N各点(可根据实际需要决定进行均匀采样或非均匀采样)，并将幅值$\boldsymbol{F}$进行离散化，得到的离散图像可以表示为

$$\boldsymbol{f}(x,y)=\begin{bmatrix} f(0,0) & f(0,1) & \cdots & f(0,N-1) \\ f(1,0) & f(1,1) & \cdots & f(1,N-1) \\ \cdots & \cdots & \cdots & \cdots \\ f(M,0) & f(M,1) & \cdots & f(M,N-1) \end{bmatrix} \tag{1.1.6}$$

在矩阵阵列中，每个元素都是离散的数值(标量或矢量)，称为像素(Pixel)。对于灰度图像，$\boldsymbol{f}(x,y)(x=0,1,\cdots,M-1;y=0,1,\cdots,N-1)$是一个标量值。对于彩色图像，$\boldsymbol{f}(x,y)$是一个三维列矢量：

$$\boldsymbol{f}(x,y)=\begin{bmatrix} R(x,y) \\ G(x,y) \\ B(x,y) \end{bmatrix} \tag{1.1.7}$$

式中，$R(x,y)$、$G(x,y)$、$B(x,y)$表示在位置(x,y)的红、绿、蓝颜色值。

在一般的应用(自然图像)中，幅值$\boldsymbol{F}$(每个通道)被量化为8个二进制位。所以，对于灰度图像，灰度值范围为0～255，0表示黑色，255表示白色。对于彩色图像，颜色值范围为[0,0,0]～[255,255,255]。

特别地，对于一个彩色像素，如果红、绿、蓝的颜色值相等，则该像素表现为一个没有色调只有亮度的灰度像素。所以，一个灰度图像本质上是一个彩色图像，该彩色图像的每个像素的红、绿、蓝颜色值都是相同的。

1.2 数字图像处理

1.2.1 图像系统

一个图像应用系统大体上包括图像的采集和获取、图像数据的存储和传送、图像信息的处理、图像信息的输出和显示等。

为了采集一个数字图像，需要有光电传感器和模/数转换器。光电传感器将某个电磁能量的谱波段转换为电信号，模/数转换器将上述的模拟电信号转换为离散的数字信号。不同的光电传感器决定不同的成像设备，如X光透视成像、微波成像、可见光和红外线成像设备等。目前，使用最广泛的自然图像获取设备有CCD摄像机和扫描仪。

图像的数据量巨大，一个没有经过压缩、大小为100万像素的彩色图像所占的空间约为300万字节。一般作为档案(不经常使用)的图像主要存储在磁带、磁盘或光盘中。在实际应用和日常生活中，不同的系统和不同的设备需要进行图像数据的交换。长距离的图像数据传输所遇到的首要问题就是有限的带宽和巨大的图像数据量之间的问题。例如，使用普

通的电话线路(传输速率为9600b/s)传输一个100万像素的彩色图像(没有压缩),所需的时间约为42min。为了解决图像存储和传输中数据量巨大的问题,需要研究图像数据的编码和压缩技术。

在图像应用系统中,最重要的环节是根据具体应用的需要对图像进行加工和处理,以满足图像应用系统的目标需求。例如,对图像数据进行压缩以进行传输和存储、对图像进行增强以便改善视觉效果、识别人脸以满足机场等公共场所的智能监控的需要。图像处理涉及的内容非常广泛,不同的图像应用系统可能需要采用不同的图像处理技术。

在很多图像应用系统中,图像处理的结果需要输出和显示出来。常见的图像输出和显示设备有打印机和各种显示器(如CRT显示器、LCD)。打印机一般用于输出分辨率较低的图像,近年来激光打印机的发展使得可以打印高分辨率图像。在CRT显示器中,每个点的颜色由红、绿、蓝电子枪束信号的电压决定,而电子枪束的电压与该点对应像素的红、绿、蓝灰度值成正比。

1.2.2 数字图像处理

数字图像处理就是利用计算机(或数字技术)对数字图像进行加工和处理,以达到改善图像质量、压缩图像数据,或者从图像数据中获取更多信息的目的。它是图像与图像之间的变换,输入与输出都是图像。数字图像处理起源于20世纪20年代,当时通过电缆线将一个图片从一个位置传输到另外一个遥远的位置,需要非常漫长的时间(以天数计算)。为了提高传输效率,需要先对图像数据进行压缩,然后再进行传输,这样传输时间则被压缩到几小时。

数字图像处理的研究任务非常广泛,基本的研究内容有图像变换(Transform)、图像增强(Enhancement)、图像分割(Segmentation)、图像重建(Reconstruction)、图像编码(Coding)和图像识别(Recognition)等。

图像变换是指把图像从一种表达形式变换为另外一种表示形式。为了对图像进行某个专门目的的处理,需要把图像变换到另外一个空间或变换成另外一种表达形式,这就是图像变换的目的。基本的图像变换有几何变换(Geometrical Transform)和正交变换(Orthogonal Transform)。对于彩色图像,还有颜色空间的变换。几何变换是指图像的几何形状发生变化的变换,如放大、缩小、旋转等。正交变换是线性变换的一种特殊类型,主要用来抽取图像的特征。这种变换一般是可逆的,其内核算子(变换矩阵)满足确定的正交条件。基本的正交变换有傅里叶(Fourier)变换、沃尔什(Walsh)变换、离散余弦变换(Discrete Cosine Transform,DCT)、小波变换(Wavelet Transform)、基于特征矢量的变换(如霍特林(Hotelling)变换)、Karhumen-Loeve变换、主成分分析(Principal Component Analysis,PCA)和奇异值分解(Singular Value Decomposition,SVD)等。

图像增强是指改善图像的视觉质量和突出图像的某些特征,主要有去噪增强和特征增强。图像经常被噪声所干扰,去噪增强就是消除噪声,以提高图像质量和增强视觉效果,也称为图像滤波。特征增强是指根据实际需要增强图像的某种特征,如增加亮度和对比度、突出轮廓和物体边界、把灰度图像变换成伪彩色图像等。一般来说,图像增强和滤波去噪是很多图像处理任务的基础。

图像分割是图像处理中的关键技术之一,它把图像中感兴趣的目标提取出来。例如,在包含一个苹果的图像中,要求把苹果提取出来。图像分割也是图像识别、分析和理解的基础。

图像重建是指用一些有限的离散数据重建出物体的形状,如 CT 技术(X 射线、ECT、超声 CT、核磁共振(NMR)波谱),根据人体器官表面的一些离散数据,构造出人体器官的表面形状。图像重建的输入是数据,输出是图像;而图像增强、图像分割等都是从图像到图像的处理,即输入与输出都是图像。

图像编码主要用于图像数据压缩,它与信息论学科密切相连,也是图像处理中的一个经典的研究课题。DCT、Walsh 变换经常用于图像编码。JPEG、MPEG、H261/H263 等都属于图像编码的研究内容。

图像识别是图像处理中的一个高级课题,输入一幅图像,计算机判断这幅图像是什么。一般地,需要先把图像的特征抽取出来,然后再根据这些特征进行分类和识别。一般的识别方法有统计模式识别、句法(结构)模式识别、模糊模式识别、人工神经网络模式识别等。

1.3 彩色图像处理概述

一个典型的彩色图像是表达在 RGB(Red、Green、Blue)空间上的,每个像素的值由 R、G、B 3 个颜色值组成。作为数字图像处理的一个重要分支,彩色图像处理技术得到快速发展,人们不断提出新的彩色图像处理方法。然而,与灰度图像不同,彩色图像的 3 个颜色通道之间存在着强烈的光谱联系,3 个通道数据之间存在着很强的相关性,这使得对彩色图像的处理比对灰度图像的处理复杂得多、困难得多。

目前,彩色图像处理技术主要有基于灰度图像处理(Grayscale Image Processing)技术的方法、基于矢量处理(Vector Processing)的技术以及其他处理技术[1-2](见彩插 1)。早期的和目前很多彩色图像处理技术都是基于灰度图像处理技术的,这主要是由于一些历史原因造成的(如早期计算机存储器和 CPU 运算能力的限制等)。基于灰度图像处理技术的彩色图像处理方法(标量处理方法)主要有两种。第一种方法是将彩色图像的 3 个通道当成 3 个独立的灰度图像,对每个通道图像分别应用灰度图像处理的算法,然后合成处理后的通道图像,形成新的彩色图像。显然,这些方法没有利用彩色图像的 3 个颜色分量之间内在的光谱联系,容易产生虚假颜色或颜色漂移(出现局部不协调的色彩),从而破坏了色调和边缘细节信息。第二种方法是仅针对某些专门的应用,在这些应用中可以使用灰度图像的处理结果代替彩色图像的处理结果。例如,对于图像分割,一些场所(应用)可以使用灰度图像的分割结果代替相应的彩色图像的分割结果。这种方法首先将彩色图像转换为灰度图像(如亮度图像),然后对灰度图像进行处理,得到的结果代表了彩色图像的处理结果。这种方法没有充分利用颜色通道的相关性,将彩色图像转换为灰度图像时会出现信息丢失情况,也可能将一些不同的颜色转换成相同的灰度值。例如,这类方法一般会将 RGB 颜色(200,36,10)、(0,114,132)、(10,110,126)、(30,102,114)、(60,90,95)转换成相同的灰度值 82。虽然大多数彩色图像处理任务可以使用这些灰度图像处理方法完成(如果不追求性能),但是也有很多彩色图像处理任务必须利用颜色信息才能完成(不能利用灰度图像的处理方式)。除此之外,对于一些彩色图像的基本运算,传统的灰度图像处理方法是无法完成的。例如,彩色图像的 Fourier 变换、卷积和相关运算,就不能利用灰度图像的 Fourier 变换、卷积和相关实现。

彩色图像处理的第二类方法是基于矢量处理的。彩色图像本质上是一种矢量信号(每个像素是一个矢量），矢量内部的元素具有强烈的（光谱）相关性。因此，对彩色图像的处理，需要遵循矢量处理的原则。同时，处理彩色图像时，需要尽量兼顾颜色通道（矢量元素）之间的相关性。基于矢量处理的方法将一个彩色像素当成一个矢量进行一体化处理，维护了颜色的整体属性。目前人们普遍认为，基于统计理论和矢量处理技术的方法是彩色图像处理技术中较好的方法。

图 1.3.1 演示了采用基于灰度图像处理技术对一个噪声的彩色图像进行去噪的过程。首先，将噪声的彩色图像分解为红、绿、蓝 3 个通道图像（灰度），然后采用灰度图像的中值滤波技术分别对这 3 个通道图像进行滤波处理，最后把各个通道图像的滤波结果组合起来形成最后的结果图像。图 1.3.2 则显示了基于矢量中值滤波技术（见第 5 章）的去噪结果。可以看出，在视觉效果和客观性能指标上，矢量处理方法明显优于基于灰度图像处理的方法（标量方法和两种矢量方法的信噪比 PSNR 分别为 29.23dB、29.62dB 和 31.85dB）。

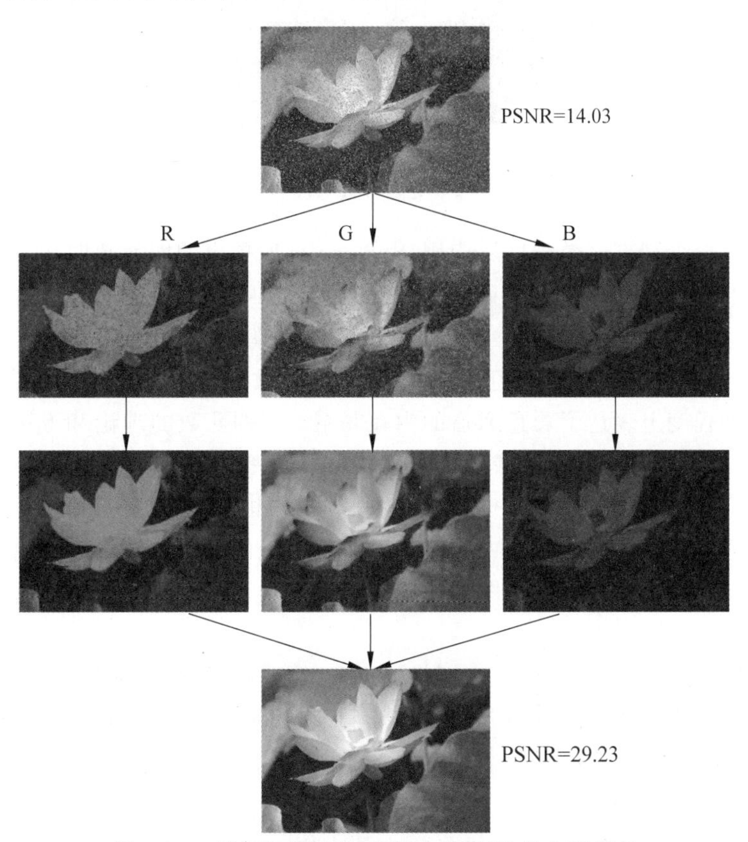

图 1.3.1 基于灰度图像（标量中值滤波）的去噪处理

在彩色图像处理方法中，目前一个比较新的研究就是将四元数（Quaternion）[5] 的理论和方法应用到彩色图像处理，这种方法既维护图像颜色的整体性，又能在一定程度上体现颜色通道之间的相关性[6]。四元数是英国数学家 Hamilton 于 1843 年提出的，在以后相当长的一段时间内并没有引起人们的重视，也没得到实际的应用。随着刚体动力学理论的发展，人们发现其中的旋转矩阵运算与单位四元数运算非常相似，从而使四元数方法在理论力学中开始获得应用。20 世纪 70 年代以来，计算图形学的发展使得它与其他学科的交叉日益频繁。1985 年，四元数的理论方法被 Shoemake 引入计算机图形学中[7]，从此该技术在计算机

(a) 标量中值滤波(PSNR=29.23)

(b) 矢量中值滤波(PSNR=29.62)

(c) 开关型矢量中值滤波(PSNR=31.85)

图 1.3.2 矢量中值滤波的结果

动画和真实感图形绘制方面得到广泛应用，Shoemake 所提出的四元数曲线方法被成功应用到刚体动力学的旋转运动模拟中。四元数是普通复数的一个扩展，它将普通复数从二维空间扩展到四维空间。一个四元数由一个实部和三个虚部组成，其中的三个虚部的操作是对等的，这使得它非常适合于描述彩色图像。另外，四元数的一些操作（如乘法）的非对称性，也使得它在某种程度上表达了彩色通道的内在联系。将四元数的理论和方法应用到彩色图像处理的各个领域，取得了巨大的成功。利用四元数的理论方法，已经完美地解决了常规方法无法解决的问题（如彩色图像的 Fourier 变换、卷积和相关、主成分分析等，见第 9 章）。四元数的理论和方法在彩色图像处理中的应用主要包括彩色图像的 Fourier 变换、彩色图像奇异值分解、彩色图像的滤波和去噪、图像的压缩和编码、彩色边缘检测、彩色图像分割和彩色图像目标分类等。

整体上，彩色图像处理是一门关于图像处理和颜色科学的综合性新兴边缘学科，其理论和方法尚不成熟。彩色图像处理也是一门多学科交叉的学科，它与下列学科和研究领域密切相关：人工智能、模式识别学科、计算机图形学，计算机科学、色度学、数学、控制论、信息论、生理学、心理学、认知科学。

彩色图像处理的应用非常广泛，已经深入到人们日常生活的各个领域，如互联网、数字电视、图像编辑等。它在其他领域（如遥感、医学、军事、工业、文艺等）都已得到广泛应用。随着信息技术的发展，彩色图像处理将在社会生活中的更多领域得到更广泛的应用。

习题

1.1 一个 10s 的 PAL 制、1080×576 像素大小的高清彩色视频在没有压缩的情况下，其数据量大概有多大？如果在普通的电话线路（传输速率为 9600b/s）传输，需要多长时间？

1.2 简述彩色图像处理方法和灰度图像处理方法的主要区别。

1.3 彩色图像的通道之间存在很强的光谱相关性，相邻彩色像素之间也存在空间相关性。解释这两类相关性是如何在数字图像中体现出的。

1.4 一幅彩色图像包含3个颜色通道，如果使用灰度图像处理算法对彩色图像的每个通道独立进行处理，则容易产生一些比较显著的虚假颜色(颜色突变)，为什么？

第2章 颜色空间表示

颜色是怎么形成的？人类色觉的产生是一个复杂的过程。光源的光线照射到物体表面，物体表面将光线反射到人眼视网膜，视网膜细胞接收到光信号后产生神经信号，并传送到大脑。大脑对此信号加以解释，从而产生色觉。反射越强，产生的色觉就越强。所以，颜色是人脑对光谱刺激人眼的一种感知现象，它既与光谱客观的电磁能量有关，又是人脑的主观心理反应。虽然光谱电磁辐射的能量可以用物理量测量，但人脑的主观感知却不能精确地度量。然而，研究表明，人脑感知的任何颜色都可以使用3个基本颜色构成（尽管这三基色可能是逻辑意义上的）。这样，颜色可以使用3个通道表示，每个通道表示一个基本的颜色。一个彩色图像可以使用多种方法表示，这就是颜色空间。不同的表示方式有不同的用途。

2.1 颜色视觉理论

2.1.1 光波与颜色

彩色图像处理与色彩色度学密不可分。色彩色度学是研究自然颜色现象的基本规律及颜色在人们生理和心理上所产生的视觉效果的科学[8-9]。颜色是一种光学现象，它是可见光刺激人眼的结果。光本质上是一种能在人眼的视觉系统中引起明亮和颜色感觉的电磁辐射。在整个电磁波谱中，可见光波长范围很窄，一般为380～780nm，参见图2.1.1。然而，当光的强度很强时，人眼可以感受到的波长范围可以扩大到350～900nm。

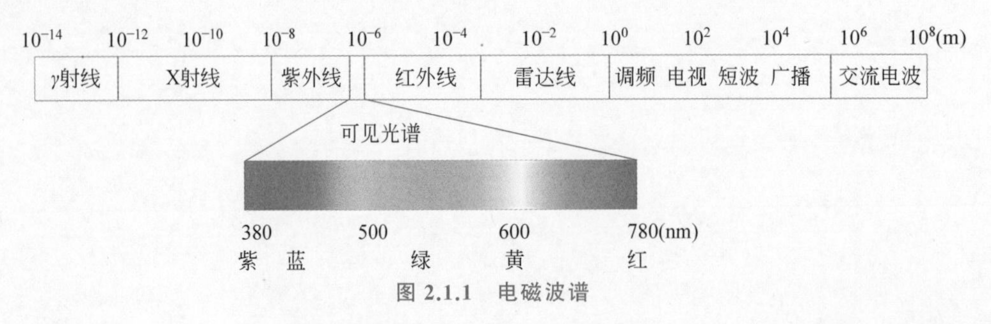

图 2.1.1 电磁波谱

一般情况下，同一波长的光在其他外界条件一定的情况下，对应一个固定的颜色。如果外界条件发生变化，那么对于某些波长的光，其颜色也会发生变化。这是因为很多颜色受到光的强度的影响，随着光的强度的变化，光的颜色也会发生变化。一般地，单色光的波长由长到短，对应的颜色感觉由红色到紫色，见表2.1.1。

自然界的颜色是非常丰富的，虽然人们一般把可见光分为红、橙、黄、绿、青、蓝、紫7种颜色，但实际上颜色的种类远不止这些。可见光的光谱是连续的，它的颜色也是从红到紫逐渐过渡的，而每种光谱又有从明到暗、由浅到深的差别。

表2.1.1　单色光波长与颜色

波长/nm	颜　色	波长/nm	颜　色
780～620	红色	530～500	绿色
620～590	橙色	500～470	青色
590～560	黄色	470～430	蓝色
560～530	黄绿	430～380	紫色

2.1.2　颜色的视觉理论

关于人类视觉中的颜色是怎样形成的，有几种典型的学说：三色学说、四色（对立）学说和阶段学说。

1. 三色学说

早在19世纪，Young、Helmholtz、Wright等就提出颜色的三色理论。他们根据白色和其他各种颜色可以由红、绿、蓝3种原色按不同比例混合而成的规律，推测在人眼视网膜中存在3类感色细胞和3类感色神经，这3类感色细胞分别对红、绿、蓝3种颜色反应最强，而对其他颜色的刺激反应较弱，这些感色细胞和对应的感色神经一起形成视觉通道。例如，当白光刺激视网膜时，这3类感色细胞产生同样程度的兴奋，这就产生了白色的感觉。这种假设已经被现代科学所证实，实验得出视网膜中3种感色锥体细胞对光谱刺激的响应曲线，如图2.1.2所示。3种感色锥体细胞的最大光谱响应分别位于波长440nm、535nm、570nm附近。

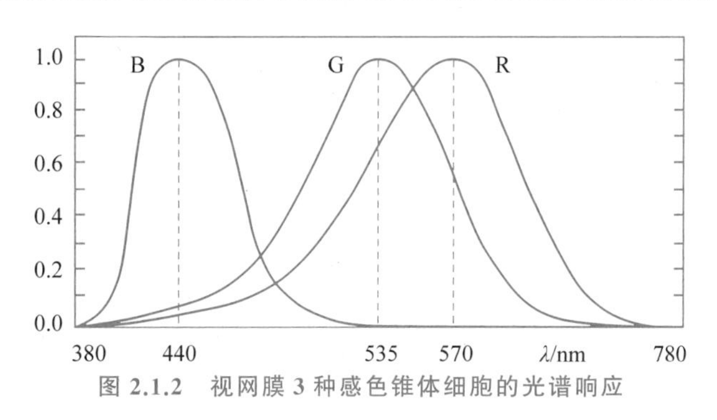

图2.1.2　视网膜3种感色锥体细胞的光谱响应

三色学说很好地解释了颜色混合现象（混合色是3种感光细胞按照兴奋程度融合成的色觉）和其他一些颜色现象，但它不能很好地解释色盲现象。三色学说不能解释颜色为什么会存在补色，也不能解释为什么人类观察不到偏绿的红色，但能观察到偏黄的红色和偏红的红色。

2. 四色对立学说

四色对立学说是 Hering 于 1878 年提出的。他认为视觉机构中的感光细胞存在 3 种对立的视素：红-绿视素、黄-蓝视素、黑-白视素。每组的两个颜色是相互对立的，不能同时存在于色觉中。四色学说认为，任何色觉决定于 3 组对立颜色的响应，其中黑-白响应值决定色彩的亮度，红-绿和黄-蓝两组对立颜色的响应值决定色彩的性质。因为各种颜色都有一定的亮度，也就是含有白光的成分，所以每种颜色不仅影响本身的视素活动，而且也影响黑-白视素的活动。四色对立学说的光谱响应曲线如图 2.1.3 所示。其中，$R1$-G-$R2$ 曲线代表红-绿视素的代谢作用。Y-B 曲线代表黄-蓝视素的代谢作用。虚线 $V(\lambda)$ 代表黑-白视素的代谢作用，表示人眼能感受到光谱色的明度。它在黄绿处最高，表明黄绿处是光谱色中最明亮的颜色。从图 2.1.3 中可以看出：波长为 700nm 处仅有 $R1$ 曲线，Y 的值为 0，此时人眼感觉为红色。波长逐渐减小时(576nm)，进入红、黄共存区，从红橙色($R1 > Y$)逐渐变成黄橙色($Y > R1$)。在波长 576nm 左右，$R1=0$、$G=0$，只有 Y，这时表现为黄色。然后进入黄、绿共存区，表现为黄绿色。到 $Y=0$ 的 500nm 处，表现为绿色，以后逐渐变为蓝、绿共存区，总的色感觉为青色(青色波段很窄)。在波长 470nm 处，$G=0$，色感觉为蓝色。过了 470nm 以后，进入 B、$R2$ 共存区，表现为紫色。

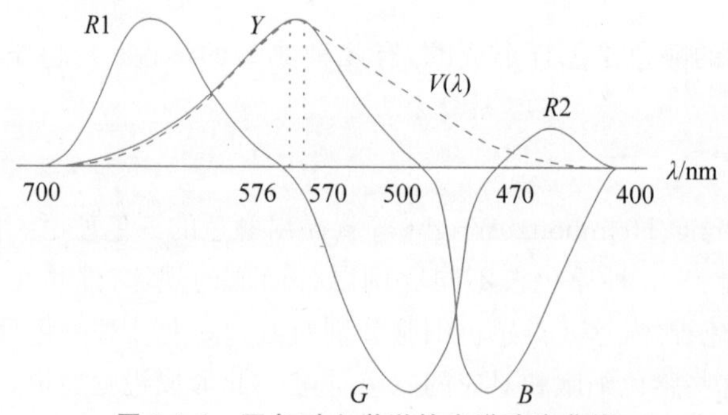

图 2.1.3　四色对立学说的光谱响应曲线

四色对立学说能很好地解释各种颜色感觉和颜色混合现象，也能解释色盲和补色现象。但对于红、绿、蓝三原色能产生几乎所有光谱色彩的现象，它无法给出满意的解释。

3. 阶段学说

很长时间以来，三色学说和四色对立学说一直是相互对立的，然而近几十年来，人们逐渐将这两个学说统一起来，形成新的阶段学说。现代神经生理学研究表明，视网膜上确实存在红、绿、蓝三色感光锥体细胞，而视神经传导通路则是一种四色对立机制。阶段学说认为，颜色视觉的形成可分为两个阶段，如图 2.1.4 所示。

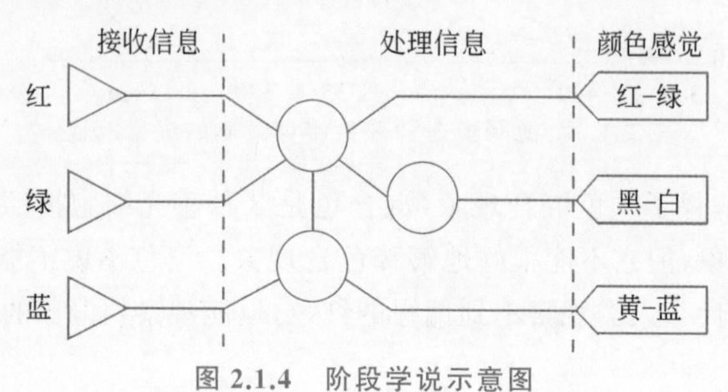

图 2.1.4　阶段学说示意图

第一阶段，当光刺激视网膜时，3 种感光细胞按三色学说进行响应，同时每种感光细胞还产生明度（黑或白）的响应。第二阶段，在神经兴奋由锥体细胞视神经细胞传递的过程中，这 3 种反应重新组合，形成 3 对对立性的神经反应，即红-绿、黑-白、黄-蓝反应，并进行传输。

2.1.3　颜色的三属性

虽然颜色种类众多，但它们都有 3 个共同的特征（颜色的三属性），即表达它们的色彩相貌、明暗程度和浓淡程度的 3 个属性量：色调、明度和饱和度。任何一种颜色都可以用这 3 个特征量描述。这 3 个属性不是彼此孤立，而是相互联系的。

色调（Hue）是每种颜色的内在特征，决定颜色的本质，是颜色与颜色之间最主要的区别。一种色调对应一个特定波长的单色光。色调一般由光的光谱决定，它表示彩色性质上的差别。

明度（Brightness）是人眼能感受到的明暗程度，它是与人类的心理和生理相关的一个属性。明度的基础是颜色的亮度（Luminance/Lightness），但亮度不等同于明度。亮度在色彩学上是与光的能量大小相关的，能量越大，亮度就越大。明度和亮度一般情况下是一种对数关系，但也存在亮度大的颜色，反而明度低。例如，能量较大的蓝紫色的明度值却比较低。同一色调但明度不同的颜色就不是同一种颜色，不同颜色的明度差异较大。在光谱反射率曲线上，颜色的光谱反射率越高，明度值就越大。相同强度、不同光谱的光照射在同一物体也会产生不同亮度的感觉。人眼对颜色的明亮程度的变化很敏感，即使只有一个很小的亮度变化，人眼也会有不同的颜色感觉。各种色彩的明度取决于该颜色对光的辐射能力。对于单色光来说，光线越强，色彩越明亮；就物体而言，其反射（透射）的光通量越多，物体看起来越明亮，其颜色的明度值也就越大。对于不同属性的物体，即使其反射（透射）率相同，明度也各不相同。在可见光谱中，黄色、橙黄色、黄绿色的明度值较高，橙色和红色的明度居中，而青色和蓝色的明度较低。明度是颜色亮度在人类的心理和视觉上的反映，因此不能把明度单纯理解为一个物理学上的度量，它同时还是一个心理的量度。

饱和度（Saturation）又称纯度或色彩度，是指颜色的纯度。可见，光谱中的单色光的饱和度最大，其他颜色的饱和度需要看物体反射或透射的光与光谱色的接近程度，越接近单色光，颜色的饱和度越大，反之饱和度越小。物体颜色的饱和度取决于物体表面反射光谱色的选择性，如果物体只对某一个较窄波长范围的光有反射，而对其他波长的光几乎没有反射，则物体颜色的饱和度就高；如果对多种波长的光都有相当其强度的反射，那么物体颜色的饱和度就低。一束光的波长范围越窄，饱和度就越高。如果在单色光中掺入白光，则混合色的饱和度降低；如果在纯色的色料中加入白色或黑色的色料，则色料的饱和度均会降低。颜色亮度的增加也会导致饱和度的降低。色彩的饱和度与呈色物体的表面结构也有关系，如果呈色物体的表面光滑，表面反射光的主反射面上，光线耀眼；而其他反射面上反射的光线较小，颜色饱和度就高。如果呈色物体的表面较粗糙，其表面上的光呈漫反射，在任何地方都有白光发射，所以降低了色彩的饱和度。

颜色的三属性是对颜色的全面描述：色调取决于色刺激的光谱组成及光谱功率分布峰值的位置；明度取决于光的强度；饱和度取决于最强波长的功率对其他波长占优势的程度。颜色的三属性相互影响，相互联系。在某一颜色加入白色可提高明度，加入黑色会降低明度。不管加入白色还是加入黑色，颜色的饱和度都会降低，加入量越多，饱和度降低得越多。颜色的色调、明度和饱和度只有在适当亮度下才能充分体现出来。当亮度极高或极低时，色调、明度和饱和度就不可能完全体现出来。在极亮的情况下,人眼接受刺激的能力达到极限,就会产生耀眼的感觉,这时对颜色的一切属性都难以辨认。在极暗的条件下,色彩难以体现,自然就无法区别色彩的色调和饱和度了。实验表明,在中等亮度下,人眼能分辨的色彩总数为10 000种左右。

可以用三维空间中的几何模型表示颜色的3个属性:色调、饱和度和明度。这个几何模型也称HSB颜色空间。任何一个颜色对应HSB空间中的一个点,如图2.1.5所示。在这个模型中,将光谱色的色带作圆弧状弯曲,形成一个色调循环渐变的封闭圆圈,称为色调环。色调用角度标定,同一色调环圆周上的点代表明度和饱和度相同而色调不同的颜色,通常红色标为0°,青色标为180°。色调环体现了颜色的互补关系:在色调环上,通过中心点的两个对称的颜色就是互补色(例如,红色和青色、黄色和蓝色、绿色和品红色)。饱和度用在径向方向上离开中心垂直轴的距离表示,离中心轴的距离越远,饱和度就越大(颜色越纯),中心的饱和度为0,故呈中性的灰色(没有色调)。明度用垂直轴表示,垂直轴的顶端是白色,明度值大,底端为黑色,明度值小。

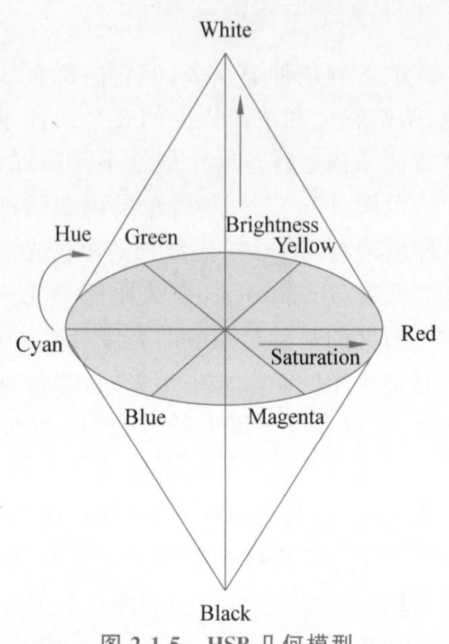

图 2.1.5 HSB 几何模型

2.2 颜色空间

由于彩色图像有3个颜色通道,所以,为了表示一个彩色像素,需使用三维空间。颜色空间(Color Space)或颜色模型(Color Model)是颜色感觉的三维描述,每种颜色可以使用颜色空间中的一个点表示。常用的颜色空间可以划分为如下几类[1-2,10]。

- RGB和CMY(K)颜色空间;
- CIE XYZ及均匀颜色空间(CIELAB、CIELUV);
- 视觉感知颜色空间(HSI、HSV、HSL);
- Munsell颜色空间(HVC);
- 电视颜色空间(YUV、YIQ、YCbCr);
- 对立颜色空间(RG-YB-I、I1-I2-I3)。

2.2.1 RGB和CMY(K)颜色空间

RGB(Red、Green、Blue)和CMY(Cyan、Magenta、Yellow)是两种基本的颜色空间,前者主要用在显示和成像设备上,后者用于打印设备。RGB颜色模型对应颜色视觉理论的三色学说。RGB称为相加混色是因为它们使用不同数量的红、绿、蓝3种基色相加而产生颜色,而CMY称为相减混色是因为它是在白光中减去不同数量的青、品红、黄3种颜色而产生的颜色。在印刷设备上,在打印中需要另外的黑色墨水,因此需要把黑色分量加到CMY空间，从而形成另外一种颜色空间 CMYK（Cyan、Magenta、Yellow、Black）。

国际照明委员会（Commission Internationale de l'Eclairage，CIE）在 1931 年给出了 R、G、B 三基色的波长和谱功率（这三基色的波长能够精确地产生），见表 2.2.1。

图像成像设备获取的图像一般都用 RGB 表示，其他所有的颜色表示一般都是从 RGB 空间转换过去的。图 2.2.1 显示了 RGB 颜色模型。图中的虚线表示灰度线，在这条线上的点（颜色）有同样数量的 Red、Green、Blue 基色，即 $R=G=B$。

表 2.2.1　R、G、B 三基色的波长和谱功率

基　　色	波长/nm	谱功率/dBm · Hz^{-1}
R	700.0	72.09
G	546.1	1.379
B	435.8	1.000

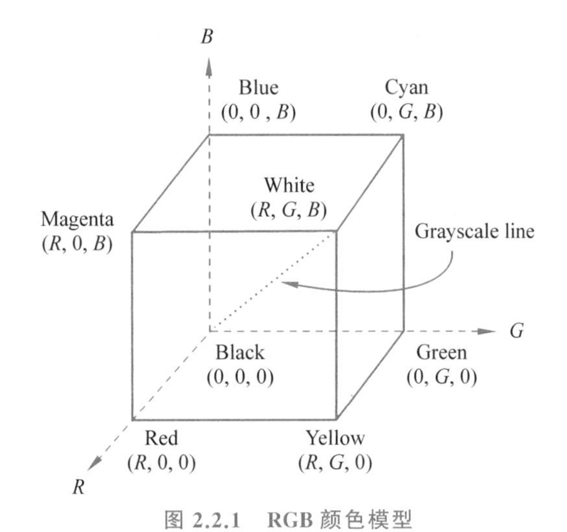

图 2.2.1　RGB 颜色模型

当每个颜色通道的数据被量化成 8 比特时，彩色图像的颜色范围为（0，0，0）～（255，255，255）。但在很多应用中，R、G、B 的额定最大值被归一化为 1，即颜色值是用（0，0，0）～（1，1，1）之间的浮点数表示的。

1. RGB 和 CMY 的相互转换

在下面的转换公式中，R、G、B 和 C、M、Y、K 的取值范围都为[0，1]。

$$\begin{cases} C=1-R \\ M=1-G \\ Y=1-B \end{cases},\quad \begin{cases} R=1-C \\ G=1-M \\ B=1-Y \end{cases} \tag{2.2.1}$$

2. RGB 和 CMYK 的相互转换

$$\begin{cases} K=\min(1-R,1-G,1-B) \\ C=1-R-K \\ M=1-G-K \\ Y=1-B-K \end{cases},\quad \begin{cases} R=\min(1,C\cdot(1-K)+K) \\ G=\min(1,M\cdot(1-K)+K) \\ B=\min(1,Y\cdot(1-K)+K) \end{cases} \tag{2.2.2}$$

2.2.2 CIE XYZ 颜色空间

由于 RGB 颜色系统是设备相关的颜色系统，不是所有的颜色都可以使用 R、G、B 三基色匹配。CIE 在 1931 年给出可见光谱颜色的 RGB 颜色匹配曲线（三原色波长分别是 700.0nm、546.1nm、435.8nm），如图 2.2.2 所示。横坐标表示光谱波长，纵坐标表示匹配各种光谱颜色所需要的三基色刺激值。可以看出，为了匹配波长在 438.1～546.1nm 的光谱色，需要使用负的刺激值，这就意味着匹配这个区间的光谱色时，混合颜色需要使用补色。

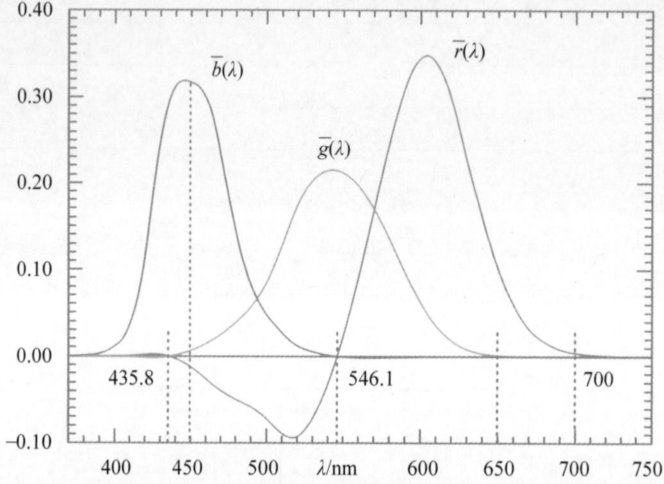

图 2.2.2 CIE 在 1931 年给出的 RGB 颜色匹配曲线（700.0、546.1、435.8 是三基色的波长）

为了避免 RGB 颜色匹配曲线中负的刺激值，CIE 于 1931 年制定了 CIE XYZ 颜色系统。这个颜色系统也包含 3 个假想的基色 X、Y、Z，任何颜色都可由这三基色合成。与 R、G、B 三基色不同的是，使用 X、Y、Z 匹配任何颜色，都不会出现负的刺激值。这个颜色系统与设备无关，用 Y 值表示人眼对亮度（Luminance）的响应。需要说明的是，X、Y、Z 是逻辑意义上的三基色（不是实际存在的基色），但它们可通过 R、G、B 三基色而获得。1964 年，CIE 又对 XYZ 的颜色匹配曲线进行了修改。图 2.2.3 显示了 CIE XYZ 颜色系统的匹配曲线。

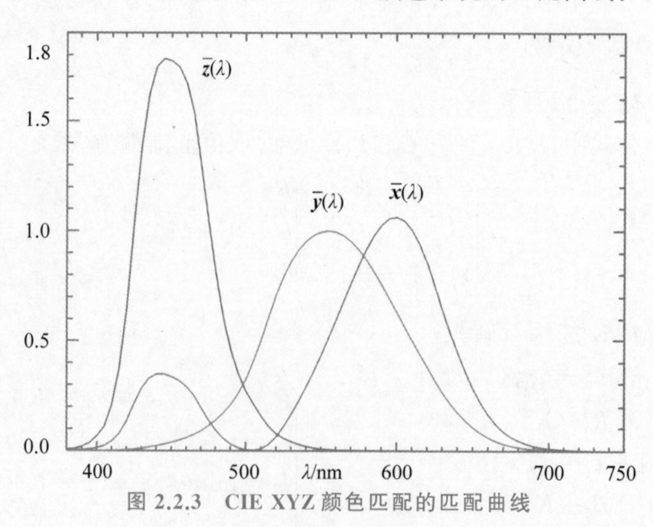

图 2.2.3 CIE XYZ 颜色匹配的匹配曲线

在 2°视场和 D_{65} 标准白光源下，CIE XYZ 和 RGB 的变换公式如下。

$$\begin{bmatrix}X\\Y\\Z\end{bmatrix}=\begin{bmatrix}0.4125 & 0.3576 & 0.1804\\0.2127 & 0.7152 & 0.0722\\0.0193 & 0.1192 & 0.9502\end{bmatrix}\begin{bmatrix}R\\G\\B\end{bmatrix},\begin{bmatrix}R\\G\\B\end{bmatrix}=\begin{bmatrix}3.2405 & -1.5372 & -0.4985\\-0.9693 & 1.8760 & 0.0416\\0.0556 & -0.2040 & 1.0573\end{bmatrix}\begin{bmatrix}X\\Y\\Z\end{bmatrix}\tag{2.2.3}$$

然而，在实际应用中很少直接使用 CIE XYZ 颜色空间，一般只是把它作为一个中间的临时空间，用于实现从 RGB 颜色空间到其他颜色空间（如 CIELAB 和 CIELUV 等）的变换。

在 CIE XYZ 颜色系统中，如果舍弃亮度信息，则可以把各种颜色画在一个二维平面上，这个图就叫色度图（Chromaticity Diagram）。对于任何颜色（X,Y,Z），做如下变换：

$$\begin{cases}x=X/(X+Y+Z)\\y=Y/(X+Y+Z)\\z=Z/(X+Y+Z)\end{cases}\tag{2.2.4}$$

这样，(x,y,z)代表了颜色（X,Y,Z）的色度，同时丢弃了亮度信息。显然，变量 x、y、z 是相关的，因为从其中任何两个变量的值可以计算出另外一个变量的值。色度图就是使用 x 和 y 作为二维坐标画出对应颜色的色度。图 2.2.4 显示了可见光谱的色度图（CIE-Yxy，By BenRG - File：CIExy1931.svg，https://commons.wikimedia.org/w/index.php? curid=7889658）。色度图四周的边界线代表纯光谱色（没有白光、饱和度最大），连接红色（波长为 700nm）和蓝色（波长为 435.8nm）的直线称为紫色边界线（Purple Boundary）。所有可见颜色的色度都落在这个色度图的封闭区域中。图 2.2.5 中的 E 点代表没有色度，因为在这个点上 $x=y=z=1/3$，即表示这种颜色具有相同能量的红、绿、蓝光谱，这在图像上表现为灰度图像。色度图的一个重要特征是，任何两种颜色混合所形成的新颜色，其色度必落在这两种颜色的色度点连线上。进一步可知，任何 3 种颜色混合所形成的新颜色，其色度必落在这 3 种颜色的色度点所定义的三角形内部，如图 2.2.5 所示。在图 2.2.5 中，混合颜色 A 和 B 所得到的新颜色 D 的色度必定落在线段 AB 上，如果知道颜色 D 中颜色 A 和 B 的比例，则可精确计算出 D 的位置。混合颜色 A、B 和 C 所得到的新颜色 P 的色度必落在三角形 ABC 内（包括边界），如果知道颜色 P 中的颜色 A、B 和 C 的比例关系，则可精确定位 P 点的位置。

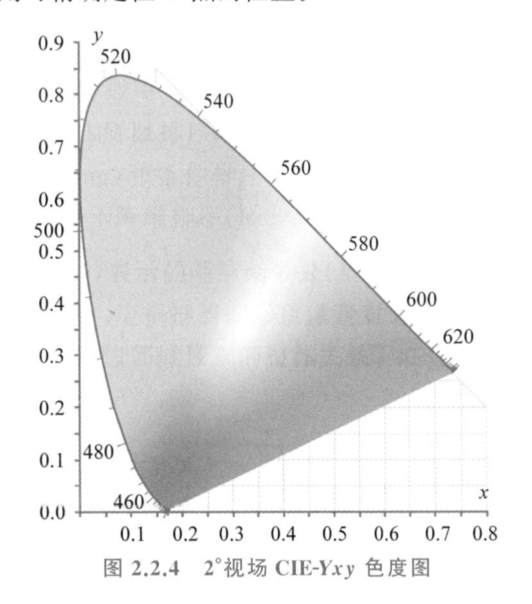

图 2.2.4　2°视场 CIE-Yxy 色度图

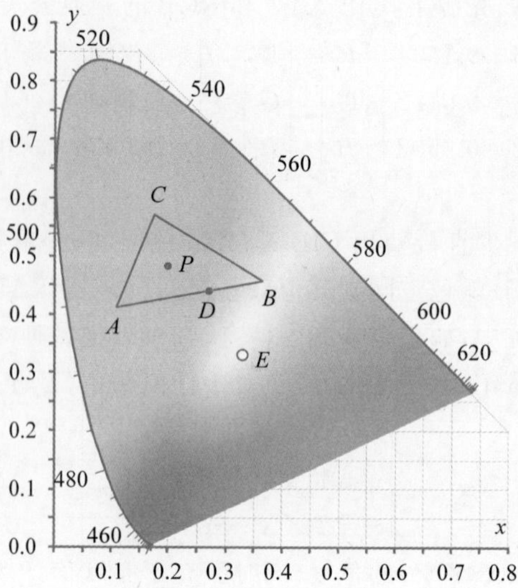

图 2.2.5 $E(0.33,0.33)$是无色度点，由颜色 A 和 B 合成的颜色必落在线段 AB 上，由颜色 A、B、C 合成的颜色必落在三角形 ABC 内

2.2.3 均匀颜色空间

不管是 RGB 空间，还是 CIE XYZ 空间，其三基色之间是高度相关的。在这些颜色空间中，两个点（两种颜色）之间的欧几里得距离与人类对这两种颜色色差的感知是高度非均匀的。为了解决这个问题，人们提出很多均匀颜色换算方案（Uniform Chromaticity Scale，UCS）。其中，CIELAB 和 CIELUV 是两个典型的感知均匀的颜色空间[10-12]。它们都是 CIE 在 1976 年推荐的，是基于 CIE XYZ 模型的。这两个颜色空间都是先把亮度信息从 CIE XYZ 空间中分离出来，然后用剩下的两个分量表示色度。

1. CIELAB 颜色空间

CIELAB 空间是建立在颜色视觉理论的四色（对立）学说基础上的，其颜色坐标用(L^*, a^*, b^*)表示。其中，L^* 代表亮度，其取值范围为 0（黑色）～100（白色）。a^* 和 b^* 一起表示色度，a^* 代表红-绿轴，正值为红色，负值为绿色。b^* 代表黄-蓝轴，正值为黄色，负值为蓝色。$a^*=b^*=0$ 时表示没有颜色（灰度）。

从 CIE XYZ 空间（X、Y、Z 的取值范围都为$[0,1]$）到 CIELAB 空间的变换公式如下。

$$\begin{cases} L^* = 116 f\left(\dfrac{Y}{Y_n}\right) - 16 \\ a^* = 500\left(f\left(\dfrac{X}{X_n}\right) - f\left(\dfrac{Y}{Y_n}\right)\right) \\ b^* = 200\left(f\left(\dfrac{Y}{Y_n}\right) - f\left(\dfrac{Z}{Z_n}\right)\right) \end{cases} \tag{2.2.5}$$

其中，

$$f(t) = \begin{cases} t^{1/3}, & t > 0.008856 \\ 7.787t + \dfrac{16}{116}, & \text{其他} \end{cases} \tag{2.2.6}$$

式(2.2.5)中的 L^* 也可以写成：

$$L^* = \begin{cases} 116\left(\dfrac{Y}{Y_n}\right)^{1/3} - 16, & \dfrac{Y}{Y_n} > 0.008856 \\ 903.3\,\dfrac{Y}{Y_n}, & \text{其他} \end{cases} \tag{2.2.7}$$

在上面的公式中，X、Y 和 Z 是 CIE XYZ 空间中的坐标值，X_n、Y_n 和 Z_n 是 CIE 标准白光的三刺激值。在 2°视场和 D_{65} 标准白光源下，X_n、Y_n 和 Z_n 根据式(2.2.3)计算：

$$\begin{bmatrix} X_n \\ Y_n \\ Z_n \end{bmatrix} = \begin{bmatrix} 0.4125 & 0.3576 & 0.1804 \\ 0.2127 & 0.7152 & 0.0722 \\ 0.0193 & 0.1192 & 0.9502 \end{bmatrix} \begin{bmatrix} 1 \\ 1 \\ 1 \end{bmatrix} = \begin{bmatrix} 0.9505 \\ 1.0000 \\ 1.0887 \end{bmatrix} \tag{2.2.8}$$

根据式(2.2.5)或式(2.2.7)，亮度 L^* 的取值范围为[0,100]。其中，非线性段的取值范围为[8, 100]，线性段的取值范围为[0,8]。

容易推导出，从 CIELAB 到 CIE XYZ 的逆变换为

$$\begin{cases} X = X_n \cdot f^{-1}\left(\dfrac{L^* + 16}{116} + \dfrac{a^*}{500}\right) \\ Y = Y_n \cdot f^{-1}\left(\dfrac{L^* + 16}{116}\right) \\ Z = Z_n \cdot f^{-1}\left(\dfrac{L^* + 16}{116} - \dfrac{b^*}{200}\right) \end{cases} \tag{2.2.9}$$

其中，

$$f^{-1}(t) = \begin{cases} t^3, & t > 0.20689 \\ 0.12842\left(t - \dfrac{16}{116}\right), & \text{其他} \end{cases} \tag{2.2.10}$$

在 CIELAB 空间中，可以用两个点 $p_1(L_1^*, a_1^*, b_1^*)$ 和 $p_2(L_2^*, a_2^*, b_2^*)$ 之间的欧几里得距离表示这两种颜色的色差：

$$\Delta E_{\text{LAB}} = \sqrt{(L_1^* - L_2^*)^2 + (a_1^* - a_2^*)^2 + (b_1^* - b_2^*)^2} \tag{2.2.11}$$

如果将 CIELAB 均匀颜色空间转换为圆柱形坐标空间(Cylindrical Coordinate)$L^*H^*C^*$(Lightness、Hue、Chroma)[12]，则更符合人类的颜色视觉感知(颜色三属性)，其转换公式为

$$\begin{cases} L^* = L^*_{\text{LAB}} \\ H^* = \arctan\left(\dfrac{b^*}{a^*}\right) \\ C^* = \sqrt{(a^*)^2 + (b^*)^2} \end{cases} \tag{2.2.12}$$

2. CIELUV 颜色空间

CIELUV 是 CIE 推荐的另一种颜色均匀空间，颜色坐标用(L^*, u^*, v^*)表示。其中，L^* 与 CIELAB 中的一样，代表亮度，取值范围为 0(黑色)～100(白色)。u^* 和 v^* 一起表示色度。

从 CIE XYZ 空间(X、Y、Z 的取值范围为[0,1])到 CIELUV 空间的变换公式如下。

$$
\begin{cases}
L^* = \begin{cases} 116\left(\dfrac{Y}{Y_n}\right)^{1/3} - 16, & \dfrac{Y}{Y_n} > 0.008856 \\ 903.3\dfrac{Y}{Y_n}, & \text{其他} \end{cases} \\
u^* = 13L^*\left(\dfrac{4X}{X+15Y+3Z} - \dfrac{4X_n}{X_n+15Y_n+3Z_n}\right) \\
v^* = 13L^*\left(\dfrac{9Y}{X+15Y+3Z} - \dfrac{9Y_n}{X_n+15Y_n+3Z_n}\right)
\end{cases}
\tag{2.2.13}
$$

在上面的公式中，X_n、Y_n 和 Z_n 是 CIE 标准白光的三刺激值（式(2.2.8)），X、Y 和 Z 是 CIE XYZ 空间中的坐标值。

可以推导出，从 CIELUV 到 CIE XYZ 的逆变换为

$$
\begin{cases}
Y = \begin{cases} Y_n\left(\dfrac{L^*+16}{116}\right)^3, & L^* > 8 \\ 0.001107 \cdot Y_n \cdot L^*, & \text{其他} \end{cases} \\
X = \dfrac{9u'}{4v'} \cdot Y \\
Z = \dfrac{12 - 3u' - 20v'}{4v'} \cdot Y
\end{cases}
\tag{2.2.14}
$$

这里，

$$
\begin{cases}
u' = \dfrac{u^*}{13L^*} + \dfrac{4X_n}{X_n+15Y_n+3Z_n} \\
v' = \dfrac{v^*}{13L^*} + \dfrac{9Y_n}{X_n+15Y_n+3Z_n}
\end{cases}
\tag{2.2.15}
$$

与 CIELAB 空间一样，在 CIELUV 空间中，可以用两个点 $p_1(L_1^*, u_1^*, v_1^*)$ 和 $p_2(L_2^*, u_2^*, v_2^*)$ 之间的欧几里得距离表示这两种颜色的色差：

$$
\Delta E_{\mathrm{LUV}} = \sqrt{(L_1^* - L_2^*)^2 + (u_1^* - u_2^*)^2 + (v_1^* - v_2^*)^2}
\tag{2.2.16}
$$

如果将 CIELUV 均匀颜色空间转换为圆柱形坐标空间 $L^*H^*C^*$[12]，则更符合人类的颜色视觉感知。其转换公式为

$$
\begin{cases}
L^* = L_{\mathrm{LUV}}^* \\
H^* = \arctan\left(\dfrac{v^*}{u^*}\right) \\
C^* = \sqrt{(u^*)^2 + (v^*)^2}
\end{cases}
\tag{2.2.17}
$$

均匀颜色空间 CIELAB 和 CIELUV 在彩色图像处理中广泛应用，特别是那些需要量化两种颜色之间的感知距离的图像处理应用，如图像分割、目标识别、图像校准，等等。它们也被用来评估两种颜色的相似度和图像处理的质量。

2.2.4 色调、饱和度和亮度颜色空间

本节介绍一类比较符合人类视觉感知的彩色空间簇-感知颜色空间（Perceptual Color Space）。研究表明，人类视觉感知对颜色的亮度（Brightness/Lightness）、色调（Hue）和饱和

度(Saturation)比较敏感。色调代表颜色光谱的主波长,是颜色的内在属性。饱和度表示颜色的纯度,饱和度越大,颜色越纯,0饱和度表示灰度级(没有颜色)。亮度表示颜色的强度,最大的强度被感知为纯白色,而最小的强度0表示纯黑色。

下面介绍基于亮度、色调和饱和度的颜色空间簇[10,13]:HSI(Hue、Saturation、Intensity)、HSV(Hue、Saturation、Value)、HSL(Hue、Saturation、Lightness)。这3个颜色空间使用类似的方法计算颜色三属性的值:色度(Hue、)饱和度(Saturation)、强度(Intensity)。

1. HSI 颜色空间

HSI颜色模型与颜色三属性的HSB几何模型(图2.1.5)相同。HSI颜色模型是一个圆锥体,如图2.2.6所示。色调 H 用角度测量,取值范围为[0°, 360°],0°表示红色。饱和度 S 和强度 I 的取值范围都为[0,1]。

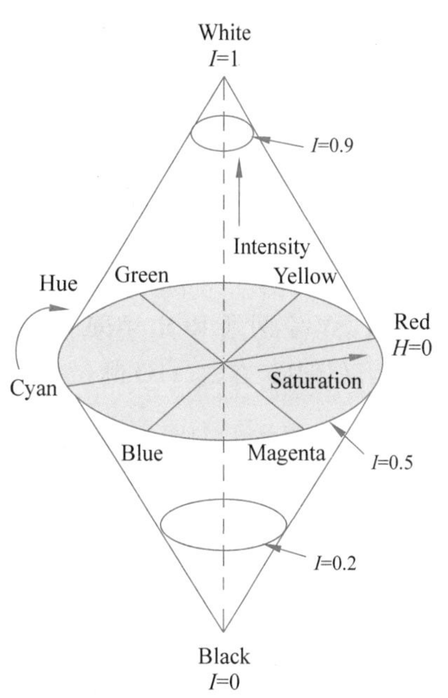

图 2.2.6 HSI颜色模型

从RGB空间到HSI颜色空间的变换公式如下。

$$\begin{cases} H = \begin{cases} \theta, & B \leqslant G \\ 360 - \theta, & B > G \end{cases} \\ S = 1 - \dfrac{3}{(R+G+B)}\min(R,G,B) \\ I = \dfrac{1}{3}(R+G+B) \end{cases} \tag{2.2.18}$$

这里,

$$\theta = \arccos\left(\frac{0.5((R-G)+(R-B))}{\sqrt{(R-G)^2+(R-B)(G-B)}}\right) \tag{2.2.19}$$

在上面的方程中,如果 $R=G=B$,表示没有颜色(灰度级),这时 $S=0$,H 没有意义。

从HSI空间到RGB空间的变换比较复杂一些,要分几种情况。需要根据颜色的色调决定:$0° \leqslant H < 120°$(红-绿区)、$120° \leqslant H < 240°$(绿-蓝区)、$240° \leqslant H < 360°$(蓝-红区)。

(1) $0° \leqslant H < 120°$(红-绿区)

$$\begin{cases} B = I \cdot (1-S) \\ R = I \cdot \left(1 + \dfrac{S \cdot \cos H}{\cos(60° - H)}\right) \\ G = 3I - (R+B) \end{cases} \tag{2.2.20}$$

(2) $120° \leqslant H < 240°$(绿-蓝区)

$$\begin{cases} R = I \cdot (1-S) \\ G = I \cdot \left(1 + \dfrac{S \cdot \cos(H-120°)}{\cos(60° - (H-120°))}\right) \\ B = 3I - (R+G) \end{cases} \tag{2.2.21}$$

(3) 240°≤H<360°(蓝-红区)

$$\begin{cases}G=I\cdot(1-S)\\B=I\cdot\left(1+\dfrac{S\cdot\cos(H-240^\circ)}{\cos(60^\circ-(H-240^\circ))}\right)\\R=3I-(G+B)\end{cases}\tag{2.2.22}$$

2. HSV 颜色空间

HSV(Hue、Saturation、Value)的颜色模型是一个六角锥体,如图 2.2.7 所示。

从 RGB 空间到 HSV 空间的变换公式如下(这里,R、G、B 的值范围都为[0,255])。

$$\begin{cases}H=\begin{cases}\theta, & B\leqslant G\\360-\theta, & B>G\end{cases}\\S=\dfrac{\max(R,G,B)-\min(R,G,B)}{\max(R,G,B)}\\V=\dfrac{\max(R,G,B)}{255}\end{cases}\tag{2.2.23}$$

这里,θ 的定义见式(2.2.19)。如果 $R=G=B$,表示没有颜色(灰度级),这时 $S=0$,H 没有意义。

从 HSV 空间到 RGB 空间的逆变换比较复杂,参见相关的参考文献[1-2]。

3. HSL 颜色空间

图 2.2.8 表示了 HSL 的颜色模型。

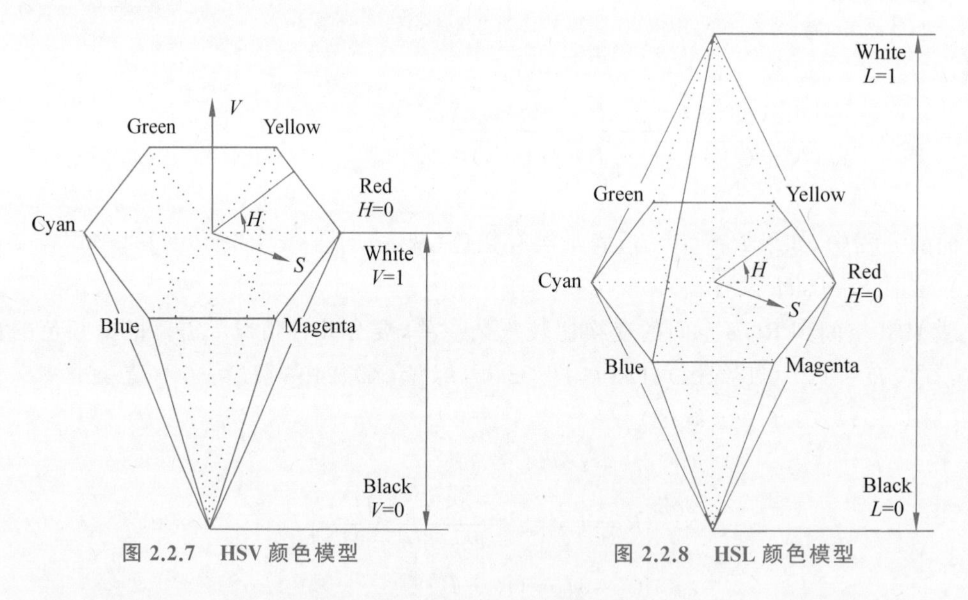

图 2.2.7 HSV 颜色模型　　图 2.2.8 HSL 颜色模型

从 RGB 空间到 HSL 空间的变换见式(2.2.24)(需要先将 R、G、B 值规一化到[0,1])。从 HSL 空间到 RGB 空间的逆变换比较复杂,参见相关的参考文献[1-2]。

$$\begin{cases} L=(M+m)/2 \\ S=\begin{cases} \dfrac{M-m}{M+m}, & L\leqslant 0.5 \\ \dfrac{M-m}{2-M-m}, & L>0.5 \end{cases} \\ H=\begin{cases} \dfrac{G-B}{M-m}, & R=M \\ \dfrac{B-R}{M-m}, & G=M, \\ 4+\dfrac{R-G}{M-m}, & B=M \end{cases} \quad \begin{cases} M=\max(R,G,B) \\ m=\min(R,G,B) \end{cases} \end{cases} \tag{2.2.24}$$

本小节介绍了3个符合人类视觉感知的颜色模型,它们的优点:①与人类视觉感知非常吻合;②将色调分离出来。许多彩色图像处理算法都使用这些空间,特别是彩色图像分割中很多算法都使用色调(Hue)一个部件(而不是3个部件)分割图像。然而,这些视觉颜色空间也有明显的缺点:①在空间变换中存在奇异点;②在奇异点附近,对RGB的变化非常敏感,等等。感知颜色空间广泛应用于图像处理中,如图像增强、目标分类、人脸检测,等等。

2.2.5 Munsell颜色空间

Munsell颜色空间是模仿人类主观观察的颜色系统[14],它不是基于客观颜色测量的。在这个颜色系统中,使用H、V(Value)、C(Chroma)表示每种颜色。H、V、C分别对应颜色三属性的色调(Hue)、明度(Luminance)、饱和度(Saturation)。Munsell颜色空间如图2.2.9所示。色调H用圆环表示,将圆环分成十等份,分别表示红(Red,R)、红黄(Yellow-Red,YR)、黄(Yellow,Y)、黄绿(Green-Yellow,GY)、绿(Green,G)、绿蓝(Blue-Green,BG)、蓝(Blue,B)、蓝紫(Purple-Blue,PB)、紫(Purple,P)、紫红(Red-Purple,RP)。用于度量颜色明暗的明度值V,被分成11个等级,从大到小表示从白到黑。色度C用来衡量颜色的饱和度,被分成15个等级,其值越大,表示颜色的纯度越高。

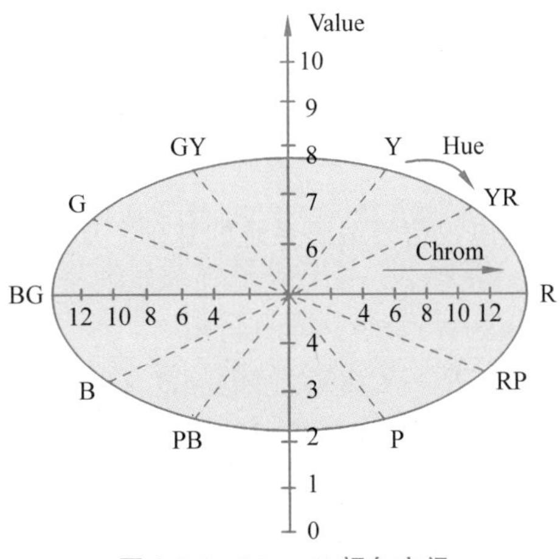

图2.2.9 Munsell颜色空间

从 RGB 空间到 Munsell 颜色空间的转换主要靠查表完成，但后来研究出一套数学公式以转换 RGB 数据到 Munsell 空间[1]：

$$\begin{cases} H = \arctan(s/t) \\ V = f(y) \\ C = \sqrt{s^2 + t^2} \end{cases} \tag{2.2.25}$$

这里，

$$\begin{cases} x = 0.620R + 0.178G + 0.204B \\ y = 0.299R + 0.587G + 0.144B \\ z = 0.056G + 0.942B \\ f(r) = 11.6 \cdot r^{1/3} - 1.6 \\ p = f(x) - f(y) \\ q = 0.4 \cdot (f(z) - f(y)) \\ \theta = \arctan(p/q) \\ s = p \cdot (8.880 + 0.966\cos\theta) \\ t = q \cdot (8.025 + 2.558\sin\theta) \end{cases} \tag{2.2.26}$$

在 Munsell 空间中，两个点 $p_1(H_1, V_1, C_1)$、$p_2(H_2, V_2, C_2)$之间的颜色差异可表示为

$$\Delta E = \sqrt{2C_1C_2\left(1 - \cos\left(\frac{\pi \cdot (H_1 - H_2)}{180}\right)\right) + (C_1 - C_2)^2 + 16\,(V_1 - V_2)^2} \tag{2.2.27}$$

在图像处理中，Munsell 空间可用于彩色图像矢量滤波、彩色图像分割、物体颜色匹配，等等。

2.2.6 电视颜色空间

电视颜色空间(Television Color Space)主要用于视频信号传输、编码和压缩等。这些颜色空间的提出都基于一个事实：人眼对亮度的变化比对色度的变化更敏感[3-4]。由于人眼对亮度的变化比对色度的变化更敏感，所以在电视信号传输时，可以使用较多的带宽传输亮度信号，而用少量的带宽传输两个色度部件。

常用的电视颜色空间有 YUV、YIQ 和 YCbCr[10]。这些颜色空间都有一个亮度部件 Y 和两个基于颜色差分 R-Y、B-Y 的色度部件。亮度部件 Y 包含了大量的信息，两个色度部件包含的信息量较少，这样就可以使用主要的带宽传输 Y 信息，而用少量的带宽传输色度信息。

1. YUV 颜色系统

YUV 颜色空间是 PAL 制电视信号编码系统的基础。RGB 空间和 YUV 空间相互变换的公式如下。

$$\begin{cases} Y = 0.299R + 0.587G + 0.114B \\ U = -0.147R - 0.289G + 0.436B = 0.493(B - Y) \\ V = 0.615R - 0.515G - 0.100B = 0.877(R - Y) \end{cases} \tag{2.2.28}$$

$$\begin{bmatrix} R \\ G \\ B \end{bmatrix} = \begin{bmatrix} 1.0000 & -0.0000 & 1.1398 \\ 1.0000 & -0.3946 & -0.5805 \\ 1.0000 & 2.0320 & -0.0005 \end{bmatrix} \begin{bmatrix} Y \\ U \\ V \end{bmatrix} \tag{2.2.29}$$

2. YIQ 颜色系统

YIQ 颜色空间是 NTSC 制电视信号编码系统的基础。RGB 空间和 YIQ 空间相互变换的公式如下。

$$\begin{cases} Y = 0.299R + 0.587G + 0.114B \\ I = 0.596R - 0.523G - 0.322B = 0.74(R-Y) - 0.27(B-Y) \\ Q = 0.211R - 0.523G + 0.312B = 0.48(R-Y) + 0.41(B-Y) \end{cases} \tag{2.2.30}$$

$$\begin{bmatrix} R \\ G \\ B \end{bmatrix} = \begin{bmatrix} 1.0000 & 0.9549 & 0.6221 \\ 1.0000 & -0.2714 & -0.6475 \\ 1.0000 & -1.1073 & 1.7025 \end{bmatrix} \begin{bmatrix} Y \\ I \\ Q \end{bmatrix} \tag{2.2.31}$$

3. YCbCr 颜色系统

YCbCr 是一种独立于电视信号编码系统的颜色空间，适用于标准的电视图像(525/625 线)的数字编码。RGB 空间和 YCbCr 空间相互变换的公式如下。

$$\begin{cases} Y = 0.299R + 0.587G + 0.114B \\ \mathrm{Cb} = -0.169R - 0.331G + 0.500B = 0.564(B-Y) \\ \mathrm{Cr} = 0.500R - 0.419G - 0.081B = 0.713(R-Y) \end{cases} \tag{2.2.32}$$

$$\begin{bmatrix} R \\ G \\ B \end{bmatrix} = \begin{bmatrix} 1.000 & 0.000 & 1.403 \\ 1.000 & -0.344 & -0.714 \\ 1.000 & -1.773 & 0.000 \end{bmatrix} \begin{bmatrix} Y \\ \mathrm{Cb} \\ \mathrm{Cr} \end{bmatrix} \tag{2.2.33}$$

可以将上面这些电视颜色空间变换到符合人类视觉感官的、基于亮度、色调和色度的圆柱形坐标空间 $L^* H^* C^*$ (Lightness、Hue、Chroma)[12]。设一个位于上面电视颜色空间中的点坐标为(Y,s,t)，则其转换公式为

$$\begin{cases} L^* = Y \\ H^* = \arctan\left(\dfrac{t}{s}\right) \\ C^* = \sqrt{s^2 + t^2} \end{cases} \tag{2.2.34}$$

在彩色图像处理的应用中，这些电视颜色空间广泛用于彩色图像(视频)信号传输和存储、彩色图像压缩和编码、彩色图像分割、纹理特征提取等。

2.2.7 对立颜色空间

对立颜色空间(Opponent Color Space)[15]是基于颜色视觉理论的四色对立学说的，也称为生理学的颜色空间(Physiologically Motivated Color Space)。这种颜色模型的 3 个部件为一个非色度通道(Achromatic Channel)I 和两个对立的颜色通道 RG 和 YB，分别对应四色对立学说的 3 组对立视素：红-绿(R-G)、黄-蓝(Y-B)和黑-白(B-W)。

从 RGB 到 RG-YB-I 的变换公式如下。

$$\begin{cases} \mathrm{RG} = R - G \\ \mathrm{YB} = 2B - R - G \\ I = R + B + G \end{cases} \tag{2.2.35}$$

因为人眼视网膜上的锥体细胞对光谱颜色的刺激反应与光线的强度的对数成比例，所

以 Fleck 等提出一个对数型的 RG-YB-I 颜色空间[16]：

$$\begin{cases} \mathrm{RG} = \log R - \log G \\ \mathrm{YB} = \log B - (\log R + \log G)/2 \\ I = \log G \end{cases} \tag{2.2.36}$$

对立颜色空间在图像处理中的应用非常广泛，例如交互式计算机图形学、彩色图像分割、彩色图像边缘检测、彩色立体影像、图像的色调调整、多色目标识别，等等。

2.2.8 Ohta 颜色空间

$I_1I_2I_3$ 颜色空间是 Ohta 等提出的[17-18]，它是 Karhunen-Loeve 变换结果的一个很好的逼近，能有效地减弱图像各个颜色通道之间的相关性。$I_1I_2I_3$ 颜色空间的变换公式如下。

$$\begin{cases} I_1 = (R + G + B)/3 \\ I_2 = (R - B)/2 \\ I_3 = (2G - R - B)/4 \end{cases} \tag{2.2.37}$$

其中，I_1 代表强度信息，是主要分量；I_2 和 I_3 代表色度信息，是次要分量。

虽然 Karhunen-Loeve 变换能有效地减弱颜色通道的相关性，但其计算量非常大，需要巨大的资源。$I_1I_2I_3$ 能很好地逼近 Karhunen-Loeve 变换，而且计算非常简单高效。因此，这种颜色表示方式被应用到很多图像处理任务中，例如目标颜色识别、彩色图像分割、彩色图像压缩，等等。

2.2.9 颜色空间总结

本节对各种颜色空间的关系进行小结。从变换关系看，各种颜色空间可分成 Munsell 空间、CIE XYZ 及其相关的空间、RGB 及其相关的空间，如图 2.2.10 所示。从图中可以看出，除 Munsell 空间外，其他所有的颜色空间都是从 RGB 空间直接或间接变换过去的。CIE XYZ 一般不直接用于图像处理的应用，仅用作 RGB 和 CIELUV(CIELAB)相互转换的中间表示。

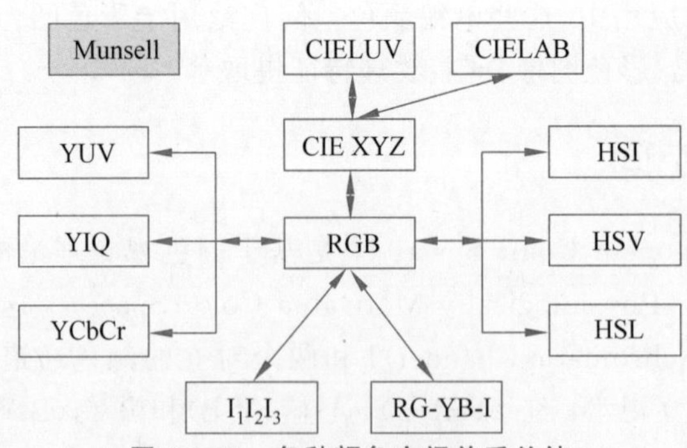

图 2.2.10 各种颜色空间关系总结

为了直观地观察各种颜色空间，下面以 Parrots 彩色图像(256×256 像素)为例，给出在图像处理中常用的一些颜色模型的 3 个部件图像，如图 2.2.11 所示。

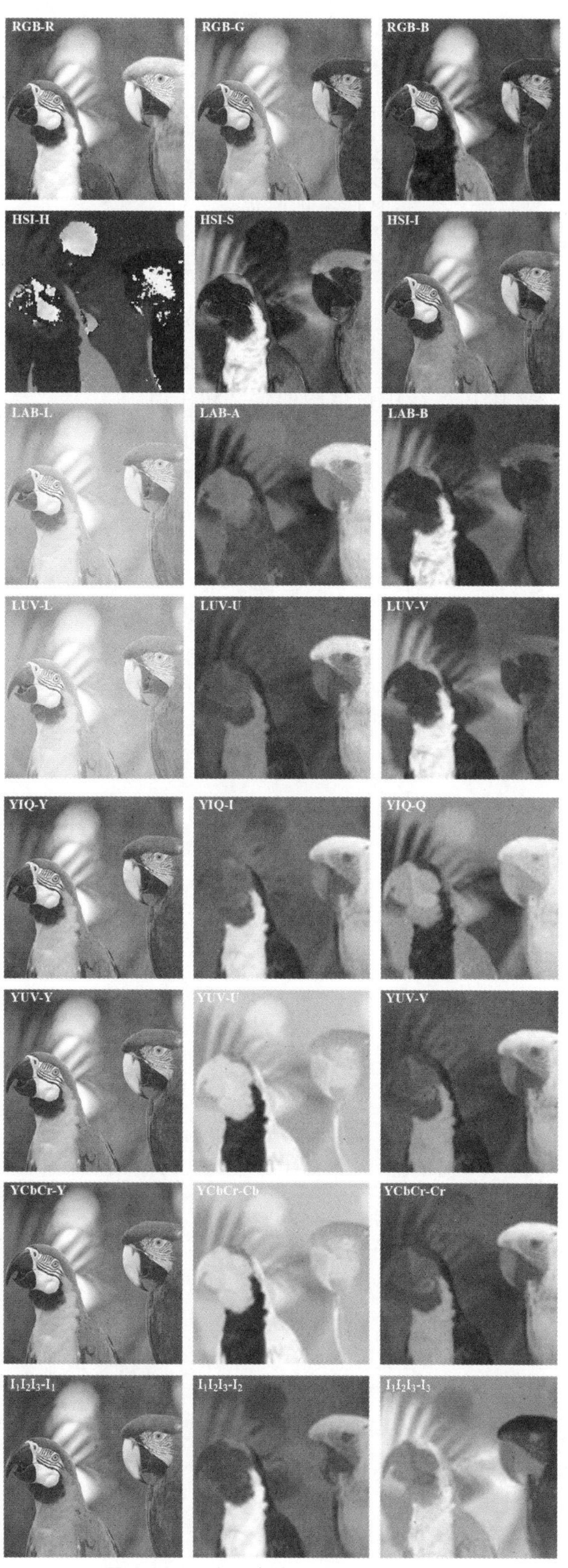

图 2.2.11　各种颜色空间的通道图像

习题

2.1　什么是三色学说？它有什么优缺点？

2.2　什么是四色对立学说？它有什么优缺点？

2.3　三色学说和四色学说如何统一于阶段学说？

2.4　简述颜色的三属性，并说明其含义。

2.5　举例说明颜色空间与三色学说、四色学说的关系。

2.6　在灰度图像中，每个像素的灰度值代表什么？

2.7　简述 CIE XYZ 颜色系统中色度图的含义和作用。

2.8　在 CIELAB/LUV 和 CIE XYZ 的相互变换中，如果 Y 是 8 位或大于 8 位的精度，则在实际应用中 L^* 的线性段部分一般可以忽略。在忽略 L^* 的线性段的情况下，写出 CIELAB 和 CIE XYZ 相互变换的公式。

2.9　推导从 CIELAB 到 CIE XYZ 的变换公式。

2.10　推导从 CIELUV 到 CIE XYZ 的变换公式。

2.11　推导 CIELAB/LUV 中 L^* 的取值范围。

2.12　设计一个算法，计算 CIELAB 中各部件(L^*，a^*，b^*)的取值范围。

2.13　为什么 YUV 颜色表示方式适合电视信号的传输？

第3章　彩色图像处理基础

3.1　多通道数据排序

在多通道图像(如彩色图像)处理中涉及的一个基本问题是多通道数据(Multichannel/Multivariate Data)或矢量数据的排序。例如,矢量中值滤波器(见5.2节)就是根据一种聚集距离的排序规则对滤波器窗口内的矢量数据进行排序,然后输出最小的矢量像素。一个N通道图像的像素,可以表示成一个N维的列矢量。怎样对多通道数据进行排序是多通道图像处理中的一个基本问题。不像灰度(标量)图像,像素的比较就是直接比较像素的灰度值,比较和排序的结果是唯一的。对于多通道图像,由于像素的矢量特性,所以不存在一个统一的方法对矢量数据的大小进行排序。不同的排序策略会得到不同的结果,也就是说,一个像素在一种排序机制下可能是最小的,而在另一种排序策略下很可能不是最小的,甚至变成最大的。下面先介绍一般的多通道数据的排序规则,然后再介绍多通道数据的一种特例——彩色矢量数据的排序问题。

设有N个M维(通道)样本$\boldsymbol{x}_1,\boldsymbol{x}_2,\cdots,\boldsymbol{x}_N$,其中,$\boldsymbol{x}_i=[x_{i1},x_{i2},\cdots,x_{iM}]^{\mathrm{T}},i=1,2,\cdots,N$。为了对这$N$个$M$维样本进行排序,人们提出很多方法。总结起来,一般可分成下面4类[1,19-20]:

- 边缘排序(Marginal Ordering)
- 条件排序(Conditional Ordering)
- 偏序排序(Partial Ordering)
- 降维排序(Reduced Ordering)

3.1.1　边缘排序

边缘排序(Marginal Ordering)也称为M-ordering。它是一种简单的排序规则。它先对N个M维样本$\boldsymbol{x}_1,\boldsymbol{x}_2,\cdots,\boldsymbol{x}_N$的每一维数据进行独立的排序,设排序结果为

$$\begin{gathered}x_{1(1)}\leqslant x_{2(1)}\leqslant\cdots\leqslant \boldsymbol{x}_{N(1)}\\x_{1(2)}\leqslant x_{2(2)}\leqslant\cdots\leqslant \boldsymbol{x}_{N(2)}\\\vdots\\x_{1(M)}\leqslant x_{2(M)}\leqslant\cdots\leqslant \boldsymbol{x}_{N(M)}\end{gathered}\tag{3.1.1}$$

则最后的排序结果为 $\boldsymbol{x}_{(i)}=[x_{i(1)},x_{i(2)},\cdots,x_{i(M)}]^{\mathrm{T}}$。也就是说,M-ordering 的排序结果打乱了原来的样本结构,排序后的第 i 个(第 i 小)样本 $\boldsymbol{x}_{(i)}$ 的第 j 维元素是原始样本 $\boldsymbol{x}_1,\boldsymbol{x}_2,\cdots,\boldsymbol{x}_N$ 的第 j 维数据排序后的第 i 个(第 i 小)元素。

显然,对于样本 $\boldsymbol{x}_1,\boldsymbol{x}_2,\cdots,\boldsymbol{x}_N$,其 M-ordering 的中值为 $\boldsymbol{x}_{(k)}=[x_{k(1)},x_{k(2)},\cdots,x_{k(M)}]^{\mathrm{T}}$,其中 $k=(N+1)/2$。

下面用一个例子说明边缘排序。假设有一个三维列矢量数据集:

$$\boldsymbol{D}:\begin{cases}\boldsymbol{x}_1=[1\quad 5\quad 2]^{\mathrm{T}}\\ \boldsymbol{x}_2=[7\quad 6\quad 5]^{\mathrm{T}}\\ \boldsymbol{x}_3=[4\quad 3\quad 1]^{\mathrm{T}}\\ \boldsymbol{x}_4=[5\quad 4\quad 2]^{\mathrm{T}}\\ \boldsymbol{x}_5=[2\quad 6\quad 3]^{\mathrm{T}}\\ \boldsymbol{x}_6=[8\quad 5\quad 4]^{\mathrm{T}}\\ \boldsymbol{x}_7=[3\quad 2\quad 1]^{\mathrm{T}}\end{cases}\tag{3.1.2}$$

对通道 1、通道 2、通道 3 分别进行排序,得到:

$$\begin{aligned}&\text{通道 1}:(1,7,4,5,2,8,3)\Rightarrow(1,2,3,4,5,7,8)\\ &\text{通道 2}:(5,6,3,4,6,5,2)\Rightarrow(2,3,4,5,5,6,6)\\ &\text{通道 3}:(2,5,1,2,3,4,1)\Rightarrow(1,1,2,2,3,4,5)\end{aligned}\tag{3.1.3}$$

这样,边缘排序的结果是:

$$\boldsymbol{D}_M:\begin{cases}\boldsymbol{x}_{(1)}=[1\quad 2\quad 1]^{\mathrm{T}}\\ \boldsymbol{x}_{(2)}=[2\quad 3\quad 1]^{\mathrm{T}}\\ \boldsymbol{x}_{(3)}=[3\quad 4\quad 2]^{\mathrm{T}}\\ \boldsymbol{x}_{(4)}=[4\quad 5\quad 2]^{\mathrm{T}}\\ \boldsymbol{x}_{(5)}=[5\quad 5\quad 3]^{\mathrm{T}}\\ \boldsymbol{x}_{(6)}=[7\quad 6\quad 4]^{\mathrm{T}}\\ \boldsymbol{x}_{(7)}=[8\quad 6\quad 5]^{\mathrm{T}}\end{cases}\tag{3.1.4}$$

从式(3.1.4)可以看出,对于边缘排序,最小的矢量是 $\boldsymbol{x}_{(1)}=[1\ 2\ 1]^{\mathrm{T}}$,最大的矢量是 $\boldsymbol{x}_{(7)}=[8\ 6\ 5]^{\mathrm{T}}$,中值矢量是 $\boldsymbol{x}_{(4)}=[4\ 5\ 2]^{\mathrm{T}}$。

早期的彩色图像处理的算法,很多都是基于 M-ordering 的,因为它们是从灰度图像处理算法中扩展而成的。例如,将灰度图像的标量滤波法应用到彩色图像,即先对每个彩色通道的部件图像进行滤波,然后把滤波后的通道图像合成起来形成新的彩色图像。

3.1.2 条件排序

条件排序(Conditional Ordering)也叫 C-ordering,是一种基于主分量的排序方法。首先选择一个代表主分量的通道,然后对这个通道的数据进行排序,其排序结果就隐含着各个样本的排序,即假定第 j 维是主分量($1\leqslant j\leqslant M$),设第 j 维数据的排序结果为

$$\boldsymbol{x}_{i1(j)}\leqslant\boldsymbol{x}_{i2(j)}\leqslant\cdots\leqslant\boldsymbol{x}_{iN(j)}\tag{3.1.5}$$

其中,$\boldsymbol{x}_{ik(j)}$ 表示 $\boldsymbol{x}_{ik}$ 的第 j 维元素,则 C-ordering 的排序结果为

$$\boldsymbol{x}_{i1} \leqslant \boldsymbol{x}_{i2} \leqslant \cdots \leqslant \boldsymbol{x}_{iN} \tag{3.1.6}$$

示例：使用边缘排序(C-ordering)对式(3.1.2)的三维列矢量数据集进行排序。假定通道1为主分量。对通道1进行排序，得到：

$$\begin{aligned}&(\boldsymbol{x}_1:1,\boldsymbol{x}_2:7,\boldsymbol{x}_3:4,\boldsymbol{x}_4:5,\boldsymbol{x}_5:2,\boldsymbol{x}_6:8,\boldsymbol{x}_7:3)\\ \Rightarrow&(\boldsymbol{x}_1:1,\boldsymbol{x}_5:2,\boldsymbol{x}_7:3,\boldsymbol{x}_3:4,\boldsymbol{x}_4:5,\boldsymbol{x}_2:7,\boldsymbol{x}_6:8)\end{aligned} \tag{3.1.7}$$

所以，排序结果是$\{\boldsymbol{x}_1,\boldsymbol{x}_5,\boldsymbol{x}_7,\boldsymbol{x}_3,\boldsymbol{x}_4,\boldsymbol{x}_2,\boldsymbol{x}_6\}$，即

$$\boldsymbol{D}_C:\begin{cases}\boldsymbol{x}_{(1)}=[1\quad 5\quad 2]^{\mathrm{T}}\\ \boldsymbol{x}_{(2)}=[2\quad 6\quad 3]^{\mathrm{T}}\\ \boldsymbol{x}_{(3)}=[3\quad 2\quad 1]^{\mathrm{T}}\\ \boldsymbol{x}_{(4)}=[4\quad 3\quad 1]^{\mathrm{T}}\\ \boldsymbol{x}_{(5)}=[5\quad 4\quad 2]^{\mathrm{T}}\\ \boldsymbol{x}_{(6)}=[7\quad 6\quad 5]^{\mathrm{T}}\\ \boldsymbol{x}_{(7)}=[8\quad 5\quad 4]^{\mathrm{T}}\end{cases} \tag{3.1.8}$$

在这种排序方式下，最小的矢量是$\boldsymbol{x}_{(1)}=[1\ 5\ 2]^{\mathrm{T}}$，最大的矢量是$\boldsymbol{x}_{(7)}=[8\ 5\ 4]^{\mathrm{T}}$，中值矢量是$\boldsymbol{x}_{(4)}=[4\ 3\ 1]^{\mathrm{T}}$。

对于彩色图像，把彩色图像转换到YUV颜色空间，就可以考虑采用基于Y通道的C-ordering，因为在这个颜色空间中，亮度部件Y代表主要的信息。

3.1.3 偏序排序

偏序排序(Partial Ordering)也称为P-ordering，是一种分组排序方式。每个子集的样本数据合成一组以形成最小的凸包(Convex Hull)。第一个凸包含离样本中心最远的样本，第二个凸包次之，最后一个凸集包含的是靠样本中心最近的样本。在每个凸包内部，样本是没有排序的，因此这种排序方式很少应用于彩色图像处理中。另外，这种排序方式的计算量大，运行效率较低，所以这里就不详细介绍，具体方法可参阅相关的文献[20]。

3.1.4 降维排序

降维排序(Reduced Ordering)也称为R-ordering。降维排序运用一些方法将一个样本矢量和一个标量数据联系起来，这个标量数据就隐含着这个样本矢量的排序信息。这种降维排序的方法虽然会损失一些信息，但研究表明，它对外来干扰信号的检测是非常有效的。对于多通道样本$\boldsymbol{x}$，R-ordering一般使用下面的规一化的距离(Mahalanobis距离)函数[21]。

$$\boldsymbol{R}(\boldsymbol{X},\hat{\boldsymbol{X}},\boldsymbol{\Gamma})=(\boldsymbol{X}-\hat{\boldsymbol{X}})^{\mathrm{T}}\boldsymbol{\Gamma}^{-1}(\boldsymbol{X}-\hat{\boldsymbol{X}}) \tag{3.1.9}$$

这里，参数$\hat{\boldsymbol{X}}$是一个位置矢量(参考矢量)或者是样本的潜在的分布，$\boldsymbol{\Gamma}$是一个标量矩阵，用于给多通道样本的每个元素赋予不同的权重。这两个参数可以取任意值，例如取$\hat{\boldsymbol{X}}=\boldsymbol{0}$、$\boldsymbol{\Gamma}=\boldsymbol{I}$时，式(3.1.19)就变成矢量的L2模：

$$\boldsymbol{R}(\boldsymbol{X})=\boldsymbol{X}^{\mathrm{T}}\boldsymbol{X} \tag{3.1.10}$$

若 $\hat{\boldsymbol{X}}$ 取样本的均值矢量 $\boldsymbol{\mu}$(N 个样本)、$\boldsymbol{\Gamma}$ 取样本的协方差矩阵 $\boldsymbol{S}$：

$$\boldsymbol{\mu}=\frac{1}{N}\sum_{i=1}^{N}\boldsymbol{x}_i \tag{3.1.11}$$

$$\boldsymbol{S}=\frac{1}{N-1}\sum_{i=1}^{N}(\boldsymbol{x}_i-\boldsymbol{\mu})(\boldsymbol{x}_i-\boldsymbol{\mu})^{\mathrm{T}} \tag{3.1.12}$$

基于样本的均值矢量 $\boldsymbol{\mu}$ 和协方差矩阵 $\boldsymbol{S}$,文献[22]给出一些常用的降维函数：

$$q^2=(\boldsymbol{x}-\boldsymbol{\mu})^{\mathrm{T}}(\boldsymbol{x}-\boldsymbol{\mu}) \tag{3.1.13}$$

$$t^2=(\boldsymbol{x}-\boldsymbol{\mu})^{\mathrm{T}}\boldsymbol{S}(\boldsymbol{x}-\boldsymbol{\mu}) \tag{3.1.14}$$

$$u^2=\frac{(\boldsymbol{x}-\boldsymbol{\mu})^{\mathrm{T}}\boldsymbol{S}(\boldsymbol{x}-\boldsymbol{\mu})}{(\boldsymbol{x}-\boldsymbol{\mu})^{\mathrm{T}}(\boldsymbol{x}-\boldsymbol{\mu})} \tag{3.1.15}$$

$$v^2=\frac{(\boldsymbol{x}-\boldsymbol{\mu})^{\mathrm{T}}\boldsymbol{S}^{-1}(\boldsymbol{x}-\boldsymbol{\mu})}{(\boldsymbol{x}-\boldsymbol{\mu})^{\mathrm{T}}(\boldsymbol{x}-\boldsymbol{\mu})} \tag{3.1.16}$$

$$d^2=(\boldsymbol{x}-\boldsymbol{\mu})^{\mathrm{T}}\boldsymbol{S}^{-1}(\boldsymbol{x}-\boldsymbol{\mu}) \tag{3.1.17}$$

不同的降维函数表达的特征不一样。q^2 可以隔离出显著影响平坦图像区域的像素。t^2 检测对矢量开始几个主要分量的方向和模影响最大的矢量数据。u^2 则更多地强调矢量的主要分量的方向。v^2 用于测量对矢量的最后几个主要分量的方向的相对贡献。d^2 则用于检测远离分散的点的矢量数据。

由于外来干扰对均值矢量 $\boldsymbol{\mu}$ 和均方差矩阵 $\boldsymbol{S}$ 的影响比较大,因此当图像受到外来干扰时,这两个参数应当用其他合适的统计量代替,例如用 M-ordering 的中值代替 $\boldsymbol{\mu}$。

虽然 R-ordering 方法在降维的过程中会损失一些信息,但它能有效地检测外来干扰信号。与其他的矢量排序方法相比,R-ordering 具有一些重要的优点。M-ordering 把矢量数据分解成单个标量信号独立进行处理,丢失了矢量数据内部元素(通道)之间的相关性,R-ordering 把整个矢量数据作为一个整体进行处理,维护了矢量内部元素(通道)之间的相关性。C-ordering 使用矢量样本中的主要分量进行排序,没有利用矢量的其他部件的信息,R-ordering 同时考虑矢量数据中的各个部件而且赋予它们同样的重要性。P-ordering 计算量大,实现复杂;R-ordering 计算简单,容易实现。这些优点使得 R-ordering 成为多通道数据分析中的主要排序方法。

示例：使用降维排序(R-ordering)对式(3.1.2)的三维列矢量数据集进行排序。以式(3.1.13) $q^2=(\boldsymbol{x}-\boldsymbol{\mu})^{\mathrm{T}}(\boldsymbol{x}-\boldsymbol{\mu})$(即矢量到均值矢量的欧几里得距离)为距离测度标准。

先计算均值矢量 $\boldsymbol{\mu}$：

$$\boldsymbol{\mu}=\frac{1}{7}\sum_{i=1}^{7}\boldsymbol{x}_i=[4.2857\quad 4.4286\quad 2.5714]^{\mathrm{T}} \tag{3.1.18}$$

再计算各个矢量数据的距离：

$$\boldsymbol{x}_1-\boldsymbol{\mu}=[1\quad 5\quad 2]^{\mathrm{T}}-[4.2857\quad 4.4286\quad 2.5714]^{\mathrm{T}}=[-3.2857\quad 0.5732\quad -0.5714]^{\mathrm{T}}$$

$$q_{x_1}^2=(\boldsymbol{x}_1-\boldsymbol{\mu})^{\mathrm{T}}(\boldsymbol{x}_1-\boldsymbol{\mu})=[-3.2857\quad 0.5732\quad -0.5714]\cdot\begin{bmatrix}-3.2857\\0.5732\\-0.5714\end{bmatrix}$$

$$=(-3.2857)^2+0.5732^2+(-0.5714)^2=11.45$$

同样，可以计算出其他所有矢量与均值矢量的距离：

$$q_i^2:\begin{cases}q_{x_1}^2=11.45\\q_{x_2}^2=15.73\\q_{x_3}^2=4.59\\q_{x_4}^2=1.02\\q_{x_5}^2=7.88\\q_{x_6}^2=16.16\\q_{x_7}^2=10.02\end{cases}\tag{3.1.19}$$

所以，排序结果是$\{\boldsymbol{x}_4,\boldsymbol{x}_3,\boldsymbol{x}_5,\boldsymbol{x}_7,\boldsymbol{x}_1,\boldsymbol{x}_2,\boldsymbol{x}_6\}$，即

$$\boldsymbol{D}_{\boldsymbol{R}}:\begin{cases}\boldsymbol{x}_{(1)}=[5\quad 4\quad 2]^{\mathrm{T}}\\\boldsymbol{x}_{(2)}=[4\quad 3\quad 1]^{\mathrm{T}}\\\boldsymbol{x}_{(3)}=[2\quad 6\quad 3]^{\mathrm{T}}\\\boldsymbol{x}_{(4)}=[3\quad 2\quad 1]^{\mathrm{T}}\\\boldsymbol{x}_{(5)}=[1\quad 5\quad 2]^{\mathrm{T}}\\\boldsymbol{x}_{(6)}=[7\quad 6\quad 5]^{\mathrm{T}}\\\boldsymbol{x}_{(7)}=[8\quad 5\quad 4]^{\mathrm{T}}\end{cases}\tag{3.1.20}$$

在这种排序方式下，最小的矢量是$\boldsymbol{x}_{(1)}=[5\ 4\ 2]^{\mathrm{T}}$，最大的矢量是$\boldsymbol{x}_{(7)}=[8\ 5\ 4]^{\mathrm{T}}$，中值矢量是$\boldsymbol{x}_{(4)}=[3\ 2\ 1]^{\mathrm{T}}$。

3.2　彩色矢量排序

彩色图像作为一种典型(特殊)的多通道图像，其排序有其特殊性。每个彩色像素用一个三维的列矢量(3 通道数据)表示，3.1 节讨论的各种多通道数据的排序方法都可应用到彩色像素。考虑到目前大部分彩色图像处理的应用都是基于 RGB 颜色空间的，所以本节主要讨论在 RGB 彩色空间中彩色矢量(像素)的排序问题。

对于一个 RGB 彩色矢量，其元素分别是像素的 R、G、B 的通道值，矢量的模可用于测度彩色像素的亮度，而矢量的方向则用于表达彩色像素的色度。因为在 RGB 颜色空间中，各个颜色分量的重要性是相同的，所以排序时排序机制应以相同的权重同时考虑 3 个颜色部件。显然，边缘排序(M-ordering)和条件排序(C-ordering)不能满足这个要求。因此，RGB 颜色矢量的排序机制应当是基于降维排序(R-ordering)的。

在 R-ordering 中，式(3.1.9)表示的降维函数$\boldsymbol{R}(\boldsymbol{X},\hat{\boldsymbol{X}},\boldsymbol{\Gamma})$是基于某个参考矢量$\hat{\boldsymbol{X}}$的。但是，在很多彩色图像处理应用中，应根据当前彩色像素对周边邻域像素的影响(距离)决定排序结果，即应考虑当前像素和周边邻域像素的整体关系。在这种情况下，可以使用如下的关联(降维)函数(聚集 R-ordering)[1-2]：

$$R_a(\boldsymbol{x}_i)=\sum_{j=1}^{N}R(\boldsymbol{x}_i,\boldsymbol{x}_j)\tag{3.2.1}$$

其中，$\{\boldsymbol{x}_1,\boldsymbol{x}_2,\cdots,\boldsymbol{x}_N\}$是邻域矢量像素($N$ 是邻域大小)，$R(\boldsymbol{x}_i,\boldsymbol{x}_j)$表示彩色矢量$\boldsymbol{x}_i$和$\boldsymbol{x}_j$的

距离(或相似度)。因此,式(3.2.1)定义的是一种聚集距离(或相似度),它表示矢量 $\boldsymbol{x}_i$ 到其他矢量的距离和(或相似度之和)。当 $R(\boldsymbol{x}_i,\boldsymbol{x}_j)$ 表示 $\boldsymbol{x}_i$ 和 $\boldsymbol{x}_j$ 的相似度时,其值越小,表示矢量 $\boldsymbol{x}_i$ 越大。若 $R(\boldsymbol{x}_i,\boldsymbol{x}_j)$ 表示 $\boldsymbol{x}_i$ 和 $\boldsymbol{x}_j$ 的距离,则正好相反,即其值越小,矢量 $\boldsymbol{x}_i$ 就越小。

根据式(3.2.1)计算每个像素 $\boldsymbol{x}_i$ 的 $R_a(\boldsymbol{x}_i)$ 值(标量),假设 $R_a(\boldsymbol{x}_i)$ 的排序结果为

$$R_a(\boldsymbol{x}_{(1)}) \leqslant R_a(\boldsymbol{x}_{(2)}) \leqslant \cdots \leqslant R_a(\boldsymbol{x}_{(N)}) \tag{3.2.2}$$

如果 $R(\boldsymbol{x}_i,\boldsymbol{x}_j)$ 表示矢量距离,那么式(3.2.2)隐含着下面的矢量排序关系:

$$\boldsymbol{x}_{(1)} \leqslant \boldsymbol{x}_{(2)} \leqslant \cdots \leqslant \boldsymbol{x}_{(N)} \tag{3.2.3}$$

如果 $R(\boldsymbol{x}_i,\boldsymbol{x}_j)$ 表示矢量的相似度,则式(3.2.2)隐含着相反的矢量排序关系:

$$\boldsymbol{x}_{(1)} \geqslant \boldsymbol{x}_{(2)} \geqslant \cdots \geqslant \boldsymbol{x}_{(N)} \tag{3.2.4}$$

下面两节介绍在彩色图像滤波中经常使用的矢量距离及矢量的相似度。

3.2.1 矢量距离

经常使用的矢量距离的方法是规一化的 Minkowski 距离(Lp 范数):

$$d_M(\boldsymbol{x}_i,\boldsymbol{x}_j) = \left(\sum_{k=1}^{M} | x_{ik} - x_{jk} |^p\right)^{1/p} \tag{3.2.5}$$

其中,M 是矢量的维数(对于彩色图像 $M=3$),x_{ik} 和 x_{jk} 分别是矢量 $\boldsymbol{x}_i$ 和 $\boldsymbol{x}_j$ 的第 k 个元素。当 $p=1$ 时就是 $L1$ 范数,也叫城市块(City-Block)距离;$p=2$ 时就是 $L2$ 范数,也就是欧几里得距离;而当 $p=\infty$ 时就是 L_∞ 范数,等价于如下的公式。

$$d_\infty(\boldsymbol{x}_i,\boldsymbol{x}_j) = \max_{k=1,2,\cdots,M} | x_{ik} - x_{jk} | \tag{3.2.6}$$

另外两个矢量距离方法是 Canberra 距离和 Czekanowski 距离[22]。与 Minkowski 距离不同,这两种距离测度方案只能用于元素值是非负数的矢量(如 R、G、B 矢量像素)。这两种距离的定义如下。

$$d_C(\boldsymbol{x}_i,\boldsymbol{x}_j) = \sum_{k=1}^{M} \frac{| x_{ik} - x_{jk} |}{| x_{ik} + x_{jk} |} \tag{3.2.7}$$

$$d_Z(\boldsymbol{x}_i,\boldsymbol{x}_j) = 1 - \frac{2 \cdot \sum_{k=1}^{M} \min(x_{ik}, x_{jk})}{\sum_{k=1}^{M} | x_{ik} + x_{jk} |} \tag{3.2.8}$$

上面提及的几种矢量距离都是基于矢量模的,在彩色图像处理中,如果需要强调彩色像素的色调信息,则可以使用下面的角度距离:

$$d_A(\boldsymbol{x}_i,\boldsymbol{x}_j) = \arccos\left(\frac{\boldsymbol{x}_i^{\mathrm{T}} \boldsymbol{x}_j}{| \boldsymbol{x}_i || \boldsymbol{x}_j |}\right) \tag{3.2.9}$$

在实际应用中,如果需要同时考虑矢量的模和方向(角度),则可将上面的距离公式组合起来。在实际应用中,如果矢量中的元素差别很大(不同的数量级),那么在利用本节的公式计算矢量距离时,就需要先把各个矢量元素规一化到某个额定范围,然后再计算距离。

3.2.2 矢量相似度

某种意义上,矢量的相似度与矢量的距离是等价的,它们是一种倒置(互补)关系,即相似度越大,距离越小,而相似度越小,距离越大。记 θ 为两个矢量的夹角,则两个基本的相似

度函数是：

$$S_1(\boldsymbol{x}_i,\boldsymbol{x}_j)=\frac{\boldsymbol{x}_i^{\mathrm{T}}\boldsymbol{x}_j}{|\boldsymbol{x}_i||\boldsymbol{x}_j|}=\cos(\theta) \tag{3.2.10}$$

$$S_2(\boldsymbol{x}_i,\boldsymbol{x}_j)=\left(\frac{\boldsymbol{x}_i^{\mathrm{T}}\boldsymbol{x}_j}{|\boldsymbol{x}_i||\boldsymbol{x}_j|}\right)^p\cdot\left(1-\frac{||\boldsymbol{x}_i|-|\boldsymbol{x}_j||}{\max(|\boldsymbol{x}_i|,|\boldsymbol{x}_j|)}\right)^{1-p} \tag{3.2.11}$$

在上面的公式中，$S_1(\boldsymbol{x}_i,\boldsymbol{x}_j)$实际上是两个矢量夹角的余弦，它表示两个矢量在方向上的相似度。$S_2(\boldsymbol{x}_i,\boldsymbol{x}_j)$则同时考虑了矢量的模和矢量方向，其中参数 p $(0\leqslant p\leqslant 1)$控制矢量的方向和模在相似度测量中的重要性，当 $p=0.5$ 时，式(3.2.11)等价于：

$$S_2(\boldsymbol{x}_i,\boldsymbol{x}_j)=\frac{\boldsymbol{x}_i^{\mathrm{T}}\boldsymbol{x}_j}{|\boldsymbol{x}_i||\boldsymbol{x}_j|}\cdot\left(1-\frac{||\boldsymbol{x}_i|-|\boldsymbol{x}_j||}{\max(|\boldsymbol{x}_i|,|\boldsymbol{x}_j|)}\right) \tag{3.2.12}$$

另外一类相似度测量函数是基于“内容模型(Content Model)”的，这类相似度测量方法被定义为两个矢量在某一方面的共同部分与总数量之比[23-24]：

$$S_{\text{content}}(\boldsymbol{x}_i,\boldsymbol{x}_j)=\frac{C_{ij}}{T_{ij}} \tag{3.2.13}$$

C_{ij}为公共部分，T_{ij}为总量。例如，可以将 C_{ij}定义为两个投影(一个矢量在另外一个矢量的投影)的模的和，或定义 C_{ij}为两个投影的矢量代数和；将 T_{ij}定义为两个矢量模的和，或定义 T_{ij}为两个矢量的代数和。将这些选择组合起来，可以得到如下的相似度函数：

$$S_3(\boldsymbol{x}_i,\boldsymbol{x}_j)=\frac{h_i+h_j}{|\boldsymbol{x}_i|+|\boldsymbol{x}_j|}=\frac{|\boldsymbol{x}_i|\cdot\cos(\theta)+|\boldsymbol{x}_j|\cdot\cos(\theta)}{|\boldsymbol{x}_i|+|\boldsymbol{x}_j|}=\cos(\theta) \tag{3.2.14}$$

$$S_4(\boldsymbol{x}_i,\boldsymbol{x}_j)=\frac{h_i+h_j}{\sqrt{|\boldsymbol{x}_i|^2+|\boldsymbol{x}_j|^2+2|\boldsymbol{x}_i||\boldsymbol{x}_j|\cos(\theta)}} \tag{3.2.15}$$

$$S_5(\boldsymbol{x}_i,\boldsymbol{x}_j)=\frac{\sqrt{|h_i|^2+|h_j|^2+2|h_i||h_j|\cos(\theta)}}{|\boldsymbol{x}_i|+|\boldsymbol{x}_j|} \tag{3.2.16}$$

这里，θ 为矢量 $\boldsymbol{x}_i$ 和 $\boldsymbol{x}_j$ 的夹角，$\begin{cases}h_i=|\boldsymbol{x}_i|\cdot\cos(\theta)\\h_j=|\boldsymbol{x}_j|\cdot\cos(\theta)\end{cases}$为两个矢量的投影。

如果矢量 $\boldsymbol{x}_i$ 和 $\boldsymbol{x}_j$ 具有相同的模：$|\boldsymbol{x}_i|=|\boldsymbol{x}_j|$，则式(3.2.15)和式(3.2.16)所表示的相似度就与矢量的模无关，仅与它们的朝向差异相关：

$$S_4(\boldsymbol{x}_i,\boldsymbol{x}_j)=\frac{\cos(\theta)}{\cos(\theta/2)} \tag{3.2.17}$$

$$S_5(\boldsymbol{x}_i,\boldsymbol{x}_j)=\cos(\theta)\cos(\theta/2) \tag{3.2.18}$$

除上面的相似度函数外，还有一些其他的度量方法[1]。

1) 相关系数法

$$S(\boldsymbol{x}_i,\boldsymbol{x}_j)=\frac{\sum_{k=1}^{M}(|x_{ik}-\bar{x}_i||x_{jk}-\bar{x}_j|)}{\left(\sum_{k=1}^{M}(x_{ik}-\bar{x}_i)^2\right)^{1/2}\left(\sum_{k=1}^{M}(x_{jk}-\bar{x}_j)^2\right)^{1/2}} \tag{3.2.19}$$

这里，$\bar{x}_i=\frac{1}{M}\sum_{k=1}^{M}x_{ik}$ 表示矢量 $\boldsymbol{x}_i$ 的元素的均值，M 是矢量的维数(对于彩色图像，$M=3$)。

2）绝对值指数法

$$S(\boldsymbol{x}_i,\boldsymbol{x}_j)=1-\frac{\sum_{k=1}^{M}|x_{ik}-x_{jk}|}{\exp(\beta)} \tag{3.2.20}$$

这里，参数 $\beta>0$ 用于调节相似度的规模。

3）绝对值倒数法

$$S(\boldsymbol{x}_i,\boldsymbol{x}_j)=\begin{cases}1, & i=j\\ 1-\dfrac{\beta}{\sum_{k=1}^{M}|x_{ik}-x_{jk}|}, & i\neq j\end{cases} \tag{3.2.21}$$

这里，参数 β 使得 $0\leqslant S(\boldsymbol{x}_i,\boldsymbol{x}_j)\leqslant 1$。

4）最大-最小法

$$S(\boldsymbol{x}_i,\boldsymbol{x}_j)=\frac{\sum_{k=1}^{M}\min(x_{ik},x_{jk})}{\sum_{k=1}^{M}\max(x_{ik},x_{jk})} \tag{3.2.22}$$

5）算术平均最小法

$$S(\boldsymbol{x}_i,\boldsymbol{x}_j)=\frac{\sum_{k=1}^{M}\min(x_{ik},x_{jk})}{\frac{1}{2}\sum_{k=1}^{M}(x_{ik}+x_{jk})} \tag{3.2.23}$$

6）几何平均最小法

$$S(\boldsymbol{x}_i,\boldsymbol{x}_j)=\frac{\sum_{k=1}^{M}\min(x_{ik},x_{jk})}{\sum_{k=1}^{M}\sqrt{x_{ik}x_{jk}}} \tag{3.2.24}$$

在实际应用中，应根据实际问题的具体情况采用不同的相似度函数。可能一种相似度函数适合某种应用，但不适合另外一种应用。

3.3 图像质量评估

在图像处理中，常常需要评估两幅图像的差异。对于灰度图像，一般使用信噪比来测量；对于彩色图像，除了信噪比外，还应当测量颜色差异。为此，人们提出了各种评估方法[1-2,25-26]。下面是比较常用的几种：

- 归一化均方误差（Normalized Mean Square Error，NMSE）
- 归一化色彩误差（Normalized Color Difference，NCD）
- 平均绝对误差（Mean Absolute Error，MAE）
- 平均均方误差（Mean Square Error，MSE）
- 峰值信噪比（Peak Signal-to-Noise Ratio，PSNR）

假设 $\boldsymbol{O}(x,y)$ 是理想的基准 RGB 图像，$\boldsymbol{x}(x,y)$ 是需要比较的 RGB 图像，图像的大小为 $H\times W$。那么，这些准则的定义如下。

$$\text{NMSE} = \frac{\sum_{i=1}^{H}\sum_{j=1}^{W} \| \boldsymbol{x}(i,j) - \boldsymbol{O}(i,j) \|_2^2}{\sum_{i=1}^{H}\sum_{j=1}^{W} \| \boldsymbol{O}(i,j) \|_2^2} \tag{3.3.1}$$

$$\text{MAE} = \frac{1}{3HW}\sum_{i=1}^{H}\sum_{j=1}^{W} \| \boldsymbol{x}(i,j) - \boldsymbol{O}(i,j) \|_1 \tag{3.3.2}$$

$$\text{MSE} = \frac{1}{3HW}\sum_{i=1}^{H}\sum_{j=1}^{W} \| \boldsymbol{x}(i,j) - \boldsymbol{O}(i,j) \|_2^2 \tag{3.3.3}$$

$$\text{PSNR} = 10\log_{10}\frac{255^2}{\frac{1}{3HW}\sum_{i=1}^{H}\sum_{j=1}^{W} \| \boldsymbol{x}(i,j) - \boldsymbol{O}(i,j) \|_2^2} = 10\log_{10}\frac{255^2}{\text{MSE}} \tag{3.3.4}$$

$$\text{NCD} = \frac{\sum_{i=1}^{H}\sum_{j=1}^{W}\sqrt{[L_x^*(i,j)-L_O^*(i,j)]^2+[a_x^*(i,j)-a_O^*(i,j)]^2+[b_x^*(i,j)-b_O^*(i,j)]^2}}{\sum_{i=1}^{H}\sum_{j=1}^{W}\sqrt{[L_O^*(i,j)]^2+[a_O^*(i,j)]^2+[b_O^*(i,j)]^2}} \tag{3.3.5}$$

这里，$\| \cdot \|_2$ 表示矢量的 L_2 模(欧几里得距离)；$\| \cdot \|_1$ 表示矢量的 L_1 模(City-block 距离)。式(3.3.5)表示在均匀颜色空间 CIELAB 中测量的颜色误差，其中 $L_x^*(i,j)$、$a_x^*(i,j)$、$b_x^*(i,j)$和 $L_O^*(i,j)$、$a_O^*(i,j)$、$b_O^*(i,j)$分别表示图像 $\boldsymbol{x}(i,j)$和 $\boldsymbol{O}(i,j)$在 CIELAB 颜色空间中的 3 个部件值。

在上面的评估标准中，NCD 表示了两个彩色图像的色彩差异(这种色彩差异比较符合人类视觉感知，因为它是在均匀颜色空间 CIELAB 中测量出的)。MAE 用于测量两个彩色图像中边缘、纹理等细节的差异。MSE、PSNR 和 NMSE 表示两个彩色图像在关于矢量模上的整体差异。可以看出，MSE 和 PSNR 是等价的(MSE 越大，PSNR 就越小；MSE 越小，PSNR 就越大)。在早期的彩色图像处理算法中，一般采用 NMSE 和 NCD；但后来的研究一般都采用 MSE、MAE 和 NCD，或者 PSNR、MAE 和 NCD。因为 MSE 和 MAE(或者 PSNR 和 MAE)比 NMSE 更能反映两个图像之间的差异。

从公式中可以看出，PSNR 的值越大，表示两幅图像越相似。其他参数(NCD、NMSE、MSE、MAE)越小，表示两幅图像越接近，它们的值越大，则表示两幅图像的差异越大。

习题

3.1 给定一个二维列矢量数据集：

$$D:\begin{cases}\boldsymbol{x}_1=[3\quad 2]^{\mathrm{T}}\\ \boldsymbol{x}_2=[1\quad 1]^{\mathrm{T}}\\ \boldsymbol{x}_3=[1\quad 5]^{\mathrm{T}}\\ \boldsymbol{x}_4=[5\quad 1]^{\mathrm{T}}\\ \boldsymbol{x}_5=[2\quad 3]^{\mathrm{T}}\\ \boldsymbol{x}_6=[6\quad 5]^{\mathrm{T}}\\ \boldsymbol{x}_7=[5\quad 6]^{\mathrm{T}}\end{cases}$$

假设第二个通道为主分量，分别使用下面的方法对这些矢量进行排序，并给出排序结果：①边缘排序；②条件排序；③降维排序(以式(3.1.13)为距离测度标准)。

3.2　为什么彩色矢量(像素)的模能表示像素的亮度？两个彩色矢量的夹角能粗略表示它们的色差？

3.3　写出一些常用的颜色相似度的计算方法。

3.4　简述在图像质量评估中 NCD、PSNR、MAE 的作用。

第4章 彩色图像增强

图像增强(Image Enhancement)是指通过一些方法增强图像的某些特征,如边缘、轮廓、纹理、对比度等,提高图像的清晰度,突出图像中感兴趣目标的特征、抑制不感兴趣的特征,以达到改善图像的视觉效果,提高后续图像处理性能的目的。

图像增强的方法可分为两类:空域法和频域法。空域法是指直接对图像像素的颜色值进行变换。频域准则是把图像变换到频域,在频域中根据需要增强或抑制高、低频信号,然后将频域信号逆变换为空域信号(图像)。将图像从空域变换到频域的典型方法是二维Fourier变换。对于彩色图像,由于颜色值的矢量特性,不能使用常规的Fourier变换。但是,采用四元数技术,则可以完美地实现彩色图像的Fourier变换(见第9章)。

本章介绍几种基本的空域增强方法:点变换、直方图修正、彩色图像锐化、彩色图像去雾等。

4.1 点变换

点变换是指通过一个映射函数将一个颜色值映射为另一个颜色值。在图像增强中,可以通过点变换方法拓宽(拉伸)目标图像中感兴趣的颜色(灰度值)的变化范围,从而达到图像增强的目的。典型的点变换方法有线性变换和非线性变换。

应用点变换的前提是需要知道感兴趣目标的颜色范围,如果这个颜色范围偏窄,则通过点变换扩大这个颜色范围,就能达到较好的增强效果。由于图像颜色值额定范围是固定的(每个通道的范围是[0,255]),所以扩大感兴趣目标的颜色范围时,必须压缩其他目标或背景的颜色范围。

利用点变换处理彩色图像时,一般都是应用3个独立的变换将3个颜色通道的值映射到所需要的范围。用 $\boldsymbol{f}(x,y)=[f_R(x,y),f_G(x,y),f_B(x,y)]^{\mathrm{T}}$ 表示一个RGB彩色图像,假设感兴趣目标的某个颜色通道 $C\in\{R,G,B\}$ 的取值范围为 $[a,b]$,则需要将这个通道的感兴趣范围扩展到 $[c,d]$,变换后的图像记为 $\boldsymbol{g}(x,y)=[g_R(x,y),g_G(x,y),g_B(x,y)]^{\mathrm{T}}$,则可通过简单的线性变换实现:

$$g_C(x,y)=\begin{cases} v1+\dfrac{c-v1}{a-v1}(f_C(x,y)-v1), & f_C(x,y)<a \\ c+\dfrac{d-c}{b-a}(f_C(x,y)-a), & a\leqslant f_C(x,y)<b \\ d+\dfrac{v2-d}{v2-b}(f_C(x,y)-b), & f_C(x,y)\geqslant b \end{cases} \tag{4.1.1}$$

其中,$[v1,v2]$是该通道的额定取值范围,对于24位的RGB图像,$[v1,v2]=[0,255]$。

使用线性变换增强彩色图像时,每个通道是独立增强的,这会造成增强后的图像颜色失真。为了保证颜色不失真,一种简单的方法是只对图像的亮度通道进行处理,而两个色度通道则保持不变。

非线性变换是指映射函数是非线性的,例如对数变换和指数变换。对数变换的一般表达式为

$$\boldsymbol{g}(x,y)=\lambda\cdot\log(\boldsymbol{f}(x,y)+1) \tag{4.1.2}$$

其中λ是增强系数。对数变换比较符合人类的视觉特性,其作用是扩展图像的低亮度范围,压缩高亮度范围,使得图像的亮度分布趋于均匀。

指数变换的作用则与对数变换的作用相反,其作用是扩展图像的高亮度范围,压缩低亮度范围。指数变换的表达式为

$$\boldsymbol{g}(x,y)=\lambda\cdot(\boldsymbol{f}(x,y)+\varepsilon)^{\gamma} \tag{4.1.3}$$

γ和λ是增强系数,ε是一个比较小的常量(确保$\boldsymbol{f}(x,y)+\varepsilon$不为$\boldsymbol{0}$)。

4.2 直方图修正

图像的直方图(Histogram)被定义为每种颜色(灰度级)的像素个数在整个图像像素中所占的比例。直方图反映了不同颜色(灰度级)在图像中的分布特性。亮度高的图像,直方图主要集中在高亮度区间;而亮度低的图像,直方图则主要集中在黑暗区间。直方图修正法是一种图像增强的经典方法,主要包括直方图均衡化和直方图规定化。

4.2.1 直方图均衡化

如果一个图像对比度低、不清晰,那么图像的直方图主要集中在某个较窄的区间。通过拉宽这个区间,就能增强图像的清晰度和对比度。直方图均衡化(Histogram Equalization)是一种经典的图像增强技术。直方图均衡化变换,使得目标图像的直方图尽可能接近均匀分布,这样就增加了像素颜色值的动态范围,从而达到增强图像整体对比度的目的。

假设图像的颜色级别数为L,每个颜色级别的像素个数占图像像素总数的比例为$p_i(i=0,1,\cdots,L-1)$。显然,$\sum_{i=0}^{L-1}p_i=1$。为了实现直方图均衡化(把直方图分布$p_i(i=0,1,\cdots,L-1)$转变为均匀分布),首先需要计算原始直方图的累加直方图:

$$H(i)=\sum_{j=0}^{i}p_j \tag{4.2.1}$$

如果一个直方图分布是均匀的,那么它的累加直方图一定是线性的。所以,下面的变换将原始图像的颜色级别$i(i=0,1,\cdots,L-1)$变换为颜色级别$T(i)$,实现了直方图的均衡化(直方图均衡化的推导过程见文献[2-3]):

$$T(i)=(L-1)\cdot H(i) \tag{4.2.2}$$

这就是直方图均衡化的公式。

下面用一个例子说明直方图均衡化的过程。假设一个图像有 8 个级别的颜色，其直方图分布如图 4.2.1(a)所示。图 4.2.1(b)显示了均衡化后的直方图。表 4.2.1 列出了对图 4.2.1(a)进行直方图均衡化的实现步骤。根据表 4.2.1，只需将原图像的 1、2、4、5、6 号颜色分别变成 0、1、5、6、7 号颜色，而 0、3、7 号颜色保持不变，就实现了直方图的均衡化。所以，变换后的图像中就只有原来的 0、1、3、5、6、7 号颜色，而原来的 2 号和 4 号颜色消失了。

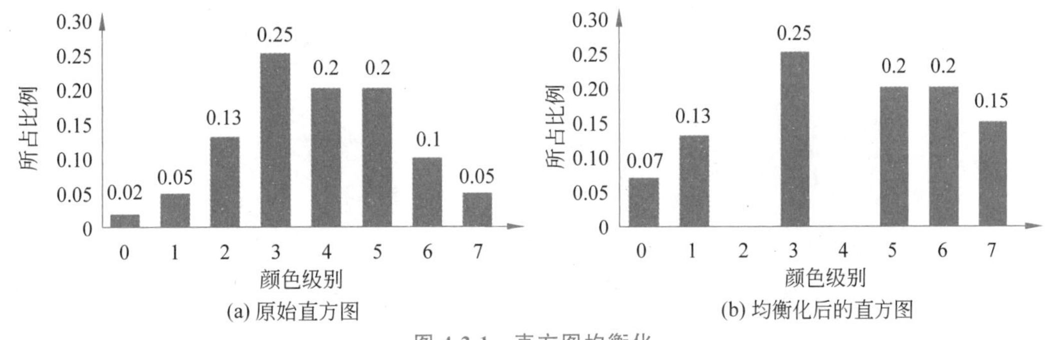

(a) 原始直方图　(b) 均衡化后的直方图

图 4.2.1 直方图均衡化

表 4.2.1 对图 4.2.1(a)进行直方图均衡化的实现步骤

颜色级别($L=8$)	0	1	2	3	4	5	6	7
步骤 1：原始直方图 p_i	0.02	0.05	0.13	0.25	0.20	0.20	0.10	0.05
步骤 2：累积直方图 $H(i)$	0.02	0.07	0.20	0.45	0.65	0.85	0.95	1.00
步骤 3：变换 $(8-1)*H(i)$	0	0	1	3	5	6	7	7
步骤 4：确定变换关系	0，1→0		2→1	3→3	4→5	5→6	6，7→7	
步骤 5：变换后的直方图	0.07	0.13	0.00	0.25	0.00	0.20	0.20	0.15

对于一般的灰度图像，最多有 256 级灰度值，可以将每种实际的灰度值看成一个颜色级别，然后进行直方图均衡化变换。但对于 24 位的 RGB 彩色图像，最多有 2^{24}(167777216)个颜色级别，如果直接进行直方图均衡化，则会耗费巨大的计算机资源(基本上是不可行的)。为了减少颜色级别，一般将每个颜色通道划分为若干 bin。例如，将每个颜色通道划分为 16 个 bin，每个 bin 的大小为 16，这样彩色图像的颜色级别数为 16×16×16=4096。进行直方图均衡化变换时，每个颜色级别可以用其均值颜色代替。

然而，通过压缩颜色级别数(每个颜色级别用均值颜色表示)进行直方图均衡化变换，一般会破坏彩色图像的色调，造成颜色失真。研究表明，修改彩色图像的亮度和饱和度不会破坏色调信息[1-2]。因此，为了保护图像色调，一种方法是将彩色图像转换为色调-饱和度-亮度表示(如 HSI、HSV 等)，仅在亮度通道或饱和度通道进行直方图均衡化变换。图 4.2.2 演示了这种策略(见彩插 2)。先将图像转换到 HSI 颜色空间，然后保持 H 和 S 通道不变，仅对 I 通道进行直方图均衡化变换。图中，第 1 列为原始图像，第 2 列列出了仅对 I 通道进行直方图均衡化的结果，第 3 列显示了对 RGB 的 3 个通道同时进行直方图均衡化的结果。从图中可以看出，仅对 I 通道进行直方图均衡化，能很好地保护图像的色调，同时增强了图像的视觉效果。对 RGB 的 3 个通道同时进行直方图均衡化，破坏了色调信息，导致颜色失真(不协调的新颜色)。

图 4.2.2　彩色图像直方图均衡化：第 1 列为原始图像，第 2 列为对 HSI 空间的 I 分量进行直方图均衡化的结果，第 3 列为同时对 RGB 的 3 个分量进行直方图均衡化的结果

4.2.2　直方图规定化

直方图均衡化增强的是整个图像，使得增强后的直方图逼近均匀分布。但在实际应用中，有时不需要增强整个图像，不需要增强后的图像直方图具有整体的均匀分布，而是希望仅增强某个局部的颜色范围，使得增强后的图像直方图逼近某个特定的形状(可以只改变局部直方图的形状)。所谓直方图规定化(Histogram Specification)，就是通过一个颜色映像函数对图像进行变换，使得变换后的图像具有所希望的直方图。显然，直方图均衡化是规定化的一个特例，即当规定的直方图是均匀分布时，直方图规定化就退化成直方图均衡化。

直方图规定化的推导过程见参考文献[3]。直观上解释如下：要使得两个直方图的形状相同，它们的累加直方图的形状必定相同。假设需要通过变换使得原始图像 $f(x,y)$ 的直方图与目标图像 $g(x,y)$ 的直方图一样。为了使得 $f(x,y)$ 的累加直方图与 $g(x,y)$ 的累加直方图相同，对于原始图像 $f(x,y)$ 的每个颜色级别 i (其累加直方图记为 $H_f(i)$)，需要在目标图像 $g(x,y)$ 的累加直方图中查找最接近 $H_f(i)$ 的颜色级别 j (其累加直方图记为 $H_g(j)$)：

$$\min_j |H_g(j) - H_f(i)| \tag{4.2.3}$$

然后做变换：将 $f(x,y)$ 的颜色级别 i 变换为颜色级别 j。

假设一个图像有 8 个级别的颜色，其直方图如图 4.2.3(a)所示。规定的直方图如图 4.2.3(b)所示。图 4.2.3(c)显示了直方图规定化变换后的图像直方图。表 4.2.2 列出了直方图规定化的实现步骤。

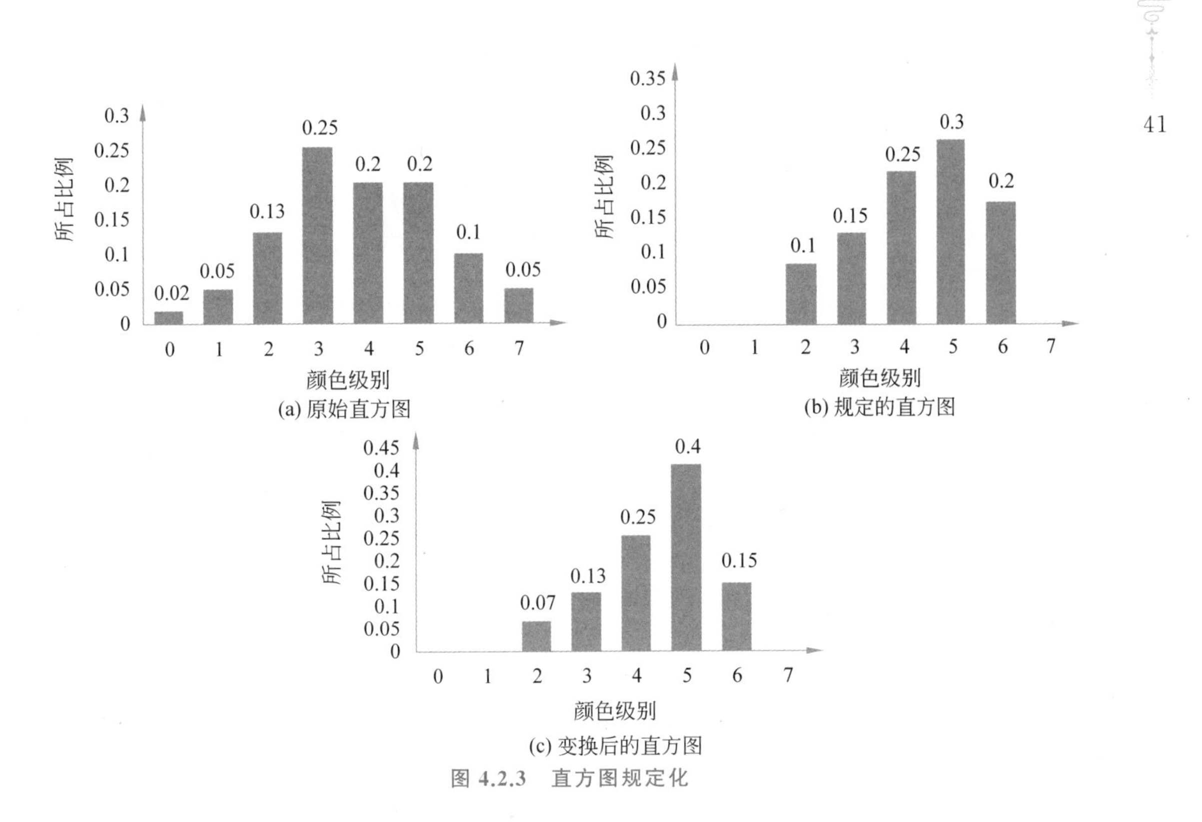

图 4.2.3 直方图规定化

表 4.2.2 直方图规定化的实现步骤(将图 4.2.3(a)规定化为图 4.2.3(b))

颜色级别($L=8$)	0	1	2	3	4	5	6	7
步骤 1：原始直方图 p_i	0.02	0.05	0.13	0.25	0.20	0.20	0.10	0.05
步骤 2：规定的直方图 p_j	0.00	0.00	0.10	0.15	0.25	0.30	0.20	0.00
步骤 3：原始累积直方图 $H_f(i)$	0.02	0.07	0.20	0.45	0.65	0.85	0.95	1.00
步骤 4：规定累积直方图 $H_g(j)$	0.00	0.00	0.10	0.25	0.50	0.80	1.00	1.00
步骤 5：$\min\limits_{j}\lvert H_g(j)-H_f(i)\rvert$	2	2	3	4	5	5	6	6
步骤 6：确定变换关系	0，1→2		2→3	3→4	4，5→5		6，7→6	
步骤 7：变换后的直方图	0.00	0.00	0.07	0.13	0.25	0.40	0.15	0.00

对于彩色图像，与直方图均衡化一样，直接对 3 通道的联合直方图进行规定化变换或者独立地对每个颜色通道进行规定化变换，都会破坏彩色图像的色调信息。为了保护色彩信息，一般只对彩色图像的亮度通道或饱和度通道进行直方图规定化变换(其他颜色通道保持不变)。图 4.2.4 演示了利用彩色图像的亮度通道和饱和度通道对彩色图像进行直方图规定化的结果。首先，将基准图像(图 4.2.4(a))和需要变换的图像(图 4.2.4(b)和图 4.2.4(d))变换到 HSI 颜色空间。然后，利用基准彩色图像(图 4.2.4(a))的亮度通道 I 的直方图对图 4.2.4(b)的亮度通道进行规定化变换，得到图 4.2.4(c)；利用基准图像(图 4.2.4(a))的饱和度通道 S 的直方图对图 4.2.4(d)的饱和度通道进行规定化变换，得到图 4.2.4(e)。从图中可以看出，这两种处理方式基本上都没有破坏图像的色调信息，同时增强了图像的视觉效果。

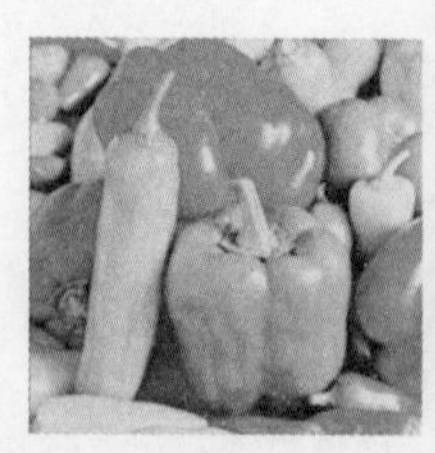

(a) 基准图像(HSI)

(b) 原始图像1

(c) 用(a)的I直方图规定化(b)

(d) 原始图像2

(e) 用(a)的S直方图规定化(d)

图 4.2.4　彩色图像直方图规定化：利用(a)的亮度通道 I 的直方图规定化(b)的 I 通道，得到图像(c)；利用(a)的饱和度通道 H 的直方图规定化(d)的 H 通道，得到图像(e)

4.3　彩色图像锐化

图像在生成、传输和处理等操作后，常常会出现模糊现象。在很多图像处理的应用中，需要突出边缘、轮廓、纹理等细节信息，这可通过图像锐化(Image Sharpening)的技术实现。图像锐化的目的是突出图像的边缘、轮廓等细节信息，使得图像的边缘纹理更加清晰。图像锐化的基本方法包括空域增强法和频域增强法。

图像信号的平滑部分对应频域中的低频信号，边缘纹理等细节信息则对应频域中的高频部分。因此，只需在频域中增强高频信号，而抑制低频信号，就可实现图像的锐化。图像锐化的频域方法一般流程是：首先，使用 Fourier 变换将图像变换到频域；然后，在频域中增强高频信号；最后，利用 Fourier 逆变换将处理后的频域信号反变换到空域。然而，对于彩色图像，由于彩色信号的矢量特性，传统的技术无法将彩色图像变换到频域(Fourier 变换只能用于标量信号)。幸运地，四元数技术完美地解决了这个问题，可以利用四元数 Fourier 变换实现彩色图像到频域的变换和逆变换(见 9.2.4 节四元数 Fourier 变换)。由于频域锐化方法整体上比较简单，本节仅介绍空域锐化方法。

在空域中增强边缘纹理细节，首先需要将边缘纹理细节的相关信息提取出来，然后进行增强。在实际应用中，一般要求在锐化后的图像中保持图像的原有信息(仅锐化边缘轮廓等细节信息)，这可通过在增强后的边缘纹理细节上附加一定比例的原始图像实现。因此，空域图像锐化的一般方法为

$$\boldsymbol{g}(x,y)=k_1\cdot\boldsymbol{\varphi}(x,y)+k_2\cdot\boldsymbol{f}(x,y)\tag{4.3.1}$$

这里，$\boldsymbol{f}(x,y)$是原始图像，$\boldsymbol{\varphi}(x,y)$为需要增强的边缘纹理细节，$k_1$ 为细节增强系数($k_1>0$)，k_2 是原始图像的保留比例($0\leqslant k_2\leqslant 1$)。

由式(4.3.1)可知，在图像锐化中，计算边缘细节图像 $\boldsymbol{\varphi}(x,y)$是关键。一般地，可使用一阶微分和二阶微分的方法计算 $\boldsymbol{\varphi}(x,y)$，也可以使用其他方法估计 $\boldsymbol{\varphi}(x,y)$。例如，使用

反锐化掩膜(Unsharp Masking)估算 $\boldsymbol{\varphi}(x,y)$,或者使用图像的局部统计信息(局部均值和方差)量化 $\boldsymbol{\varphi}(x,y)$。

对于彩色图像的锐化,最简单的方法是独立对3个颜色通道分别进行锐化,然后再将锐化后的3个通道合并为新的彩色图像。然而,这种方法没有考虑颜色通道的相关性,容易破坏图像的色调,从而产生不协调的新颜色(颜色失真)。另外一种锐化方法是先将彩色图像转换到色度-亮度空间(如HSI),然后只对亮度通道进行锐化,而保持两个色度通道不变。还有一种锐化方法是使用矢量处理技术对彩色图像进行锐化,这种方法在锐化过程中既保持了颜色的整体性,又在一定程度上维护了颜色通道的相关性。

4.3.1 基于一阶微分的锐化

基于一阶微分的图像锐化方法使用图像一阶微分估计图像的细节信息 $\boldsymbol{\varphi}(x,y)$,然后使用式(4.3.1)增强图像的边缘纹理细节。图像的边缘纹理细节等对应图像中变化显著的区域,平滑的区域几乎没什么变化(或变化很缓慢)。图像的梯度反映了图像信号在某个位置最大变化的幅度及其方向,在图像平滑的区域,梯度模很小,接近或等于0;而在边缘、纹理等细节丰富的地方,梯度模将很大,因此可以用梯度模(一阶微分)刻画图像的变化显著程度:

$$\boldsymbol{\varphi}(x,y)=\|\nabla \boldsymbol{f}(x,y)\|=\left\|\left[\frac{\partial \boldsymbol{f}(x,y)}{\partial x},\frac{\partial \boldsymbol{f}(x,y)}{\partial y}\right]^{\mathrm{T}}\right\| \tag{4.3.2}$$

对于彩色图像,有多种方法可计算梯度(见6.3.2节彩色图像梯度)。其中,一个经典的方法是矢量梯度,该方法利用矢量运算计算彩色图像的梯度模和梯度方向。因此,在彩色图像锐化中,将 $\boldsymbol{\varphi}(x,y)$ 定义为矢量梯度的模:

$$\boldsymbol{\varphi}(x,y)=\frac{1}{2}\left((E+G)+\sqrt{(E-G)^2+(2F)^2}\right) \tag{4.3.3}$$

其中,彩色图像 $\boldsymbol{f}(x,y)=[R(x,y),G(x,y),B(x,y)]^{\mathrm{T}}$,$E$、$F$、$G$ 为

$$\begin{cases}E=\left(\dfrac{\partial R(x,y)}{\partial x}\right)^2+\left(\dfrac{\partial G(x,y)}{\partial x}\right)^2+\left(\dfrac{\partial B(x,y)}{\partial x}\right)^2\\F=\dfrac{\partial R(x,y)}{\partial x}\dfrac{\partial R(x,y)}{\partial y}+\dfrac{\partial G(x,y)}{\partial x}\dfrac{\partial G(x,y)}{\partial y}+\dfrac{\partial B(x,y)}{\partial x}\dfrac{\partial B(x,y)}{\partial y}\\G=\left(\dfrac{\partial R(x,y)}{\partial y}\right)^2+\left(\dfrac{\partial G(x,y)}{\partial y}\right)^2+\left(\dfrac{\partial B(x,y)}{\partial y}\right)^2\end{cases} \tag{4.3.4}$$

计算图像偏微分的方法参见6.2节。算法4.3.1总结了基于矢量梯度的彩色图像锐化方法。

算法4.3.1 基于矢量梯度的彩色图像锐化方法

输入:$\boldsymbol{f}(x,y)=[R(x,y),G(x,y),B(x,y)]^{\mathrm{T}}$ 需要锐化的图像
k_1 细节增强系数($k_1>0$)
k_2 原始图像的保留比例($0\leqslant k_2\leqslant 1$)。

输出:$\boldsymbol{g}(x,y)$ 锐化后的图像

(1) 计算 $\boldsymbol{f}(x,y)$ 的通道偏导数:

$$\frac{\partial R(x,y)}{\partial x},\frac{\partial R(x,y)}{\partial y},\frac{\partial G(x,y)}{\partial x},\frac{\partial G(x,y)}{\partial y},\frac{\partial B(x,y)}{\partial x},\frac{\partial B(x,y)}{\partial y}$$

(2) 根据式(4.3.4)计算每个像素 $\boldsymbol{f}(x,y)$ 的 E、F、G;

(3) 对于每个像素 $\boldsymbol{f}(x,y)$,根据它的 E、F、G 和式(4.3.3)计算细节信息 $\boldsymbol{\varphi}(x,y)$;

(4) 利用下面的公式计算锐化后的图像 $\boldsymbol{g}(x,y)$：

$$\boldsymbol{g}(x,y)=k_1\cdot\boldsymbol{\varphi}(x,y)+k_2\cdot\boldsymbol{f}(x,y)$$

//算法结束

图 4.3.1 显示了基于矢量梯度的彩色图像锐化结果，第 1 行为原始的梯度图像，第 2 行为相应的锐化结果。可以看出，在锐化后的图像中，很好地突出了彩色图像的边缘、轮廓和纹理信息。

图 4.3.1　基于矢量梯度的锐化：第 1 行为原始图像，第 2 行为基于矢量梯度的锐化结果

4.3.2　基于二阶微分的锐化

图像的一阶微分（梯度）强调的是边缘、纹理等方向性较强的信息，而二阶微分强调的是颜色突起变化（包括孤立噪声点）。因此，除使用一阶微分（梯度）捕捉图像的细节信息 $\boldsymbol{\varphi}(x,y)$，也可以采用二阶微分抽取图像的细节信息 $\boldsymbol{\varphi}(x,y)$，从而实现图像的锐化。由于需要增强的细节具有各种朝向，所以需要构建一种各向同性的二阶微分锐化方法。最简单的各向同性的二阶微分算子是拉普拉斯（Laplacian）算子[3]：

$$\nabla^2 f(x,y)=\frac{\partial^2 f(x,y)}{\partial x^2}+\frac{\partial^2 f(x,y)}{\partial y^2} \tag{4.3.5}$$

拉普拉斯算子离散化后，可以得到不同的卷积核（参见 6.5.1 节拉普拉斯算子），4 个最基本的卷积核为

$$\begin{bmatrix}0&-1&0\\-1&4&-1\\0&-1&0\end{bmatrix}\quad\begin{bmatrix}0&1&0\\1&-4&1\\0&1&0\end{bmatrix}\quad\begin{bmatrix}-1&-1&-1\\-1&8&-1\\-1&-1&-1\end{bmatrix}\quad\begin{bmatrix}1&1&1\\1&-8&1\\1&1&1\end{bmatrix} \tag{4.3.6}$$

使用式(4.3.6)的卷积核对图像做卷积，就得到图像的拉普拉斯响应。

对于彩色图像 $\boldsymbol{f}(x,y)=[R(x,y),G(x,y),B(x,y)]^{\mathrm{T}}$，拉普拉斯算子可以定义为 3 个通道的拉普拉斯响应之和[1-2]：

$$\nabla^2\boldsymbol{f}=\nabla^2 f_R+\nabla^2 f_G+\nabla^2 f_B$$

$$= \frac{\partial^2 f_R}{\partial x^2} + \frac{\partial^2 f_R}{\partial y^2} + \frac{\partial^2 f_G}{\partial x^2} + \frac{\partial^2 f_G}{\partial y^2} + \frac{\partial^2 f_B}{\partial x^2} + \frac{\partial^2 f_B}{\partial y^2} \tag{4.3.7}$$

根据拉普拉斯卷积核的中心系数的极性，锐化式(4.3.1)调整为

$$\boldsymbol{g}(x,y)=\begin{cases} k_2 \cdot \boldsymbol{f}(x,y)+k_1 \cdot \nabla^2 \boldsymbol{f}(x,y), & \text{拉普拉斯卷积核的中心系数} > 0 \\ k_2 \cdot \boldsymbol{f}(x,y)-k_1 \cdot \nabla^2 \boldsymbol{f}(x,y), & \text{拉普拉斯卷积核的中心系数} < 0 \end{cases} \tag{4.3.8}$$

图 4.3.2 显示了 3 个彩色图像的拉普拉斯锐化结果，第 1 行为源图像，第 2 行为相应的拉普拉斯锐化结果。从图中可以观察到，拉普拉斯锐化也能取得比较好的结果，显著增强了图像的边缘纹理信息。然而，孤立的噪声点(像素值突变的像素)也被显著放大了，这是因为二阶微分对噪声非常敏感。一个简单的处理方法是先对图像做高斯平滑去噪，然后再对平滑后的图像进行拉普拉斯锐化，这样能有效提升锐化效果。

图 4.3.2　拉普拉斯锐化：第 1 行为原始图像，第 2 行为拉普拉斯锐化的结果

4.3.3　反锐化掩膜锐化方法

反锐化掩膜(Unsharp Masking)算法是一种经典的图像锐化方法[3,27]。反锐化掩膜最早应用于摄影技术中，用来增强图像的边缘和细节。光学上的操作方法是将聚焦的正片和散焦的负片在底片上进行叠加，从而增强正片中的高频成分，也就是增强轮廓细线等信息。散焦的负片相当于模糊的模板(掩膜)，它与锐化的作用正好相反，因此该方法被称为反锐化掩膜法。在数字图像处理中，首先对原始图像低通滤波，产生一个模糊的低频图像(相当于散焦的负片)。这个模糊图像主要包含图像的平滑(低频分量)部分，而轮廓纹理细节(高频分量)则受到极大的抑制。然后，从原始图像中减去这个模糊的低频图像，从而得到高频的图像细节。这是因为原始图像包含完整的高频和低频分量，减去模糊图像也就是减去低频分量，得到的是高频部分(即图像的边缘轮廓纹理等)。最后，将高频的细节图像放大并附加到原始图像，这样就得到一个增强了边缘纹理细节的图像。

式(4.3.1)也表示了反锐化掩膜的锐化方法。其中，高频信息 $\boldsymbol{\varphi}(x,y)$ 通过反锐化掩膜获得[27-28]：

$$\boldsymbol{\varphi}(x,y)=\boldsymbol{f}(x,y)-\bar{\boldsymbol{f}}(x,y) \tag{4.3.9}$$

这里，$\boldsymbol{f}(x,y)$是原始图像，$\bar{\boldsymbol{f}}(x,y)$为$\boldsymbol{f}(x,y)$的模糊（平滑）图像。

有很多图像平滑的方法，最简单的方法有均值滤波（平滑）、高斯滤波（平滑）等。采用高斯滤波时，卷积核的系数一般为浮点数。为了提高高斯平滑的执行效率，可以使用二项式平滑滤波器（Binomial Filter）代替高斯滤波器[29]。二项式平滑是一种基于二项式系数的高斯函数逼近算法，能很好地逼近高斯滤波器。二项式平滑滤波器的优点是其卷积核的系数都是整数，因此可以高效地实现二项式平滑，并且达到高斯平滑的效果。

如果使用二项式平滑算法或者均值滤波器对图像做平滑，那么反锐化掩膜增强方法的卷积核分别为

$$\frac{1}{16}\begin{bmatrix}-1 & -2 & -1\\ -2 & 12 & -2\\ -1 & -2 & -1\end{bmatrix},\quad \frac{1}{9}\begin{bmatrix}-1 & -1 & -1\\ -1 & 8 & -1\\ -1 & -1 & -1\end{bmatrix} \tag{4.3.10}$$

用这两个卷积核对图像做卷积，得到的是原始图像减去二项式滤波器平滑后或均值平滑后的结果，也就是$\boldsymbol{\varphi}(x,y)$。为了保护图像的色调，应当对3个颜色通道进行同样的卷积。

图4.3.3展示了利用反锐化掩膜方法对3个彩色图像进行锐化的结果。

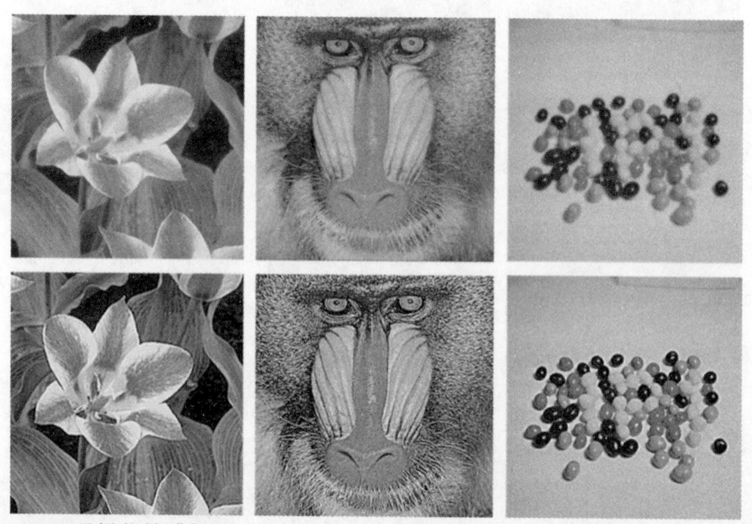

图4.3.3　反锐化掩膜锐化：第1行为原始图像，第2行为反锐化掩膜锐化的结果

4.3.4　基于局部统计信息的锐化

提高图像的对比度是图像增强的一种重要的方法。图像的对比度越强，图像中不同物体之间（或目标和背景）的颜色差异或亮度差异就会越大。对于高对比度的图像，视觉上就容易区分物体的边界并观察到物体内部显著性的特征信息。而对于低对比度的图像，图像中不同物体之间（或目标和背景）的颜色或亮度的变化就趋于平缓，导致物体之间的边界难以精确定位。

对比度增强的核心思想是增大不同区域的颜色差异或亮度变化。为了突出边缘、纹理等细节，一个简单的方法是从原始图像中减去均值平滑后的图像（见4.3.3节的式(4.3.9)），

这样就得到了图像的细节信息。当使用均值平滑时，式(4.3.9)中的 $\boldsymbol{g}(x,y)$ 的值代表图像 $\boldsymbol{f}(x,y)$ 在位置 (x,y) 处的像素颜色值与以 (x,y) 为中心的局部邻域的平均颜色的差异。但是，这种差异只能粗略地反映一个像素与其局部均值的颜色差异，不能准确反映该像素在这个局部邻域的显著性程度。这是因为在不同的位置，相同的 $\boldsymbol{g}(x,y)$ 值代表的局部显著性程度是不同的。然而，如果比较 $\boldsymbol{f}(x,y)$ 的值与局部邻域方差的相对差异，则 $\boldsymbol{g}(x,y)$ 的值就能刻画 $\boldsymbol{f}(x,y)$ 的局部显著性程度。由于方差一般都是标量，所以只能对每个颜色通道独立计算 $\boldsymbol{f}(x,y)$ 的通道值与局部邻域通道方差的相对差异：

$$\boldsymbol{g}_C(x,y)=\frac{\boldsymbol{f}_C(x,y)-\bar{\boldsymbol{f}}_C(x,y)}{\sigma_C(x,y)},\quad C\in\{R,G,B\} \tag{4.3.11}$$

这里，$\sigma_C(x,y)$ 是通道 C 的局部标准差：

$$\sigma_C^2(x,y)=\frac{1}{N-1}\sum_{(i,j)}(\boldsymbol{f}_C(x-i,y-j)-\bar{\boldsymbol{f}}_C(x,y))^2 \tag{4.3.12}$$

N 为局部邻域大小。

然而，式(4.3.11)往往会造成过增强，增强后的细节图像 $\boldsymbol{g}_C(x,y)$ 主要包括源图像中凸起的变化，如边缘、细线、纹理、噪声等，而源图像中平滑的部分则被过度削弱了。为了缓解过增强，可以通过补偿一定比例的均值图像或源图像实现：

$$\boldsymbol{g}_C(x,y)=k_1\cdot\frac{\boldsymbol{f}_C(x,y)-\bar{\boldsymbol{f}}_C(x,y)}{\sigma_C(x,y)}+k_2\cdot\bar{\boldsymbol{f}}_C(x,y) \tag{4.3.13}$$

式(4.3.13)所表示的增强方法被称为常量方差增强方法(Constant Variance Enhancement, CVE)[1-2]。

由于式(4.3.13)的锐化方法是针对灰度(通道)图像的，当应用到彩色图像时，可以采用两种方式：一种方式是独立锐化每个颜色通道，这种方式忽略了颜色通道之间的相关性，容易破坏色彩信息；另一种方式是将彩色图像变换到色度-亮度颜色空间(如 HSI)，然后只对亮度通道进行锐化，而色度通道则保持不变。图 4.3.4 给出了 3 个彩色图像的锐化结果。图中，第 2 行仅锐化 HSI 的亮度通道 I(保持色度通道 H 和 S 不变)，第 3 行是独立锐化 3 个颜色通道的结果。从图中可以看出，独立锐化 3 个颜色通道产生了很多颜色失真(第 3 行)，特别是第 3 列矩形框内的图像块。虽然这种基于局部均值和方差的锐化方法增强了细线纹理等细节信息，但是也明显增强了噪声点(特别是孤立凸起变化的像素)。

文献[30]对上述方法进行了改进，取得了优秀的锐化效果。首先，该方法提出矢量方差的概念，用一个标量描述图像块内整个彩色矢量数据的方差，而不是分别计算 3 个颜色通道的方差。然后，利用局部矢量方差和局部均值颜色量化彩色图像在某个位置的变化强度。最后，根据彩色信号的变化强度对彩色图像进行增强锐化。

一个图像块的方差是描述该图像块信号偏离图像块均值的程度。在这个意义上，不管是标量信号还是彩色信号，使用一个标量表示该信号偏离其均值的程度是合理的。因此，对于一幅彩色图像，其方差可以定义为一个标量，下面使用矢量距离定义一个彩色图像块的方差。

记彩色图像为 $\boldsymbol{f}(x,y)$，中心为 (x,y) 的局部区域为 $\Omega(x,y)$，那么该区域的彩色图像块的均值矢量和矢量方差分别为

$$\boldsymbol{\mu}(x,y)=\frac{1}{|\Omega(x,y)|}\cdot\sum_{(i,j)\in\Omega(x,y)}\boldsymbol{f}(i,j) \tag{4.3.14}$$

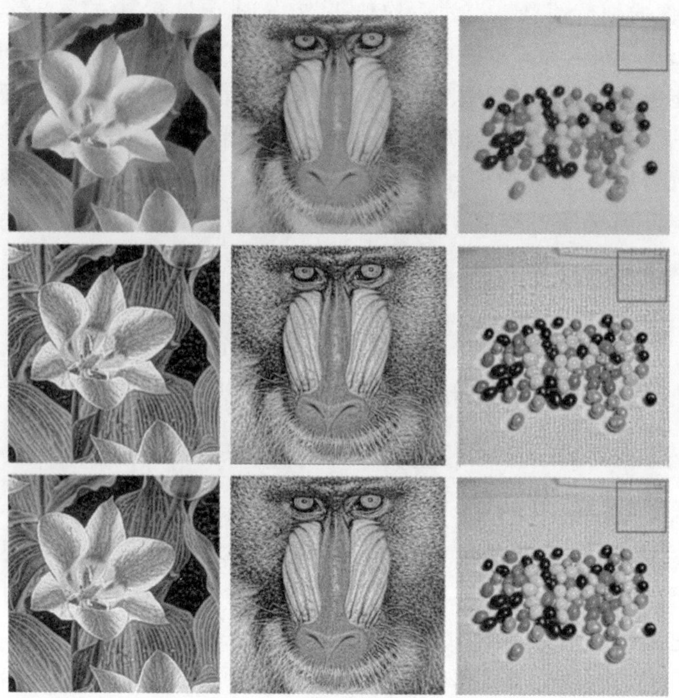

图 4.3.4 基于局部统计量的锐化：第 1 行为原图像，第 2 行为仅锐化 HSI 的亮度通道 I（保持色度通道 H 和 S 不变），第 3 行为独立锐化 3 个颜色通道的结果

$$\sigma^2(x,y)=\frac{1}{|\Omega(x,y)|-1}\cdot\sum_{(i,j)\in\Omega(x,y)}D^2(\boldsymbol{f}(i,j),\boldsymbol{f}(x,y)) \tag{4.3.15}$$

其中，$|\Omega(x,y)|$表示区域大小（区域内像素个数），$D(\boldsymbol{v}_1,\boldsymbol{v}_2)$表示两个彩色矢量 $\boldsymbol{v}_1$ 和 $\boldsymbol{v}_2$ 之间的距离。可以使用任何矢量距离方法计算 $D(\boldsymbol{v}_1,\boldsymbol{v}_2)$，如欧几里得距离。也可以把彩色像素 $\boldsymbol{v}_1$ 和 $\boldsymbol{v}_2$ 转换为 CIELUV/LAB 格式，然后计算 LUV/LAB 坐标的欧几里得距离。

一个图像块的方差代表了图像块内像素颜色偏离均值颜色的程度。平滑区域的方差很小，纹理细节丰富的区域方差会很大。一般地，方差越大，图像块内像素颜色变化就越显著。另外，一个像素偏离其局部均值越大，这个像素是细节的概率就越大。基于这两个要素，将局部方差和均值结合起来去量化一个像素是细节像素的强度：

$$\varphi(x,y)=D(\boldsymbol{f}(x,y),\boldsymbol{\mu}(x,y))\cdot\sigma^r(x,y) \tag{4.3.16}$$

这里，参数 r 用来平衡局部方差和当前彩色像素到局部均值矢量的距离对 $\varphi(x,y)$的重要性。$\varphi(x,y)$越大，表明当前像素(x,y)属于细节像素的强度越大，需要增强的倍数就越大。

然而，细节强度图像 $\varphi(x,y)$对噪声比较敏感，可以采用高斯滤波器或双边滤波器(Bilateral Filter)[31]对它进行平滑处理（见第 5 章）。双边滤波在平滑噪声的同时还能有效地保护边缘纹理细节，执行速度也比较快，这里采用双边滤波器对 $\varphi(x,y)$进行平滑去噪：

$$\varphi_{\mathrm{BF}}(x,y)=\Big(\sum_{(i,j)\in\Omega(x,y)}w(i,j)\Big)^{-1}\cdot\sum_{(i,j)\in\Omega(x,y)}(w(i,j)\cdot\varphi(i,j)) \tag{4.3.17}$$

其中，

$$w(i,j)=\exp\left(-\frac{(i-x)^2+(j-y)^2}{2\sigma_S^2}\right)\cdot\exp\left(-\frac{\|\varphi(i,j)-\varphi(x,y)\|^2}{2\sigma_r^2}\right) \tag{4.3.18}$$

由式(4.3.17)和式(4.3.18)可以看出，双边滤波器本质上是对邻域像素加权平均，邻域像素的权值由它到中心像素的空间欧几里得距离和它的颜色矢量到中心像素的颜色矢量的欧几里得距离组成。σ_S 和 σ_r 是两个高斯函数的均方差，用于控制空间距离和颜色距离对滤波器输出的贡献。

最后，将去噪后的细节强度图像 $\varphi_{BF}(x,y)$ 放大后附加到原图像，从而实现锐化增强：

$$\boldsymbol{g}(x,y)=\boldsymbol{f}(x,y)+k\cdot\varphi_{BF}(x,y) \tag{4.3.19}$$

这里，k 是细节增强系数。

然而，信号偏离均值的幅度应当有极性，而式(4.3.19)中的 $\varphi_{BF}(x,y)$ 总是正的。对于灰度图像，从低亮度到高亮度的变化，其极性是正；从高亮度到低亮度的变化，其极性是负。对于彩色图像，由于颜色值的矢量特性，所以无法确定颜色变化的极性。建议使用亮度决定彩色信号变化的极性：当一个颜色变化是从低亮度到高亮度时，定义其极性为正，反之为负。对于一个彩色像素 $\boldsymbol{f}(x,y)$，根据它的亮度和局部均值矢量 $\boldsymbol{\mu}(x,y)$ 的亮度确定 $\varphi_{BF}(x,y)$ 的极性：

$$\operatorname{sgn}(\boldsymbol{f}(x,y))=\begin{cases}-1, & L(\boldsymbol{f}(x,y))\leqslant L(\boldsymbol{\mu}(x,y))\\ 1, & \text{其他}\end{cases} \tag{4.3.20}$$

其中，$L(\boldsymbol{f}(x,y))$ 表示像素 $\boldsymbol{f}(x,y)$ 的亮度。有很多计算亮度的方法，如 HSI 和 YUV 颜色空间中的 I 和 Y 分量。这样，锐化式(4.3.19)被修正为

$$\boldsymbol{g}(x,y)=\boldsymbol{f}(x,y)+k\cdot\operatorname{sgn}(\boldsymbol{f}(x,y))\cdot\varphi_{BF}(x,y) \tag{4.3.21}$$

从式(4.3.21)可以看到，对于一个像素，每个通道增加或减少的幅度是一样的，这将破坏图像的色调。为了解决这个问题，将这个总的变化量按比例分配到各个通道：

$$\boldsymbol{g}_C(x,y)=\boldsymbol{f}_C(x,y)+\frac{\boldsymbol{f}_C(x,y)}{\sum_{N=1}^{3}\boldsymbol{f}_N(x,y)}\cdot k\cdot\operatorname{sgn}(\boldsymbol{f}(x,y))\cdot\varphi_{BF}(x,y) \tag{4.3.22}$$

其中，$\boldsymbol{f}_C(x,y)$ 和 $\boldsymbol{g}_C(x,y)$ 表示图像的每个通道。通过这种方式分配每个通道需要调整的幅值，维护了彩色图像的色调。

图 4.3.5 显示了对 3 幅彩色图像进行式(4.3.22)锐化的结果。从图中可以看出，该锐化方法达到非常好的结果，既增强了边缘、细线等细节，又没有放大孤立凸起的颜色变化。

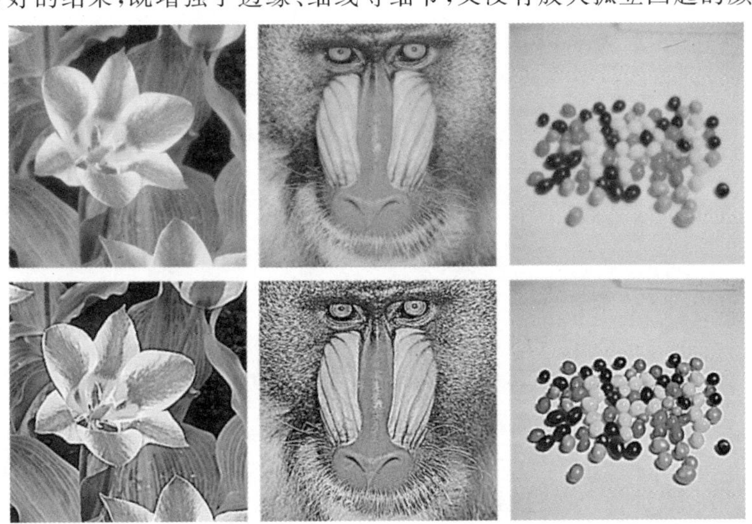

图 4.3.5　基于局部统计量的锐化[30]：第 1 行为原始图像，第 2 行为锐化的结果

4.4 彩色图像去雾

户外图像经常会受到雨、雾、空气中的灰尘颗粒等的影响，图像质量会显著恶化。雾霾是由空气中漂浮的灰尘和烟雾等细小的颗粒产生的，这些漂浮的尘埃会吸收大气光和物体的反射光，从而严重影响所拍摄图像的质量。在图像处理和计算机视觉的应用中，图像去雾是十分必要的。

图像去雾的方法有很多，一类典型的方法是基于大气退化模型的图像复原去雾算法。该类方法中里程碑性的工作是 He 在 2009 年提出的基于暗通道先验的去雾算法[32]。这个方法是建立在一个先验知识基础上的，也就是暗通道先验（Dark Channel Prior）。作者通过统计分析户外无雾图像的颜色分布特性，提出暗通道先验的概念。该先验知识表明，对于一个没有雾的户外彩色图像，在大多数非天空的局部图像区域中，总是会存在一些像素，在这些像素中至少有一个通道（红、绿或蓝）的强度值会很小（趋于 0）。这些像素被称为暗像素（Dark Pixel），暗像素中强度值很小的通道被称为暗通道（Dark Channel）。为什么会存在暗通道呢？这是因为非天空的区域一般都存在一些带颜色的物体（如绿色的树叶、蓝色/绿色的水面等）或者一些表面偏暗黑色的物体。在没有雾气的天气下，图像中带颜色的物体的红、绿、蓝通道的强度值会相差很大（也就是说，存在强度值很小的通道）；而对于图像中表面偏黑色的物体或者物体的阴影，像素的红、绿、蓝通道值都很小。当雾气比较严重时，图像中物体的颜色被削弱，呈现出一定的灰度（偏白色）。因此，物体像素的红、绿、蓝通道值趋于平均且不会很小。

(1) 雾图像成像模型

根据大气散射模型，建模有雾图像的成像模型如下。

$$\boldsymbol{I}(x)=\boldsymbol{J}(x)t(x)+\boldsymbol{A}(1-t(x)) \tag{4.4.1}$$

式中，$\boldsymbol{I}(x)$是拍摄到的有雾图像，$\boldsymbol{J}(x)$是理想的无雾图像，$\boldsymbol{A}$ 是大气光强度，$t(x)$为透射率（表示大气光穿过雾气到达摄像头的比例）。$\boldsymbol{I}(x)$、$\boldsymbol{J}(x)$、$\boldsymbol{A}$ 都是 RGB 矢量，透射率 $t(x)$为标量。对于一个图像，大气光 $\boldsymbol{A}$ 是一个常量矢量。图像去雾的目标就是从上面方程中求解 $\boldsymbol{J}(x)$（$\boldsymbol{I}(x)$是已知的，$\boldsymbol{A}$ 和 $t(x)$是未知量）。$\boldsymbol{J}(x)t(x)$描述了图像的直接衰减，表示场景光照以及它在媒介中的衰减。$\boldsymbol{A}(1-t(x))$为场景颜色的漂移，它是由于大气光散射而产生的。当大气层是均匀的时候，透射率 $t(x)$可以表示如下。

$$t(x)=\mathrm{e}^{-\beta d(x)} \tag{4.4.2}$$

其中，β 是大气光的散射系数，$d(x)$表示场景深度。该式说明景物光线随着景物深度 $d(x)$按指数衰减。

由式(4.4.1)可知，

$$(\boldsymbol{J}(x)-\boldsymbol{A})t(x)=\boldsymbol{I}(x)-\boldsymbol{A} \tag{4.4.3}$$

这说明 $\boldsymbol{I}(x)-\boldsymbol{A}$ 与 $\boldsymbol{J}(x)-\boldsymbol{A}$ 的各个通道的比值是相等的，即

$$t(x)=\frac{\boldsymbol{I}^C(x)-\boldsymbol{A}^C}{\boldsymbol{J}^C(x)-\boldsymbol{A}^C} \tag{4.4.4}$$

其中 $C\in\{R,G,B\}$表示各个颜色通道。

(2) 估算透射率 $t(x)$

为了根据式(4.4.1)求解没有雾的图像 $\boldsymbol{J}(x)$,需要估算透射率 $t(x)$ 和大气光 $\boldsymbol{A}$。下面利用暗通道先验估计 $t(x)$ 和 $\boldsymbol{A}$。根据前面所述的暗通道先验知识,在没有雾气的图像中,在大多数非天空的局部图像区域中,总会存在一些像素至少有一个通道的强度值会很小(趋于 0)。这样,可以定义暗通道如下。

$$\boldsymbol{J}^{\text{dark}}(x)=\min_{C\in\{R,G,B\}}\left(\min_{y\in\Omega(x)}\left(\boldsymbol{J}^{C}(y)\right)\right) \tag{4.4.5}$$

这里,$\Omega(x)$表示位置 x 的一个局部邻域。所以,如果 $\boldsymbol{J}(x)$是没有雾气的图像且 $\Omega(x)$是一个非天空区域,$\boldsymbol{J}^{\text{dark}}(x)$应当很小,趋于 0,即

$$\boldsymbol{J}^{\text{dark}}(x)=\min_{C\in\{R,G,B\}}\left(\min_{y\in\Omega(x)}\left(\boldsymbol{J}^{C}(y)\right)\right)=0 \tag{4.4.6}$$

假设在 x 的局部邻域 $\Omega(x)$内,透射率 $t(x)$是一个常量 $\tilde{t}(x)$,对式(4.4.1)两边取最小值:

$$\min_{y\in\Omega(x)}\left(\boldsymbol{I}^{C}(y)\right)=\tilde{t}(x)\min_{y\in\Omega(x)}\left(\boldsymbol{J}^{C}(y)\right)+\boldsymbol{A}^{C}\left(1-\tilde{t}(x)\right) \tag{4.4.7}$$

将式(4.4.7)写成:

$$\min_{y\in\Omega(x)}\left(\frac{\boldsymbol{I}^{C}(y)}{\boldsymbol{A}^{C}}\right)=\tilde{t}(x)\min_{y\in\Omega(x)}\left(\frac{\boldsymbol{J}^{C}(y)}{\boldsymbol{A}^{C}}\right)+\left(1-\tilde{t}(x)\right) \tag{4.4.8}$$

然后,对式(4.4.8)取 3 个通道的最小值:

$$\min_{C\in\{R,G,B\}}\left(\min_{y\in\Omega(x)}\left(\frac{\boldsymbol{I}^{C}(y)}{\boldsymbol{A}^{C}}\right)\right)=\tilde{t}(x)\min_{C\in\{R,G,B\}}\left(\min_{y\in\Omega(x)}\left(\frac{\boldsymbol{J}^{C}(y)}{\boldsymbol{A}^{C}}\right)\right)+\left(1-\tilde{t}(x)\right) \tag{4.4.9}$$

因为大气光 $\boldsymbol{A}$ 是常量矢量,考虑到在局部邻域 $\Omega(x)$内透射率 $\tilde{t}(x)$是一个常量,所以根据暗通道先验式(4.4.6),式(4.4.9)右边的第 1 项应等于 0,因此:

$$\tilde{t}(x)=1-\min_{C\in\{R,G,B\}}\left(\min_{y\in\Omega(x)}\left(\frac{\boldsymbol{I}^{C}(y)}{\boldsymbol{A}^{C}}\right)\right) \tag{4.4.10}$$

式(4.4.10)是在无雾图像中非天空区域的暗通道先验假设下得到的。事实上,对于天空区域,其颜色与有雾图像的大气光 $\boldsymbol{A}$ 相似,即 $\boldsymbol{I}^{C}(y)\rightarrow\boldsymbol{A}^{C}$。于是,对于雾气图像中的天空区域,透射率 $\tilde{t}(x)\rightarrow 0$。天空区域的透射率接近 0 的另外一个解释是天空区域离摄像头无限远,因此其透射率很小,趋于 0。因此,式(4.4.10)既很好地估计了雾气图像中非天空区域的透射率,同时也很好地估计了天空区域的透射率。

然而,即使在非常好的晴朗天气下,天空中也会存在一些微小的颗粒,这导致人们看远处的物体时雾气仍然存在。另外,雾的存在使得人类可以感知到物体景深的存在。因此,去雾时为远处的物体保留少量的雾是必要的,这可通过在上面的公式中引入一个常量因子 ω $(0<\omega\leqslant 1)$实现:

$$\tilde{t}(x)=1-\omega\cdot\min_{C\in\{R,G,B\}}\left(\min_{y\in\Omega(x)}\left(\frac{\boldsymbol{I}^{C}(y)}{\boldsymbol{A}^{C}}\right)\right) \tag{4.4.11}$$

ω 的值根据具体的应用场所设置,一般取 0.8～0.95 的值。

需要注意的是,透射率严重影响雾气图像恢复的性能。论文作者指出,利用上面方法估算出的透射率存在块效应,这是因为前面的假设"在局部邻域内透射率是一个常量"并不是在任何位置都成立。透射率的块效应会引起恢复后的图像 $\boldsymbol{J}(x)$出现光环(或块)效应。为此,作者在后来的研究中提出导向滤波技术[33],对式(4.4.11)计算出的 $\tilde{t}(x)$进行修正。

(3) 估计大气光 $\boldsymbol{A}$

大气光 $\boldsymbol{A}$ 也可利用暗通道估计。首先，在暗通道图像中定位亮度最大的0.1%个像素的位置；然后，在原始雾气图像 $\boldsymbol{I}(x)$ 相同位置的像素中查找最亮的像素，将最亮像素的颜色值作为大气光 $\boldsymbol{A}$。

(4) 求解无雾图像 $\boldsymbol{J}(x)$

透射率 $t(x)$ 和大气光 $\boldsymbol{A}$ 被估算出后，利用式(4.4.1)就可求解无雾图像 $\boldsymbol{J}(x)$：

$$\boldsymbol{J}(x)=\frac{\boldsymbol{I}(x)-\boldsymbol{A}}{t(x)}+\boldsymbol{A} \tag{4.4.12}$$

当透射率 $t(x)$ 很小(接近0)时，衰减项 $\boldsymbol{J}(x)t(x)$ 会很小，$\boldsymbol{J}(x)$ 会很大，容易受到噪声的干扰。为解决这个问题，给 $t(x)$ 设定一个下限 t_0：

$$\boldsymbol{J}(x)=\frac{\boldsymbol{I}(x)-\boldsymbol{A}}{\max(t(x),\ t_0)}+\boldsymbol{A} \tag{4.4.13}$$

算法4.4.1总结了去雾算法的实现步骤。图4.4.1给出两个有雾图像的处理结果(见彩插3的第3行)。其中，左边是雾气图像，右边是去雾后的图像。从图中可以看出，该去雾算法能很好地去除雾气。

图4.4.1　图像去雾：第1列为雾气图像，第2列为去雾后的图像

算法4.4.1　去雾算法的实现步骤

输入：$\boldsymbol{I}(x)$　有雾的彩色图像

　　　$\Omega(x)$　用于估计暗通道和透射率的邻域大小，可设置为9×9、13×13、15×15等

　　　ω　用于保留雾气的常量因子($0<\omega\leqslant 1$)，可设置为0.8～0.95的值

　　　t_0　透射率 $t(x)$ 的下限值

输出：$\boldsymbol{J}(x)$　去雾后的彩色图像

(1) 计算暗通道图像(灰度图像)：

$$\boldsymbol{I}^{\text{dark}}(x)=\min_{C\in\{R,G,B\}}\left(\min_{y\in\Omega(x)}(\boldsymbol{I}^{C}(y))\right)$$

(2) 根据暗通道图像 $\boldsymbol{I}^{\text{dark}}(x)$ 估计大气光 $\boldsymbol{A}$(RGB 矢量):

在暗通道图像 $\boldsymbol{I}^{\text{dark}}(x)$ 中寻找灰度值最大的 0.1%个像素,并记录这些像素的位置。然后在原始雾气图像 $\boldsymbol{I}(x)$ 中计算这些位置的像素的 R、G、B 三通道灰度值之和,并把通道值之和最大的那个像素作为大气光 $\boldsymbol{A}$(RGB 矢量)。

(3) 根据暗通道图像 $\boldsymbol{I}^{\text{dark}}(x)$ 和大气光 $\boldsymbol{A}$ 估计每个位置的透射率 $t(x)$(标量):

假设位置 x 的局部邻域 $\Omega(x)$ 的透射率是一个常数,即在局部区域 $\Omega(x)$ 内像素的 $t(x)$ 值都为 $\tilde{t}(x)$。$\tilde{t}(x)$ 的计算公式如下。

$$\tilde{t}(x)=1-\omega\cdot\min_{C\in\{R,G,B\}}\left(\min_{y\in\Omega(x)}\left(\frac{\boldsymbol{I}^{C}(y)}{\boldsymbol{A}^{C}}\right)\right)$$

为了提高算法的性能,可以利用导向滤波技术[33]对 $\tilde{t}(x)$ 进行修正。

(4) 根据大气光 $\boldsymbol{A}$ 和透射率 $\tilde{t}(x)$ 估计无雾图像 $\boldsymbol{J}(x)$

$$\boldsymbol{J}(x)=\frac{\boldsymbol{I}(x)-\boldsymbol{A}}{\max(\tilde{t}(x),\ t_0)}+\boldsymbol{A}$$

//算法结束

习题

4.1 图像锐化方法一般都是针对灰度图像的。说明如何应用灰度图像的锐化方法锐化彩色图像(要求尽量维护彩色图像的色彩信息)?

4.2 写出将灰度范围[0,100]、[100,150]、[150,255]变换为[0,30]、[30,200]、[200,255]的线性变换方程。这个变换的目的是什么?

4.3 一般在什么情况下应用线性点变换增强方法?

4.4 一般在什么情况下应用直方图均衡化去增强图像?

4.5 拉普拉斯算子具有不同形式的离散卷积核,相比中心为 −4 的卷积核,中心为 −8 的卷积核的锐化效果更强,为什么?

4.6 简述基于反锐化掩膜的锐化方法的原理。

4.7 简述基于矢量梯度的彩色图像锐化的原理。

4.8 假设灰度图像 $f(x,y)$ 的直方图均衡处理结果为 $g(x,y)$。如果再次对 $g(x,y)$ 进行直方图均衡处理,其结果不会改变(还是 $g(x,y)$),解释原因。

4.9 为什么直方图均衡化是直方图规定化的一个特例?如何利用直方图规定化算法实现直方图的均衡化?

4.10 假设一个大小为 100×100 像素的图像,包含 8 个级别的灰度值:10、20、30、40、50、60、70、80,这些灰度值的像素个数分别为 300、500、1000、2500、2000、2000、1500、200。写出直方图均衡化的实现步骤,给出灰度值的变换关系,画出变换前后的图像直方图。

4.11 下图是两个 8×8 像素的灰度图像,要求用图像(b)的直方图去规定化图像(a)。写出直方图规定化的实现步骤,给出灰度值的变换关系,画出变换结果(像图像(a)和(b)一样),并画出图像(a)、图像(b)及变换结果的直方图。

0	0	0	0	0	1	1	1
1	1	1	1	1	1	1	1
5	5	5	5	5	5	5	5
5	5	5	5	5	5	5	5
3	3	2	2	2	2	2	2
3	3	2	2	2	2	7	7
3	3	4	4	4	4	7	7
3	3	6	6	6	4	7	7

(a)

0	0	0	0	2	2	2	2
3	3	3	3	2	2	2	2
3	3	3	3	3	3	3	3
5	5	5	5	5	5	5	5
5	5	5	5	5	5	5	5
6	6	6	6	6	6	6	6
6	6	6	6	6	6	6	6
7	7	7	7	7	7	7	7

(b)

4.12　总结基于局部均值和方差的彩色图像锐化方法(文献[30])的实现步骤。

4.13　基于暗通道的去雾方法中,为什么可以假设暗通道先验?

第5章 彩色图像滤波与去噪

由于图像获取设备的不完善、通道传输错误，以及电子电路的热效应和光电传感器的故障等因素的影响，图像会不可避免地被各种各样的噪声所干扰。噪声会降低图像的视觉质量，影响图像处理系统的性能。噪声抑制和图像增强是图像处理中最普通的任务，同时也是很多图像处理系统的一个必不可少的组成部分。

图像中包含丰富的边缘、纹理等细节信息，往往这些细节信息比图像的平坦区域更加重要，因为人眼主要是根据这些边缘、纹理等结构信息识别物体。因此，彩色图像滤波和去噪在消除噪声的同时，还要保护色调和边缘纹理等细节信息。

彩色图像滤波技术可分为线性滤波和非线性滤波两类。线型滤波是指滤波器的输出是滤波器窗口内像素的线性加权平均，其特点是执行效率高、执行速度快。非线性滤波一般都是基于统计排序理论的，其输出是以滤波器窗口内像素为自变量的非线性函数的输出。一般地，非线性滤波在去除噪声的同时，还能较好地保持图像的边缘纹理等细节信息。

5.1 噪声模型

噪声是在图像获取和传输时的常见现象。图像中的噪声一般可分成脉冲噪声(Impulse Noise)、加性噪声(Additive Noise)和混合噪声(Mixed Noise)。除这 3 种噪声外，还有其他一些噪声模型，可参阅参考文献[1-3]。一般来说，其他类型的噪声基本上都可归结到这 3 类噪声中，例如，乘性噪声(Multiplicative Noise)通过取对数运算变成加性噪声；暗噪声(Dark Noise)、电流噪声(Current Noise)和读出噪声(Readout Noise)等实际上都属于加性噪声。

对于不同类型的噪声，应当使用不同的去除方法。对于加性噪声，一般采用线性滤波技术。对于脉冲噪声，则一般采用非线性滤波的方法。

5.1.1 脉冲噪声

光电传感器的缺陷和信道传输错误都容易产生脉冲噪声。脉冲噪声模型一般为

$$\boldsymbol{x}(s,t)=\begin{cases}\boldsymbol{o}(s,t), & \text{概率 } 1-p_I \\ \boldsymbol{n}_I(s,t), & \text{概率 } p_I\end{cases} \tag{5.1.1}$$

这里，(s,t)表示像素的坐标，p_I 是污染率，$\boldsymbol{O}(s,t)$是理想的、没有受到噪声污染的彩色矢量（像素），$\boldsymbol{x}(s,t)$是受到噪声污染的彩色矢量，$\boldsymbol{n}_I(s,t)$表示噪声矢量（至少有一个通道受到噪声污染）。噪声矢量 $\boldsymbol{n}_I(s,t)$可以是以某个概率（如 0.5）取通道灰度值的最大和最小值（椒盐噪声，Salt-and-pepper Noise），也可以是服从均匀分布的随机值（随机脉冲噪声，Random Impulse Noise）。

在一个彩色图像中仿真脉冲噪声污染时，一般使用如下两步方法[34-35]。首先，3 个颜色通道独立地以概率 p_I 接受脉冲值的腐蚀。然后，对于每个被污染的彩色像素（矢量），使用一个相关因子如 $\rho=0.5$ 仿真通道的相关性：如果一个像素至少有一个通道受到噪声污染，则其他没有受到污染的通道都以 50%（$\rho=0.5$）的概率接受脉冲值的腐蚀（在本书后面的实验中，都取 $\beta=0.5$）。需要说明的是，如果相关因子 $\rho=0$，则表示 3 个颜色通道的腐蚀是互不相关的，这时各个通道仅独立地以概率 p_I 分别接受脉冲噪声的腐蚀。在噪声仿真的过程中，如果通道相关因子取 $\rho=0.5$，则实际的噪声密度（实际受到噪声污染的像素所占的比例）一般为污染率 p_I 的 2～3 倍。图 5.1.1 显示了利用上述噪声仿真方法生成脉冲噪声的情况，污染率 p_I 都是 0.05，但相关因子和噪声类型不同（随机脉冲噪声和椒盐噪声）。从图中可以看出，对于相同的污染率 p_I，通道相关因子越大，噪声的密度就越大。在视觉上，椒盐噪声比随机脉冲噪声更加明显。

(a) 随机脉冲噪声(ρ=0)

(b) 随机脉冲噪声(ρ=0.5)

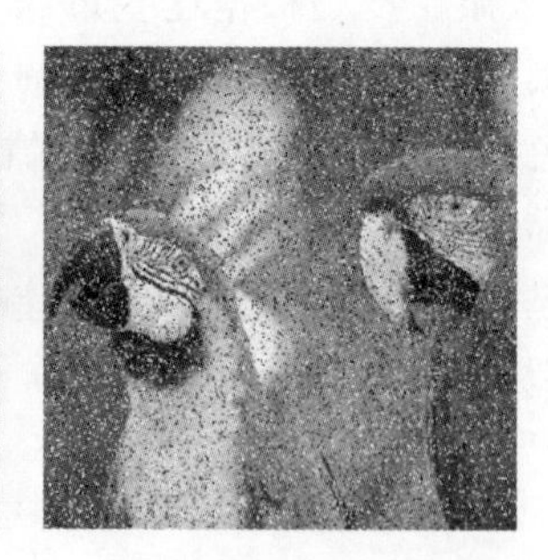
(c) 椒盐噪声(ρ=0.5)

图 5.1.1　脉冲噪声污染（$p_I=0.05$）

另外一种被广泛使用的脉冲噪声模型是传输噪声模型[1]（Transmission Noise Model），图像在信道传输时容易产生这种类型的噪声。式(5.1.2)建模的脉冲噪声容易发生在图像获取和处理阶段。当图像在信道传输时，比较常见的是式(5.1.2)所定义的噪声模型。例如，大气层的闪电和冰雹可能会影响图像信号在信道中的传输，对于灰度图像可能产生黑白的椒盐噪声，对于彩色图像则可能产生如下的传输噪声：

$$\boldsymbol{x}(s,t)=\begin{cases}(o_1,o_2,o_3), & \text{概率 } 1-p_I \\ (d,o_2,o_3), & \text{概率 } p_1 p_I \\ (o_1,d,o_3), & \text{概率 } p_2 p_I \\ (o_1,o_2,d), & \text{概率 } p_3 p_I \\ (d,d,d), & \text{概率}(1-p_1-p_2-p_3)p_I\end{cases} \tag{5.1.2}$$

这里，(o_1,o_2,o_3)是位置(s,t)是理想的、没有受到噪声污染的颜色值，d 是噪声值（标量）。该模型表示，图像以概率 p_I 受到噪声的污染，当一个像素受到污染时，要么 3 个通道中的 1 个通道以一定的概率 $p_m(m=1,2,3)$受到污染，要么所有通道同时受到同样的脉冲值污染。

在实际应用中，一般假定各个通道的污染率相同（即 $p_1=p_2=p_3$），脉冲值 d 可以是通道的最大值或最小值，也可以是服从均匀分布的随机值。

5.1.2　加性噪声

电子电路的发热和光电传感器的光子波动都会产生加性噪声。加性噪声一般可假设为服从均值为 0 的高斯（Gaussian）分布或其他分布，彩色图像中的加性噪声模型为

$$\boldsymbol{x}(s,t)=\boldsymbol{o}(s,t)+\boldsymbol{n}_A(s,t) \tag{5.1.3}$$

$\boldsymbol{O}(s,t)$是理想的、没有受到噪声污染的彩色矢量（像素），$\boldsymbol{n}_A(s,t)$一般是均值为 0 的高斯噪声矢量，即

$$p(\boldsymbol{n}_A(s,t))=(2\pi\sigma^2)^{-3/2}\exp\left(-\frac{\|\boldsymbol{n}_A(s,t)\|_2^2}{2\sigma^2}\right) \tag{5.1.4}$$

仿真加性噪声时，与仿真脉冲噪声不同，一般不需要考虑通道之间的相关性。也就是说，只需在每个通道中按式(5.1.3)和式(5.1.4)独立地引入加性噪声。图 5.1.2 显示了 3 个被高斯噪声污染的图像。

(a) σ=20

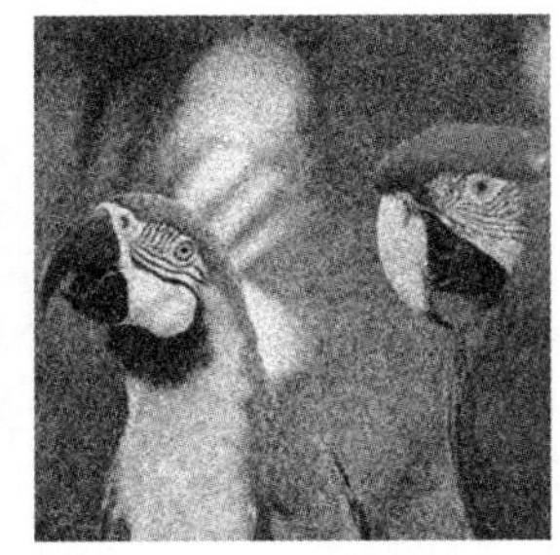

(b) σ=40

(c) σ=60

图 5.1.2　高斯噪声污染（均值为 0）：从左到右的噪声均方差为 20、40、60

5.1.3　混合噪声

在一些场合下，彩色图像会同时被通道传输错误、传感器故障和电子元器件的热效应等因素所影响，这时它就会同时被脉冲噪声和加性噪声污染，即混合噪声。

混合噪声的模型为

$$\boldsymbol{x}(s,t)=\begin{cases}\boldsymbol{o}(s,t)+\boldsymbol{n}_A(s,t), & 概率\ 1-p_I\\ \boldsymbol{n}_I(s,t) & 概率\ p_I\end{cases} \tag{5.1.5}$$

该模型表示图像 $\boldsymbol{O}(s,t)$以概率 p_I 被脉冲噪声 $\boldsymbol{n}_I(s,t)$污染和以概率 $1-p_I$ 被加性噪声 $\boldsymbol{n}_A(s,t)$污染。混合噪声的仿真过程也就是脉冲噪声的仿真过程和加性噪声的仿真过程的组合。图 5.1.3 显示了 3 个被混合噪声（高斯噪声＋脉冲噪声）污染的图像。

(a) I5+G15

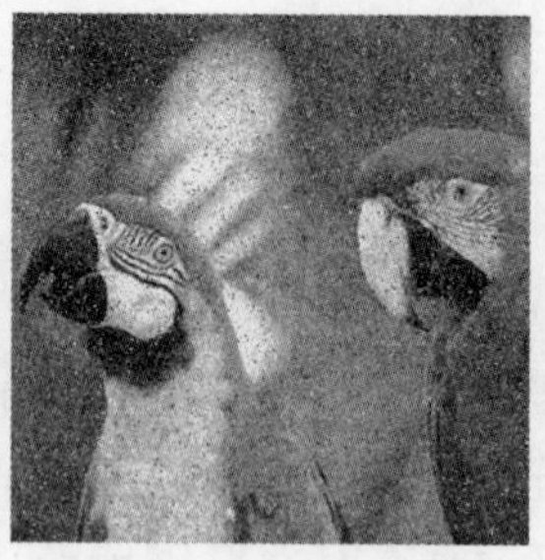
(b) I5+G30

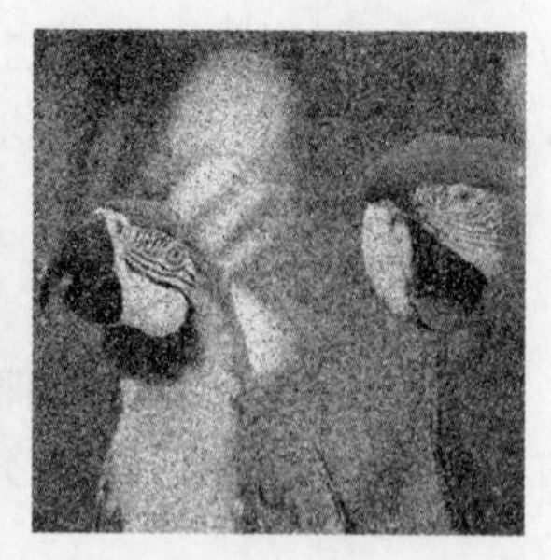
(c) I5+G50

图 5.1.3 混合噪声(高斯+脉冲):随机脉冲噪声 5%,高斯噪声的均方差为 15、30、50

5.2 脉冲噪声去除方法

彩色图像滤波和去噪在去除图像噪声的同时,还需要保护图像的色调和边缘细节信息。彩色图像的滤波技术经历了从标量滤波法到矢量滤波法的发展过程。

标量滤波法是基于边缘排序(见 3.1.1 节)的。它直接利用灰度图像的滤波算法对彩色图像的 3 个通道进行独立的滤波去噪。显然,这种方法没有利用彩色图像的 3 个通道之间的相关性,容易导致产生虚假颜色和颜色噪声,从而破坏色调和边缘等细节信息。由于这个原因,一般认为,基于统计理论和矢量处理技术的非线性矢量滤波法是去除彩色图像中的脉冲噪声比较好的方法,这种方法在消除噪声、保持色调和保护边缘与细节有较好的稳健性。

彩色图像矢量滤波技术一般都是基于降维排序(见 3.1.4 节)的,即先对彩色矢量(像素)进行降维排序,然后选取具备某种性质的彩色矢量作为滤波器的输出。下面是去除彩色图像脉冲噪声的 3 种基本矢量滤波方法:

- 矢量中值滤波器(Vector Median Filter)
- 加权的矢量滤波器(Weighted Vector Filter)
- 开关型矢量滤波器(Switching Vector Filter)

5.2.1 矢量中值滤波器

矢量中值滤波器是使用最广泛、经典的矢量滤波器,它能有效地去除彩色图像中的脉冲噪声。这类滤波器的原理都是利用矢量排序统计的技术,对滤波器窗口内的彩色像素(矢量)进行排序,将中值矢量作为滤波器的输出。排序准则是计算滤波器窗口内每个像素到其他所有像素的聚合距离(Aggregated Distance),聚合距离最小的彩色矢量就是中值矢量。根据对矢量像素排序的不同规则,这类矢量滤波器包括:

- 矢量中值滤波器(Vector Median Filter,VMF)[36]
- 基本矢量方向滤波器(Basic Vector Directional Filter,BVDF)[35]
- 距离方向滤波器(Directional-distance Filter,DDF)[37]

1. 矢量中值滤波器 VMF

假定图像信号服从双指数分布。当样本分布服从双指数分布时,矢量中值滤波器是关于矢量模的最大可能性估计(Maximum Likelihood Estimate,MLE)[38]。

当样本分布服从双指数分布时,考虑一个 m 维分布:

$$f(\boldsymbol{x})=\gamma \exp(-\alpha \|\boldsymbol{x}-\beta\|.) \tag{5.2.1}$$

其中,γ 和 α 为标量因子,$\boldsymbol{x}$ 为 m 维信号(对于彩色图像 $m=3$),β 为 m 维的位置参数,$\|\cdot\|.$ 表示矢量的某种范数(如 L1 或 L2 范数)。假设滤波器窗口的矢量样本为

$$\boldsymbol{\Gamma}=\{\boldsymbol{x}_1,\boldsymbol{x}_2,\cdots,\boldsymbol{x}_N\} \tag{5.2.2}$$

那么,通过最大化下面的表达式可以获得 β 的最大可能性估计 $\hat{\beta}$:

$$L(\beta)=\prod_{i=1}^{N}\gamma \exp(-\alpha \|\boldsymbol{x}_i-\beta\|.) \tag{5.2.3}$$

最大化 $L(\beta)$ 等价于最大化 $\ln(L(\beta))$:

$$\ln(L(\beta))=N\ln\gamma-\alpha\sum_{i=1}^{N}\|\boldsymbol{x}_i-\beta\|. \tag{5.2.4}$$

最大化 $\ln(L(\beta))$ 就等价于最小化 $\sum_{i=1}^{N}|\boldsymbol{x}_i-\beta|$。因此,VMF 的输出为

$$\boldsymbol{y}^{(\mathrm{VMF})}=\arg\min_{\hat{\beta}}\sum_{i=1}^{N}\|\boldsymbol{x}_i-\hat{\beta}\|. \tag{5.2.5}$$

下面用两种方式求解式(5.2.5)。

(1) 假定 $\beta\in\{\boldsymbol{x}_1,\boldsymbol{x}_2,\cdots,\boldsymbol{x}_N\}$,即 $\hat{\beta}$ 是输入样本中的一个,则矢量中值滤波器的输出 $\boldsymbol{y}^{(\mathrm{VMF})}$ 为

$$\boldsymbol{y}^{(\mathrm{VMF})}=\arg\min_{\boldsymbol{x}_k\in\Gamma}\sum_{i=1}^{N}\|\boldsymbol{x}_k-\boldsymbol{x}_i\|. \tag{5.2.6}$$

这就是被广泛使用的、经典的矢量中值滤波器。因为式(5.2.6)将 VMF 的输出限定在滤波器窗口内的彩色像素中,所以其执行效率比较高。

(2) 连续空间求解方式。考虑到一个图像信号来自一个潜在的连续分布(Underlying Continuous Distribution),所以应在整个 3D 连续空间中求解式(5.2.5)[39-40]。Vardi 和 Zhang 给出了在整个 3D 连续空间中求解矢量中值的方法(Fermat-Weber VMF)[40],该方法采用下面递归的方式计算中值矢量(原理和推导过程见原始论文):

$$\boldsymbol{y}^{(m+1)}=\left(1-\frac{\eta(\boldsymbol{y}^{(m)})}{r(\boldsymbol{y}^{(m)})}\right)\cdot \boldsymbol{T}(\boldsymbol{y}^{(m)})+\min\left(1,\frac{\eta(\boldsymbol{y}^{(m)})}{r(\boldsymbol{y}^{(m)})}\right)\cdot \boldsymbol{y}^{(m)} \tag{5.2.7}$$

这里,

$$\boldsymbol{y}^{(0)}=\frac{1}{N}\sum_{k=1}^{N}\boldsymbol{x}_k \tag{5.2.8}$$

$$\eta(\boldsymbol{y})=\begin{cases}1, & \boldsymbol{y}\in\{\boldsymbol{x}_1,\boldsymbol{x}_2,\cdots,\boldsymbol{x}_N\}\\ 0, & \text{其他}\end{cases} \tag{5.2.9}$$

$$r(\boldsymbol{y})=\left\|\sum_{k=1,\,\boldsymbol{x}_k\neq \boldsymbol{y}}^{N}\left(\frac{\boldsymbol{x}_k-\boldsymbol{y}}{\|\boldsymbol{x}_k-\boldsymbol{y}\|}\right)\right\|_2 \tag{5.2.10}$$

$$\boldsymbol{T}(\boldsymbol{y})=\left(\sum_{k=1,\,\boldsymbol{x}_k\neq \boldsymbol{y}}^{N}\frac{1}{\|\boldsymbol{x}_k-\boldsymbol{y}\|_2}\right)^{-1}\cdot\sum_{k=1,\,\boldsymbol{x}_k\neq \boldsymbol{y}}^{N}\left(\frac{1}{\|\boldsymbol{x}_k-\boldsymbol{y}\|_2}\cdot \boldsymbol{x}_k\right) \tag{5.2.11}$$

式(5.2.7)表示矢量中值方法的滤波效果比式(5.2.6)的效果好。但是,由于式(5.2.7)是

一个递归求解的过程，所以其执行效率较低。图 5.2.1 显示了利用式(5.2.6)和式(5.2.7)定义的两种 VMF 对脉冲噪声图像滤波的结果。虽然两种 VMF 的滤波结果在视觉上难以分别，但是在客观性能指标上，式(5.2.7)定义的 VMF 性能更好一些。

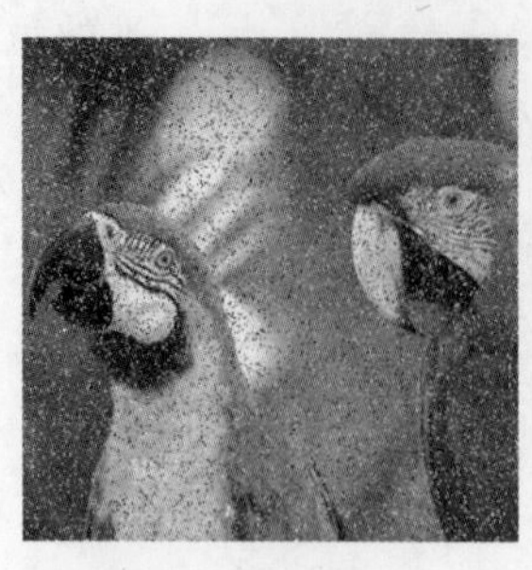

(a) 随机脉冲噪声图像 (ρ_I=0.1, PSNR=15.77)

(b) VMF(PSNR=27.52)

(c) Fermat-Weber VMF (PSNR=27.78)

图 5.2.1　VMF 滤波结果

对于式(5.2.5)表示的 VMF，假定 $\boldsymbol{\beta} \in \{\boldsymbol{x}_1, \boldsymbol{x}_2, \cdots, \boldsymbol{x}_N\}$，则可采用下面简单的形式求解，即基于样本 R-ordering(见 3.1.4 节)的方式。对于滤波器窗口内的任何样本矢量 $\boldsymbol{x}_k$，计算它到窗口内其他所有样本矢量的聚集距离 d_k(见 3.2 节)：

$$d_k = \sum_{i=1}^{N} \| \boldsymbol{x}_k - \boldsymbol{x}_i \|. \tag{5.2.12}$$

这里，$\| \cdot \|.$ 表示矢量的某种范数(如 L1 或 L2 范数)。对窗口内每个样本矢量计算它的聚集距离，得到 N 个像素的聚集距离，将它们从小到大排序，那么排序结果

$$d_{(1)} \leqslant d_{(2)} \leqslant \cdots \leqslant d_{(N)} \tag{5.2.13}$$

隐含着相应的样本矢量的排序：

$$\boldsymbol{x}_{(1)} \leqslant \boldsymbol{x}_{(2)} \leqslant \cdots \leqslant \boldsymbol{x}_{(N)} \tag{5.2.14}$$

那么，最小矢量 $\boldsymbol{x}_{(1)}$ 就是 VMF 的输出：

$$\boldsymbol{y}^{(\mathrm{VMF})} = \boldsymbol{x}_{(1)} \tag{5.2.15}$$

研究表明，如果分布在多通道信号中的噪声是通道相关的，则 $\| \cdot \|.$ 取欧几里得距离(L2 范数)比较有效；若分布在各个通道中的噪声是无关的，则使用 City-block 距离(L1 范数)比较有效。在彩色图像滤波中，一般使用欧几里得距离。

VMF 能有效地去除脉冲噪声，当噪声密度不太高时，VMF 在去噪的同时能较好地保护图像的边缘、细线、纹理等细节信息。对于加性噪声(如高斯噪声)，VMF 则效果较差。为了能同时抑制脉冲噪声和加性噪声，文献[38,41]提出一种将 VMF 和算术均值滤波器(Arithmetic Mean Filter，AMF)相结合的方案，即所谓的 α 截集矢量中值滤波器(α-trimmed VMF，αVMF)。在 αVMF 中，在式(5.2.14)排序的样本序列中，去除远离中值矢量的样本(需要去除的样本个数在滤波器窗口内所占比例为 2α，$0 \leqslant 2\alpha < 1$)，其余靠近中值矢量的 $N(1-2\alpha)$ 个样本矢量用于均值平滑。αVMF 的输出为

$$\boldsymbol{y}^{(\alpha\mathrm{VMF})} = \begin{cases} \boldsymbol{y}^{(\mathrm{VMF})}, & \sum\limits_{i=1}^{N} \| \boldsymbol{y}^{(\mathrm{VMF})} - \boldsymbol{x}_i \|. < \sum\limits_{i=1}^{N} \| \boldsymbol{y}^{(\alpha\mathrm{AMF})} - \boldsymbol{x}_i \|. \\ \boldsymbol{y}^{(\alpha\mathrm{AMF})}, & \text{其他} \end{cases} \tag{5.2.16}$$

其中，$\boldsymbol{y}^{(\alpha\mathrm{AMF})}$ 表示靠近中值矢量的 $N(1-2\alpha)$ 个样本的均值矢量：

$$\boldsymbol{y}^{(\alpha\text{AMF})}=\frac{1}{N(1-2\alpha)}\sum_{i=1}^{N(1-2\alpha)}\boldsymbol{x}_{(i)} \tag{5.2.17}$$

其中，$\boldsymbol{x}_{(i)}$是根据VMF排序准则进行排序后的样本矢量，即$\boldsymbol{x}_{(1)}\leqslant\boldsymbol{x}_{(2)}\leqslant\cdots\leqslant\boldsymbol{x}_{(N)}$。$\alpha$VMF的本质是计算靠近中值矢量样本的均值矢量，然后比较这个均值矢量以及中值矢量到滤波器窗口内其他所有样本的聚集距离，取聚集距离小的(均值矢量或中值矢量)作为αVMF的输出。

图5.2.2给出了α截集中值滤波器(αVMF)的去噪结果。图5.2.2(a)是混合噪声图像(5%的随机脉冲噪声＋均值为0均方差为20的高斯噪声)，图5.2.2(b)是VMF的滤波结果，图5.2.2(c)是αVMF(滤波器窗口大小为3×3，$\alpha=0.15$)的滤波结果。可以看出，对于混合噪声，αVMF的去噪性能明显优于VMF。

(a) 5%随机脉冲噪声+高斯噪声(均方差=20)(PSNR=18.96)

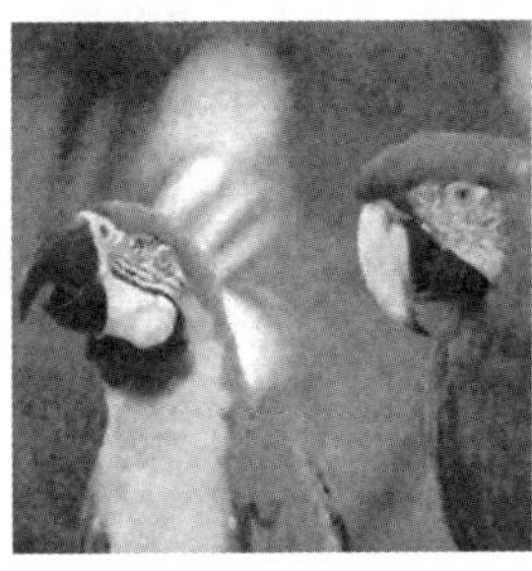

(b) VMF (PSNR=24.81)

(c) αVMF(PSNR=26.52)

图5.2.2　αVMF滤波结果

2. 基本矢量方向滤波器BVDF

基本矢量方向滤波器(BVDF)是另一个经典的矢量中值滤波器。与基于矢量模距离的VMF不同，BVDF是基于矢量角度距离的，它来自输入矢量方向的最大可能性估计，能去除色调相差较大的噪声像素。

在VMF的式(5.2.12)～式(5.2.15)中，替换式(5.2.12)的聚集距离d_k为矢量角度距离：

$$d_k=\sum_{i=1}^{N}A(\boldsymbol{x}_k,\boldsymbol{x}_i)=\sum_{i=1}^{N}\arccos\left(\frac{[\boldsymbol{x}_i]^{\mathrm{T}}\cdot\boldsymbol{x}_k}{\|\boldsymbol{x}_i\|_2\cdot\|\boldsymbol{x}_k\|_2}\right) \tag{5.2.18}$$

然后根据这个聚集距离公式对滤波器窗口内的所有样本排序，得到$\boldsymbol{x}_{(1)}\leqslant\boldsymbol{x}_{(2)}\leqslant\cdots\leqslant\boldsymbol{x}_{(N)}$，从而得到BVDF的输出：

$$\boldsymbol{y}^{(\text{BVDF})}=\arg\min_{\boldsymbol{x}_k\in\Gamma}\sum_{i=1}^{N}\arccos\left(\frac{[\boldsymbol{x}_i]^{\mathrm{T}}\cdot\boldsymbol{x}_k}{\|\boldsymbol{x}_i\|_2\cdot\|\boldsymbol{x}_k\|_2}\right) \tag{5.2.19}$$

需要注意的是，在编程实现中需要注意零矢量的问题。

3. 距离方向滤波器DDF

VMF是基于矢量模排序的，它没有考虑矢量的方向；而BVDF则相反，仅考虑了矢量的方向，没有考虑矢量的模。所以，VMF只能去除在矢量的模上相差较大的噪声像素，不能去除色度相差较大的噪声；而BVDF仅能抑制色度相差较大的噪声像素，对在矢量的模上相差较大的噪声像素则效果不佳。基于上面的分析，距离方向滤波器(DDF)采用一种混合距离排序准则，将VMF和BVDF结合起来。它同时考虑了矢量的模和方向，所以DDF既能去除矢量的模相差较大的噪声像素，又能消除色度相差较大的噪声像素。

在 VMF 的式(5.2.12)～式(5.2.15)中,替换式(5.2.12)的聚集距离 d_k 为矢量像素的欧几里得距离和角度距离的几何平均:

$$d_k = \left(\sum_{i=1}^{N} D(\boldsymbol{x}_k, \boldsymbol{x}_i)\right)^p \cdot \left(\sum_{i=1}^{N} A(\boldsymbol{x}_k, \boldsymbol{x}_i)\right)^{1-p}$$

$$= \left(\sum_{i=1}^{N} \| \boldsymbol{x}_k - \boldsymbol{x}_i \|_{.}\right)^p \cdot \left(\sum_{i=1}^{N} \arccos\left(\frac{[\boldsymbol{x}_i]^{\mathrm{T}} \cdot \boldsymbol{x}_k}{\| \boldsymbol{x}_i \|_2 \cdot \| \boldsymbol{x}_k \|_2}\right)\right)^{1-p} \tag{5.2.20}$$

这里,p 表示矢量模的距离和矢量的夹角距离在 DDF 滤波中的重要性。这样,DDF 的输出被定义为

$$\boldsymbol{y}^{(\mathrm{DDF})} = \arg\min_{\boldsymbol{x}_k \in \Gamma}\left(\left(\sum_{i=1}^{N} \| \boldsymbol{x}_k - \boldsymbol{x}_i \|_{.}\right)^p \cdot \left(\sum_{i=1}^{N} \arccos\left(\frac{[\boldsymbol{x}_i]^{\mathrm{T}} \cdot \boldsymbol{x}_k}{\| \boldsymbol{x}_i \|_2 \cdot \| \boldsymbol{x}_k \|_2}\right)\right)^{1-p}\right) \tag{5.2.21}$$

显然,$p=0$ 时 DDF 实际上就是 BVDF,$p=1$ 时 DDF 实际上就是 VMF,而 $p=0.5$ 时则表示矢量的模和矢量的夹角在 DDF 滤波中同样重要。与 BVDF 一样,在编程实现中,需要注意零矢量的问题。

5.2.2 加权的矢量滤波器

虽然经典的矢量滤波器(VMF、BVDF、DDF)能有效去除脉冲噪声,但是它们经常破坏图像边缘或细节信息,特别是当噪声密度比较大的时候。这是因为它们在滤波时引入了最大数量的平滑。为了在抑制噪声的同时保护图像细节,人们提出了加权的矢量滤波器(Weighted Vector Filter,WVF)和开关型矢量滤波器(Switching Vector Filter),这两种矢量滤波器能在抑制噪声和细节保护之间达到较好的平衡。

假设非负实数集合 $W=\{w_1, w_2, \cdots, w_N\}$ 为滤波器窗口 Γ 内的每个像素的权值,则加权的矢量中值滤波器(Weighted VMF,WVMF)的输出 $\boldsymbol{y}^{(\mathrm{WVMF})}$ 被定义为[42-43]

$$\boldsymbol{y}^{(\mathrm{WVMF})} = \underset{\boldsymbol{x}_k \in \Gamma}{\arg\min} \sum_{i=1}^{N} w_i \| \boldsymbol{x}_k - \boldsymbol{x}_i \|_{.} \tag{5.2.22}$$

同样,加权的基本矢量方向滤波器(Weighted BVDF,WBVDF)和加权的距离方向滤波器(Weighted DDF,WDDF)的输出 $\boldsymbol{y}^{(\mathrm{WBVF})}$ 和 $\boldsymbol{y}^{(\mathrm{WDDF})}$ 分别为

$$\boldsymbol{y}^{(\mathrm{WBVDF})} = \arg\min_{\boldsymbol{x}_k \in \Gamma} \sum_{i=1}^{N}\left(w_i \cdot \arccos\left(\frac{[\boldsymbol{x}_i]^{\mathrm{T}} \boldsymbol{x}_k}{\| \boldsymbol{x}_i \|_2 \ \| \boldsymbol{x}_k \|_2}\right)\right) \tag{5.2.23}$$

$$\boldsymbol{y}^{(\mathrm{WDDF})} = \arg\min_{\boldsymbol{x}_k}\left(\left(\sum_{i=1}^{N} (w_i \cdot \| \boldsymbol{x}_k - \boldsymbol{x}_i \|_{.})\right)^p \cdot \left(\sum_{i=1}^{N}\left(w_i \cdot \arccos\left(\frac{[\boldsymbol{x}_i]^{\mathrm{T}} \cdot \boldsymbol{x}_k}{\| \boldsymbol{x}_i \|_2 \cdot \| \boldsymbol{x}_k \|_2}\right)\right)\right)^{1-p}\right) \tag{5.2.24}$$

显然,WVMF 和 WBVDF 都是 WDDF 的特例。在式(5.2.24)表示的 WDDF 中,$0 \leqslant p \leqslant 1$ 表示矢量的模和方向在滤波时的重要性。$p=1$ 时 WDDF 退化为加权的 WVMF,$p=0$ 时 WDDF 就变成 WBVDF。

在上面 3 个加权的矢量滤波器中,权值 $\{w_1, w_2, \cdots, w_N\}$ 起着重要的作用。一个像素的权值越大,这个像素对滤波器的贡献就越大,它成为滤波器输出的可能性就越大。反之,一个像素的权值越小,这个像素对滤波器的作用就越小,它成为滤波器输出的概率就越小。当所有像素的权值都相等时,表示滤波器窗口内每个像素的作用是相同的,这时上面 3 个加权

的矢量滤波器 WVMF、WBVDF 和 WDDF 就退化为 VMF、BVDF 和 DDF。

如果滤波器窗口内某些像素的权值非常大，表明这些像素成为滤波器输出的可能性就很大。特别地，如果中心像素的权值很大，则中心像素成为滤波器输出的可能性就很大，从而维护了图像细节。如果滤波器窗口内所有像素的权值差异比较小，则表明每个像素成为滤波器输出的可能性基本是相同的，这样去噪能力就越强。因此，权值$\{w_1,w_2,\cdots,w_N\}$决定了噪声去除和图像细节保护之间的平衡。如果能动态调整权值，使得在平滑区域去噪强度大，而在纹理细节区域减少去噪强度（增强细节保护），则这样的加权矢量滤波器将会有优秀的去噪效果。

根据前面的分析，加权的矢量中值滤波器的去噪效果和性能取决于滤波器窗口内各个像素的权值。下面介绍两种简单的权值设置方法。

1. 中心加权的矢量滤波器

中心加权的矢量滤波器（Center-weighted Vector Filter，CWVF）[44]只需设置中心像素的权值（一般大于 1），而其他所有像素的权值被设置为 1。记中心像素 $\boldsymbol{x}_{(N+1)/2}$ 的权值为 w_0（其他像素的权值为 1），那么像素 $\boldsymbol{x}_k$ 到其他像素的聚集距离为

$$\begin{aligned}D^{\text{CW}}(\boldsymbol{x}_k)=&D(\boldsymbol{x}_k,\boldsymbol{x}_1)+\cdots+D(\boldsymbol{x}_k,\boldsymbol{x}_{(N+1)/2-1})+W_0\cdot D(\boldsymbol{x}_k,\boldsymbol{x}_{(N+1)/2})+\\&D(\boldsymbol{x}_k,\boldsymbol{x}_{(N+1)/2+1})+\cdots+D(\boldsymbol{x}_k,\boldsymbol{x}_N)\end{aligned}\tag{5.2.25}$$

这里，$D(\boldsymbol{x}_i,\boldsymbol{x}_j)$表示像素 $\boldsymbol{x}_i$ 和 $\boldsymbol{x}_j$ 的距离（如欧几里得距离、角度距离、DDF 混合距离等）。CWVF 将滤波器窗口内的像素按式(5.2.25)进行排序，并输出具有最小聚集距离的像素：

$$\boldsymbol{y}^{(\text{CWVF})}=\arg\min_{\boldsymbol{x}_k\in\Gamma}D^{\text{CW}}(\boldsymbol{x}_k)\tag{5.2.26}$$

当 $D(\boldsymbol{x}_i,\boldsymbol{x}_j)$分别取欧几里得距离、角度距离、DDF 混合距离时，CWVF 就变成中心加权的 VMF（CWVMF）、中心加权的 BVDF（CWBVDF）、中心加权的 DDF（CWDDF）。CWVF 是一种被广泛使用的加权矢量滤波器。根据前面的分析可知，中心权值越大，CWVF 的细节保护能力越强（去噪能力就越弱）；中心权值越小（大于或等于 1），去噪能力越强（细节保护能力就越弱）。CWVF 一般仅对于低噪声率的图像效果好，对于高污染的图像，其性能比 VMF 差。

2. 高斯加权的矢量滤波器

高斯加权的矢量滤波器（Gaussian-weighted Vector Filter，GWVF）利用高斯函数计算滤波器窗口内各个像素的权值。将滤波器窗口中心的位置记为(0,0)，像素 $\boldsymbol{x}_k$ 相对于滤波器窗口中心的位置为(x_k,y_k)，那么像素 $\boldsymbol{x}_k$ 的权值 w_k 为

$$w_k=\frac{1}{\sigma\sqrt{2\pi}}\exp\left(-\frac{x_k^2+y_k^2}{2\sigma^2}\right)\tag{5.2.27}$$

采用高斯函数对滤波器窗口内的像素进行加权是合理的，因为这种加权机制一定程度上体现了像素的空间相关性：离中心像素近的像素获得大的权值、离中心像素远的像素获得小的权值。也就是说，在空间位置上离中心像素近的像素对滤波器的贡献大（对中心像素的影响大）、离中心像素远的像素对滤波器的贡献小（对中心像素的影响小）。

通过采用高斯函数对矢量滤波器(5.2.22)、(5.2.23)、(5.2.24)进行加权，得到高斯加权的 VMF（GWVMF）、高斯加权的 BVDF（GWBVDF）、高斯加权的 DDF（GWDDF）。式(5.2.27)中的 σ 控制权值的分布，很大程度上决定了矢量滤波器的性能。大的 σ 使得权值的分布比较平均，因

此滤波器的性能接近没有加权的矢量滤波器(平滑去噪性能更强)。小的σ使得权值分布的变化大(中心权值更大),从而使得滤波器的平滑去噪性能减弱(更好地保护图像细节)。

图5.2.3显示了CWVMF(中心加权的VMF)和GWVMF(高斯加权的VMF)的去噪效果。从视觉效果上看,两种方法的去噪效果都比较好。但仔细观察可以发现,GWVMF的效果更好一些。表5.2.1列出了各种滤波器的性能指标。对于CWVMF,中心权值为2时去噪性能最高(PSNR值最大),其细节保护性能(MAE)和颜色保护性能(NCD)都比VMF好。当中心权值增大(中心权值为3.5),CWVMF去噪性能减弱(PSNR),细节保护(MAE)和颜色保护(NCD)性能增强,但其3个性能指标还是比VMF好。对于GWVMF,其整体性能优于CWVMF和VMF,随着高斯加权函数均方差的增大,平滑能力增强,过度平滑会降低滤波器的性能指标。

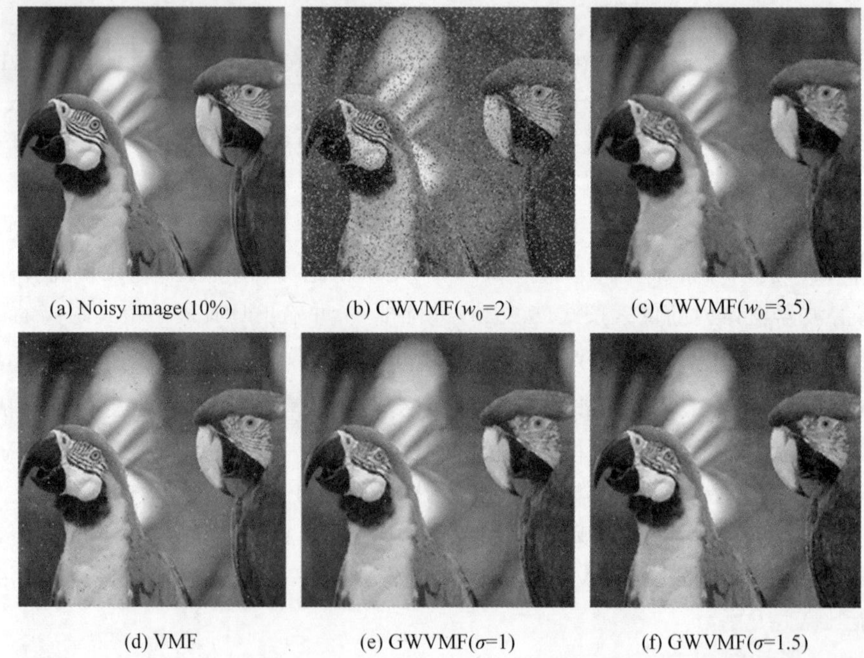

(a)10%随机脉冲噪声图像,(b)CWVMF($w_0=2$),(c)CWVMF($w_0=3.5$),(d)VMF,(e)GWVMF($\sigma=1$),(f)GWVMF($\sigma=1.5$)

图5.2.3 加权的矢量中值滤波器

表5.2.1 加权的VMF滤波性能(图5.2.3)

滤　波　器	PSNR	MAE	NCD
图(a):噪声图像	15.77	14.63	0.1558
图(b):VMF	27.52	4.11	0.0236
图(c):CWVMF($w_0=2.0$)	28.37	3.28	0.0213
图(d):CWVMF($w_0=3.5$)	27.28	2.97	0.0207
图(e):GWVMF($\sigma=1$)	28.45	3.17	0.0186
图(f):GWVMF($\sigma=1.5$)	28.06	3.66	0.0209

5.2.3 开关型矢量滤波器

对于图像去噪来说，理想的情况是仅在噪声像素上进行平滑，而对于没有受到噪声污染的信号像素，则保留不变。开关型矢量滤波器（Switching Vector Filter，SVF）正是根据这个机制设计的。与 WVF 相比，SVF 更能在抑制脉冲噪声的同时，有效地保护图像边缘、细节信息。一般地，对每个图像像素，SVF 首先利用某些方法检测它是否为噪声，若是噪声像素，则利用某些鲁棒性的平滑滤波器（Robust Smoothing Vector Filter，RSVF）去平滑这个像素，否则保留该像素不变。根据不同的 RSVF，基本的 SVF 有开关型矢量中值滤波器（Switching VMF，SVMF）和开关型矢量方向滤波器（Switching BVDF，SBVDF）。

SVF 的一般形式如下。

$$\boldsymbol{y}^{(\mathrm{SVF})}=\begin{cases}\boldsymbol{y}^{(\mathrm{RSVF})}, & f(\Gamma)\geqslant \mathrm{Tol}\\ \boldsymbol{x}_{(N+1)/2}, & \text{其他}\end{cases} \tag{5.2.28}$$

这里，$\boldsymbol{y}^{(\mathrm{RSVF})}$为某个鲁棒性的平滑滤波器 RSVF 的输出（如 $\boldsymbol{y}^{(\mathrm{VMF})}$、$\boldsymbol{y}^{(\mathrm{BVDF})}$或 $\boldsymbol{y}^{(\mathrm{DDF})}$）。$\boldsymbol{x}_{(N+1)/2}$为当前正在处理的中心像素。Tol 为阈值，可以是固定的，也可以是自适应的。$f(\Gamma)$是滤波器窗口 Γ 内的所有样本像素的非负函数。当 $f(\Gamma)\geqslant\mathrm{Tol}$ 时表示当前像素 $\boldsymbol{x}_{(N+1)/2}$为噪声，这时就用 $\boldsymbol{y}^{(\mathrm{RSVF})}$代替它；否则，认为当前像素是信号像素，保留不变。特别地，当 Tol=0 时，SVF 就是 RSVF（因为这时 SVF 对每个像素都用 RSVF 平滑）；而当 Tol 非常大时，SVF 总是输出源图像自身（不进行任何滤波）。

在开关型矢量滤波器中，判断噪声的方法 $f(\Gamma)$是关键。如果 $f(\Gamma)$将太多的非噪声像素误判为噪声像素，而将很多噪声像素判断为非噪声像素，则开关型矢量滤波器的性能将恶化（比常规的中值滤波器还要差）。$f(\Gamma)$的一个简单方法是比较滤波器窗口内像素的中值矢量或均值矢量与中心像素的颜色距离，如果这个距离比较大，就说明中心像素是噪声。

下面介绍 3 种被广泛使用的、简单的开关型矢量滤波器：

- $\mathrm{FPGF}_{\mathrm{VMF}}$（Fast Peer Group Filter for VMF）[45]。
- AVMF（Adaptive Vector Median Filter）[46]。
- ABVDF（Adaptive Basic Vector Directional Filter）[47]。

（1）$\mathrm{FPGF}_{\mathrm{VMF}}$

$\mathrm{FPGF}_{\mathrm{VMF}}$具有较好的滤波性能，执行效率快，能满足实时处理的需要。它通过统计滤波器窗口内与中心像素颜色差异大的像素个数判断中心像素是否为噪声。$\mathrm{FPGF}_{\mathrm{VMF}}$的输出 $\boldsymbol{y}^{(\mathrm{FPGF}_{\mathrm{VMF}})}$定义如下。

$$\boldsymbol{y}^{(\mathrm{FPGF}_{\mathrm{VMF}})}=\begin{cases}\boldsymbol{y}^{(\mathrm{VMF})}, & \mathrm{Count}(\boldsymbol{x}_{(N+1)/2},d)<m\\ \boldsymbol{x}_{(N+1)/2}, & \text{其他}\end{cases} \tag{5.2.29}$$

其中，$\mathrm{Count}(\boldsymbol{x}_{(N+1)/2},d)$表示在滤波器窗口内与中心像素 $\boldsymbol{x}_{(N+1)/2}$的欧几里得距离小于 d 的像素个数。当这个个数小于 m（m 比较小）时，表示与中心像素类似的像素个数比较少，说明这些像素可能都是噪声，所以需要对中心像素进行去噪。也就是说，在滤波器窗口内，只有与中心像素相似的邻域像素的个数足够多时，中心像素才被认为是没有受到噪声污染的信号像素。在 3×3 ($N=9$)的滤波窗口下，建议参数设置为

$$d=45,\ m=\begin{cases}2, & \text{低噪声图像}\\3, & \text{高噪声图像}\end{cases} \tag{5.2.30}$$

(2) AVMF

AVMF 根据 VMF 的排序准则对滤波器窗口内的所有像素进行从小到大的排序，假设排序结果为 $\boldsymbol{x}_{(1)}\leqslant\boldsymbol{x}_{(2)}\leqslant\cdots\leqslant\boldsymbol{x}_{(N)}$，那么 AVMF 的输出 $\boldsymbol{y}^{(\mathrm{AVMF})}$ 为

$$\boldsymbol{y}^{(\mathrm{AVMF})}=\begin{cases}\boldsymbol{y}^{(\mathrm{VMF})}, & \left\|\dfrac{1}{r}\sum_{k=1}^{r}\boldsymbol{x}_{(k)}-\boldsymbol{x}_{(N+1)/2}\right\|_2\geqslant \mathrm{Tol}\\ \boldsymbol{x}_{(N+1)/2}, & \text{其他}\end{cases} \tag{5.2.31}$$

这里，$\boldsymbol{x}_{(N+1)/2}$ 是当前正在处理的中心像素。$\boldsymbol{y}^{(\mathrm{VMF})}$ 表示 VMF 的输出：$\boldsymbol{y}^{(\mathrm{VMF})}=\boldsymbol{x}_{(1)}$。$r$、Tol 是两个参数，在 3×3($N=9$)的滤波窗口下，建议的参数设置为 Tol=60，$r=5$。

由式(5.2.31)可知，AVMF 实际上是利用靠近中值矢量的 r 个样本矢量的均值矢量和当前彩色矢量的欧几里得距离判断脉冲噪声。若是噪声，则利用 VMF 的输出代替；否则保留不变。

(3) ABVDF

开关型自适应基本矢量方向滤波器(ABVDF)，与开关型自适应矢量中值滤波器(AVMF)对应。AVMF 使用的是欧几里得距离，而 ABVDF 则采用角度距离。它先根据 BVDF 的排序准则对滤波器窗口内的所有像素进行从小到大的排序，设排序结果为 $\boldsymbol{x}_{(1)}\leqslant\boldsymbol{x}_{(2)}\leqslant\cdots\leqslant\boldsymbol{x}_{(N)}$，那么，ABVDF 的输出 $\boldsymbol{y}^{(\mathrm{ABVDF})}$ 被定义为

$$\boldsymbol{y}^{(\mathrm{ABVDF})}=\begin{cases}\boldsymbol{y}^{(\mathrm{BVDF})}, & \arccos\left(\dfrac{[\boldsymbol{x}_{(N+1)/2}]^{\mathrm{T}}\cdot\dfrac{1}{r}\sum_{k=1}^{r}\boldsymbol{x}_{(k)}}{\|\boldsymbol{x}_{(N+1)/2}\|_2\cdot\left\|\dfrac{1}{r}\sum_{k=1}^{r}\boldsymbol{x}_{(k)}\right\|_2}\right)\geqslant \mathrm{Tol}\\ \boldsymbol{x}_{(N+1)/2}, & \text{其他}\end{cases} \tag{5.2.32}$$

在式(5.2.32)中，$\boldsymbol{x}_{(N+1)/2}$ 是当前正在处理的中心像素。$\boldsymbol{y}^{(\mathrm{BVDF})}$ 是 BVDF 的输出 $\boldsymbol{y}^{(\mathrm{BVDF})}=\boldsymbol{x}_{(1)}$。$r$、Tol 是两个参数，在 3×3($N=9$)的滤波窗口下，建议的参数设置为：Tol=0.16，$r=5$。ABVDF 实际上是利用靠近方向中值矢量的 r 个样本矢量的均值矢量和中心像素的角度距离判断脉冲噪声。

图 5.2.4 显示了 ABVDF、AVMF、$\mathrm{FPGF}_{\mathrm{VMF}}$ 的滤波效果。从图上看，这几个滤波器的去噪效果差异不大。但仔细观察后发现，开关型矢量滤波器 ABVDF、AVMF、$\mathrm{FPGF}_{\mathrm{VMF}}$ 比传统的 VMF 能更好地保护图像细节。表 5.2.2 给出了这些滤波器的性能指标。表格数据表明，3 个开关型矢量滤波器的性能指标都优于传统的 VMF，它们的去噪能力(PSNR)、细节和颜色保护性能(MAE 和 NCD)都优于 VMF。

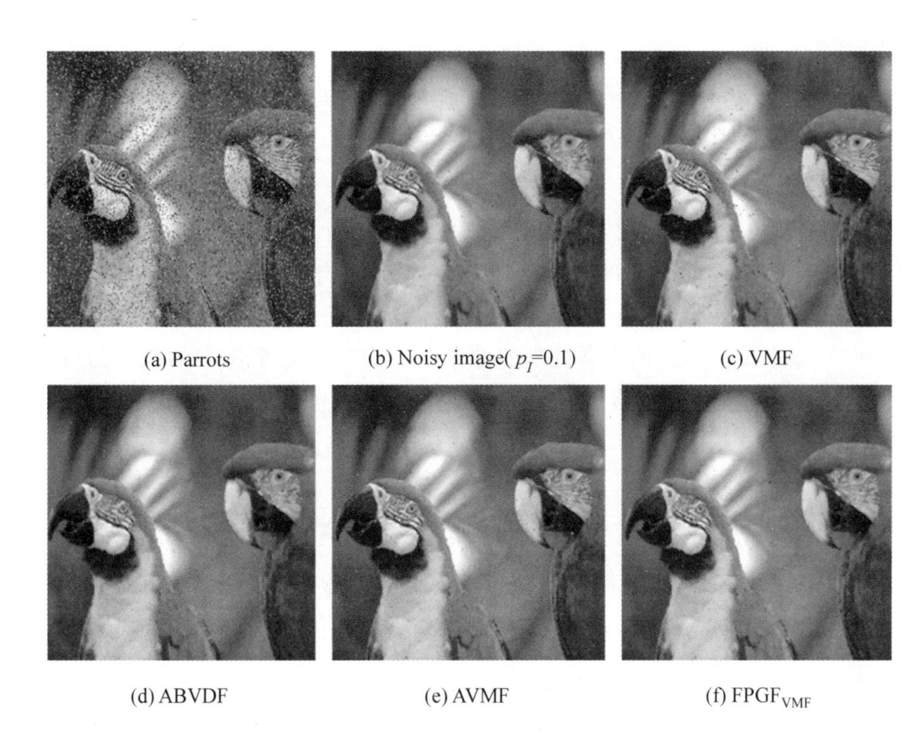

(a)Parrots 图像，(b)随机脉冲噪声图像($p_I=0.1,\rho=0.5$)，(c)VMF，(d)ABVDF，(e)AVMF，(f)FPGFvmf

图 5.2.4 开关型矢量中值滤波器

表 5.2.2 开关型 VMF 的滤波性能(图 5.2.4)

滤 波 器	PSNR	MAE	NCD
图(b)：噪声图像	15.77	14.63	0.1559
图(c)：VMF	27.52	4.11	0.0235
图(d)：ABVDF (Tol=0.1)	29.17	2.00	0.0124
图(e)：AVMF (Tol=40)	28.11	2.55	0.0156
图(f)：$FPGF_{VMF}$	28.01	2.65	0.0167

5.3 加性噪声去除方法

加性噪声是指被污染的像素加上一个干扰值。典型的加性噪声是均值为 0 的高斯噪声，即被加到像素的干扰值服从均值为 0 的高斯分布。加性噪声不能用矢量中值滤波的方法去除，一般应采用加权平均的线性方法。由于加性噪声是在受干扰的像素上加上或减去一个干扰值，这些干扰值的均值一般是 0，所以通过加权平均就能有效地抵消这些噪声干扰。

本节介绍几个典型的高斯噪声去除方法：

- 线性滤波器；
- 双边滤波器；

- 非局部平均滤波器；
- 基于块匹配的3D滤波方法(CBM3D)。

5.3.1 线性滤波器

线性滤波就是用滤波器窗口内像素的加权平均替代当前像素。线性滤波器实际上是低通滤波器。它过滤掉图像的高频部分，保留图像的低频部分，所以图像会变得更加平滑。

将滤波器窗口内的像素按从上到下、从左到右的顺序进行排列，记为$\{\boldsymbol{x}_1,\boldsymbol{x}_2,\cdots,\boldsymbol{x}_{N/2},\cdots,\boldsymbol{x}_N\}$，这里的中心像素$\boldsymbol{x}_{N/2}$为当前需要处理的像素。设窗口内每个像素的权值为$\{w_1,w_2,\cdots,w_{N/2},\cdots,w_N\}$。那么，线性滤波器在当前像素$\boldsymbol{x}_{N/2}$的输出为

$$\boldsymbol{y}=\frac{1}{\sum_{k=1}^{N}w_k}\cdot\sum_{k=1}^{N}w_k\boldsymbol{x}_k \tag{5.3.1}$$

式(5.3.1)是线性滤波器的一般框架，其中$1/\sum_{k=1}^{N}w_k$为归一化常数，确保滤波器的输出不超出颜色值的范围。在线性滤波器中，每个像素的权值决定了该像素对滤波器输出的贡献：权值越大，贡献越大；反之，权值越小，贡献越小。

线性滤波器具有以下几个特点。

- 滤波器窗口越大，平滑效果越显著(图像越模糊、越光滑)。
- 加权系数越平均(所有权重相差很小)，平滑效果越显著。
- 中心像素权值越大，平滑效果越轻、细节保护特性越好。

线性滤波器的性能主要取决于权值。确定权值的典型方法有均值权值、高斯权值、双边滤波权值、非局部平均权值。下面介绍前两种简单的线性滤波器：均值滤波器和高斯滤波器。双边滤波器和非局部均值滤波器比较复杂，将在5.3.2节和5.3.3节单独介绍。

(1) 均值滤波器

当式(5.3.1)中所有的权值都相等时，即$w_1=w_2=\cdots=w_N$，式(5.3.1)就构成了均值滤波器。在均值滤波器中，每个像素对滤波器的输出的贡献是一样大的。均值滤波器可以简化为

$$\boldsymbol{y}=\frac{1}{N}\sum_{k=1}^{N}\boldsymbol{x}_k \tag{5.3.2}$$

(2) 高斯滤波器

在均值滤波器中，每个像素对中心像素的作用是一样大的，与该像素离中心像素的远近距离没有关系。但是，像素之间存在较强的空间相关性，距离中心像素近的邻域像素对中心像素的影响应当比较大，而远离中心像素的邻域像素对中心像素的影响应当比较小。为了利用像素之间的空间相关性，一个典型的方法是假定权值服从高斯分布。将滤波器窗口中心位置的坐标记为(0,0)，像素$\boldsymbol{x}_k$相对于滤波器窗口中心的位置为(x_k,y_k)，那么像素$\boldsymbol{x}_k$的权值w_k是关于位置(x_k,y_k)到中心位置(0,0)的欧几里得距离的高斯函数的值：

$$w_k=\frac{1}{\sigma\sqrt{2\pi}}\exp\left(-\frac{x_k^2+y_k^2}{2\sigma^2}\right) \tag{5.3.3}$$

这里，均方差σ决定了滤波效果。在高斯滤波器中，滤波器窗口的半径一般取3σ。σ越大，权值越平均，平滑效果越好；反之，σ越小，平滑效果越差，细节保护越强。

图 5.3.1 显示了均值滤波器和高斯滤波器的去噪结果。从图中可以看出，对于均值滤波器，窗口越大，去噪效果越好，但图像变得越模糊。对于高斯滤波器，均方差越大，去噪效果越明显，图像变得更加平滑（模糊）。表 5.3.1 列出了图 5.3.1 中滤波结果图像的 PSNR、MAE、NCD 指标。

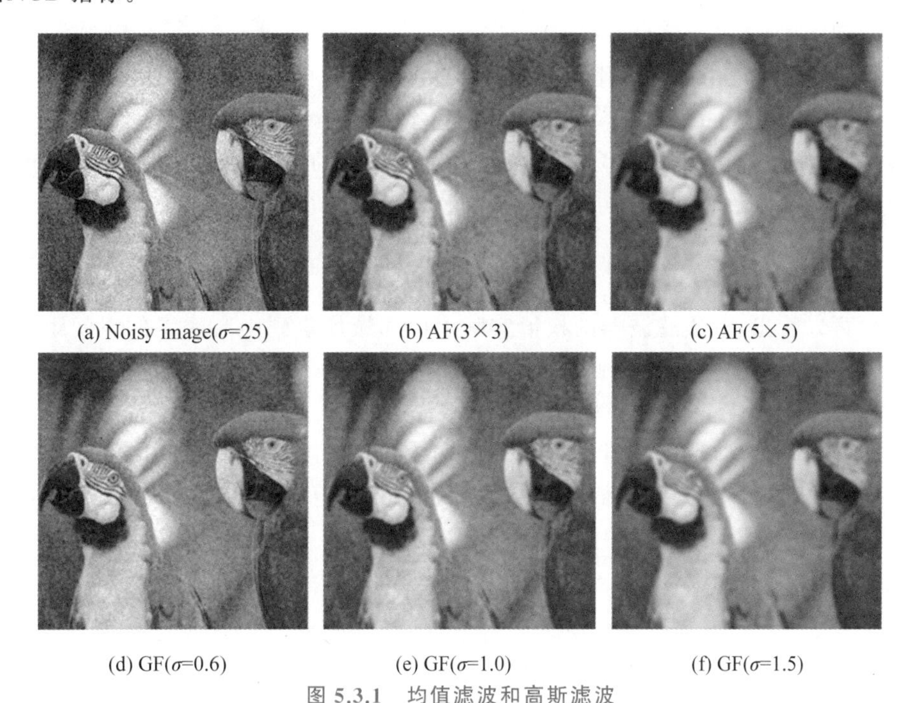

图 5.3.1 均值滤波和高斯滤波

表 5.3.1 图 5.3.1 中各个图像的 PSNR、MAE、NCD 指标

滤 波 器	PSNR	MAE	NCD
图(a)：噪声图像	20.40	19.35	0.2266
图(b)：AF (3×3)	26.09	8.74	0.0825
图(c)：AF (5×5)	25.13	8.08	0.0620
图(d)：GF (σ=0.6)	25.58	10.47	0.1123
图(e)：GF (σ=1.0)	26.56	7.97	0.0724
图(f)：GF (σ=1.5)	25.75	7.60	0.0590

5.3.2 双边滤波器

均值滤波和高斯滤波虽然能去除加性噪声，但同时模糊了图像的边缘、纹理等细节信息。由于图像像素存在很强的空间相关性，所以距离中心像素越近的临域像素对中心像素的影响越大（权值就越大）。类似地，像素在颜色域也存在强烈的相关性（光谱相关性）。一个临域像素与中心像素的颜色越相似，那么它对中心像素的影响应当越大。均值滤波器既没有考虑颜色域（光谱）的相关性，也没有考虑空间域的相关性。高斯滤波器虽考虑了空间

相关性，但没有考虑颜色域的相关性。

双边滤波器(Bilateral Filter,BF)[31]同时考虑了颜色域的相关性和空间域的相关性：一个邻域像素的颜色值越接近中心像素，它对滤波器的贡献就越大；同样，一个邻域像素的空间位置越接近中心像素，它对滤波器的贡献就越大。因此，双边滤波在去除加性噪声的同时，能很好地保护边缘细节信息。

双边滤波器的权值由两部分组成：空间距离和颜色相似度。假设滤波器窗口内的彩色像素为$\{\boldsymbol{x}_1,\boldsymbol{x}_2,\cdots,\boldsymbol{x}_{N/2},\cdots,\boldsymbol{x}_N\}$。为了方便表达，将当前需要处理的中心像素$\boldsymbol{x}_{N/2}$记为$\boldsymbol{x}_0$。将滤波器窗口中心位置的坐标记为(0,0)，滤波器窗口内的像素$\boldsymbol{x}_k$相对于滤波器窗口中心的位置为(x_k,y_k)，那么像素$\boldsymbol{x}_k$的权值w_k为

$$w_k^{(\mathrm{BF})}=\exp\left(-\frac{x_k^2+y_k^2}{2\sigma_d^2}\right)\cdot\exp\left(-\frac{\|\boldsymbol{x}_k-\boldsymbol{x}_0\|_2^2}{2\sigma_R^2}\right) \tag{5.3.4}$$

从式(5.3.4)可以看出，双边滤波器的权值实际上由邻域像素到中心像素的空间距离的高斯权值以及邻域像素到中心像素的颜色距离的高斯权值组成。σ_d和σ_R是两个高斯函数的均方差，用于调节对空间距离和颜色距离的加权效果。σ_d和σ_R越大，滤波器内各像素的权值就越平均(差异越小)，导致平滑效果越显著(去噪能力越强)，但细节保护能力会变弱。σ_d和σ_R越小，滤波器内各像素的权值差异就越大(中心像素的权值很大)，导致平滑效果越差(去噪能力变弱)，但能较好地保护图像细节。

将权值公式(5.3.4)代入线性滤波器的一般框架(5.3.1)，就得到双边滤波器：

$$\boldsymbol{y}^{(\mathrm{BF})}=\frac{1}{\sum_{k=1}^{N}w_k^{(\mathrm{BF})}}\cdot\sum_{k=1}^{N}(w_k^{(\mathrm{BF})}\boldsymbol{x}_k) \tag{5.3.5}$$

从权值公式(5.3.4)可以看出，若当前像素是细线像素，那么，在滤波器窗口内位于细线上的像素将具有很大的权值(因为其颜色与中心像素一样或很接近，这样其颜色域的权值会很大)，而窗口内其他非细线像素的权值将会很小，所以滤波器的输出主要取决于窗口内的细线像素，从而能很好地保护图像细节。另一方面，若当前像素是一个脉冲噪声，那么，它与周边邻域像素的颜色值相差很大，使得周边邻域像素的权值很小，而它自己的权值会很大，这时滤波器的输出主要取决于当前像素，从而不能去除噪声。这就是双边滤波器在去除加性噪声的同时能很好地保护图像的边缘和细线信息，但不能去除脉冲噪声的原因[48]。另外，根据式(5.3.4)，中心像素自身的权值总为1，可能远大于其他邻域像素的权值，从而显著降低平滑去噪能力。所以，可以限制其取值范围，从而增强平滑去噪能力。

在双边滤波器中，参数σ_d和σ_R决定了滤波器的性能。因此，选择优化的σ_d和σ_R值非常重要。研究表明[49]，和σ_R相比，σ_d对噪声密度不太敏感，一般σ_d取1.5～2.5的值。σ_R应当根据噪声水平(均方差)σ_n决定，一般可取σ_n的1～3倍。一个典型的设置是：$\sigma_d=1.8$，$\sigma_R=2\sigma_n$，滤波器窗口大小取11×11($N=121$)。

图5.3.2显示了双边滤波器在不同的σ_d和σ_R取值下、对均方差为25的Parrots高斯噪声图像进行滤波的结果。表5.3.2列出了滤波结果的PSNR、MAE、NCD指标。从图中可以看出，随着σ_d和σ_R的不断增大，滤波后的图像变得越来越平滑，图像细节也被平滑掉很多。当σ_d小于2时，随着σ_d的增大，图像明显变得更加平滑。当σ_d大于2时，σ_d的增大不会引起平滑效果的显著变化。对于σ_R，图像会随着σ_R的增大而变得更加平滑。当σ_d大于2时，

图像的平滑性能主要取决于 σ_d。

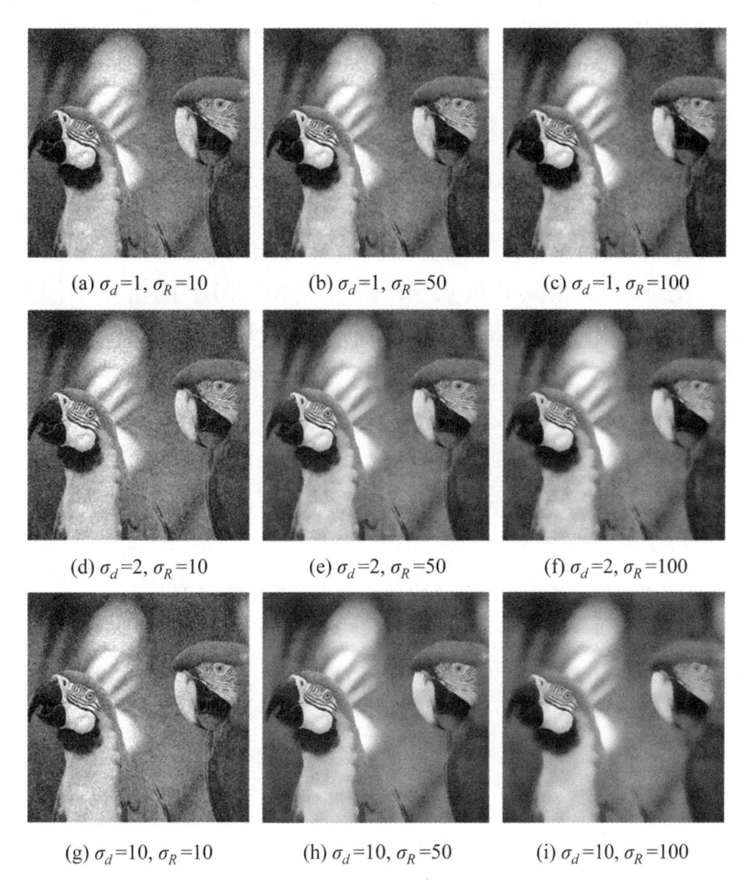

图 5.3.2 在不同的 $\boldsymbol{\sigma}_d$ 和 $\boldsymbol{\sigma}_R$ 取值下，双边滤波器 BF 对被均值为 0 均方差为 25 的高斯噪声污染的 Parrots 图像进行滤波的结果

表 5.3.2 图 5.3.2 中各个图像的 PSNR、MAE、NCD 指标

BF 滤波器	PSNR	MAE	NCD
噪声图像(见图 5.3.1(a))	20.40	19.35	0.2266
图(a)：$\sigma_d=1, \sigma_R=10$	20.45	19.20	0.2247
图(b)：$\sigma_d=1, \sigma_R=50$	26.09	9.78	0.1070
图(c)：$\sigma_d=1, \sigma_R=100$	28.25	7.55	0.0772
图(d)：$\sigma_d=2, \sigma_R=10$	20.57	18.84	0.2199
图(e)：$\sigma_d=2, \sigma_R=50$	28.52	7.28	0.0735
图(f)：$\sigma_d=2, \sigma_R=100$	29.02	6.19	0.0528
图(g)：$\sigma_d=10, \sigma_R=10$	20.82	18.25	0.2117
图(h)：$\sigma_d=10, \sigma_R=50$	28.60	7.07	0.0659
图(i)：$\sigma_d=10, \sigma_R=100$	27.76	6.87	0.0524

5.3.3 非局部均值滤波器

双边滤波器在计算一个邻域像素的权值时仅利用该邻域像素和中心像素自身的属性，没有利用它们的局部图像块的结构信息。由于一个像素与它周边的局部区域是紧密相关的，所以在考虑一个像素对其他像素的作用时，应当利用它们各自的局部区域信息。非局部均值(Non Local Means，NLM)滤波器[50]就是基于这个原理设计的。NLM 滤波器和 BF 都是非常经典的滤波方法，NLM 由于利用了图像的局部结构信息，使得 NLM 的滤波性能明显优于 BF。然而，NLM 的算法复杂度比 BF 高。NLM 和 BF 的主要不同点在于：对于一个邻域像素，NLM 利用该像素的局部区域与当前正在处理的像素的局部区域的结构相似度计算该像素的权值，而 BF 仅利用该像素和当前正在处理的像素的颜色差异计算该像素的权值(没有利用局部结构信息)。

假设滤波器窗口内的彩色像素为$\{\boldsymbol{x}_1,\boldsymbol{x}_2,\cdots,\boldsymbol{x}_{N/2},\cdots,\boldsymbol{x}_N\}$，并将当前需要处理的中心像素$\boldsymbol{x}_{N/2}$记为$\boldsymbol{x}_0$。将滤波器窗口中心位置的坐标记为(0,0)，像素$\boldsymbol{x}_k$相对于滤波器窗口中心的位置为$(x_k,y_k)$。下面利用每个邻域像素$\boldsymbol{x}_k$的局部结构信息计算其权值$w_k$，具体步骤见算法 5.3.1。

算法 5.3.1　NLM 中邻域像素的权值计算方法

输入：$\boldsymbol{x}_0$　　当前正在处理的中心像素$\boldsymbol{x}_{N/2}$

　　　$\boldsymbol{x}_k$　　$\boldsymbol{x}_0(\boldsymbol{x}_{N/2})$的邻域像素

输出：$w_k^{(\mathrm{NLM})}$　　$\boldsymbol{x}_k$的权值

(1) 在图像中，以像素$\boldsymbol{x}_0$(即中心像素$\boldsymbol{x}_{N/2}$)为中心，选取一个固定大小的局部邻域块(如 5×5 或 7×7)，假设这个局部邻域大小为M(如$M=25$或 49)。将这个局部邻域内的所有彩色像素排成一个M维的彩色矢量(每个元素是一个彩色像素)：

$$\boldsymbol{V}^{(0)}=\{\boldsymbol{x}_1^{(0)},\boldsymbol{x}_2^{(0)},\cdots,\boldsymbol{x}_{M/2}^{(0)},\cdots,\boldsymbol{x}_M^{(0)}\}\tag{5.3.6}$$

注：局部邻域块也称为**比较窗**。

(2) 以像素$\boldsymbol{x}_k$为中心，选取一个同样大小的局部邻域块(如 5×5 或 7×7)，并将这个局部邻域内的所有彩色像素排成另外一个M维的彩色矢量：

$$\boldsymbol{V}^{(k)}=\{\boldsymbol{x}_1^{(k)},\boldsymbol{x}_2^{(k)},\cdots,\boldsymbol{x}_{M/2}^{(k)},\cdots,\boldsymbol{x}_M^{(k)}\}\tag{5.3.7}$$

(3) 计算像素$\boldsymbol{x}_k$的权值：

$$w_k^{(\mathrm{NLM})}=\exp\left(-\frac{\|\boldsymbol{V}^{(k)}-\boldsymbol{V}^{(0)}\|_{2,\eta}^2}{h^2}\right)\tag{5.3.8}$$

$\|\boldsymbol{V}^{(k)}-\boldsymbol{V}^{(0)}\|_{2,\eta}^2$表示两个彩色矢量$\boldsymbol{V}^{(k)}$和$\boldsymbol{V}^{(0)}$之间高斯加权的欧几里得距离：

$$\|\boldsymbol{V}^{(k)}-\boldsymbol{V}^{(0)}\|_{2,\eta}^2=\sum_{i=1}^{M}\left(\exp\left(-\frac{x_i^2+y_i^2}{2\eta^2}\right)\cdot\|\boldsymbol{V}_i^{(k)}-\boldsymbol{V}_i^{(0)}\|_2^2\right)\tag{5.3.9}$$

这里，(x_i,y_i)表示局部邻域窗口内第i $(1\leqslant i\leqslant M)$个像素的位置相对于邻域窗口中心位置(0,0)的坐标。

//算法结束

在$\boldsymbol{x}_k$权值公式(5.3.8)中，均方差h控制邻域像素权重分布的形状，大的h使得邻域像素的权重分布比较均匀，从而具备较强的平滑去噪能力；小的h使得权重分布的偏差大，从而去噪能力减弱，更好地保护图像细节。在高斯加权的颜色距离公式(5.3.9)中，均方差η控制空间位置对颜色距离的影响：在局部结构块(比较窗)中，离结构块中心近的像素对权重的影响大，距离结构块中心远的像素对权重的影响小。

利用上面的方法计算滤波器窗口内所有像素$\{\boldsymbol{x}_1,\boldsymbol{x}_2,\cdots,\boldsymbol{x}_{N/2},\cdots,\boldsymbol{x}_N\}$的权值，从而得到

NLM 滤波器的输出：

$$\boldsymbol{y}^{(\mathrm{NLM})}=\frac{1}{\sum_{k=1}^{N} w_k^{(\mathrm{NLM})}} \cdot \sum_{k=1}^{N}\left(w_k^{(\mathrm{NLM})} \boldsymbol{x}_k\right) \tag{5.3.10}$$

根据上面的 NLM 权值计算方法，中心像素自身的权值总为 1，这可能显著高于其他邻域像素的权值，从而降低滤波去噪能力。因此，在实际应用中，可以限制其取值范围（例如，取其他邻域像素的最大权值），从而提高平滑去噪能力。

NLM 滤波器具有优秀的去噪性能。NLM 需要一些参数：滤波器窗口（搜索窗）大小 N、计算像素权值的局部结构块（比较窗）大小 M、控制平滑强度的高斯函数均方差 h，以及对颜色距离加权的高斯函数均方差 η。在一般的应用中，滤波器窗口（搜索窗）大小可设为 11×11 以上（如 21×21，$N=441$），计算像素权值的结构块（比较窗）大小可设为 5×5（$M=25$）或 7×7（$M=49$），颜色距离加权的高斯均方差 $\eta=1\sim5$。控制滤波强度的 h 应根据图像的噪声水平和结构块大小决定，一般地，h 取噪声均方差的 1～3 倍。

图 5.3.3 给出了 NLM 在不同的 h 和 η 取值下对被均方差为 25 的高斯噪声污染的 Parrots 图像进行滤波的结果。滤波器窗口（搜索窗）大小取 11×11（$N=121$），结构块窗口

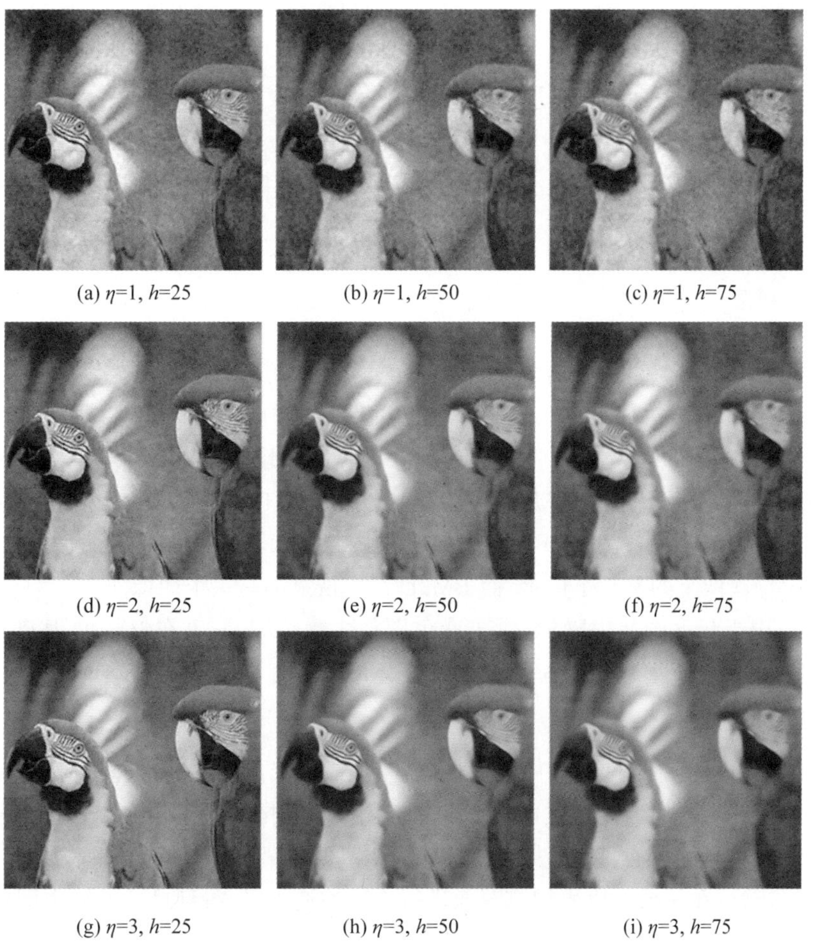

(a) η=1, h=25　(b) η=1, h=50　(c) η=1, h=75

(d) η=2, h=25　(e) η=2, h=50　(f) η=2, h=75

(g) η=3, h=25　(h) η=3, h=50　(i) η=3, h=75

图 5.3.3　不同参数的 NLM 对均方差为 25 的 Parrots 高斯噪声图像的滤波结果

(比较窗)大小取 $5\times5(M=25)$。表 5.3.3 列出了滤波结果的 PSNR、MAE、NCD 值。从图中可以看出,$\eta=1$ 时,h 从 25 变到 50(第 1 列),去噪视觉效果没有显著的变化,这说明 $\eta=1$ 取值太小,限制了平滑能力。$\eta=2$ 时,$h=50$(第 2 列)的效果显著优于 $h=25$(第 1 列)和 $h=75$(第 3 列),$h=75$ 引起过度的平滑,从而模糊了图像细线纹理信息。与 $\eta=2$(第 2 列)相比,$\eta=3$ 的效果(第 3 列)没有明显的改进,这说明 $\eta=2$ 对 5×5 大小的结构块窗口(比较窗)的颜色距离加权是比较合适的。

表 5.3.3　图 5.3.3 中各个图像的 PSNR、MAE、NCD 指标

NLM 滤波器	PSNR	MAE	NCD
噪声图像(见图 5.3.1a)	20.40	19.35	0.2266
图(a):$\eta=1, h=25$	27.62	8.23	0.0895
图(b):$\eta=1, h=50$	28.01	7.50	0.0736
图(c):$\eta=1, h=75$	27.39	7.69	0.0726
图(d):$\eta=2, h=25$	28.18	7.34	0.0794
图(e):$\eta=2, h=50$	28.90	6.08	0.0509
图(f):$\eta=2, h=75$	27.36	6.73	0.0519
图(g):$\eta=3, h=25$	28.16	7.16	0.0770
图(h):$\eta=3, h=50$	28.67	6.03	0.0473
图(i):$\eta=3, h=75$	26.91	6.92	0.0499

5.3.4 CBM3D 算法

2007 年,Dabov 等提出一个里程碑式的高斯噪声去除算法,即块匹配 3D 滤波算法(Block-Matching and 3D Filtering,BM3D)[51],该算法的去噪效果和性能在目前现有的传统技术中是最好的。BM3D 的中心思想是先将图像划分为部分重叠的小块,对每个图像块,在周边邻域寻找与其相似的匹配块,然后将这些相似块堆在一起形成一个 3D 数组,再对这个 3D 数组进行三维滤波去噪,最后从所有去噪后的 3D 数组中恢复出图像。BM3D 与经典的滤波方法不同,因为在经典方法中每次恢复的是一个像素,而 BM3D 每次恢复的是一个图像块。

BM3D 是用于灰度图像去噪的,对于彩色图像去噪,Dabov 等在 BM3D 基础上进行了改进,形成 CBM3D(Color BM3D)[52]。在介绍 CBM3D 之前,需要先了解 BM3D。

1. BM3D 算法

BM3D 主要用于去除灰度图像中的加性噪声(如高斯噪声),实现过程包括两个步骤:基本估计和最终估计。基本估计在频域中搜索相似块并形成相似块组,并在频域中对相似块组进行三维硬阈值滤波,从而得到噪声图像的基本估计图像。最终估计是在基本估计图像(空域)中寻找相似块,然后在频域对原始噪声图像进行维纳滤波去噪,得到最后的输出图像。

1) 基本估计

在基本估计步骤中,首先按一定的步长将噪声灰度图像 z 划分成部分重叠的图像块,称

每个图像块为参考块 Z_{x_R}（x_R 表示块的左上角坐标）。然后对每个参考块 Z_{x_R} 执行下面 3 个步骤的处理：①搜索相似块，形成三维数组；②三维硬阈值滤波，即对三维数组进行三维傅里叶变换，对获得的三维傅里叶变换系数进行硬阈值处理，然后对硬阈值滤波后的频域系数进行逆三维傅里叶变换，从而获得每个组的一个估计；③对去噪后的图像块组进行加权平均，从而得到基本估计图像 E。

这里的组是指多个大小相同、内容相似的图像块，将这些图像块从上到下堆在一起形成一个长方体（用三维数组表示）。对相似块组进行三维傅里叶变换就是先对这个三维数组中的每个块（即二维数组）进行二维傅里叶变换，然后对组中所有图像块中相同位置的点进行纵向的一维傅里叶变换（即对第三维进行傅里叶变换）。

（1）搜索相似块，形成三维数组

将噪声图像 z 按一定步长划分为相互重叠的图像块（参考块）。对于每个参考块 Z_{x_R}，搜索其相似块。若两个块之间的颜色距离小于某个阈值，则认为这两个块是相似的。块 Z_{x_1} 与块 Z_{x_2} 之间的颜色距离定义如下（块大小为 $N\times N$）：

$$d(Z_{x_1},Z_{x_2})=\frac{1}{N}\left\|\gamma(T_{2D}(Z_{x_1}),\lambda_{2D}\sigma\sqrt{2\log(N^2)})-\gamma(T_{2D}(Z_{x_2}),\lambda_{2D}\sigma\sqrt{2\log(N^2)})\right\|_2 \tag{5.3.11}$$

其中，T_{2D} 代表二维傅里叶变换，λ_{2D} 是固定的阈值参数，σ 为噪声的均方差，γ 是硬阈值运算符：

$$\gamma(\lambda,\lambda_{\text{thr}})=\begin{cases}\lambda, & |\lambda|>\lambda_{\text{thr}}\\ 0, & \text{其他}\end{cases} \tag{5.3.12}$$

在式(5.3.11)中，为了计算两个图像块的颜色距离，先对两个图像块进行预平滑（频域去噪）：对两个图像块进行二维傅里叶变换，将傅里叶变换系数中模小于 $\lambda_{2D}\sigma\sqrt{2\log(N^2)}$ 的系数清零（硬阈值滤波，因为噪声的能量较小）；然后，在频域中计算两个图像块的距离（两个图像块的二维傅里叶变换系数的欧几里得距离）。

然后，利用两个图像块之间的颜色距离，在图像中搜索当前参考块 Z_{x_R} 的所有相似块 S_{x_R}：

$$S_{x_R}=\{x\in X \mid d(Z_{x_R},Z_x)<\tau_{\text{match}}\} \tag{5.3.13}$$

τ_{match} 是一个预定义的阈值，X 表示整个图像空间（在算法实现中可设置为以当前参考块 Z_{x_R} 为中心的一个局部区域）。S_{x_R} 中的元素是每个相似块的左上角坐标。将所有的相似块，按照它们与参考块的颜色距离从小到大排列，并保存到三维数组 $Z_{S_{x_R}}$ 中（数组中的元素是像素值）。

（2）三维硬阈值滤波（获得相似块组 $Z_{S_{x_R}}$ 的初步估计）

$$Y_{S_{x_R}}=T_{3D}^{-1}(\gamma(T_{3D}(Z_{S_{x_R}}),\ \lambda_{3D}\,\sigma\sqrt{2\log(N^2)})) \tag{5.3.14}$$

λ_{3D} 是一个固定的阈值参数，σ 为噪声的均方差，T_{3D}^{-1} 表示三维逆傅里叶变换。式(5.3.14)表示先对三维数组 $Z_{S_{x_R}}$ 进行三维傅里叶变换，在频域中将模小于 $\lambda_{3D}\,\sigma\sqrt{2\log(N^2)}$ 的系数清零（硬阈值滤波），然后再进行三维逆傅里叶变换，将信号从频域变换到空域，从而实现对三维数组 $Z_{S_{x_R}}$ 进行去噪。

（3）用获得的组进行加权平均获得基本估计图像 E

对于每个参考块 Z_{x_R} 的相似块组 $Z_{S_{x_R}}$，经过上面的步骤就可获得其初步估计 $Y_{S_{x_R}}$。通过对所有相似块组的初步估计进行加权平均，得到整个噪声图像的初步估计图像。对于每个相似块组的初步估计 $Y_{S_{x_R}}$，先计算其平均权值 w_{x_R}：

$$w_{x_R}=\begin{cases}\dfrac{1}{N_{\text{har}}}, & N_{\text{har}}\geqslant 1\\ 1, & \text{其他}\end{cases} \tag{5.3.15}$$

在步骤(2)中需要对 Z_{x_R} 的相似块组 $Z_{S_{x_R}}$ 进行三维傅里叶变换，并对傅里叶变换的系数进行硬阈值处理。这里，N_{har} 表示硬阈值处理后的非零系数的个数。为了防止边界效应，使用了一个 W_{win2D} 凯撒窗函数去修订 w_{x_R}，这个窗函数的大小和参考块的大小相同。将 w_{x_R} 乘以 W_{win2D} 这个二维数组：

$$W_{\text{win2D}}^{(x_R)}=w_{x_R}\cdot W_{\text{win2D}} \tag{5.3.16}$$

$W_{\text{win2D}}^{(x_R)}$ 内每个元素就是 $Y_{S_{x_R}}$ 内每个图像块对应位置的权值。

注：在 MATLAB 中凯撒窗可通过 $\begin{cases}\boldsymbol{V}=\text{kaiser}(N,\beta)\\ \boldsymbol{W}_{\text{win2D}}=\boldsymbol{V}*\boldsymbol{V}'\end{cases}$ 获得。

算法 5.3.2　BM3D 算法的基本估计

输入：$\boldsymbol{Z}$　噪声图像

$N_x\times N_y$　参考块大小

$S_x\times S_y$　参考块步长

τ_{match}　相似块距离的阈值

λ_{2D}　计算图像块距离的预平滑阈值参数

λ_{3D}　相似块组三维频域滤波的阈值参数

输出：$\boldsymbol{E}$　$\boldsymbol{Z}$ 的基本估计图像

(1) 以步长 $S_x\times S_y$ 将噪声图像 $\boldsymbol{Z}$ 划分为大小为 $N_x\times N_y$ 的块 $\{Z_{x_1},Z_{x_2},\cdots,Z_{x_M}\}$（$M$ 个参考块，x_k 表示第 k 块的左上角坐标）。

(2) 对于每个参考块 $Z_{x_k}(k=1,2,\cdots,M)$，在图像 Z 中搜索相似块组 $Z_{S_{x_k}}$。在图像 $\boldsymbol{Z}$ 中以 Z_{x_k} 为中心的某个范围内搜索 Z_{x_k} 的相似块：根据式(5.3.11)计算每个图像块与 Z_{x_k} 的距离，距离小于阈值 τ_{match} 的块就是 Z_{x_k} 的相似块，根据距离从小到大的顺序，将所有相似块堆成一组并保存到三维数组 $Z_{S_{x_k}}$ 中。

(3) 对每个相似块组 $Z_{S_{x_k}}$ 利用式(5.3.14)进行三维硬阈值滤波，得到 $Z_{S_{x_k}}$ 的组估计 $\hat{Y}_{S_{x_k}}$。对 $Z_{S_{x_k}}$ 进行三维傅里叶变换，然后对三维傅里叶变换系数进行基于 λ_{3D} 的硬阈值滤波，最后进行逆三维傅里叶变换，从而获得 $Z_{S_{x_k}}$ 的估计 $\hat{Y}_{S_{x_k}}$。

(4) 利用式(5.3.15)和式(5.3.16)计算每个相似块组 $Z_{S_{x_k}}$ 的凯撒窗权值矩阵 $\boldsymbol{W}_{\text{win2D}}^{(x_k)}$。

(5) 对所有相似块组 $Z_{S_{x_k}}$ 的估计 $\hat{Y}_{S_{x_k}}$ 进行加权平均，从而得到图像的基本估计图像 $\boldsymbol{E}$：

(5.1) 初始化 $\boldsymbol{E}$ 和 $\boldsymbol{W}$ 为 $\boldsymbol{0}$ 矩阵（$\boldsymbol{E}$ 和 $\boldsymbol{W}$ 与原始噪声图像 $\boldsymbol{Z}$ 大小相同）；

(5.2) 对于每个相似块组 $Z_{S_{x_k}}$ 的估计 $\hat{Y}_{S_{x_k}}$，将 $\hat{Y}_{S_{x_k}}$ 中的每个块加到矩阵 $\boldsymbol{E}$ 中相应的位置，同时将其 $\boldsymbol{W}_{\text{win2D}}^{(x_k)}$ 矩阵加到矩阵 $\boldsymbol{W}$ 中相同的位置；

(5.3) 利用步骤(5.2)处理完所有的相似块组后，将矩阵 $\boldsymbol{E}$ 中的每个元素除以矩阵 $\boldsymbol{W}$ 中相同位置的元素，即得到基本估计的输出图像 $\boldsymbol{E}$。

//算法结束

2）最终估计

最终估计是在基本估计图像 $\boldsymbol{E}$ 的基础上进行的。与基本估计类似，首先按一定的步长将基本估计图像 $\boldsymbol{E}$ 划分为部分重叠的小块，然后对每个块执行：①在基本估计图像 $\boldsymbol{E}$ 中寻找相似块，形成三维数组，并根据 $\boldsymbol{E}$ 的相似块组的位置获得噪声图像 $\boldsymbol{Z}$ 的相似块组；②对噪声图像 $\boldsymbol{Z}$ 的相似块组进行三维维纳滤波去噪；③对所有维纳滤波后的组进行加权平均，从而得到最终估计图像。

（1）在 $\boldsymbol{E}$ 中寻找匹配块，形成三维数组

将基本估计图像 $\boldsymbol{E}$ 按一定步长划分为相互重叠的图像块。对于每个图像块 E_{x_R}，利用下面的距离公式搜索相似块：

$$S_{x_R}=\left\{x\in X\left|\frac{1}{N}\cdot\|(E_{x_R}-\overline{E_{x_R}})-(E_x-\overline{E_x})\|_2<\tau_{\text{match}}\right.\right\}\tag{5.3.17}$$

其中，标量 $\overline{E_{x_R}}$ 是图像 $\boldsymbol{E}$ 中以 x_R 为左上角的图像块的平均灰度值，E_x 表示图像 $\boldsymbol{E}$ 中左上角坐标为 x 的图像块，$\boldsymbol{X}$ 表示整个图像空间（在算法实现中可设置为以当前参考块 E_{x_R} 为中心的一个局部区域）。将图像块排成一个矢量，然后每个元素减去图像块的平均灰度值。之所以减去均值之后再求两个块之间的欧几里得距离，是考虑到两个具有不同均值的图像块，若具有相同的结构（不同的亮度），则认为这两个块是相似的。利用获得的相似块位置 S_{x_R}（块的位置根据它与参考块的距离从小到大排列），可以在基本估计图像 $\boldsymbol{E}$ 和原始的噪声图像 $\boldsymbol{Z}$ 上得到两个三维数组（相似块组）：$E_{S_{x_R}}$ 和 $Z_{S_{x_R}}$。这里使用基本估计图像 $\boldsymbol{E}$ 定位相似块组，是因为需要将图像 $\boldsymbol{E}$ 的能量谱作为真实图像的能量谱，从而获得维纳滤波系数。

（2）对噪声图像 $\boldsymbol{Z}$ 进行三维维纳滤波

利用基本估计图像 $\boldsymbol{E}$，计算噪声图像 $\boldsymbol{Z}$ 中每个相似块组 $Z_{S_{x_R}}$ 的三维维纳滤波系数 $W_{S_{x_R}}$：

$$W_{S_{x_R}}(i,j,k)=\frac{|(T_{3D}(E_{S_{x_R}}))(i,j,k)|^2}{|(T_{3D}(E_{S_{x_R}}))(i,j,k)|^2+\sigma^2}\tag{5.3.18}$$

这里，$(T_{3D}(E_{S_{x_R}}))(i,j,k)$ 表示数组 $E_{S_{x_R}}$ 的三维傅里叶变换在位置 (i,j,k) 上的系数，σ 为噪声均方差。

然后利用三维维纳滤波器系数 $W_{S_{x_R}}$ 对噪声图像的相似块组 $Z_{S_{x_R}}$ 进行三维维纳滤波，从而得到组 $Z_{S_{x_R}}$ 的估计 $Y_{S_{x_R}}$：

$$Y_{S_{x_R}}=T_{3D}^{-1}(W_{S_{x_R}}\cdot T_{3D}(Z_{S_{x_R}}))\tag{5.3.19}$$

即先对组 $Z_{S_{x_R}}$ 进行三维傅里叶变换，然后每个位置 (i,j,k) 的变换系数乘以对应的权值 $W_{S_{x_R}}(i,j,k)$，最后进行三维逆傅里叶变换，从而得到原始图像块组 $Z_{S_{x_R}}$ 的估计 $Y_{S_{x_R}}$。

（3）计算最终的估计图像

这个步骤同基本估计中的步骤（3），即通过对所有的组估计 $Y_{S_{x_R}}$ 进行加权平均估计最终的输出图像。唯一的不同是，利用下面的公式计算 $Y_{S_{x_R}}$ 内图像块的平均权值 w_{x_R}：

$$w_{x_R}=1\Big/\sum_{(i,j,k)}|W_{S_{x_R}}(i,j,k)|^2\tag{5.3.20}$$

即这里的平均权值 w_{x_R} 被定义为 $W_{S_{x_R}}$ 内所有元素平方和的倒数。

后面的操作与基本估计中的步骤(3)完全相同：利用式(5.3.16)生成凯撒窗权值矩阵 $\boldsymbol{W}_{\text{win2D}}^{(x_k)}$，然后利用所有的组估计 $Y_{S_{x_R}}$ 及相应的权值矩阵 $\boldsymbol{W}_{\text{win2D}}^{(x_k)}$ 重建最终的输出图像。

算法 5.3.3　BM3D 算法的最终估计

输入：$\boldsymbol{Z}$　　噪声图像

$\boldsymbol{E}$　　$\boldsymbol{Z}$ 的基本估计图像

$N_x \times N_y$　　参考块大小(可以与基本估计的块大小不相同)

$S_x \times S_y$　　参考块步长(可以与基本估计的块步长不相同)

τ_{match}　　相似块阈值(可以与基本估计的相似块阈值不相同)

σ　　噪声均方差

输出：$\boldsymbol{Z}$　　$\boldsymbol{Z}$ 的最终估计图像

(1) 以步长 $S_x \times S_y$ 将基本估计图像 $\boldsymbol{E}$ 划分为大小为 $N_x \times N_y$ 的块$\{E_{x_1}, E_{x_2}, \cdots, E_{x_M}\}$($M$ 个参考块，x_k 表示第 k 块的左上角坐标)。

(2) 对于每个参考块 E_{x_k} $(k=1,2,\cdots,M)$，在基本估计图像 $\boldsymbol{E}$ 中搜索相似块组 $E_{S_{x_k}}$。在图像 $\boldsymbol{E}$ 中以 E_{x_k} 为中心的某个范围内搜索 E_{x_k} 的相似块：根据式(5.3.17)计算每个图像块与 E_{x_k} 的距离，距离小于阈值 τ_{match} 的块就是 E_{x_k} 的相似块，根据距离从小到大的顺序，将相似块排列到三维数组 $E_{S_{x_k}}$ 中。按照 $E_{S_{x_k}}$ 中图像块的位置对噪声图像 $\boldsymbol{Z}$ 进行分块，得到 $\boldsymbol{Z}$ 的相似块组 $Z_{S_{x_k}}$。

(3) 对 $\boldsymbol{Z}$ 的每个相似块组 $Z_{S_{x_k}}$ 进行三维维纳滤波。首先，对基本估计图像 $\boldsymbol{E}$ 的相似块组 $E_{S_{x_k}}$ 进行三维傅里叶变换，利用式(5.3.18)计算三维维纳滤波器系数 $W_{S_{x_R}}$。然后，根据式(5.3.19)对 $Z_{S_{x_k}}$ 进行三维维纳滤波，得到去噪后的相似块组 $\hat{Y}_{S_{x_k}}$。

(4) 利用式(5.3.20)和式(5.3.16)计算每个相似块组 $Z_{S_{x_k}}$ 的凯撒窗权值矩阵 $\boldsymbol{W}_{\text{win2D}}^{(x_k)}$。

(5) 对所有相似块组 $Z_{S_{x_k}}$ 的估计 $\hat{Y}_{S_{x_k}}$ 进行加权平均，从而得到图像的最终估计 $\hat{\boldsymbol{Z}}$：

(5.1) 初始化 $\hat{\boldsymbol{Z}}$ 和 $\boldsymbol{W}$ 为 $\boldsymbol{0}$ 矩阵($\hat{\boldsymbol{Z}}$ 和 $\boldsymbol{W}$ 与原始噪声图像 $\boldsymbol{Z}$ 大小相同)；

(5.2) 对于每个相似块组 $Z_{S_{x_k}}$ 的估计 $\hat{Y}_{S_{x_k}}$，将 $\hat{Y}_{S_{x_k}}$ 中的每个块加到矩阵 $\hat{\boldsymbol{Z}}$ 中相应的区域，同时将其 $\boldsymbol{W}_{\text{win2D}}^{(x_k)}$ 矩阵加到矩阵 $\boldsymbol{W}$ 中相应的区域；

(5.3) 利用步骤(5.2)处理完所有的相似块组后，将矩阵 $\hat{\boldsymbol{Z}}$ 中的每个元素除以矩阵 $\boldsymbol{W}$ 中相同位置的元素，即得到最终估计图像 $\hat{\boldsymbol{Z}}$。

//算法结束

图 5.3.4 显示了 BM3D 算法的去噪结果(算法的参数设置来自原始论文)。其中图 5.3.4(a)是被均值为 0、均方差为 25 的高斯噪声污染的 Parrots 灰度图像，图 5.3.4(b)和图 5.3.4(c)分别是 BM3D 算法的基本估计图像和最终估计图像。从图中可以看出，BM3D 很好地去除了噪声，同时也较好地保护了图像的边缘细节信息。

2. CBM3D 算法

彩色图像有 3 个颜色通道，而 BM3D 是用于灰度图像去噪的，所以不能直接将 BM3D 算法应用到彩色图像上。由于人眼对亮度的变化比对色度的变化更敏感(见 2.2.6 节)，因此 Dabov 等改进 BM3D 算法，提出一个基于亮度通道的彩色图像去噪方法 CBM3D[52]。

首先，将彩色图像从 RGB 空间变换到明度/亮度-色度空间(Luminance-chrominance Space)，如 HSI、YUV、YCbCr 等颜色空间。在明度/亮度通道(Y 通道或 I 通道)上应用

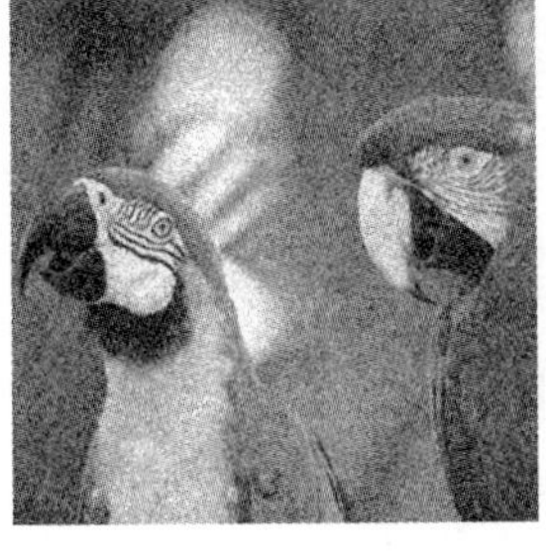

(a) 高斯均方差为25的噪声图像(PSNR=20.31)

(b) BM3D的基本估计图像(PSNR=30.06)

(c) BM3D的最终估计图像(PSNR=30.50)

图 5.3.4　BM3D(灰度图像)的滤波结果

BM3D 算法对亮度通道进行去噪处理,并记录每个相似块组的坐标。

然后,在两个色度通道上利用亮度通道得到的相似块组的坐标(参考块及其相似块的坐标)建立每个色度通道的相似块组(块位置和块在组中排列的顺序与亮度通道的相似块组是相同的)。例如,假设在亮度通道上有一个相似块组:参考块位置是(50,25)、相似块位置分别为(30,10)、(40,21)和(60,32),则在两个色度通道上参考块和相似块的位置也是(50,25)、(30,10)、(40,21)、(60,32)。在色度通道中获得各个相似块组后,后面的处理与 BM3D 一样,即对两个色度通道进行独立的 BM3D 去噪处理。

最后,把去噪后的亮度和色度数据变换到 RGB 空间,得到去噪后的 RGB 彩色图像。

需要注意的是,在对亮度通道和两个色度通道进行 BM3D 处理时,噪声的方差与原始 RGB 图像的噪声方差是不一样的。例如,假设从 RGB 到 YUV 的变换矩阵是 $\boldsymbol{A}$,RGB 图像的噪声方差是$[\sigma_R^2,\sigma_G^2,\sigma_B^2]^{\mathrm{T}}$,那么将 RGB 图像变换到 YUV 空间后噪声方差为$[\sigma_Y^2,\sigma_U^2,\sigma_V^2]^{\mathrm{T}}=\boldsymbol{A}^2[\sigma_R^2,\sigma_G^2,\sigma_B^2]^{\mathrm{T}}$,其中 $\boldsymbol{A}^2$ 表示对矩阵 $\boldsymbol{A}$ 的每个元素进行平方运算。

图 5.3.5 显示了 CBM3D 对被不同均方差的高斯噪声污染的 Parrots 图像进行去噪的结果(见彩插 3 的第 1 行),包括基本估计图像和最终估计图像(算法的参数设置来自原始论文)。表 5.3.4 则列出了去噪结果的 PSNR、MAE、NCD 值。图中,第 1 行和第 2 行分别是均方差为 25 和 40 的高斯噪声图像及 CBM3D 的基本估计图像和最终估计图像。可以看出,CBM3D 的基本估计所获得的图像已经相当不错了。虽然最终估计图像在性能方面高于基本估计图像,然而其计算代价(执行时间)跟基本估计差不多(比基本估计稍快一些)。

表 5.3.4　图 5.3.5 中各个图像的 PSNR、MAE、NCD 指标

CBM3D 算法	PSNR	MAE	NCD
图(a):噪声图像($\sigma=25$)	20.40	19.35	0.2266
图(b):(a)的基本估计	30.85	5.13	0.0451
图(c):(a)的最终估计	31.55	4.75	0.0416
图(d):噪声图像($\sigma=40$)	16.58	30.18	0.3537
图(e):(d)的基本估计	27.89	7.15	0.0605
图(f):(d)的最终估计	28.63	6.66	0.0564

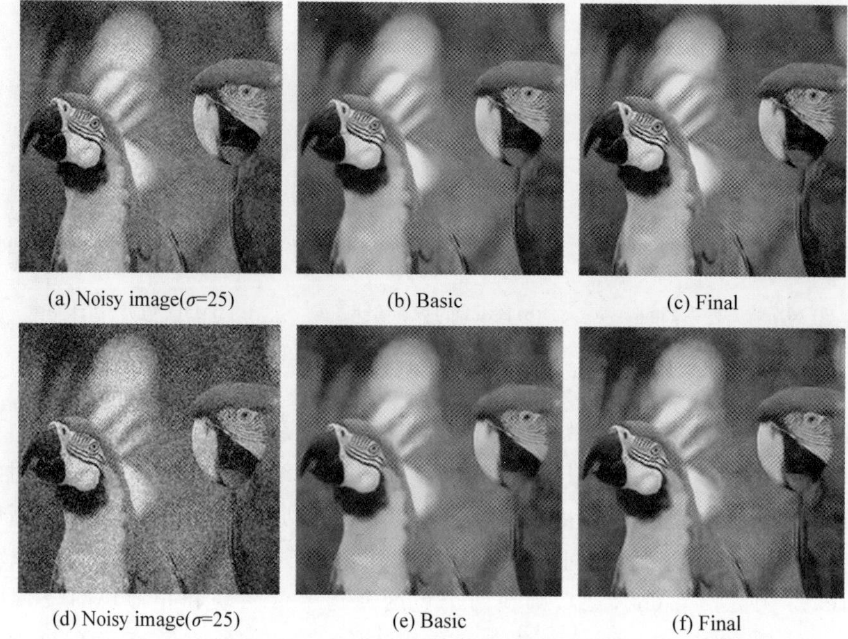

(a)均方差为 25 的高斯噪声图像,(b)图(a)的基本估计,(c)图(a)的最终估计,
(d)均方差为 40 的高斯噪声图像,(e)图(d)的基本估计,(f)图(d)的最终估计

图 5.3.5　**CBM3D** 的滤波结果

5.3.5　滤波算法性能比较

加性(高斯)噪声的去除方法主要包括均值滤波器、高斯滤波器、双边滤波器、非局部平均滤波器、CBM3D 算法。从去噪效果上看,均值滤波器和高斯滤波器的效果较差,双边滤波器的效果较好,非局部平均滤波器优于双边滤波器,CBM3D 明显优于其他滤波算法。从计算效率(执行速度)上看,均值滤波器最简单,高斯滤波器次之,双边滤波器的计算复杂度高于高斯滤波器,非局部平均滤波器的复杂度明显高于双边滤波器、CBM3D 的计算量则非常大。

图 5.3.6 和图 5.3.7 分别显示了各种滤波算法处理均方差为 20 和 40 的高斯噪声污染的 Parrots 彩色图像的滤波结果。表 5.3.5 和表 5.3.6 则列出了相应滤波结果的客观性能指标(PSNR、MAE、NCD)。对于每种滤波算法,图 5.3.6 和图 5.3.7 中给出的是最好的滤波结果(最优参数的滤波结果)。从图和表中可以看出,滤波结果最好的是 CBM3D,性能显著优于其他算法。根据滤波性能的高低,其他滤波算法依次是非局部均值滤波器、双边滤波器、高斯滤波器、均值滤波器。

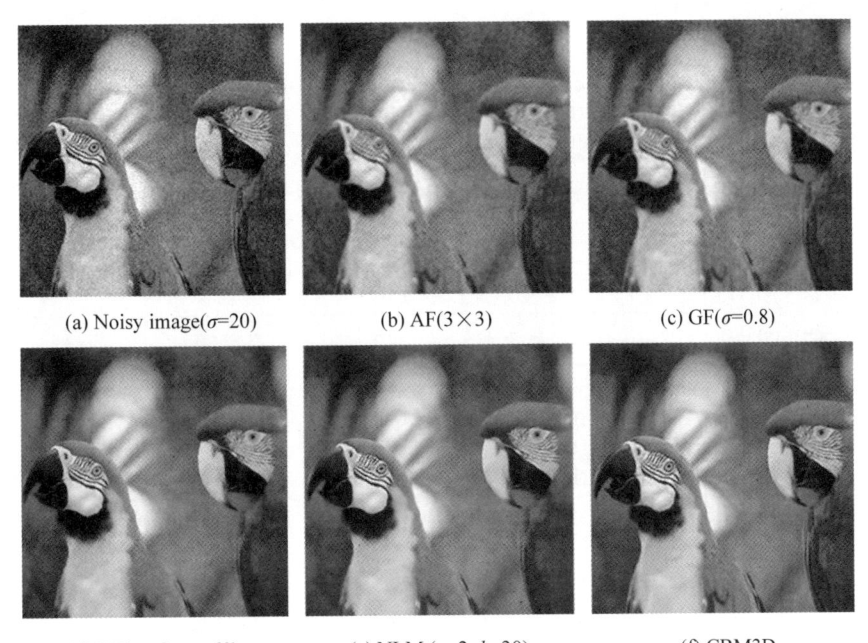

(a) Noisy image(σ=20) (b) AF(3×3) (c) GF(σ=0.8)

(d) BF(σ_d=2, σ_R=60) (e) NLM (η=2, h=30) (f) CBM3D

(a)均方差为 20 的高斯噪声图像，(b～f)各种滤波算法最好的滤波结果(AF-均值滤波，GF-高斯滤波)

图 5.3.6 滤波算法性能比较

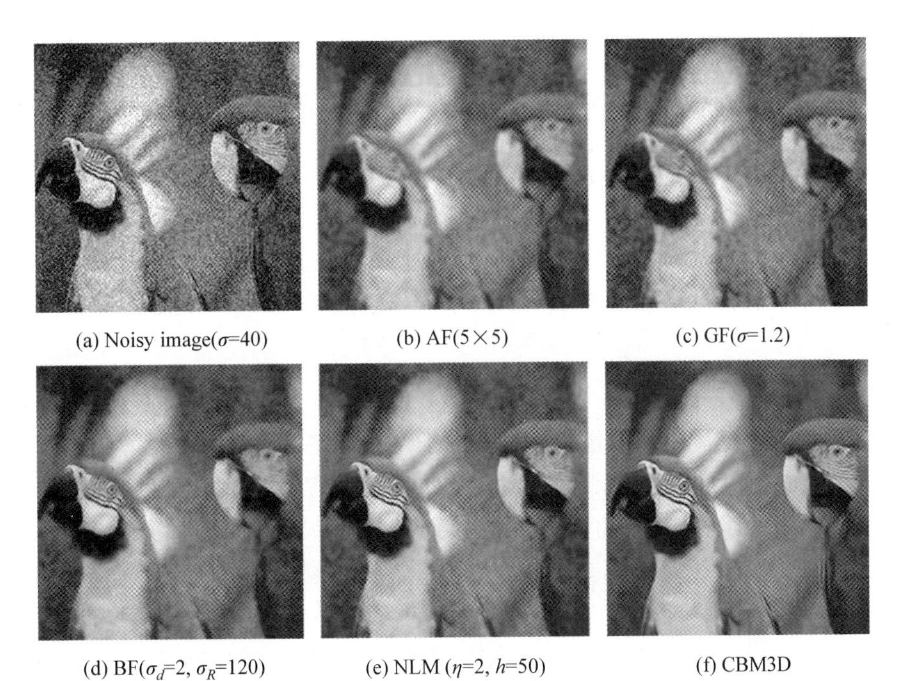

(a) Noisy image(σ=40) (b) AF(5×5) (c) GF(σ=1.2)

(d) BF(σ_d=2, σ_R=120) (e) NLM (η=2, h=50) (f) CBM3D

(a)均方差为 40 的高斯噪声图像，(b～f)各种滤波算法最好的滤波结果(AF-均值滤波，GF-高斯滤波)

图 5.3.7 滤波算法性能比较

表 5.3.5 各种滤波算法的性能比较(图 5.3.6)

滤 波 算 法	PSNR	MAE	NCD
图(a)：噪声图像($\sigma=20$)	22.31	15.48	0.1802
图(b)：AF，3×3	26.84	7.58	0.0681
图(c)：GF,$\sigma=0.8$	25.59	7.36	0.0694
图(d)：BF,$\sigma_d=2,\sigma_R=60$	30.85	5.27	0.0471
图(e)：NLM，$\eta=2,h=30$	31.24	4.92	0.0454
图(f)：CBM3D	32.80	4.14	0.0357

表 5.3.6 各种滤波算法的性能比较(图 5.3.7)

滤 波 算 法	PSNR	MAE	NCD
图(a)：噪声图像($\sigma=40$)	16.58	30.18	0.3537
图(b)：AF，5×5	24.20	10.20	0.0857
图(c)：GF,$\sigma=1.2$	24.85	10.07	0.0907
图(d)：BF,$\sigma_d=2,\sigma_R=120$	26.52	8.84	0.0815
图(e)：NLM，$\eta=2,h=50$	26.89	8.53	0.0807
图(f)：CBM3D	28.63	6.66	0.0564

5.4 其他平滑去噪方法

除前面介绍的经典的图像去噪技术外，还有很多其他去噪方法。本节介绍两个被广泛使用的平滑去噪方法：ROF 全变分去噪方法和 P-M 各向异性平滑方法。

5.4.1 ROF 全变分模型

偏微分方程被广泛应用到图像处理中的各个领域。在图像去噪中，为了从加性噪声(例如高斯噪声)污染的图像中恢复原始图像，很多偏微分方程方法将 L2 范数作为平滑性正则项。使用 L2 范数作为正则项的好处是它会导致一个容易求解的线性系统。然而，使用 L2 范数作为正则项将导致各向同性的扩散，使得在平滑去噪的同时同样会平滑掉边缘轮廓。为解决这个问题，Rudin、Osher 和 Fatemi 提出以梯度的 L1 范数作为平滑性的度量，这就是著名的 ROF 全变分 TV(Total Variation)去噪模型[53]。该方法的优点是允许图像中出现不连续的点，这对于图像去噪是非常重要的。图像中边缘轮廓等细节都属于不连续的点，因此这种 TV 去噪方法在平滑噪声的同时还能较好地保护边缘细节信息。

假设噪声图像模型为

$$u_0(x,y)=u(x,y)+n(x,y) \tag{5.4.1}$$

其中，$u_0(x,y)$为噪声图像，$u(x,y)$为原始图像(无噪声)，$n(x,y)$为均方差为 σ 的高斯噪声(均值为 0)。

为了从噪声图像 $u_0(x,y)$中恢复原始图像 $u(x,y)$，一个典型的方法是最小化下面的 L2 范数正则项(Ω 表示图像区域)：

$$\min_u \iint_\Omega |u_x^2(x,y)+u_y^2(x,y)|\,\mathrm{d}x\mathrm{d}y=\min_u \iint_\Omega |\nabla u|^2\mathrm{d}x\mathrm{d}y \tag{5.4.2}$$

满足下面 2 个约束条件：

$$\iint_\Omega u(x,y)\,\mathrm{d}x\mathrm{d}y=\iint_\Omega u_0(x,y)\,\mathrm{d}x\mathrm{d}y \tag{5.4.3}$$

$$\frac{1}{|\Omega|}\iint_\Omega (u(x,y)-u_0(x,y))^2\mathrm{d}x\mathrm{d}y=\sigma^2 \tag{5.4.4}$$

$|\Omega|$表示图像区域的面积(像素个数)，$u_x(x,y)$和 $u_y(x,y)$是偏导数，$\nabla u=[u_x\ u_y]^{\mathrm{T}}$ 为 $u(x,y)$的梯度，$|\nabla u|$表示梯度模。第 1 个约束条件(5.4.3)确保恢复出来的图像 $u(x,y)$和噪声图像 $u_0(x,y)$的均值相等，第 2 个约束条件(5.4.4)表示噪声图像与重建图像的差 $u(x,y)-u_0(x,y)$的方差等于噪声 $n(x,y)$的方差。

然而，上面的 L2 范数正则项将导致在平滑噪声的同时边缘细节也容易被平滑掉。Rudin、Osher 和 Fatemi 发现，在图像去噪中 L1 正则项比 L2 正则项更加合适，因为 L1 正则项能达到 L2 正则项的去噪效果，同时在保护边缘轮廓细节方面 L1 正则项优于 L2 正则项。因此，他们将梯度(导数)的 L1 范数定义为全变分正则项：

$$TV(u)=\iint_\Omega \sqrt{u_x^2+u_y^2}\,\mathrm{d}x\mathrm{d}y=\iint_\Omega |\nabla u|\,\mathrm{d}x\mathrm{d}y \tag{5.4.5}$$

通过给约束条件(5.4.4)引入拉格朗日乘子 λ，上述最小化问题就变为下面的最小化问题：

$$\min_u\left(TV(u)+\frac{\lambda}{2}\iint_\Omega (u(x,y)-u_0(x,y))^2\mathrm{d}x\mathrm{d}y\right) \tag{5.4.6}$$

并满足约束条件(5.4.3)。

在式(5.4.6)中，第 1 项 $TV(u)$是正则项(Regularization term)，用来刻画平滑程度。第 2 项 $\sum_{(x,y)\in\Omega}(u(x,y)-u_0(x,y))^2$ 是数据保真项(Fidelity term)，用来保护图像细节。$\lambda>0$ 是图像正则化参数，其大小与噪声水平有关，其作用是控制细节保持和噪声平滑的平衡：λ 很小时，式(5.4.6)的最小值就主要取决于正则化项 $TV(u)$，要使得式(5.4.6)取得最小值，$TV(u)$必须很小，因此图像可能被过度平滑；若 λ 很大，式(5.4.6)的最小值就主要取决于保真项 $\|u-u_0\|$，要使得式(5.4.6)取得最小值，$\|u-u_0\|$ 必须很小，即去噪后的图像与去噪前的噪声图像差异就越小，因此就会更好地保护纹理细节(轻度平滑)。

式(5.4.6)的欧拉-拉格朗日方程为

$$\begin{cases}-div\left(\dfrac{\nabla u}{|\nabla u|}\right)+\lambda(u-u_0)=0, & (x,y)\text{ 在区域 }\Omega\text{ 内部}\\ \dfrac{\partial\Omega}{\partial n}=0, & (x,y)\text{ 在区域 }\Omega\text{ 的边界}\end{cases} \tag{5.4.7}$$

这里，$div\left(\dfrac{\nabla u}{|\nabla u|}\right)$表示 $u(x,y)$的单位梯度的散度：

$$div\left(\frac{\nabla u}{|\nabla u|}\right)=\frac{\partial}{\partial x}\left(\frac{u_x}{\sqrt{u_x^2+u_y^2}}\right)+\frac{\partial}{\partial y}\left(\frac{u_y}{\sqrt{u_x^2+u_y^2}}\right) \tag{5.4.8}$$

方程(5.4.8)的求解可以转换为下面以时间 t 为演化参数的抛物线方程(**ROF** 模型)：

$$\begin{cases} u_t=div\left(\dfrac{\nabla u}{|\nabla u|}\right)-\lambda\cdot(u-u_0), & x>0 \text{ 且 } (x,y) \text{ 在区域 } \Omega \text{ 内部} \\ \dfrac{\partial\Omega}{\partial n}=0, & (x,y) \text{ 在区域 } \Omega \text{ 的边界} \\ u(x,y,0)=u_0(x,y) \end{cases} \tag{5.4.9}$$

在上面的方程中，没有考虑约束项(5.4.3)。但是，在 ROF 模型(5.4.9)的初始化中，设定 $u(x,y)$和 $u_0(x,y)$是相同的(均值相等)，这样在后面的演化中这个约束条件会一直满足。

从式(5.4.9)可以推导出 λ 的表达式：

$$\lambda=-\frac{1}{2\sigma^2}\iint_{\Omega}\left[\sqrt{u_x^2+u_y^2}-\left(\frac{(u_0)_x u_x}{\sqrt{u_x^2+u_y^2}}+\frac{(u_0)_y u_y}{\sqrt{u_x^2+u_y^2}}\right)\right]\mathrm{d}x\,\mathrm{d}y \tag{5.4.10}$$

在噪声方差比较小的情况下，λ 可以设定为固定值(常量)。对于上面 ROF 模型，有很多种数值求解方法，如梯度下降法[54]、差分迭代法[55]、分裂 Bregman 法[56]，等等。

1. 梯度下降法

下面的求解方法一般用于 λ 为常量的情况。

迭代公式为

$$u^{n+1}(x,y)=u^n(x,y)-\Delta t\cdot\lambda\cdot(u^n(x,y)-u^0(x,y))+\Delta t\cdot div\left(\frac{\nabla u^n(x,y)}{\|\nabla u^n(x,y)\|}\right) \tag{5.4.11}$$

其中，$u^0(x,y)=u_0(x,y)$。散度 $div\left(\frac{\nabla u}{|\nabla u|}\right)$可以按下面的公式直接计算：

$$div\left(\frac{\nabla u}{|\nabla u|}\right)=\frac{u_x^2u_{yy}-2u_xu_yu_{xy}+u_y^2u_{xx}}{(u_x^2+u_y^2)^{3/2}} \tag{5.4.12}$$

图像的偏导数可用下面的差分公式计算：

$$\begin{cases} u_x(x,y)=(u(x+1,y)-u(x-1,y))/2 \\ u_y(x,y)=(u(x,y+1)-u(x,y-1))/2 \\ u_{xx}(x,y)=u(x+1,y)-2u(x,y)+u(x-1,y) \\ u_{yy}(x,y)=u(x,y+1)-2u(x,y)+u(x,y-1) \\ u_{xy}(x,y)=(u(x+1,y+1)-u(x-1,y+1)-u(x+1,y-1)+u(x-1,y-1))/4 \end{cases} \tag{5.4.13}$$

2. 差分迭代法

如果 λ 根据式(5.4.10)演化，则可以使用下面的差分迭代法(本质上也是梯度下降法)。

用下面的符号表示 $u(x,y)$的前向差分和后向差分(偏导数)：

$$\begin{cases}\Delta_+^x u(x,y)=u(x+1,y)-u(x,y)\\ \Delta_-^x u(x,y)=u(x,y)-u(x-1,y)\\ \Delta_+^y u(x,y)=u(x,y+1)-u(x,y)\\ \Delta_-^y u(x,y)=u(x,y)-u(x,y-1)\end{cases}\tag{5.4.14}$$

那么,求解 ROF 模型的迭代公式为

$$u^{n+1}=u^n-\Delta t\cdot\lambda^n\cdot(u^n-u^0)+$$
$$\frac{\Delta t}{h}\cdot\left(\Delta_-^x\left(\frac{\Delta_+^x u^n}{\sqrt{(\Delta_+^x u^n)^2+(m(\Delta_+^y u^n,\Delta_-^y u^n))^2}}\right)+\Delta_-^y\left(\frac{\Delta_+^y u^n(x,y)}{\sqrt{(\Delta_+^y u^n)^2+(m(\Delta_+^x u^n,\Delta_-^x u^n))^2}}\right)\right)\tag{5.4.15}$$

这里,$u^0(x,y)=u_0(x,y)$,

$$\begin{cases}m(a,b)=\dfrac{\operatorname{sgn}(a)+\operatorname{sgn}(b)}{2}\min(|a|,|b|)\\ \operatorname{sgn}(x)=\begin{cases}1, & x>0\\ -1, & x<0\\ 0, & x=0\end{cases}\end{cases}$$

$$\begin{cases}\lambda^n=-\dfrac{h}{2\sigma^2}\displaystyle\sum_{(x,y)}\left(Mxy-\dfrac{(\Delta_+^x u^0(x,y))\cdot(\Delta_+^x u^n(x,y))}{Mxy}-\dfrac{(\Delta_+^y u^0(x,y))\cdot(\Delta_+^y u^n(x,y))}{Mxy}\right)\\ Mxy=\sqrt{(\Delta_+^x u^n(x,y))^2+(\Delta_+^y u^n(x,y))^2}\end{cases}$$

ROF 去噪模型是针对灰度图像的。对于彩色图像,只能对每个颜色通道进行独立处理,然后把 3 个颜色通道的去噪结果合成为新的彩色图像。图 5.4.1 显示了利用差分迭代法对 2 个噪声图像进行去噪的结果。其中,图 5.4.1(a)和图 5.4.1(c)是均方差为 20 和 40 的噪声图像,图 5.4.1(b)和图 5.4.1(d)是 ROF 模型迭代 100 次的结果。

虽然基于全变分的 ROF 去噪方法能有效地去除高斯噪声,但这种方法倾向过度平滑纹理细线,并且在平滑区域容易产生阶梯效应,将平滑区域转换成分段常数区域。为此,很多研究提出了改进型的全变分方法。例如 Sutour 等将全变分和非局部平均 NLM 结合起来[36],从而有效地克服了全变分方法和 NLM 方法中存在的问题。

5.4.2　P-M 各向异性扩散

在图像平滑去噪中,理想的情况是仅平滑噪声,而物体边界细线等则能较好地保存下来。另外,在很多图像处理应用中(如图像分割和边缘检测),一般都需要执行平滑预处理:使得物体内部非常平滑,而保持物体边界锐利(边界位置也不能变动)。对于这些问题,常规的滤波方法难以达到这些要求。为此,Perona 和 Malik 于 1990 年提出一个各向异性扩散的平滑方法[58],称为"**P-M 各向异性扩散平滑法**"。该方法解决了上述的问题,能在图像的不同位置根据图像的颜色分布自适应地确定平滑扩散量:在物体内部的平滑区域扩散度大,而在边界细线处扩散量很小。也就是说,对物体内部执行更多的平滑,而边界细线则基本保持不变。

各向异性扩散方程为

$$I_t=\operatorname{div}(c(x,y,t)\cdot\nabla I)=c(x,y,t)\cdot\Delta I+\nabla c\cdot\nabla I\tag{5.4.16}$$

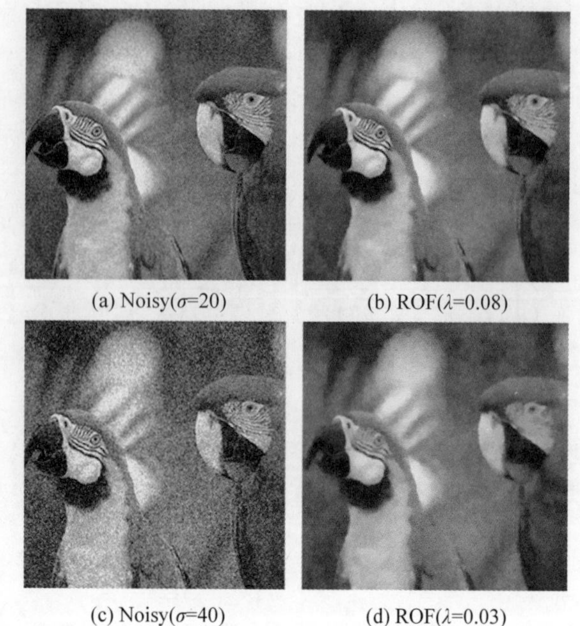

(a) Noisy(σ=20)　(b) ROF(λ=0.08)

(c) Noisy(σ=40)　(d) ROF(λ=0.03)

(a)和(c)为高斯噪声图像,(b)和(d)为去噪结果,图像(b)的(PSNR, MAE, NCD) = (29.77, 5.72, 0.0546),图像(d)的(PSNR, MAE, NCD) = (26.22, 8.33, 0.0731)

图 5.4.1　ROF 模型去噪

其中,∇ 和 Δ 分别表示梯度算子和拉普拉斯算子(参见第 6 章),div(·)是散度算子。当扩散系数 $c(x,y,t)$ 为一个常量时,该方程就退化成标准的热扩散方程 $I_t = c \cdot \Delta I$。

为了实现在物体内部执行更多的平滑,而在边界处不做平滑,可以设置扩散系数 $c(x,y,t)$ 在物体内部时为 1($c=1$),在边界处时 $c=0$。然而,对于一个图像,物体边界的确切位置是不知道的,这样就不能给 c 设置合适的值。但是,尽管不知道边界的确切位置,却可以估计边界位置。在原始论文中,使用梯度模估计一个像素是否边界点以及边界强度。因为在物体内部,颜色分布比较均匀(颜色差异小),从而梯度模接近 0;而在物体边界上的像素,梯度模会很大(边缘强度越强,梯度模越大)。这样,为了使得在梯度模小的位置扩散系数 c 值大,而在梯度模大的位置扩散系数 c 值小,可以将 $c(x,y,t)$ 定义为一个关于梯度模的函数 $g(\cdot)$:

$$c(x,y,t) = g(|\nabla I(x,y,t)|) \tag{5.4.17}$$

$|\nabla I|$ 表示梯度模,$g(\cdot)$ 是非负的单调递减函数,并且满足 $g(0)=1$、$g(\infty)=0$。这样,扩散主要发生在物体内部,而物体边界不会受影响(因为边界处的梯度模很大)。

将梯度模的函数 $g(\cdot)$ 作为扩散系数,不仅能保护边缘,而且还有一定的边缘锐化作用。论文建议 2 个 $g(\cdot)$ 函数:

$$g(\nabla I) = \exp\left(-\left(\frac{|\nabla I|}{K}\right)^2\right) \tag{5.4.18}$$

$$g(\nabla I) = \frac{1}{1+\left(\frac{|\nabla I|}{K}\right)^2} \tag{5.4.19}$$

方程(5.4.18)比较适用于高对比度的图像,而方程(5.4.19)则比较适用于结构比较简单

(细节不丰富)的图像。常量 K 可以设置为固定值,也可以使用论文建议的基于 Canny 边缘算子中“强边缘”门槛的计算方法确定：K 取累加直方图达到 0.9 时的灰度值：

$$K=\arg\min_{L}(\text{CumulativeHistogram}(L)\geqslant 0.9) \tag{5.4.20}$$

CumulativeHistogram(L)表示灰度级 L 的累加直方图。

在这种各向异性的扩散平滑中,K 的取值非常重要。很多研究对 K 值进行了探讨。其中,Black 等提出一个方法[59],K 取图像梯度模中值的 1.4826 倍：

$$K=1.4826\cdot\text{median}(\text{gradient magnitude}) \tag{5.4.21}$$

即 K 等于图像梯度模中值的 1.4826 倍。

在算法实现中,论文建议采用差分逼近梯度模,对各向异性扩散方程(5.4.16)进行离散化,从而得到其数值解法。假设灰度图像为 $I(x,y)$,当前像素位置为(x,y),那么其左、右、上、下像素的位置分别为$(x-1,y)$、$(x+1,y)$、$(x,y-1)$、$(x,y+1)$。求解各向异性扩散方程(5.4.16)的迭代公式为

$$I^{t+1}(x,y)=I^t(x,y)+\lambda\cdot\begin{pmatrix}c^t(x-1,y)\cdot(I^t(x-1,y)-I^t(x,y))+\\c^t(x+1,y)\cdot(I^t(x+1,y)-I^t(x,y))+\\c^t(x,y-1)\cdot(I^t(x,y-1)-I^t(x,y))+\\c^t(x,y+1)\cdot(I^t(x,y+1)-I^t(x,y))\end{pmatrix} \tag{5.4.22}$$

这里,$0\leqslant\lambda\leqslant 1/4$,$I^0(x,y)=I(x,y)$,

$$c^t(s,t)=g(|\nabla I^t(s,t)|) \tag{5.4.23}$$

扩散系数 $c^t(s,t)$是梯度模的函数 $g(\cdot)$。一个简单的逼近梯度模的方法就是差分,使用差分的绝对值代替梯度模,从而有

$$\begin{cases}c^t(x-1,y)=g(|I^t(x-1,y)-I^t(x,y)|)\\c^t(x+1,y)=g(|I^t(x+1,y)-I^t(x,y)|)\\c^t(x,y-1)=g(|I^t(x,y-1)-I^t(x,y)|)\\c^t(x,y+1)=g(|I^t(x,y+1)-I^t(x,y)|)\end{cases} \tag{5.4.24}$$

方程(5.4.22)和方程(5.4.24)表示的迭代公式是针对灰度图像的。对于彩色图像 $I(x,y)$,可以使用相邻像素矢量的欧几里得距离代替彩色像素的梯度模,因此上面的迭代公式变为

$$\boldsymbol{I}^{t+1}(x,y)=\boldsymbol{I}^t(x,y)+\lambda\cdot\begin{pmatrix}c^t(x-1,y)\cdot(\boldsymbol{I}^t(x-1,y)-\boldsymbol{I}^t(x,y))+\\c^t(x+1,y)\cdot(\boldsymbol{I}^t(x+1,y)-\boldsymbol{I}^t(x,y))+\\c^t(x,y-1)\cdot(\boldsymbol{I}^t(x,y-1)-\boldsymbol{I}^t(x,y))+\\c^t(x,y+1)\cdot(\boldsymbol{I}^t(x,y+1)-\boldsymbol{I}^t(x,y))\end{pmatrix} \tag{5.4.25}$$

$$\begin{cases}c^t(x-1,y)=g(\|\boldsymbol{I}^t(x-1,y)-\boldsymbol{I}^t(x,y)\|_2)\\c^t(x+1,y)=g(\|\boldsymbol{I}^t(x+1,y)-\boldsymbol{I}^t(x,y)\|_2)\\c^t(x,y-1)=g(\|\boldsymbol{I}^t(x,y-1)-\boldsymbol{I}^t(x,y)\|_2)\\c^t(x,y+1)=g(\|\boldsymbol{I}^t(x,y+1)-\boldsymbol{I}^t(x,y)\|_2)\end{cases} \tag{5.4.26}$$

彩色图像的扩散系数 $c^t(s,t)$也可以使用彩色图像的灰度版本计算,即将彩色图像转换为灰度图像(如亮度图像),再利用方程(5.4.23)和方程(5.4.24)计算扩散系数 $c^t(s,t)$。

图 5.4.2 显示了对 2 个噪声图像进行 P-M 平滑的结果。其中,图 5.4.2(a)和图 5.4.2(c)

是均方差为 20 和 40 的高斯噪声图像，图 5.4.2(b)和图 5.4.2(d)是 P-M 平滑的结果。传导函数 $g(\cdot)$采用方程(5.4.18)，K 使用原始论文建议的自适应方法(方程(5.4.20))。图像 5.4.2(b)迭代 4 次，图像 5.4.2(d)迭代 9 次。从性能指标上看，P-M 各向异性平滑方法能达到传统方法中仅次于 NLM 法的性能(见 5.3.5 节)。

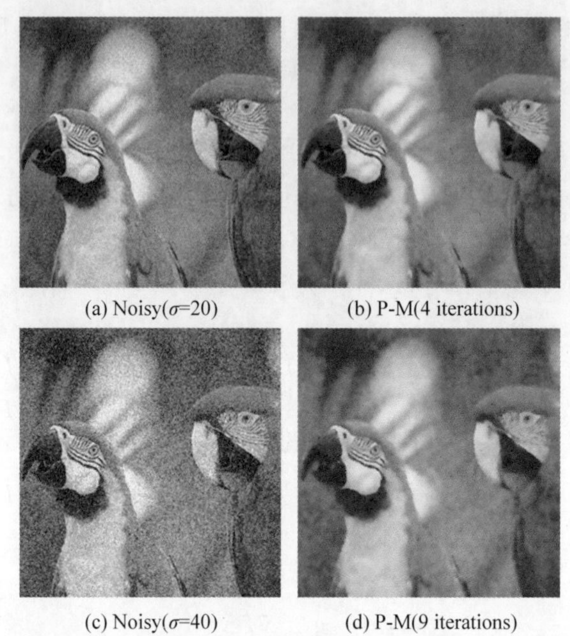

(a) Noisy(σ=20)　(b) P-M(4 iterations)

(c) Noisy(σ=40)　(d) P-M(9 iterations)

(a)和(c)为高斯噪声图像，(b)和(d)为平滑结果，(b)的(PSNR，MAE，NCD)=(30.46，5.47，0.0506)，(d)的(PSNR，MAE，NCD)=(26.70，8.41，0.0755)

图 5.4.2　P-M 平滑(去噪)

P-M 各向异性平滑方法除去除高斯噪声外，还经常用于图像分割的预处理。在图像分割之前，需要对图像进行平滑(即使图像没有噪声)。平滑时，理想的状况是仅对物体内部和背景平滑，而边界则需要保持锐利。P-M 各向异性平滑方法可以较好地实现这个功能。图 5.4.3 显示了对 Blocks 图像进行 P-M 平滑的结果(见彩插 3 的第 2 行)。传导函数 $g(\cdot)$采用方程(5.4.18)，K 使用原始论文建议的自适应方法(方程(5.4.20))。图 5.4.3(b)和图 5.4.3(c)分别是迭代 30 次和 100 次的平滑结果。从中可以看出，随着平滑迭代次数的增加，物体表面和背景区域变得越来越光滑，但物体的边界则保持着锐利，甚至被进一步锐化，这将有效提升图像分割的效果和性能。

(a) Blocks

(b) PM(30 iterations)

(c) PM(100 iterations)

图 5.4.3　P-M 平滑

习题

5.1 高斯滤波器可用来平滑加性噪声。写出均值为0、均方差为1的高斯滤波器卷积核(只需写出卷积核中每个元素的表达式)。

5.2 使用一个平滑滤波器对图像进行重复平滑,等同于使用另一个平滑滤波器对图像做一次平滑。若使用3×3的均值滤波器对图像进行3次重复平滑,试推导等价的平滑滤波器(只需对图像做1次平滑)。

5.3 为什么均值滤波器和高斯滤波器都不能有效去除脉冲噪声?

5.4 为什么BF在平滑噪声的同时,能保护细线边缘信息?

5.5 分析:(1)高斯滤波器对均值滤波器的优点?

(2)BF对高斯滤波器的优点?

(3)NLM对BF的优点?

5.6 BVDF可被看成一种色度中值矢量滤波器,它利用矢量的夹角求解方向中值矢量。设计一种不利用矢量夹角的色度中值矢量滤波器(输入与输出都是RGB彩色图像)。

5.7 对灰度图像进行中值滤波去噪时,如果图像中有一个大小为2×3的脉冲噪声块,滤波器窗口至少多大才能将噪声块去除?为什么?

5.8 使用灰度图像的中值滤波算法对彩色图像的每个颜色通道进行独立滤波,这种方法没有利用颜色通道之间的相关性。为什么矢量中值滤波器能利用颜色通道之间的相关性?

5.9 灰度图像的中值滤波器(Median Filter,MF)先对邻域像素进行排序,然后取排序结果的中间元素作为MF的输出。彩色图像的VMF如何排序邻域像素?VMF的输出也是排序结果的中间元素吗?为什么?

5.10 下图是一个9×9大小的灰度图像,采用MF算法进行处理。

(1)若滤波器窗口大小为3×3,则(3,2)处的像素0、(4,6)处的255的MF结果是什么?

(2)若滤波器窗口大小为5×5,则这2个位置像素的MF结果又是什么?

$$
\begin{bmatrix}
19 & 19 & 18 & 18 & 20 & 21 & 20 & 20 & 21 \\
19 & 18 & 17 & 18 & 20 & 21 & 19 & 20 & 21 \\
20 & 19 & 17 & \mathbf{0} & 18 & 19 & 19 & 21 & 22 \\
20 & 21 & 18 & 18 & 18 & 20 & 22 & 21 & 23 \\
22 & 23 & 20 & 22 & 20 & 19 & 20 & 21 & 23 \\
23 & 24 & 22 & 255 & 21 & 255 & 20 & 19 & 18 \\
23 & 24 & 22 & 24 & \mathbf{255} & 255 & 23 & 22 & 20 \\
22 & 23 & 21 & 24 & 255 & 23 & 22 & 20 & 19 \\
22 & 23 & 21 & 22 & 20 & 23 & 22 & 20 & 19 \\
23 & 23 & 20 & 22 & 21 & 21 & 22 & 20 & 18
\end{bmatrix}
$$

5.11 在题5.10的图像中,采用中心加权的中值滤波算法CWMF进行处理,滤波器窗口大小为3×3。当中心权值分别取5和3.5时,(3,2)处的像素0的CWMF结果分别是什么？写出计算过程。

5.12 使用 $N\times N$ 大小的 VMF 对 RGB 彩色图像 $\boldsymbol{f}(x,y)$ 进行滤波，①写出处理一个像素 $\boldsymbol{f}(x,y)$ 的步骤；②设计处理下一个像素 $\boldsymbol{f}(x+1,y)$ 的 VMF 快速算法。

5.13 在加权的矢量中值滤波器中，一个像素的权值是如何影响滤波器的输出的？为什么滤波器的权值能控制平滑去噪的强度？

5.14 在开关型矢量中值滤波器中，判断噪声(脉冲)像素是关键。列举几种判断噪声像素的方法。

5.15 BM3D 算法具有优秀的去噪性能，不像传统的去噪方法一次处理一个像素，BM3D 算法一次恢复一个图像块。假设一个图像 $f(x,y)$ 被划分为 N 个相互重叠、大小为 $K\times K$ 的小块，并且这些图像块的去噪结果为 $B_1,B_2,\cdots,B_N$，设计一个算法，利用 $B_1,B_2,\cdots,B_N$ 重建整个图像。

5.16 简述 BM3D 算法对一个图像块去噪的步骤。

5.17 描述 CBM3D 算法的实现步骤。

5.18 为什么 ROF 全变分模型会过度平滑纹理细线，并且在平滑区域容易产生阶梯效应(将平滑区域转换成分段常数区域)？

5.19 P-M 各向异性平滑方法主要用于灰度图像，它根据梯度自适应地确定平滑的强度。对于 RGB 彩色图像，如何实现 P-M 各向异性平滑？简述 RGB 彩色图像的 P-M 各向异性平滑算法的实现步骤。

第6章 彩色图像边缘检测

边缘检测(Edge Detection)是图像处理的一个基本的研究任务。图像中的边缘主要表现为颜色或亮度的不连续性(突变)。在灰度图像中,边缘表现为图像亮度的突变。对于彩色图像,图像亮度的显著变化和图像颜色的突变都会引起边缘效果。边缘主要存在于物体和物体、物体与背景之间,边缘是一个区域与另一个区域的分界线。图像的边缘有两个属性:边缘方向和边缘强度。像素值在沿着边缘方向变化平缓或者没有变化,而在垂直于边缘方向上变化显著。

6.1 概述

在灰度图像中,边缘表现为亮度突起的变化。在彩色图像中,边缘表现为亮度或颜色的突变。引起边缘效应的变化一般表现为:阶跃型(不连续)和渐变型(连续)。阶跃型边缘是指图像的颜色/亮度突然从一个值变化到另一个差异较大的值,渐变型边缘是指图像的颜色/亮度在一个很短的行程内从一个值连续变化到另一个差异较大的值。不同的边缘变化组合到一起,可以得到不同类型的边缘。例如,一个阶跃型变化构成阶梯(Step)形状的边缘(例如图像从暗突然变亮后保持很亮的状态),一个阶跃型变化紧挨着另一个相反的阶跃型变化构成脉冲(Impulse)形状的边缘(例如图像从暗突然变亮后再突然变暗),一个渐变型变化构成斜坡型(Ramp)边缘(例如图像从暗快速变亮后保持很亮的状态),一个渐变型变化紧挨着另一个相反的渐变型变化构成屋顶型(Roof)边缘(例如图像从暗快速变亮后再快速变暗)。然而,实际成像时,即使阶跃状边缘,一般也不会理想地从一个值突变到另一个相差很大的值,而是包含一个快速突变的过程。

图像的边缘对应图像的亮度或颜色的突起的变化。描述信号突起变化的一个有效方法是信号的导数/微分。图像中很多边缘是渐变型边缘,即图像的颜色/亮度在一个很短的行程内从一个值连续变化到另一个差异较大的值。对于这种渐变型(斜坡型)边缘,图6.1.1显示了这种图像边缘剖面及其一阶和二阶导数的响应[4]。

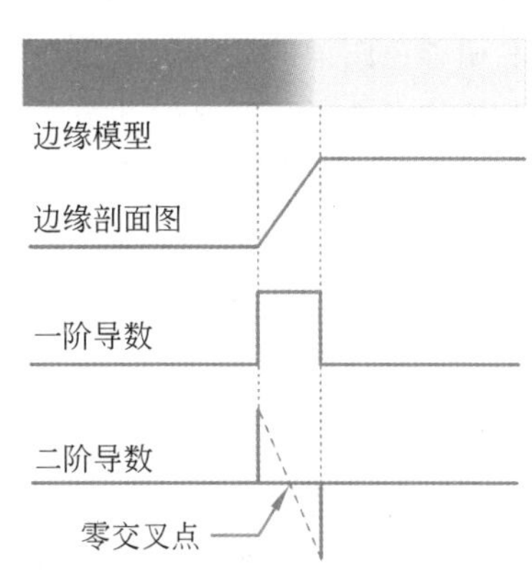

图6.1.1 斜坡型边缘的一阶和二阶导数的响应

图像边缘常常是由不同形式的阶跃型变化和渐变型

变化组合而成的。图 6.1.2 显示了 3 种典型的图像边缘及其一阶和二阶导数响应[3]。从图 6.1.2 可以看出，当图像亮度从低到高变化时，其一阶导数为正数；当图像亮度从高到低变化时，其一阶导数为负数。最大变化的位置（一阶导数的极值点）对应图像的边缘点。同样的道理，对一阶导数再次求导得到二阶导数，这时二阶导数的过零点对应一阶导数的极值点（二阶导数从正到负或从负到正变化，中间的零点称为过零点），即边缘点。因此，图像边缘检测的基本方法就是检测图像一阶导数的极值点或二阶导数的过零点。

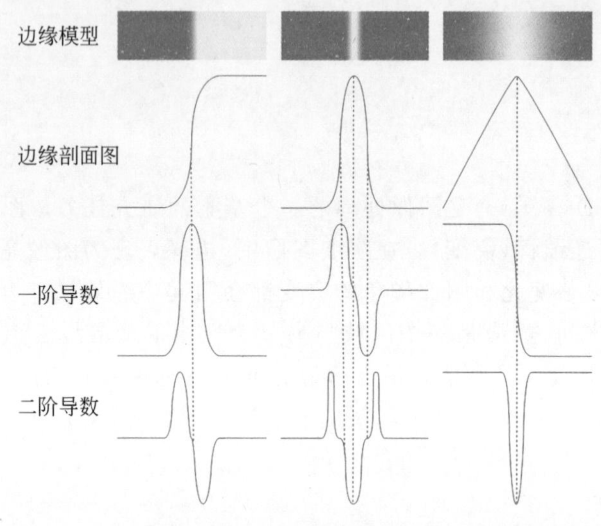

图 6.1.2　3 种典型边缘的一阶导数和二阶导数的响应

主流的边缘检测技术都是基于图像的一阶导数和二阶导数的。对于彩色图像，边缘检测技术主要可分成两类[1-2]。第一类方法是基于灰度图像边缘检测技术的。这种方法首先应用灰度图像的边缘检测方法检测每个颜色通道的边缘，然后将每个通道的边缘图融合起来作为彩色图像的边缘图。这种方法的另一种形式是将彩色图像的某个主要分量（灰度数据，如亮度通道）的边缘图作为彩色图像的边缘图。第二类彩色图像边缘检测的方法是基于矢量处理技术的[60-61]。在这类方法中，一个基本方法是利用矢量处理技术估计彩色图像的梯度和二阶方向导数[62-63]，从而定位彩色图像的边缘点。另一种基于矢量处理技术的方法是利用彩色图像的局部矢量排序统计信息[64-65]，实现彩色图像边缘检测。此外，还有一些基于其他技术的彩色边缘检测方法，如基于图像熵的边缘算子、基于密度估计的边缘方法、基于色度和亮度边缘融合的方法，等等。

6.2　图像偏导数

图像处理中很多方法都需要使用图像的偏导数，图像边缘检测的基础理论方法就是建立在图像偏导数基础上的。彩色图像包含 3 个颜色通道，每个通道都是一个灰度图像，彩色图像的偏导数也是基于其通道图像偏导数的。计算数字图像的偏导数，主要有差分方法和高斯卷积方法。

6.2.1　基于差分的图像偏导数

数字图像是连续的二维函数的离散化表示。对于灰度图像 $f(x,y)$，一个简单的计算方法是使用差分表示偏导数。

将函数 $f(x,y)$ 进行泰勒展开：

$$f(x+\Delta x,y+\Delta y)=f(x,y)+\Delta x\cdot f'_x(x,y)+\Delta y\cdot f'_y(x,y)+$$

$$\cdots\Delta y\, f''_{xy}(x,y)+\frac{\Delta x\Delta y}{2!}f''_{yx}(x,y)+\frac{(\Delta y)^2}{2!}f''_{yy}(x,y)+\cdots \tag{6.2.1}$$

$$\cdots f(x,y)+\Delta x\cdot f'_x(x,y)+\frac{(\Delta x)^2}{2!}f''_{xx}(x,y)+\cdots$$

$$\cdots f(x,y)+\Delta y\cdot f'_y(x,y)+\frac{(\Delta y)^2}{2!}f''_{yy}(x,y)+\cdots \tag{6.2.2}$$

…，得到一阶偏导数的后向差分公式：

$$\cdots\frac{f(x,y)}{\partial x}=f(x+1,y)-f(x,y)$$

$$\cdots\frac{(x,y)}{\partial y}=f(x,y+1)-f(x,y) \tag{6.2.3}$$

…一阶偏导数的前向差分公式：

$$\cdots\frac{(x,y)}{\partial x}=f(x,y)-f(x-1,y)$$

$$\cdots\frac{(x,y)}{\partial y}=f(x,y)-f(x,y-1) \tag{6.2.4}$$

…得到一阶偏导数的中心差分公式：

$$\cdots=\frac{1}{2}(f(x+1,y)-f(x-1,y))$$

$$\cdots=\frac{1}{2}(f(x,y+1)-f(x,y-1)) \tag{6.2.5}$$

…向和后向差分计算高阶偏导数：

$$\cdots\frac{\cdots y)}{\cdots}=f'_x(x+1,y)-f'_x(x,y)$$

$$\cdots 1,y)-f(x,y)-(f(x,y)-f(x-1,y))$$

$$\cdots 1,y)-2f(x,y)+f(x-1,y)$$

$$\frac{\partial^2 f(x,y)}{\partial y^2}=\frac{\partial f'_y(x,y)}{\partial y}=f'_y(x,y+1)-f'_y(x,y)$$

$$=f(x,y+1)-f(x,y)-(f(x,y)-f(x,y-1))$$

$$=f(x,y+1)-2f(x,y)+f(x,y-1)$$

$$\frac{\partial^2 f(x,y)}{\partial x\partial y}=\frac{\partial f'_x(x,y)}{\partial y}=f'_x(x,y+1)-f'_x(x,y)$$

$$=f(x+1,y+1)-f(x,y+1)-(f(x+1,y)-f(x,y))$$
$$=f(x+1,y+1)-f(x+1,y)-f(x,y+1)+f(x,y)$$

因此,二阶偏导数的差分公式为

$$\begin{cases}\dfrac{\partial^2 f(x,y)}{\partial x^2}=f(x+1,y)-2f(x,y)+f(x-1,y)\\ \dfrac{\partial^2 f(x,y)}{\partial y^2}=f(x,y+1)-2f(x,y)+f(x,y-1)\\ \dfrac{\partial^2 f(x,y)}{\partial x\partial y}=f(x+1,y+1)-f(x+1,y)-f(x,y+1)+f(x,y)\end{cases} \tag{6.2.6}$$

除了上面一阶偏导数的差分算子,利用其他一阶偏导数差分方法,可以得到不同的图像偏导数计算方法。图 6.2.1 列出 3 个常用的图像一阶偏导数算子[3]。利用这些模板与图像做卷积,就可得到图像关于 x 和 y 的偏导数。由于 Sobel 算子和 Prewitt 算子利用了周边像素的均值计算偏导数,所以它们还具有一定的噪声抑制作用。

上面的偏导数模板,能检测垂直和水平方向的边缘(这些偏导数算子对垂直边缘和水平边缘的响应是最大的)。如果需要检测其他方向的边缘,则需要定义关于其他方向的偏导数,这样才能使得方向偏导数模板对该方向的边缘的响应最大。可以修改图 6.2.1 中的 Sobel 和 Prewitt 模板,使得它们对对角线边缘(45°和 135°)有最大的响应,如图 6.2.2 所示。

	x方向	y方向
Sobel	$\begin{bmatrix}-1&0&1\\-2&0&2\\-1&0&1\end{bmatrix}$	$\begin{bmatrix}-1&-2&-1\\0&0&0\\1&2&1\end{bmatrix}$
Prewitt	$\begin{bmatrix}-1&0&1\\-1&0&1\\-1&0&1\end{bmatrix}$	$\begin{bmatrix}-1&-1&-1\\0&0&0\\1&1&1\end{bmatrix}$
Roberts	$\begin{bmatrix}0&0&-1\\0&1&0\\0&0&0\end{bmatrix}$	$\begin{bmatrix}-1&0&0\\0&1&0\\0&0&0\end{bmatrix}$

图 6.2.1　3 个常用的图像一阶偏导数算子

	45° 方向	135° 方向
Sobel	$\begin{bmatrix}0&1&2\\-1&0&1\\-2&-1&0\end{bmatrix}$	$\begin{bmatrix}-2&-1&0\\-1&0&1\\0&1&2\end{bmatrix}$
Prewitt	$\begin{bmatrix}0&1&1\\-1&0&1\\-1&-1&0\end{bmatrix}$	$\begin{bmatrix}-1&-1&0\\-1&0&1\\0&1&1\end{bmatrix}$

图 6.2.2　2 个对角线边缘算子

6.2.2　基于高斯函数的图像偏导数

图像常常包含噪声,而偏导数对噪声非常敏感。因此,在计算偏导数之前,可以使用一个高斯函数 $G(x,y)$ 对图像 $f(x,y)$ 进行平滑(抑制噪声),然后利用平滑后图像的偏导数逼近原始图像 $f(x,y)$ 的偏导数($\otimes$表示卷积):

$$\begin{aligned}\frac{\partial f(x,y)}{\partial x}&\approx\frac{\partial(f(x,y)\otimes G(x,y))}{\partial x}\\&=\frac{\partial}{\partial x}\left(\int_{-\infty}^{+\infty}\int_{-\infty}^{+\infty}f(\tau,\eta)\cdot G(x-\tau,y-\eta)\mathrm{d}\tau\mathrm{d}\eta\right)\\&=\int_{-\infty}^{+\infty}\int_{-\infty}^{+\infty}f(\tau,\eta)\cdot\frac{\partial G(x-\tau,y-\eta)}{\partial x}\mathrm{d}\tau\mathrm{d}\eta\\&=f(x,y)\otimes\frac{\partial G(x,y)}{\partial x}\end{aligned}$$

$$\begin{aligned}\frac{\partial^2 f(x,y)}{\partial x^2} &\approx \frac{\partial^2}{\partial x^2}(f(x,y)\otimes G(x,y))\\&=\frac{\partial^2}{\partial x^2}\left(\int_{-\infty}^{+\infty}\int_{-\infty}^{+\infty} f(\tau,\eta)\cdot G(x-\tau,y-\eta)\mathrm{d}\tau\mathrm{d}\eta\right)\\&=\int_{-\infty}^{+\infty}\int_{-\infty}^{+\infty} f(\tau,\eta)\cdot\frac{\partial^2 G(x-\tau,y-\eta)}{\partial x^2}\mathrm{d}\tau\mathrm{d}\eta\\&=f(x,y)\otimes\frac{\partial^2 G(x,y)}{\partial x^2}\end{aligned}$$

因此，

$$\begin{cases}\dfrac{\partial f(x,y)}{\partial x}\approx\dfrac{\partial(f(x,y)\otimes G(x,y))}{\partial x}=\dfrac{\partial G(x,y)}{\partial x}\otimes f(x,y)\\\dfrac{\partial f(x,y)}{\partial y}\approx\dfrac{\partial(f(x,y)\otimes G(x,y))}{\partial y}=\dfrac{\partial G(x,y)}{\partial y}\otimes f(x,y)\\\dfrac{\partial^2 f(x,y)}{\partial x^2}\approx\dfrac{\partial^2(f(x,y)\otimes G(x,y))}{\partial x^2}=\dfrac{\partial^2 G(x,y)}{\partial x^2}\otimes f(x,y)\\\dfrac{\partial^2 f(x,y)}{\partial y^2}\approx\dfrac{\partial^2(f(x,y)\otimes G(x,y))}{\partial y^2}=\dfrac{\partial^2 G(x,y)}{\partial y^2}\otimes f(x,y)\\\dfrac{\partial^2 f(x,y)}{\partial x\partial y}\approx\dfrac{\partial^2(f(x,y)\otimes G(x,y))}{\partial x\partial y}=\dfrac{\partial^2 G(x,y)}{\partial x\partial y}\otimes f(x,y)\end{cases}\tag{6.2.7}$$

假设高斯函数为

$$G(x,y)=\frac{1}{2\pi\sigma^2}\exp\left(-\frac{x^2+y^2}{2\sigma^2}\right)\tag{6.2.8}$$

那么，

$$\begin{cases}\dfrac{\partial G(x,y)}{\partial x}=\dfrac{1}{2\pi}\cdot\dfrac{-x}{\sigma^4}\cdot\exp\left(-\dfrac{x^2+y^2}{2\sigma^2}\right)\\\dfrac{\partial G(x,y)}{\partial y}=\dfrac{1}{2\pi}\cdot\dfrac{-y}{\sigma^4}\cdot\exp\left(-\dfrac{x^2+y^2}{2\sigma^2}\right)\\\dfrac{\partial^2 G(x,y)}{\partial x^2}=\dfrac{1}{2\pi}\cdot\dfrac{x^2-\sigma^2}{\sigma^6}\cdot\exp\left(-\dfrac{x^2+y^2}{2\sigma^2}\right)\\\dfrac{\partial^2 G(x,y)}{\partial y^2}=\dfrac{1}{2\pi}\cdot\dfrac{y^2-\sigma^2}{\sigma^6}\cdot\exp\left(-\dfrac{x^2+y^2}{2\sigma^2}\right)\\\dfrac{\partial^2 G(x,y)}{\partial x\partial y}=\dfrac{1}{2\pi}\cdot\dfrac{xy}{\sigma^6}\cdot\exp\left(-\dfrac{x^2+y^2}{2\sigma^2}\right)\end{cases}\tag{6.2.9}$$

在实际应用中，可以舍弃高斯偏导数的常量因子 $1/2\pi$。高斯函数的均方差 σ 不能取得太大（σ 太大会造成图像过度平滑）。一般需要将式(6.2.9)中的高斯偏导数写成卷积模板的形式。下面列出了两个不同均方差的高斯偏导数的卷积模板：

(1) $\sigma=0.5$

$$G(x,y)=\begin{bmatrix}0.01134 & 0.08382 & 0.01134\\0.08382 & 0.61935 & 0.08382\\0.01134 & 0.08382 & 0.01134\end{bmatrix}\tag{6.2.10}$$

$$\frac{\partial G(x,y)}{\partial x}=\begin{bmatrix}0.04664 & 0 & -0.04664\\0.34463 & 0 & -0.34463\\0.04664 & 0 & -0.04664\end{bmatrix}\tag{6.2.11}$$

$$\frac{\partial G(x,y)}{\partial y}=\begin{bmatrix}0.04664 & 0.34463 & 0.04664\\0 & 0 & 0\\-0.04664 & -0.34463 & -0.04664\end{bmatrix}\tag{6.2.12}$$

$$\frac{\partial^2 G(x,y)}{\partial x^2}=\begin{bmatrix}0.13992 & -0.34463 & 0.13992\\1.03389 & -2.54648 & 1.03389\\0.13992 & -0.34463 & 0.13992\end{bmatrix}\tag{6.2.13}$$

$$\frac{\partial^2 G(x,y)}{\partial y^2}=\begin{bmatrix}0.13992 & 1.03389 & 0.13992\\-0.34463 & -2.54648 & -0.34463\\0.13992 & 1.03389 & 0.13992\end{bmatrix}\tag{6.2.14}$$

$$\frac{\partial^2 G(x,y)}{\partial x\partial y}=\begin{bmatrix}0.18656 & 0 & -0.18656\\0 & 0 & 0\\-0.18656 & 0 & 0.18656\end{bmatrix}\tag{6.2.15}$$

(2) $\sigma=1.0$

$$G(x,y)=\begin{bmatrix}0.00002 & 0.00024 & 0.00107 & 0.00177 & 0.00107 & 0.00024 & 0.00002\\0.00024 & 0.00292 & 0.01307 & 0.02155 & 0.01307 & 0.00292 & 0.00024\\0.00107 & 0.01307 & 0.05858 & 0.09658 & 0.05858 & 0.01307 & 0.00107\\0.00177 & 0.02155 & 0.09658 & 0.15924 & 0.09658 & 0.02155 & 0.00177\\0.00107 & 0.01307 & 0.05858 & 0.09658 & 0.05858 & 0.01307 & 0.00107\\0.00024 & 0.00292 & 0.01307 & 0.02155 & 0.01307 & 0.00292 & 0.00024\\0.00002 & 0.00024 & 0.00107 & 0.00177 & 0.00107 & 0.00024 & 0.00002\end{bmatrix}\tag{6.2.16}$$

$$\frac{\partial G(x,y)}{\partial x}=\begin{bmatrix}0.00006 & 0.00048 & 0.00107 & 0 & -0.00107 & -0.00048 & -0.00006\\0.00072 & 0.00583 & 0.01306 & 0 & -0.01306 & -0.00583 & -0.00072\\0.00322 & 0.02613 & 0.05855 & 0 & -0.05855 & -0.02613 & -0.00322\\0.00530 & 0.04308 & 0.09653 & 0 & -0.09653 & -0.04308 & -0.00530\\0.00322 & 0.02613 & 0.05855 & 0 & -0.05855 & -0.02613 & -0.00322\\0.00072 & 0.00583 & 0.01306 & 0 & -0.01306 & -0.00583 & -0.00072\\0.00006 & 0.00048 & 0.00107 & 0 & -0.00107 & -0.00048 & -0.00006\end{bmatrix}\tag{6.2.17}$$

$$\frac{\partial G(x,y)}{\partial y}=\begin{bmatrix}0.00006 & 0.00072 & 0.00322 & 0.00530 & 0.00322 & 0.00072 & 0.00006\\0.00048 & 0.00583 & 0.02613 & 0.04308 & 0.02613 & 0.00583 & 0.00048\\0.00107 & 0.01306 & 0.05855 & 0.09653 & 0.05855 & 0.01306 & 0.00107\\0 & 0 & 0 & 0 & 0 & 0 & 0\\-0.00107 & -0.01306 & -0.05855 & -0.09653 & -0.05855 & -0.01306 & -0.00107\\-0.00048 & -0.00583 & -0.02613 & -0.04308 & -0.02613 & -0.00583 & -0.00048\\-0.00006 & -0.00072 & -0.00322 & -0.00530 & -0.00322 & -0.00072 & -0.00006\end{bmatrix}\tag{6.2.18}$$

$$\frac{\partial^2 G(x,y)}{\partial x^2}=\begin{bmatrix}0.00016 & 0.00072 & 0 & -0.00177 & 0 & 0.00072 & 0.00016\\0.00191 & 0.00857 & 0 & -0.02154 & 0 & 0.00857 & 0.00191\\0.00858 & 0.03919 & 0 & -0.09653 & 0 & 0.03919 & 0.00858\\0.01414 & 0.06462 & 0 & -0.15915 & 0 & 0.06462 & 0.01414\\0.00858 & 0.03919 & 0 & -0.09653 & 0 & 0.03919 & 0.00858\\0.00191 & 0.00857 & 0 & -0.02154 & 0 & 0.00857 & 0.00191\\0.00016 & 0.00072 & 0 & -0.00177 & 0 & 0.00072 & 0.00016\end{bmatrix}\tag{6.2.19}$$

$$\frac{\partial^2 G(x,y)}{\partial y^2}=\begin{bmatrix}0.00016 & 0.00191 & 0.00858 & 0.01414 & 0.00858 & 0.00191 & 0.00016\\0.00072 & 0.00857 & 0.03919 & 0.06462 & 0.03919 & 0.00857 & 0.00072\\0 & 0 & 0 & 0 & 0 & 0 & 0\\-0.00177 & -0.02154 & -0.09653 & -0.15915 & -0.09653 & -0.02154 & -0.00177\\0 & 0 & 0 & 0 & 0 & 0 & 0\\0.00072 & 0.00857 & 0.03919 & 0.06462 & 0.03919 & 0.00857 & 0.00072\\0.00016 & 0.00191 & 0.00858 & 0.01414 & 0.00858 & 0.00191 & 0.00016\end{bmatrix}\tag{6.2.20}$$

$$\frac{\partial G(x,y)}{\partial x\partial y}=\begin{bmatrix}0.00018 & 0.00144 & 0.00322 & 0 & -0.00322 & -0.00144 & -0.00018\\0.00144 & 0.01166 & 0.02613 & 0 & -0.02613 & -0.01166 & -0.00144\\0.00322 & 0.02613 & 0.05855 & 0 & -0.05855 & -0.02613 & -0.00322\\0 & 0 & 0 & 0 & 0 & 0 & \\-0.00322 & -0.02613 & -0.05855 & 0 & 0.05855 & 0.02613 & 0.00322\\-0.00144 & -0.01166 & -0.02613 & 0 & 0.02613 & 0.01166 & 0.00144\\-0.00018 & -0.00144 & -0.00322 & 0 & 0.00322 & 0.00144 & 0.00018\end{bmatrix}\tag{6.2.21}$$

6.3　图像梯度

图像的梯度反映了图像信号在某个位置变化最大的方向及其强度。图像梯度常常用一个二维列矢量表示，矢量的方向代表最大变化的方向，矢量的模则表示最大变化的幅度。图像梯度的计算方法是图像处理研究中的一个基础性问题。对于灰度图像，梯度的计算问题已经被很好地解决了。然而，对于彩色图像，由于颜色通道的相关性，导致没有统一通用的彩色图像梯度方法。人们提出一些不同的彩色图像梯度方法，主要有：基于矢量场最大变化的梯度方法[62-63]、基于局部朝向和朝向强度的梯度方法[65]、基于矢量差分的梯度方法[66]、形态学梯度算子[67-68]，等等。在这些彩色图像梯度方法中，最典型的是 Zenzo 提出的矢量梯度[62]，该方法通过计算彩色矢量信号最大变化的方向求解彩色图像的梯度。

6.3.1　灰度图像梯度

对于灰度图像 $f(x,y)$，梯度是一个二维列矢量，矢量的方向代表图像信号在某个位置最大变化的方向，矢量的模表示最大变化的幅度。$f(x,y)$的梯度定义为

$$\nabla f(x,y)=\left[\frac{\partial f(x,y)}{\partial x},\ \frac{\partial f(x,y)}{\partial y}\right]^{\mathrm{T}} \tag{6.3.1}$$

梯度方向：

$$\theta(x,y)=\arctan\left(\frac{\partial f(x,y)}{\partial y}\bigg/\frac{\partial f(x,y)}{\partial x}\right) \tag{6.3.2}$$

梯度模：

$$M(x,y)=|\nabla f(x,y)|=\sqrt{\left(\frac{\partial f(x,y)}{\partial x}\right)^2+\left(\frac{\partial f(x,y)}{\partial y}\right)^2} \tag{6.3.3}$$

图像偏导数的计算方法可参考 6.2 节。图 6.3.1 显示了 Parrots 灰度图像及使用 $\sigma=0.5$ 的高斯偏导数计算出的梯度图像，图 6.3.2 则将 Parrots 图像中矩形框内的梯度视觉化：箭头表示梯度方向，箭头长度表示梯度模。

(a) Parrots图像

(b) 梯度方向

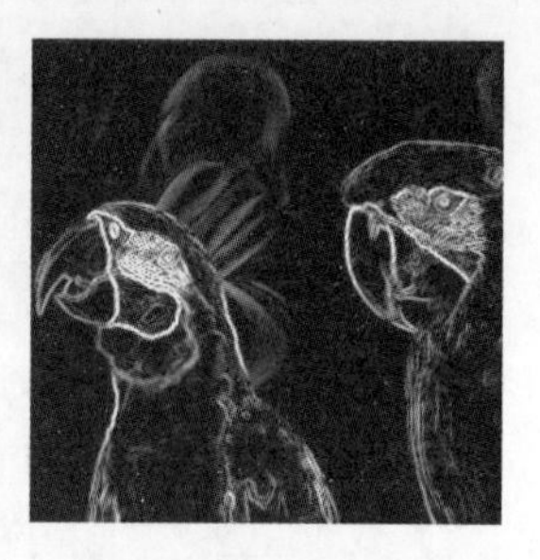

(c) 梯度模

图 6.3.1　使用 $\boldsymbol{\sigma}=\mathbf{0.5}$ 的高斯函数计算梯度

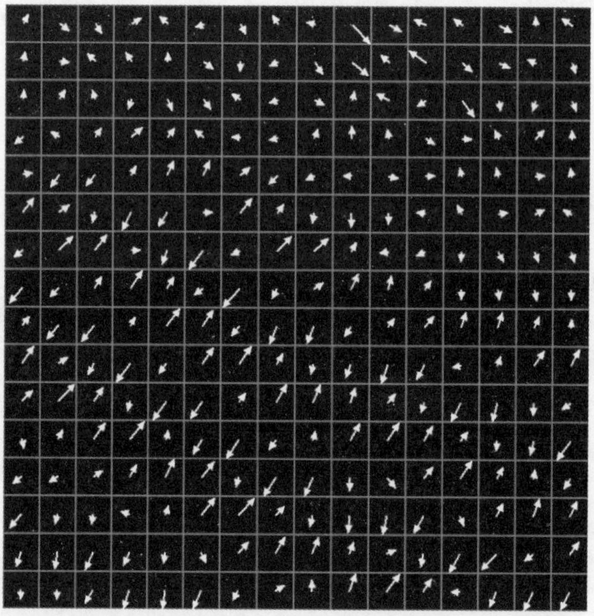

图 6.3.2　将图 6.3.1 中矩形框内的梯度视觉化：箭头表示梯度方向、箭头长度表示梯度模

6.3.2 彩色图像梯度

由于彩色图像的每个像素包含 3 个相关性很强的颜色通道，对于这种多通道信号，没有一个通用的梯度计算方法。本节介绍 3 个常用的彩色图像梯度算子。

1. 简单的彩色图像梯度

图像函数的偏导数反映了图像信号沿着 x 和 y 方向的变化率，这种变化率可以是正，也可以是负。对于彩色图像 $\boldsymbol{f}(x,y)=[R(x,y),G(x,y),B(x,y)]^{\mathrm{T}}$，一种简单的梯度方法是将 3 个通道的变化率的平方和组合起来[1-2]：

$$\nabla \boldsymbol{f}(x,y)=[C_x \quad C_y]^{\mathrm{T}} \tag{6.3.4}$$

$$C_x=\left(\left(\frac{\partial R(x,y)}{\partial x}\right)^2+\left(\frac{\partial G(x,y)}{\partial x}\right)^2+\left(\frac{\partial B(x,y)}{\partial x}\right)^2\right)^{1/2} \tag{6.3.5}$$

$$C_y=\left(\left(\frac{\partial R(x,y)}{\partial y}\right)^2+\left(\frac{\partial G(x,y)}{\partial y}\right)^2+\left(\frac{\partial B(x,y)}{\partial y}\right)^2\right)^{1/2} \tag{6.3.6}$$

显然，在这种简单的梯度方法中，沿着 x 和 y 方向的变化率 C_x 和 C_y 都是非负的。

2. 改进的 Zenzo 彩色图像梯度

除简单的彩色图像梯度方法外，Zenzo 提出一个经典的多通道图像的梯度方法[62]。但是，Zenzo 的梯度方法存在梯度方向二义性的问题。文献[69]提出了改进的方法(见彩插 5 的第 1 行)，解决了梯度方向二义性的问题。

假设 $\boldsymbol{f}(x,y)=[f_1(x,y),f_2(x,y),\cdots,f_m(x,y)]^{\mathrm{T}}$ 表示一个 m 通道图像，对于彩色图像 $m=3$，考虑 $\boldsymbol{f}(x,y)$在位置(x,y)沿着方向 θ 的变化：

$$\begin{aligned}
\mathrm{d}f^2 &= \| f(x+\varepsilon\cos\theta,y+\varepsilon\sin\theta)-\boldsymbol{f}(x,y) \|_2^2 \\
&\approx \sum_{i=1}^{m}\left(\frac{\partial f_i}{\partial x}\varepsilon\cos\theta+\frac{\partial f_i}{\partial y}\varepsilon\sin\theta\right)^2 \\
&=\varepsilon^2\left(\cos^2\theta\sum_{i=1}^{m}\left|\frac{\partial f_i}{\partial x}\right|^2+\sin^2\theta\sum_{i=1}^{m}\left|\frac{\partial f_i}{\partial y}\right|^2+2\cos\theta\sin\theta\sum_{i=1}^{m}\frac{\partial f_i}{\partial x}\frac{\partial f_i}{\partial y}\right)
\end{aligned}$$

所以，$\boldsymbol{f}(x,y)$在位置(x,y)沿着方向 θ 的变化率 $D(\theta)$为

$$D(\theta)=\cos^2\theta\sum_{i=1}^{m}\left|\frac{\partial f_i}{\partial x}\right|^2+\sin^2\theta\sum_{i=1}^{m}\left|\frac{\partial f_i}{\partial y}\right|^2+2\cos\theta\sin\theta\sum_{i=1}^{m}\frac{\partial f_i}{\partial x}\frac{\partial f_i}{\partial y} \tag{6.3.7}$$

记

$$E=\sum_{i=1}^{m}\left|\frac{\partial f_i}{\partial x}\right|^2,\quad F=\sum_{i=1}^{m}\frac{\partial f_i}{\partial x}\frac{\partial f_i}{\partial y},\quad G=\sum_{i=1}^{m}\left|\frac{\partial f_i}{\partial y}\right|^2 \tag{6.3.8}$$

那么，式(6.3.7)可以写成：

$$D(\theta)=E\cos^2\theta+2F\cos\theta\sin\theta+G\sin^2\theta \tag{6.3.9}$$

这样，梯度方向就是最大化 $D(\theta)$的 θ，而梯度模就是 $D(\theta)$的最大值。

对于式(6.3.9)的极大值解的问题，有如下定理。

定理 6.3.1：对于式(6.3.9)，当 θ 取值为 $\theta_{\max}$时，$D(\theta)$取得最大值 $D(\theta_{\max})$：

$$D(\theta_{\max})=\frac{1}{2}\left((E+G)+\sqrt{(E-G)^2+(2F)^2}\right) \tag{6.3.10}$$

$$\theta_{\max}=\begin{cases}\operatorname{sgn}(F)\cdot\arcsin\left(\dfrac{D(\theta_{\max})-E}{2D(\theta_{\max})-E-G}\right)^{1/2}+k\pi, & (E-G)^2+F^2\neq 0\\ \text{未定义}, & (E-G)^2+F^2=0\end{cases}\tag{6.3.11}$$

这里，sgn(·)是一个符号函数：

$$\operatorname{sgn}(F)=\begin{cases}1, & F\geqslant 0\\ -1, & F<0\end{cases}\tag{6.3.12}$$

并且，$\theta_{\max}$满足：

$$\theta_{\max}\in k\pi+\begin{cases}[0, & \pi/4], & F\geqslant 0\text{ 且 }E-G\geqslant 0\\ [\pi/4, & \pi/2], & F\geqslant 0\text{ 且 }E-G<0\\ [-\pi/2, & -\pi/4], & F<0\text{ 且 }E-G<0\\ [-\pi/4, & 0], & F<0\text{ 且 }E-G\geqslant 0\end{cases}\tag{6.3.13}$$

注意，当$\theta=\theta_{\max}+\dfrac{\pi}{2}$时，$D(\theta)$取最小值：

$$D\left(\theta_{\max}+\frac{\pi}{2}\right)=\frac{1}{2}\left((E+G)-\sqrt{(E-G)^2+(2F)^2}\right)\tag{6.3.14}$$

综上所述，有如下结论。

彩色图像梯度算子：对于一个彩色图像$\boldsymbol{f}(x,y)=[R(x,y),G(x,y),B(x,y)]^{\mathrm{T}}$，其梯度模$M(x,y)$和梯度方向$\theta(x,y)$分别为

$$M(x,y)=\frac{1}{2}\left((E+G)+\sqrt{(E-G)^2+(2F)^2}\right)\tag{6.3.15}$$

$$\theta(x,y)=\begin{cases}\operatorname{sgn}(F)\ \arcsin\left(\dfrac{M(x,y)-E}{2M(x,y)-E-G}\right)^{1/2}+k\pi, & (E-G)^2+F^2\neq 0\\ \text{未定义}, & (E-G)^2+F^2=0\end{cases}\tag{6.3.16}$$

$\theta(x,y)$满足式(6.3.13)给出的取值范围(同$\theta_{\max}$)，E、F、G分别为

$$\begin{cases}E=\left(\dfrac{\partial R(x,y)}{\partial x}\right)^2+\left(\dfrac{\partial G(x,y)}{\partial x}\right)^2+\left(\dfrac{\partial B(x,y)}{\partial x}\right)^2\\ F=\dfrac{\partial R(x,y)}{\partial x}\dfrac{\partial R(x,y)}{\partial y}+\dfrac{\partial G(x,y)}{\partial x}\dfrac{\partial G(x,y)}{\partial y}+\dfrac{\partial B(x,y)}{\partial x}\dfrac{\partial B(x,y)}{\partial y}\\ G=\left(\dfrac{\partial R(x,y)}{\partial y}\right)^2+\left(\dfrac{\partial G(x,y)}{\partial y}\right)^2+\left(\dfrac{\partial B(x,y)}{\partial y}\right)^2\end{cases}\tag{6.3.17}$$

3. 基于方向矢量差分的梯度

Scharcanski 和 Venetsanopoulos 提出一种有效的彩色图像梯度算子[66]。该梯度算子是基于方向矢量统计信息的。通过统计一个彩色像素周边的方向矢量信息，获取彩色图像信号在该位置的水平和垂直方向上的变化率，从而得到该点的梯度。

用一个大小为$N\times N$(N为奇数)的窗口获取像素(x,y)的邻域像素。去除窗口内中间一行像素，将窗口内像素划分为上、下两部分，记为V_-和V_+；同样，去除窗口内中间一列像素，将窗口内像素划分为左、右两部分，记为H_-和H_+：

$$\begin{bmatrix} \mathrm{V}_-\begin{pmatrix} N\cdot(N-1)/2\text{ 个像素} \\ \text{第 1 行到第}(N-1)/2\text{ 行}\end{pmatrix} \\ \text{第}(N+1)/2\text{ 行的 }N\text{ 个像素(中间行)} \\ \mathrm{V}_+\begin{pmatrix} N\cdot(N-1)/2\text{ 个像素} \\ \text{第 }1+(N+1)/2\text{ 行到第 }N\text{ 行}\end{pmatrix}\end{bmatrix} \tag{6.3.18}$$

$$\begin{bmatrix} \left(\mathrm{H}_-\begin{pmatrix} N\cdot(N-1)/2 \\ \text{个像素,} \\ \text{第 1 列到第} \\ (N-1)/2\text{ 列}\end{pmatrix}\right) & \begin{pmatrix} (N+1)/2 \\ \text{列的 }N\text{ 个} \\ \text{像素} \\ \text{(中间列)}\end{pmatrix} & \left(\mathrm{H}_+\begin{pmatrix} N\cdot(N-1)/2 \\ \text{个像素,} \\ 1+(N+1)/2 \\ \text{列到第 }N\text{ 列}\end{pmatrix}\right)\end{bmatrix} \tag{6.3.19}$$

对 V_-、V_+、H_-、H_+ 内的矢量像素求和,并计算水平、垂直方向上的差分矢量:

$$\begin{cases} \mathrm{sumV}_- = \sum\limits_{\boldsymbol{x}\in \mathrm{V}_-} \boldsymbol{x} \\ \mathrm{sumV}_+ = \sum\limits_{\boldsymbol{x}\in \mathrm{V}_+} \boldsymbol{x} \\ \mathrm{sumH}_- = \sum\limits_{\boldsymbol{x}\in \mathrm{H}_-} \boldsymbol{x} \\ \mathrm{sumH}_+ = \sum\limits_{\boldsymbol{x}\in \mathrm{H}_+} \boldsymbol{x} \end{cases} \quad \begin{cases} \Delta\boldsymbol{V} = \mathrm{sumV}_+ - \mathrm{sumV}_- \\ \Delta\boldsymbol{H} = \mathrm{sumH}_+ - \mathrm{sumH}_- \end{cases} \tag{6.3.20}$$

这样,差分矢量 $\Delta\boldsymbol{H}$ 和 $\Delta\boldsymbol{V}$ 的模 $\|\Delta\boldsymbol{H}\|$ 和 $\|\Delta\boldsymbol{V}\|$ 代表了彩色图像信号在当前位置(x,y)沿水平和垂直方向的变化率。因此,彩色图像信号在当前位置(x,y)的最大变化率的模和方向,即像素(x,y)的梯度模和梯度方向为

$$M(x,y)=\sqrt{\|\Delta\boldsymbol{H}\|^2+\|\Delta\boldsymbol{V}\|^2} \tag{6.3.21}$$

$$\theta(x,y)=\arctan\left(\frac{\mathrm{sgn}(\|\mathrm{sumV}_+\|-\|\mathrm{sumV}_-\|)\cdot\|\Delta\boldsymbol{V}\|}{\mathrm{sgn}(\|\mathrm{sumH}_+\|-\|\mathrm{sumH}_-\|)\cdot\|\Delta\boldsymbol{H}\|}\right)+k\pi \tag{6.3.22}$$

其中,$\mathrm{sgn}(\cdot)$是符号函数,如式(6.3.12)所示。

计算最大变化的方向,需要考虑信号在水平和垂直方向上变化的极性(正负)。由于不能定义颜色变化的极性,所以式(6.3.22)根据亮度的变化定义信号变化的极性。从低亮度变到高亮度,极性为正,否则为负,这就是式(6.3.22)中符号函数 $\mathrm{sgn}(\cdot)$的作用。

这种基于矢量差分的彩色图像梯度算子具有一定的噪声抑制功能。窗口越大,去噪能力越强,得到的梯度就越平滑。

6.4　基于梯度的彩色边缘检测

由于边缘点一般都具有较大的梯度(模),所以确定边缘点的最简单方法是将梯度模较大的像素作为边缘点。然而,这种方法没有利用边缘点是梯度模的局部极大值点这个属性,所以另一个方法是在梯度模的局部极大值点中挑选梯度模较大的像素作为边缘点。

6.4.1　基于矢量梯度的彩色边缘检测

计算彩色图像的梯度时,需要计算 3 个通道图像的偏导数,这些偏导数可以使用各种梯

度算子(如 Sobel、Roberts、Prewitt(图 6.2.1))计算,也可以使用高斯函数计算(式(6.2.7),式(6.2.8),式(6.2.9))。获得彩色图像 $\boldsymbol{f}(x,y)$ 的梯度 $\nabla\boldsymbol{f}(x,y)$ 后,就可以使用梯度信息检测边缘点了。

1. 根据梯度模确定边缘

一个简单的边缘检测方法就是将梯度模 $M(x,y)$($M(x,y)=|\nabla f(x,y)|$)大的像素检测为边缘点:

$$\text{edgemap}(x,y)=\begin{cases}1, & M(x,y)\geqslant T\\ 0, & \text{其他}\end{cases} \tag{6.4.1}$$

这里,T 是预定义的阈值。

直接使用梯度模的大小定位边缘像素,这种方法严重依赖通道图像的偏导数和彩色图像梯度的计算方法。对于不同的偏导数和梯度计算方法,为了得到相似的边缘图,阈值 T 将会显著不同。为此,一种改进方法是使用边缘像素的个数占整个图像像素的比例确定 T,这种方法得到的边缘图不依赖于偏导数和梯度的计算方法,但需要事先知道边缘像素占整个图像的大概比例。图 6.4.1 给出了这种根据边缘像素比例而得到的边缘图。这里假定边缘像素的比例为 25%,利用 6.3.2 节中的 3 种彩色图像梯度方法计算梯度,将梯度模最大的 25%个像素作为边缘点。在图 6.4.1 中,第 1 列是原始图像,第 2、3、4 列是根据通道偏导数之和的彩色梯度(见 6.3.2 节)、方向矢量差分的彩色梯度(窗口大小 5×5)(见 6.3.2 节)、改进的 Zenzo 彩色梯度(见 6.3.2 节)计算出的边缘图。从图中可以看出,这种直接利用梯度模的大小得到的边缘图,存在厚边缘(边缘宽度大于 1 个像素)、边缘不连续等问题。另外,从图中也可看出,在边缘像素比例相同的情况下,利用各种彩色图像梯度方法得到的边缘图基本上是相同的。

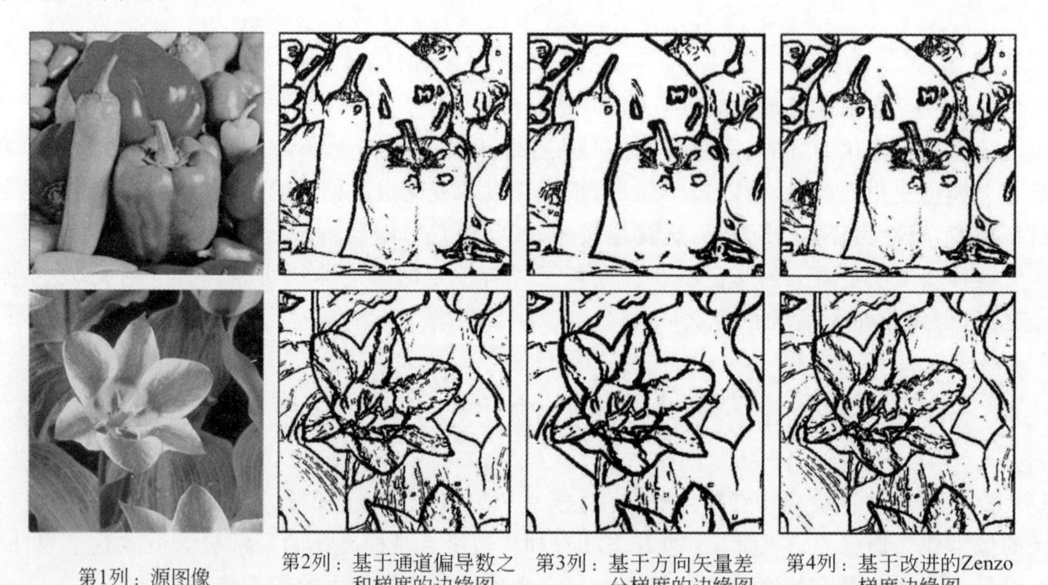

图 6.4.1　基于梯度模的边缘检测:根据边缘像素个数占整个图像的比例(25%)确定梯度模阈值,第 2、3、4 列是 3 种彩色图像梯度方法的边缘检测结果

2. 根据梯度极值点确定边缘

仅利用梯度模的大小定位边缘像素，没有利用边缘点是一阶导数局部极值点的属性，导致造成大量的虚假边缘，以及边缘丢失。因为很多梯度模大的像素并不是真正的边缘点，而一些不太明显的边缘像素的梯度模会比较小。

虽然边缘点的一阶导数是局部极值点，但并不是所有一阶导数的局部极大值点都是边缘点。作为式(6.4.1)的一个改进，将边缘点梯度模的大小与局部极值的属性结合起来：

$$\text{edgemap}(x,y)=\begin{cases}1, & M(x,y)\geqslant T \text{ 且 } M(x,y) \text{ 是局部最大值} \\ 0, & \text{其他}\end{cases} \tag{6.4.2}$$

即边缘像素必须满足：梯度模是局部极大值点且梯度模的值大于或等于阈值 T。

式(6.4.2)的关键是要确定梯度模 $M(x,y)$ 在位置 (x,y) 是否为局部极大值。判断 $M(x,y)$ 是否为局部极大值的一个简单方法是：在梯度方向 $\theta(x,y)$ 上判断 (x,y) 前后相邻的两个点的梯度模是否都小于 $M(x,y)$。

图 6.4.2 显示了确定 $M(x,y)$ 是否为局部极大值的方法。假设沿梯度方向 $\theta(x,y)$ 的直线与 (x,y) 点的上一行和下一行的交叉点为 P_1 和 P_2，如果位置 P_1 和 P_2 的梯度模都小于 $M(x,y)$，则 $M(x,y)$ 是一个局部极大值。下面介绍两种计算 P_1 和 P_2 点梯度模的方法。

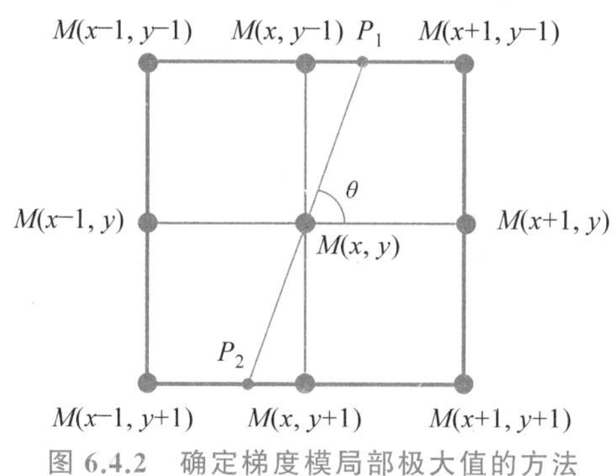

图 6.4.2　确定梯度模局部极大值的方法

(1) 最邻近法

位置 P_1 和 P_2 的梯度模使用最邻近点的梯度模代替。例如，图 6.4.2 中 P_1 与 $(x,y-1)$ 最邻近、P_2 与 $(x,y+1)$ 最邻近，因此 $M(P_1)=M(x,y-1)$、$M(P_2)=M(x,y+1)$。这种方法实际上是根据梯度方向 $\theta(x,y)$ 决定最邻近点 $(0\leqslant\theta(x,y)<2\pi)$：

$$\{M(P_1),M(P_2)\}=$$

$$\begin{cases}\{M(x-1,y),M(x+1,y)\}, & \theta(x,y)\in[0,\pi/8) \text{ 或 } [15\pi/8,2\pi) \text{ 或 } [7\pi/8,9\pi/8) \\ \{M(x+1,y-1),M(x-1,y+1)\}, & \theta(x,y)\in[\pi/8,3\pi/8) \text{ 或 } [9\pi/8,11\pi/8) \\ \{M(x,y-1),M(x,y+1)\}, & \theta(x,y)\in[3\pi/8,5\pi/8) \text{ 或 } [11\pi/8,13\pi/8) \\ \{M(x-1,y-1),M(x+1,y+1)\}, & \theta(x,y)\in[5\pi/8,7\pi/8) \text{ 或 } [13\pi/8,15\pi/8)\end{cases} \tag{6.4.3}$$

(2) 线性插值法

在图 6.4.2 中，当 $\pi/4\leqslant\theta<\pi/2$ 时，可以利用 $M(x,y-1)$、$M(x+1,y-1)$ 进行线性插值得到 $M(P_1)$，利用 $M(x-1,y+1)$、$M(x,y+1)$ 进行线性插值得到 $M(P_2)$。显然，P_1、

P_2 点的坐标为 $P_1(x+\text{ctan}\theta, y-1)$、$P_2(x-\text{ctan}\theta, y-1)$，这样，

$$\begin{cases} M(P_1)=M(x,y-1)+\text{ctan}\theta\cdot(M(x+1,y-1)-M(x,y-1)) \\ M(P_2)=M(x,y+1)-\text{ctan}\theta\cdot(M(x,y+1)-M(x-1,y+1)) \end{cases} \tag{6.4.4}$$

同理可得梯度角 $\theta(x,y)$ 为其他值时 $M(P_1)$ 和 $M(P_2)$ 的值。

图 6.4.3 演示了利用梯度模极值点和梯度模大小检测到的边缘：使用高斯函数（均方差为 1）计算通道图像的偏导数，使用改进的 Zenzo 彩色图像梯度算子计算图像的梯度，利用线性插值法确定梯度模极大值点，梯度模的阈值 T 由边缘像素数占候选边缘点（梯度模的局部极大值点）的比例确定。从图中可以看出，利用梯度模极值点确定的边缘图，解决了厚边缘问题（边缘宽度都是单像素）。但是，依然存在边缘不连续的问题。

图 6.4.3　基于梯度模极值点的边缘检测：使用高斯函数（均方差为 1）计算通道图像的偏导数，使用改进的 Zenzo 彩色图像梯度算子计算梯度，利用线性插值法确定梯度模极大值点，梯度模的阈值 T 由边缘像素占候选边缘点的比例 30%（第 2 列）、50%（第 3 列）确定

6.4.2　彩色 Canny 边缘算子

Canny 边缘算子是非常经典和高效的灰度图像边缘检测方法[70]。Canny 算子本质上是基于图像梯度（一阶微分）的边缘检测方法，它利用边缘点梯度的局部极大值特性定位候选边缘点，同时还增加了边缘连接功能。虽然 Canny 边缘算子是用于灰度图像边缘检测的，但对于彩色图像，在彩色图像的梯度问题解决后，灰度图像的 Canny 算子就可以直接扩展到彩色图像，从而形成彩色图像的 Canny 边缘算子。

Canny 边缘算子的目标是找到最优的边缘。

(1) 低错误率：算法能够尽可能地标识出图像中的实际边缘，漏检（真实边缘没有检测出来）和误检（将非边缘检测为边缘）的概率都尽可能小。

(2) 最优定位：检测到的边缘点的位置距离实际边缘点的位置最近。

(3) 检测到的边缘点与实际边缘点一一对应。

通过将灰度图像的梯度替换为彩色图像的梯度，就可得到彩色图像的 Canny 边缘检测方法，见算法 6.4.1。

算法 6.4.1　彩色图像 Canny 边缘算子

---

(1) 使用改进的 Zenzo 彩色图像梯度方法计算彩色图像的梯度，获得梯度模图像 $M(x,y)$ 和梯度方向图像 $\theta(x,y)$。计算梯度时，使用高斯函数计算通道图像的偏导数。

(2) 应用非最大抑制(Non-maximum Suppression)技术消除非边缘点，从而获得候选边缘点。非最大抑制就是挑选出梯度模的局部极大值点，抑制非局部极大值点。确定梯度模 $M(x,y)$ 是否为局部极大值的方法：假设沿梯度方向 $\theta(x,y)$ 的直线与 (x,y) 点的上一行和下一行的交叉点为 P_1 和 P_2，若 $M(x,y)>\{M(P_1),M(P_2)\}$，则 $M(x,y)$ 是一个局部极大值(计算 $M(P_1)$、$M(P_2)$ 的方法见 6.4.1 节)。

(3) 使用双阈值技术从候选边缘点(非最大抑制的结果)中挑选出的边缘点。这个过程包括如下两个步骤。

　(3.1) 使用一个高阈值 TH 从候选边缘点中挑选出边缘点(强边缘点，即候选边缘点中梯度模大于 TH 的点为强边缘点)；

　(3.2) 使用一个低阈值 TL 从候选边缘点中挑选出可能的边缘点(弱边缘点，即候选边缘点中梯度模在[TL,TH]范围的点为弱边缘点)。

(4) 边缘连接(跟踪)：

　(4.1) 所有的强边缘点是真正的边缘点，构成初始的边缘点集合 Φ；

　(4.2) 对于 Φ 中的每个点，将其 8 邻域中所有的弱边缘点加入集合 Φ(每个边缘点的 8 邻域弱边缘点都是边缘点)；

　(4.3) 重复步骤(4.2)，直到没有新的点加入 Φ。

//算法结束

Canny 算子的效果，很大程度上取决于双阈值 TH 和 TL。阈值过高，可能会漏掉一些边缘像素；阈值过低，则会把琐碎的细节检测为边缘点。一般建议 TL 是 TH 的 1/2～1/4。

图 6.4.4 显示了彩色图像 Canny 算子的边缘检测结果：使用改进的 Zenzo 彩色图像梯度算子计算梯度，分别使用均方差为 1.5 和 0.6 的高斯函数计算通道图像的偏导数，高阈值 TH 由边缘像素占候选边缘点(梯度模的局部极大值点)的比例 30%确定，TL 是 TH 的 0.25 倍。从图中可以看出，虽然第 2 列和第 3 列使用的 TH、TL 相同，但第 3 列检测出更多的细节，这是因为在计算通道图像的偏导数时，第 2 列的高斯函数均方差更大，从而平滑掉了更多的细节。从图中可以看出，彩色 Canny 边缘算子检测到的边缘图，边缘宽度是单像素，也不存在边缘不连续的问题。

图 6.4.4　彩色 Canny 边缘检测结果：使用改进的 Zenzo 彩色图像梯度算子计算梯度，使用高斯函数计算通道图像的偏导数(第 1、2 列的高斯函数均方差分别为 1.5、0.6)，高阈值 TH 由边缘像素数占候选边缘点的比例 30%确定，TL 是 TH 的 0.25 倍

6.5 基于二阶微分的彩色边缘检测

图像边缘点是图像一阶导数的极大值点，而一阶导数的极值点对应二阶导数的零交叉点(Zero-crossing)。所以，通过检测图像二阶导数的零交叉点，也就找到了图像的边缘像素。对于灰度图像，典型的二阶微分算子是拉普拉斯算子。对于彩色图像边缘检测，一个简单的方法是直接将灰度图像的拉普拉斯算子扩展到彩色图像。另一个方法是基于 Zenzo 彩色图像梯度的二阶方向导数的方法[62-63]。

6.5.1 拉普拉斯算子

对于灰度图像 $f(x,y)$，拉普拉斯算子为两个二阶偏导数之和：

$$\nabla^2 f = \frac{\partial^2 f(x,y)}{\partial x^2} + \frac{\partial^2 f(x,y)}{\partial y^2} \tag{6.5.1}$$

通过计算图像的拉普拉斯响应，确定零交叉点，即边缘点。零交叉点就是二阶导数为 0 的点，并且该点两边的二阶导数为一正一负。

可以采用不同的偏导数计算公式计算式(6.5.1)的拉普拉斯算子。如果采用偏导数的差分公式，则可以得到不同的拉普拉斯模板。式(6.5.2)列出了式(6.5.1)离散化后的 4 个典型的拉普拉斯模板。注意，对于拉普拉斯模板，其系数之和为 0。

$$\begin{bmatrix} 0 & 1 & 0 \\ 1 & -4 & 1 \\ 0 & 1 & 0 \end{bmatrix} \quad \begin{bmatrix} 0 & -1 & 0 \\ -1 & 4 & -1 \\ 0 & -1 & 0 \end{bmatrix} \quad \begin{bmatrix} -1 & -1 & -1 \\ -1 & 8 & -1 \\ -1 & -1 & -1 \end{bmatrix} \quad \begin{bmatrix} 1 & 1 & 1 \\ 1 & -8 & 1 \\ 1 & 1 & 1 \end{bmatrix} \tag{6.5.2}$$

对于彩色图像 $\boldsymbol{f}(x,y)=[f_R(x,y), f_G(x,y), f_B(x,y)]^{\mathrm{T}}$，拉普拉斯算子可以定义为 3 个通道的拉普拉斯响应之和[1-2]：

$$\begin{aligned} \nabla^2 \boldsymbol{f} &= \nabla^2 f_R + \nabla^2 f_G + \nabla^2 f_B \\ &= \frac{\partial^2 f_R}{\partial x^2} + \frac{\partial^2 f_R}{\partial y^2} + \frac{\partial^2 f_G}{\partial x^2} + \frac{\partial^2 f_G}{\partial y^2} + \frac{\partial^2 f_B}{\partial x^2} + \frac{\partial^2 f_B}{\partial y^2} \end{aligned} \tag{6.5.3}$$

计算出图像的拉普拉斯响应后，再确定拉普拉斯响应的零交叉点(即边缘点)：如果一个点的拉普拉斯响应为零且该点两边的拉普拉斯响应是一正一负，则这个点是边缘点。确定一个点两边的拉普拉斯响应的方法，类似确定梯度模极大值点的方法：在拉普拉斯响应图像中，计算该点在梯度方向上的相邻两侧点的拉普拉斯响应。

在拉普拉斯响应图像中确定零交叉点时，为了提高执行效率，可以不使用梯度信息，直接使用 8 个邻域点近似地确定零交叉点。也就是说，对于一个拉普拉斯响应为 0 的点，如果水平、垂直或 2 个对角线方向上存在拉普拉斯响应极性相反的邻域点，该点就为零交叉点，图 6.5.1 演示了这种机制。

在图 6.5.1 中，$P_1 \sim P_8$ 为拉普拉斯响应图像 P_0 的 8 个邻域点，假设它们同时也表示各个点的拉普拉斯响应的值，那么可以按下面的公式判断中心点 P_0 是否为零交叉点：

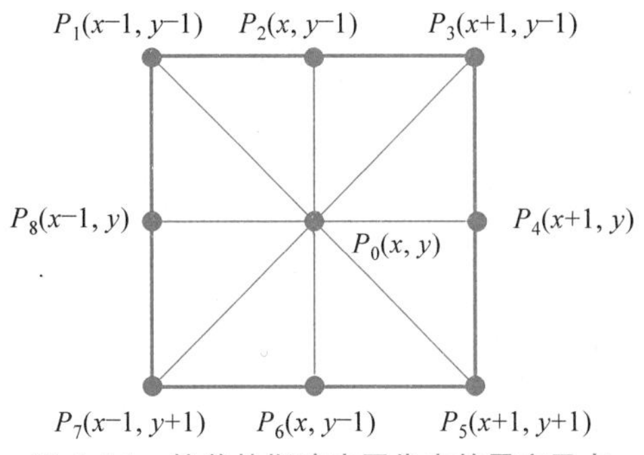

图 6.5.1 拉普拉斯响应图像中的零交叉点

$$\begin{cases} P_0 \text{ 是零交叉点}, & P_0 = 0 \text{ 且} \begin{pmatrix} P_1 \cdot P_5 < 0 \text{ 或 } P_2 \cdot P_6 < 0 \text{ 或} \\ P_3 \cdot P_7 < 0 \text{ 或 } P_4 \cdot P_8 < 0 \end{pmatrix} \\ P_0 \text{ 不是零交叉点}, & \text{其他} \end{cases} \tag{6.5.4}$$

6.5.2 LOG 算子

图像的二阶微分对噪声非常敏感，为了减少噪声对边缘检测的影响，可以在计算二阶微分前对图像做高斯平滑，以达到降噪的目的。然后，计算平滑后图像的拉普拉斯响应。

$\nabla^2 f(x,y)$表示图像 $f(x,y)$的拉普拉斯响应，高斯平滑核函数为 $G(x,y)$。使用高斯平滑后图像的拉普拉斯响应逼近$\nabla^2 f(x,y)$：

$$\begin{aligned} \nabla^2 f(x,y) &\approx \nabla^2 (f(x,y) \otimes G(x,y)) \\ &= \nabla^2 \left(\int_{-\infty}^{+\infty} \int_{-\infty}^{+\infty} f(\tau,\eta) \cdot G(x-\tau, y-\eta)\, \mathrm{d}\tau \mathrm{d}\eta \right) \\ &= \int_{-\infty}^{+\infty} \int_{-\infty}^{+\infty} f(\tau,\eta) \cdot \left(\frac{\partial^2 G(x-\tau, y-\eta)}{\partial x^2} + \frac{\partial^2 G(x-\tau, y-\eta)}{\partial y^2} \right) \mathrm{d}\tau \mathrm{d}\eta \\ &= \int_{-\infty}^{+\infty} \int_{-\infty}^{+\infty} f(\tau,\eta) \cdot \nabla^2 G(x-\tau, y-\eta)\, \mathrm{d}\tau \mathrm{d}\eta \end{aligned}$$

因此，

$$\nabla^2 f(x,y) \approx \nabla^2 (f(x,y) \otimes G(x,y)) = f(x,y) \otimes \nabla^2 G(x,y) \tag{6.5.5}$$

式(6.5.5)表明，高斯平滑后的图像的拉普拉斯响应等价于原始图像 $f(x,y)$与高斯函数 $G(x,y)$的拉普拉斯算子做卷积。利用 6.2.2 节的式(6.2.9)可以得到高斯函数 $G(x,y)$的拉普拉斯算子：

$$\nabla^2 G(x,y) = \frac{\partial^2 G}{\partial x^2} + \frac{\partial^2 G}{\partial y^2} = \frac{1}{\pi\sigma^4} \cdot \left(\frac{x^2+y^2}{2\sigma^2} - 1 \right) \cdot \exp\left(-\frac{x^2+y^2}{2\sigma^2} \right) \tag{6.5.6}$$

式(6.5.6)就是 LOG 算子(Laplacian of Gaussian)，也叫 Marr 算子。在离散化 LOG 算子时，常量因子 $1/\pi$ 可以舍弃，因此 LOG 算子可写为

$$\nabla^2 G(x,y) = \frac{1}{\sigma^4} \cdot \left(\frac{x^2+y^2}{2\sigma^2} - 1 \right) \cdot \exp\left(-\frac{x^2+y^2}{2\sigma^2} \right) \tag{6.5.7}$$

图 6.5.2 展示了均方差 $\sigma=0.5$ 和 $\sigma=1$ 的 LOG 算子的 3D 响应图(纵轴为函数值)。

式(6.5.8)和式(6.5.9)分别给出了均方差 $\sigma=0.5$ 和 $\sigma=1.0$ 时 LOG 算子的模板。为了

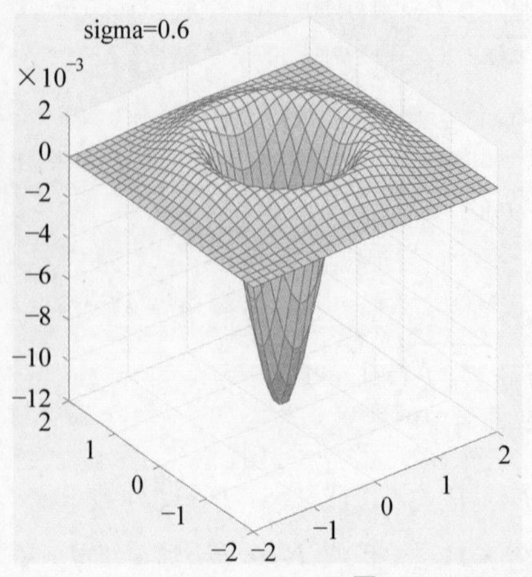

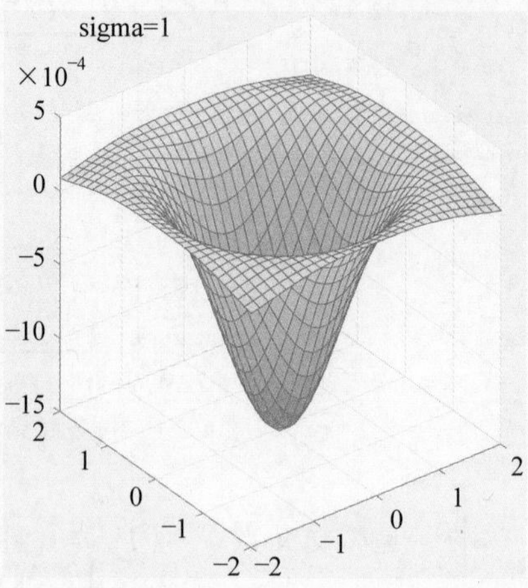

图 6.5.2　LOG 算子的 3D 响应

提高卷积效率，可以使用整数逼近这些模板，式(6.5.10)和式(6.5.11)展示了 3 个常用的整数 LOG 算子的模板。

$\sigma=0.5$ 的 LOG 算子模板(5×5 大小)

$$\begin{bmatrix} 0.000027 & 0.006537 & 0.037572 & 0.006537 & 0.000027 \\ 0.006537 & 0.879151 & 2.165360 & 0.879151 & 0.006537 \\ 0.037572 & 2.165360 & -16 & 2.165360 & 0.037572 \\ 0.006537 & 0.879151 & 2.165360 & 0.879151 & 0.006537 \\ 0.000027 & 0.006537 & 0.037572 & 0.006537 & 0.000027 \end{bmatrix} \tag{6.5.8}$$

$\sigma=1.0$ 的 LOG 算子模板(7×7 大小)

$$\begin{bmatrix} 0.000987 & 0.008269 & 0.026952 & 0.038881 & 0.026952 & 0.008269 & 0.000987 \\ 0.008269 & 0.054947 & 0.123127 & 0.135335 & 0.123127 & 0.054947 & 0.008269 \\ 0.026952 & 0.123127 & 0 & -0.303265 & 0 & 0.123127 & 0.026952 \\ 0.038881 & 0.135335 & -0.303265 & -1 & -0.303265 & 0.135335 & 0.038881 \\ 0.026952 & 0.123127 & 0 & -0.303265 & 0 & 0.123127 & 0.026952 \\ 0.008269 & 0.054947 & 0.123127 & 0.135335 & 0.123127 & 0.054947 & 0.008269 \\ 0.000987 & 0.054947 & 0.123127 & 0.135335 & 0.123127 & 0.054947 & 0.000987 \end{bmatrix} \tag{6.5.9}$$

$\sigma=0.5$ 的整型 LOG 算子模板　　　　$\sigma=1.0$ 的整型 LOG 算子模板

$$\begin{bmatrix} 0 & 0 & 1 & 0 & 0 \\ 0 & 1 & 2 & 1 & 0 \\ 1 & 2 & -16 & 2 & 1 \\ 0 & 1 & 2 & 1 & 0 \\ 0 & 0 & 1 & 0 & 0 \end{bmatrix} \qquad \begin{bmatrix} 2 & 4 & 4 & 4 & 2 \\ 4 & 0 & -8 & 0 & 4 \\ 4 & -8 & -24 & -8 & 4 \\ 4 & 0 & -8 & 0 & 4 \\ 2 & 4 & 4 & 4 & 2 \end{bmatrix} \tag{6.5.10}$$

$\sigma=1.4$ 的整型 LOG 算子模板

$$\begin{bmatrix} 0 & 1 & 1 & 2 & 2 & 2 & 1 & 1 & 0 \\ 1 & 2 & 4 & 5 & 5 & 5 & 4 & 2 & 1 \\ 1 & 4 & 5 & 3 & 0 & 3 & 5 & 4 & 1 \\ 2 & 5 & 3 & -12 & -24 & -12 & 3 & 5 & 2 \\ 2 & 5 & 0 & -24 & -40 & -24 & 0 & 5 & 2 \\ 2 & 5 & 3 & -12 & -24 & -12 & 3 & 5 & 2 \\ 1 & 4 & 5 & 3 & 0 & 3 & 5 & 4 & 1 \\ 1 & 2 & 4 & 5 & 5 & 5 & 4 & 2 & 1 \\ 0 & 1 & 1 & 2 & 2 & 2 & 1 & 1 & 0 \end{bmatrix} \tag{6.5.11}$$

由于 LOG 算子是高斯函数的拉普拉斯变换，所以 LOG 算子的模板中各系数之和应当等于 0。对于式(6.5.8)和式(6.5.9)所示的模板，当模板足够大时，模板中的各系数之和将无限趋于 0。

Marr 和 Hildreth 指出[71]，可以使用两个高斯函数的差分(Difference of Gaussians，DOG)逼近 LOG 算子：

$$\mathrm{DOG}(x,y)=\frac{1}{2\pi\sigma_1^2}\exp\left(-\frac{x^2+y^2}{2\sigma_1^2}\right)-\frac{1}{2\pi\sigma_2^2}\exp\left(-\frac{x^2+y^2}{2\sigma_2^2}\right) \tag{6.5.12}$$

这里，$\sigma_1>\sigma_2$。式(6.5.12)在某种程度上符合人类的视觉感知系统，人眼对某些朝向和频率的信号是有选择的(抑制其他信号)。Marr 和 Hildreth 建议 $\sigma_1=1.6\sigma_2$。为了使得 LOG 算子和 DOG 算子具有相同的零交叉点，LOG 算子的 σ 和 DOG 算子的 σ_1 和 σ_2 应当满足下面的方程：

$$\sigma^2=\frac{\sigma_1^2\sigma_2^2}{\sigma_1^2-\sigma_2^2}\ln\frac{\sigma_1^2}{\sigma_2^2} \tag{6.5.13}$$

当满足式(6.5.13)时，LOG 算子和 DOG 算子的拉普拉斯响应图像中零交叉点是相同的，但非零点的幅度大小是不同的。

将 LOG 算子应用到式(6.5.3)所示的彩色图像拉普拉斯算子，即使用式(6.5.3)计算平滑后的彩色图像的拉普拉斯响应：

$$\begin{aligned}\nabla^2\boldsymbol{f}&\approx\nabla^2(\boldsymbol{f}(x,y)\otimes G(x,y,\sigma))=\nabla^2 g(x,y)\\&=\nabla^2 g_R+\nabla^2 g_G+\nabla^2 g_B\\&=\nabla^2(f_R\otimes G)+\nabla^2(f_G\otimes G)+\nabla^2(f_B\otimes G)\end{aligned}$$

这里，$\boldsymbol{g}(x,y)=\boldsymbol{f}(x,y)\otimes G(x,y,\sigma)=[g_R(x,y),g_G(x,y),g_B(x,y)]^{\mathrm{T}}$。

因此，

$$\nabla^2\boldsymbol{f}\approx f_R\otimes\nabla^2 G+f_G\otimes\nabla^2 G+f_B\otimes\nabla^2 G \tag{6.5.14}$$

式(6.5.14)就是彩色图像的拉普拉斯响应(LOG 算子响应)。通过检测 LOG 算子响应的零交叉点，就能得到图像的边缘像素。也就是说，利用 LOG 算子模板卷积彩色图像的每个通道，得到每个通道的拉普拉斯响应，再将 3 个通道的拉普拉斯响应加起来就得到整个彩色图像的拉普拉斯响应，然后确定零交叉点。

图 6.5.3 显示了利用 LOG 算子(均方差为 2.5)对 2 个彩色图像进行边缘检测的结果。图中，第 1 列是原始的彩色图像，第 2 列是彩色图像的 LOG 响应，第 3 列是通过检测第 2 列的零交叉点而确定的边缘图。

在LOG算子的边缘检测中，σ的选择很重要。σ越小，平滑作用越小（对噪声越敏感），边缘点定位精度高，检测到的边缘细节越丰富；σ越大，平滑的强度越大，细节损失也就越大，边缘点定位精度就越低。

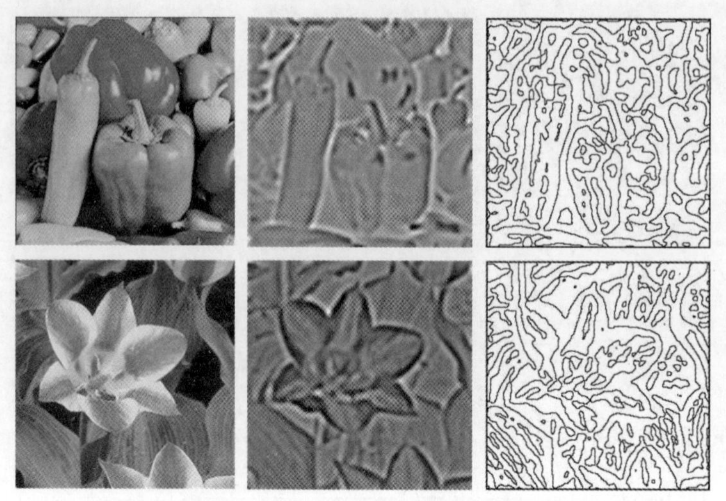

图6.5.3　LOG算子（均方差为2.5）边缘检测结果：
第1列为彩色图像，第2列为LOG响应，第3列为边缘图

6.5.3　二阶方向导数

利用方向导数检测彩色图像的边缘也是一个常用的方法[63]，该方法是基于Zenzo彩色图像梯度算子的[62]。式(6.3.9)表示多通道图像$\boldsymbol{f}(x,y)$在位置(x,y)沿方向θ的变化率：

$$D(\theta)=E\cos^2\theta+2F\cos\theta\sin\theta+G\sin^2\theta \tag{6.5.15}$$

Zenzo多通道图像的梯度方向就是使得$D(\theta)$取得极大值的方向，$D(\theta)$的极大值就是梯度的模。要使得$D(\theta)$在某个方向θ上取得极大值，$D(\theta)$在这个方向上的导数必须等于0。用单位矢量$\boldsymbol{l}=(\cos\theta,\sin\theta)$表示角度$\theta$所指示的方向，那么

$$\begin{aligned}\frac{\partial D(\theta)}{\partial \boldsymbol{l}}&=\frac{\partial D(\theta)}{\partial x}\cos\theta+\frac{\partial D(\theta)}{\partial y}\sin\theta\\&=\left(\frac{\partial E}{\partial x}\cos^2\theta+2\frac{\partial F}{\partial x}\cos\theta\sin\theta+\frac{\partial G}{\partial x}\sin^2\theta\right)\cdot\cos\theta+\\&\quad\left(\frac{\partial E}{\partial y}\cos^2\theta+2\frac{\partial F}{\partial y}\cos\theta\sin\theta+\frac{\partial G}{\partial y}\sin^2\theta\right)\cdot\sin\theta\end{aligned}$$

即

$$\frac{\partial D(\theta)}{\partial \boldsymbol{l}}=\frac{\partial E}{\partial x}\cos^3\theta+\left(2\frac{\partial F}{\partial x}+\frac{\partial E}{\partial y}\right)\cos^2\theta\sin\theta+\left(2\frac{\partial F}{\partial y}+\frac{\partial G}{\partial x}\right)\cos\theta\sin^2\theta+\frac{\partial G}{\partial y}\sin^3\theta \tag{6.5.16}$$

这里，E、F、G是根据图像通道的一阶偏微分计算的，由式(6.3.8)定义。

因此，如果一个点是边缘点，那么在其梯度方向θ上式(6.5.16)的值等于0，并且在梯度方向上该点的两边，式(6.5.16)的值的极性是相反的（零交叉点）。算法6.5.1总结了基于彩

色图像二阶方向导数的边缘检测算法。

算法 6.5.1　基于二阶方向导数的彩色边缘检测算法

(1) 对于彩色图像 $\boldsymbol{f}(x,y)$，计算各个通道图像的偏导数；
(2) 利用改进的 Zenzo 矢量梯度方法，计算彩色图像 $\boldsymbol{f}(x,y)$的梯度；
(3) 利用 3 个通道图像的偏导数，根据式(6.3.8)计算每个像素的 E、F、G 值，从而得到 E、F、G 图像(灰度图像)；
(4) 计算灰度图像 E、F、G 的偏导数；
(5) 利用 $\boldsymbol{f}(x,y)$的梯度方向 θ 和 E、F、G 的偏导数，根据式(6.5.16)计算每个点的方向导数(关于其梯度方向的导数)，从而得到一个方向导数图像；
(6) 在方向导数图像中定位零交叉点，即边缘点。
//算法结束

图 6.5.4 显示了利用 Zenzo 的二阶方向导数对 Peppers 彩色图像进行边缘检测的结果(先利用均方差为 2.5 的高斯函数对输入图像进行预平滑)。图 6.5.4(b)是式(6.5.16)确定的二阶方向导数，图 6.5.4(c)是通过检测图 6.5.4(b)的零交叉点而确定的边缘图。

(a) Peppers图像

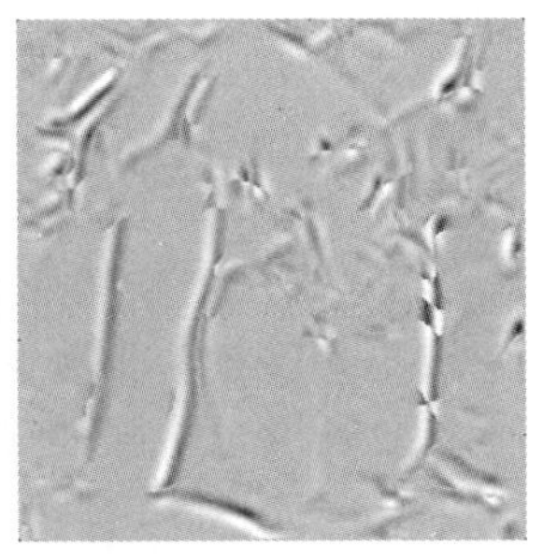
(b) Zenzo的二阶方向导数

(c) 边缘图

图 6.5.4　二阶方向导数边缘检测(图像被均方差为 2.5 的高斯函数预平滑)

6.6　边缘检测性能评估

边缘检测性能评估方法包括主观判定法和客观评估法。主观判定法由人工判断边缘检测的质量。主观方法没有客观定量的评估标准，评估结果也因人而异。客观评估法一般利用理想的边缘图量化边缘检测的误差。本节介绍几种典型的客观评估方法。

边缘检测会出现 3 类主要的错误和误差：①虚假边缘(将非边缘点检测为边缘点)；

②边缘点丢失(将真正的边缘点检测为非边缘点);③边缘点定位误差(检测到的边缘点离最近的真实边缘点的距离)。

虽然可以使用信噪比 PSNR 客观评估边缘算子的性能,但是对于那些边缘定位有细小误差的边缘检测器,PSNR 就不合适了。一般使用 **FOM**(Figure of Merit)[3,72]、**ROC**(Receiver Operating Characteristic)[73]或 **PRC**(Precision-Recall Characteristics)[74]评估一个边缘算子的性能。

1. FOM(Figure of Merit)

$$\mathbf{FOM}=\frac{1}{\max(N_i,N_d)}\sum_{k=1}^{N_d}\frac{1}{1+a\cdot d_k^2} \tag{6.6.1}$$

这里,N_i 表示理想的边缘点个数,N_d 为检测到的边缘点数,d_k 代表检测到的第 k 个边缘点离最近的真实边缘点的欧几里得距离。a 为尺度因子,用于调整边缘点对 FOM 的影响,使得离真实边缘点越近的边缘点(检测到的)对 FOM 的影响越大,而离真实边缘点越远的边缘点(检测到的)对 FOM 的影响越小。例如,当 $a=1/9$ 时,对于一个检测到的边缘点,如果它离真实边缘点的距离是 1 个像素,则 FOM=0.9;如果距离是 2 个像素,则 FOM=0.69。

2. ROC(Receiver Operating Characteristic)

评价分类器性能最常用的指标之一就是 ROC 曲线。边缘检测器可以看成一个二分类的分类器(将图像像素分类为边缘点和非边缘点)。

对于一些实际情况,单纯按分类精度(准确率)衡量一个分类器,通常不能反映分类器的真实工作状态。例如,对于一个 10×10 像素的图像,假设有 10 个边缘像素和 90 个非边缘像素,现有 2 个边缘检测器,第 1 个边缘检测器将所有像素检测为非边缘点,第 2 个边缘检测器正确检测到 8 个边缘点和 70 个非边缘点。这样,第 1 个边缘检测器的正确率为(0+90)/100=90%,第 2 个边缘检测器的正确率为(8+70)/100=78%。显然,从边缘检测结果看,第 2 个边缘检测器更实用。这种评估方法单纯按分类精度(准确率)衡量一个分类器,没有考虑到在分类中不同的分类错误代价是不同的(正确分类和错误分类的代价是不同的)。ROC 曲线能较好地解决这些问题,它能描述分类器对不均衡分布的样本的分类性能。

对于一个像素的边缘检测结果,存在以下 4 种情况。

- 真阳性(True Positive,TP):将真实的边缘像素检测为边缘点(边缘像素被正确地检测到)。
- 假阳性(False Positive,FP):将真实的非边缘点检测为边缘点(错误)。
- 真阴性(True Negative,TN):将真实的非边缘像素检测为非边缘点(非边缘像素被正确地检测到)。
- 假阴性(False Negative,FN):将真实的边缘点检测为非边缘点(错误)。

在边缘检测结果中统计上面 4 种情况,就可得到各种指标所占的比例,即真阳性率(TP Rate,TPR)、假阳性率(FP Rate,FPR)、真阴性率(TN Rate,TNR)、假阴性率(FN Rate,FNR):

$$\mathrm{TPR}=\frac{\text{正确地检测到的边缘数}}{\text{真实的边缘像素数}}=\frac{\mathrm{TP}}{\mathrm{TP}+\mathrm{FN}} \tag{6.6.2}$$

$$\text{FPR}=\frac{\text{将非边缘点检测为边缘点的数目}}{\text{真实的非边缘像素数}}=\frac{\text{FP}}{\text{FP}+\text{TN}} \tag{6.6.3}$$

$$\text{FNR}=\frac{\text{将边缘点检测为非边缘点的数目}}{\text{真实的边缘像素数}}=\frac{\text{FN}}{\text{TP}+\text{FN}}=1-\text{TPR} \tag{6.6.4}$$

$$\text{TNR}=\frac{\text{正确地检测到的非边缘数}}{\text{真实的非边缘像素数}}=\frac{\text{TN}}{\text{TN}+\text{FP}}=1-\text{FPR} \tag{6.6.5}$$

对于前面的例子，边缘检测器 1：TPR＝0/10＝0，FPR＝0/90＝0，FNR＝10/10＝1，TNR＝90/90＝1；边缘检测器 2：TPR＝8/10＝0.8，FPR＝20/90＝0.22，FNR＝2/10＝0.2，TNR＝70/90＝0.78。

ROC 曲线是在直角坐标系中根据值对（FNR，FPR）得到的一条曲线。典型地，定义水平轴为 FNR（假阴性率）、定义垂直轴为 FPR（假阳性率）。通过调整边缘检测器中参数的值，得到不同的（FNR，FPR）对，将这些点连接起来，就是 ROC 曲线。FNR 和 FPR 的值越低，边缘检测效果越好。对于前面的例子，边缘检测器 1 的（FNR，FPR）＝（1，0），边缘检测器 2 的（FNR，FPR）＝（0.20，0.22），所以边缘检测器 2 的整体性能优于边缘检测器 1。

在实际应用中，利用 ROC 曲线评估边缘算子的性能时，一般需要考虑边缘点定位误差。可以给定一个距离阈值，当检测到的边缘点离最近的真实边缘点的距离小于这个阈值时，则认为检测正确。

3. PRC（Precision-Recall Characteristics）

PRC（准确率-召回率）曲线是根据 ROC 曲线变化而来的。ROC 指标（FNR，FPR）使用错误检测率评估边缘算子的性能，PRC 则是从正确检测率方面评估边缘检测效果。PRC 的测量指标 R 和 P（Precision，Recall）定义如下。

$$\text{R}=\frac{\text{正确地检测到的边缘数}}{\text{真实的边缘像素数}}=\frac{\text{TP}}{\text{TP}+\text{FN}}=\text{TPR} \tag{6.6.6}$$

$$\text{P}=\frac{\text{正确地检测到的边缘数}}{\text{检测到的边缘像素数（包含错误的检测）}}=\frac{\text{TP}}{\text{TP}+\text{FP}} \tag{6.6.7}$$

P（Precision）为准确率，表示在检测到的边缘点中，有多少真实的边缘点。R（Recall）为召回率，表示在真实边缘点中，有多少被正确检测到。所以，对于一个边缘检测器，（P，R）值越大，其性能越好。同 ROC，利用 PRC 评估边缘检测效果时，需要考虑边缘点定位误差，即给定一个距离阈值，当检测到的边缘点离最近的真实边缘点的距离小于这个阈值时，则认为检测是正确的。

在实际应用中，可以用 Precision 和 Recall 的加权平均训练边缘检测器，从而获得最优的参数配置。F-measure（F-score）按如下的方式将 Precision 和 Recall 组合起来：

$$F=\frac{P\cdot R}{\alpha\cdot R+(1-\alpha)\cdot P} \tag{6.6.8}$$

$0\leqslant\alpha\leqslant 1$ 表示 Precision 和 Recall 在 F-measure 中的权重。

如果令 $\beta^2=\frac{1-\alpha}{\alpha}$，则式（6.6.8）可以写成：

$$F_\beta=\frac{(1+\beta^2)\cdot P\cdot R}{R+\beta^2\cdot P} \tag{6.6.9}$$

当 $\beta=1$ 时，就是最常见的 F_1-measure：

$$F_1 = \frac{2 \cdot P \cdot R}{R + P} \tag{6.6.10}$$

图 6.6.1 显示了 Blocks 图像的边缘检测结果。其中,图 6.6.1(e)和图 6.6.1(f)是通过阈值梯度模获得的边缘图,图 6.6.1(e)的梯度模由式(6.3.4)~式(6.3.6)定义(梯度是由通道偏导数之和构成的)。在检测边缘之前,利用均方差为 1.5 的高斯函数对图像做预平滑。各种边缘算子需要的参数取实验结果最好时的参数。从图中可以看出,基于 Zenzo 矢量梯度的

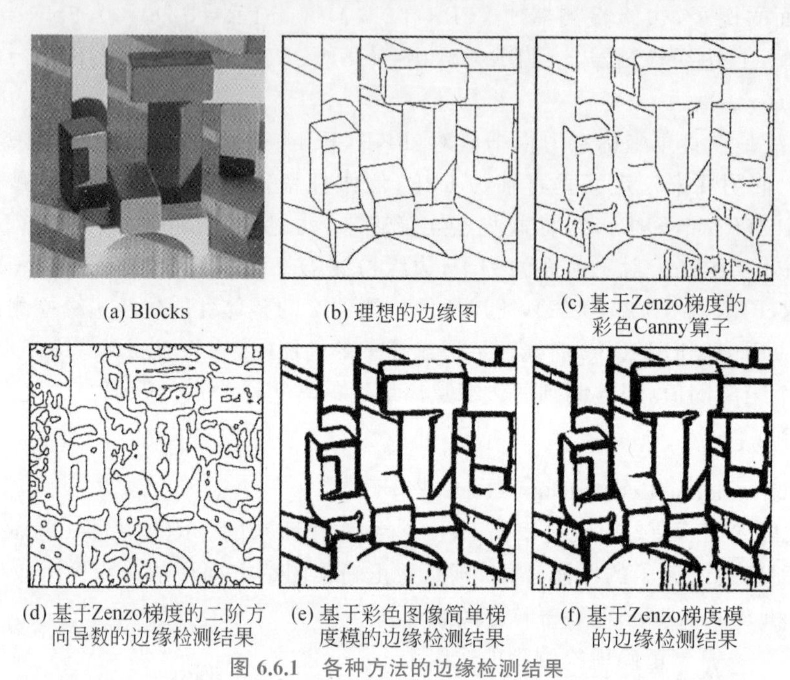

图 6.6.1　各种方法的边缘检测结果

彩色Canny算子获得最好的边缘效果(图 6.6.1(c)),利用二阶方向导数确定的边缘图(图 6.6.1(d))包含很多零碎边缘片段,通过阈值梯度模得到的是厚边缘(图 6.6.1(e)和图 6.6.1(f))。

表 6.6.1 列出了图 6.6.1 中各种方法边缘检测结果的 FOM、ROC 和 PRC 评估数据。表中,τ_d 是边缘误差距离阈值,表示只有当一个检测到的边缘点与离它最近的真实边缘点的距离小于或等于该阈值时,该像素才被认为是一个正确检测到的边缘点。显然,τ_d 越大,计算出的边缘性能指标 ROC 和 PRC 就越好。注意,τ_d 不影响 FOM 的计算(不管 τ_d 的值取多少,FOM 的值都不会改变)。可以看出,不管是视觉效果上还是客观的性能指标,基于矢量梯度的彩色 Canny 边缘算子的检测结果(图 6.6.1(c))显著优于其他边缘检测方法。

表 6.6.1　图 6.6.1 中各种方法的边缘检测结果的 FOM、ROC 和 PRC 值

FOM、ROC 的边缘距离阈值	边缘图	FOM	ROC		PRC	
			FNR	FPR	Precision	Recall
$\tau_d=1$	图 6.6.1 (c)	0.827810	0.128707	0.017930	0.737041	0.871293
	图 6.6.1 (d)	0.450500	0.295747	0.095510	0.298400	0.704253
	图 6.6.1 (e)	0.802034	0.043089	0.208822	0.209059	0.956911
	图 6.6.1 (f)	0.753625	0.023223	0.259433	0.178422	0.976777

续表

FOM、ROC 的边缘距离阈值	边缘图	FOM	ROC		PRC	
			FNR	FPR	Precision	Recall
$\tau_d=3$	图 6.6.1 (c)	0.827810	0.081421	0.015203	0.777041	0.918579
	图 6.6.1 (d)	0.450500	0.091494	0.083729	0.384944	0.908506
	图 6.6.1 (e)	0.802034	0.022104	0.207611	0.213644	0.977896
	图 6.6.1 (f)	0.753625	0.010912	0.258723	0.180671	0.989088

习题

6.1　推导灰度图像 $f(x,y)$的一阶偏导数中心差分公式：

$$\begin{cases}\dfrac{\partial f(x,y)}{\partial x}=\dfrac{1}{2}(f(x+1,y)-f(x-1,y))\\[2ex]\dfrac{\partial f(x,y)}{\partial y}=\dfrac{1}{2}(f(x,y+1)-f(x,y-1))\end{cases}$$

6.2　偏导数对噪声非常敏感。计算灰度图像 $f(x,y)$的偏导数时，常常先用一个均值为 0 的高斯函数对 $f(x,y)$做平滑，然后计算平滑后图像的偏导数，这等价于直接使用一个卷积核 K 对 $f(x,y)$做卷积。假设高斯函数的均方差为 0.7（均值为 0），推导用于计算 $\dfrac{\partial f(x,y)}{\partial x}$的卷积核 K。

6.3　一个只有 0 和 1 的二值图像中包含水平、垂直、45°、135°的直线，设计一组 3×3 的模板，用来检测这些直线中单像素的间断。

6.4　对于下面的阶梯型、斜坡型、屋顶型边缘，使用 Prewitt 算子计算梯度，画出梯度模响应及梯度方向（角度）响应。

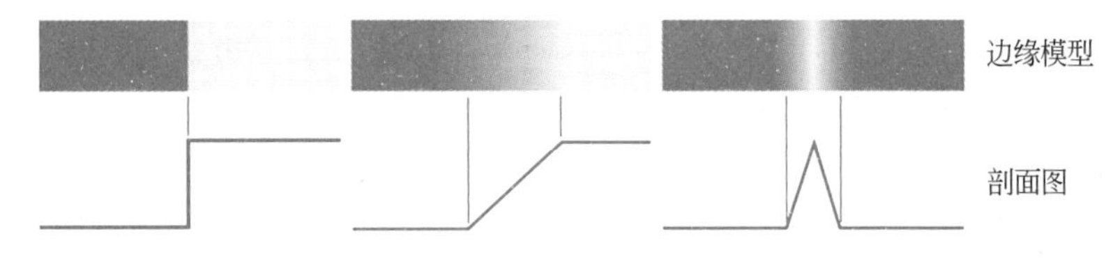

6.5　证明 Sobel 模板和 Prewitt 模板仅对水平边缘、垂直边缘、45°和 135°方向的边缘产生各向同性的结果。提示：假设图像灰度值只有 a 和 b，考虑图 6.2.1 中 Sobel 和 Prewitt 的 4 个方向导数模板分别在水平、垂直、对角线边缘上的响应。

6.6　一些 2D 模板与图像做卷积等价于用模板的 2 个 1D 子模板对图像依次做卷积。证明 Sobel 模板（X 方向）与图像的卷积结果等于先使用 1D 模板$[-1\quad 0\quad 1]^{\mathrm{T}}$ 对图像做卷积，然后再与 1D 模板$[1\quad 2\quad 1]$做卷积。

6.7　灰度图像 $f(x,y)$与一个大小为 $n\times n$（n 为奇数）的均值平滑模板（模板系数均为 $1/n^2$）卷积后，产生了一幅平滑后的图像 $g(x,y)$。

（1）使用后向差分计算偏导数，推导 $g(x,y)$的边缘强度（梯度模）的表达式。

(2) 证明 $g(x,y)$ 的最大边缘强度是 $f(x,y)$ 的最大边缘强度的 $1/n$。

6.8 列出几种彩色图像梯度的计算方法。

6.9 简述改进型 Zenzo 彩色图像梯度的计算方法。

6.10 Canny 算子是用于灰度图像边缘检测的，如果用它检测彩色图像的边缘(对彩色像素进行一体化处理)，需要如何修改 Canny 算子?

6.11 在 Canny 边缘算子中如何检测梯度模的局部极大值点?

6.12 为什么 Canny 边缘算子检测到的边缘是连续的，而且边缘线是单像素宽度?

6.13 证明拉普拉斯算子具有旋转不变性。

6.14 推导拉普拉斯算子的 2 个模板:

$$\text{(a)}\begin{bmatrix} 0 & 1 & 0 \\ 1 & -4 & 1 \\ 0 & 1 & 0 \end{bmatrix} \quad \text{(b)}\begin{bmatrix} -1 & -1 & -1 \\ -1 & 8 & -1 \\ -1 & -1 & -1 \end{bmatrix}$$

6.15 关于 LOG 算子:

(1) LOG 算子是什么? 它的主要用途是什么?

(2) 证明: LOG 算子 $\nabla^2 G(x,y)$ 的均值为 0。

(3) 证明: 任何图像与 $\nabla^2 G(x,y)$ 的卷积结果的平均值也为零。提示: 2 个信号的卷积的傅里叶变换等于它们傅里叶变换的乘积(卷积定理)，一个信号的均值与其傅里叶变换在原点处的值成正比。

6.16 关于 DOG 算子:

(1) DOG 算子的作用是什么?

(2) 对于同一个灰度图像，为了使得 DOG 算子响应和 LOG 算子响应具有相同的零交叉点，2 个算子的均方差应满足式(6.5.13)。试推导式(6.5.13)。

(3) 假设 $k=\sigma_1/\sigma_2$，推导使用 k 和 σ_2(不要使用 σ_1)表示式(6.5.13)的公式。

6.17 计算均方差为 0.7 的 LOG 算子卷积模板。

6.18 简述利用 LOG 算子进行彩色图像边缘检测的方法。

6.19 使用二阶导数的零交叉点确定的边缘会形成闭合的轮廓吗? 说明原因(提示: 在一定条件下可以形成闭合的轮廓，参见 Torre V, Poggio T. On Edge Detection. IEEE Transactions on PAMI, 1986, 8 (2): 147-163)。

6.20 简述利用彩色图像二阶方向导数检测边缘的原理及算法的实现步骤。

第7章　彩色图像分割

在图像处理和计算机视觉研究中，图像分割(Image Segmentation)是一个经典的研究内容。图像分割是指按照一定的规则将一个图像划分成互不重叠的不同区域，在同一区域内部，像素具有类似的图像特征(如颜色、亮度、纹理等)，不同的区域则具有显著不同的图像特征。在很多图像处理应用中(如物体识别、物体跟踪、图像检索等)，图像分割是必需的步骤，图像分割的质量极大地影响了这些应用的处理结果。相对于灰度图像，彩色图像除包含亮度信息外，还含有色度信息。因此，彩色图像分割比灰度图像分割更困难，更具有挑战性。

虽然人们对图像分割技术进行了大量研究，提出很多图像分割算法，但这些图像分割方法主要是针对灰度图像的，专门针对彩色图像分割的研究较少。彩色图像分割的方法主要有两类：基于灰度图像分割的方法和基于矢量处理的分割方法。基于灰度图像分割的方法大概有两种形式：一种形式是应用灰度图像分割方法分割彩色图像的某个通道图像，并以该通道的分割结果作为彩色图像的分割结果。由于人类视觉系统对亮度的敏感性远高于对色度的敏感性，所以采用一些方法分割彩色图像时，首先提取彩色图像的亮度信息，然后对亮度图像进行分割，以亮度图像的分割结果代替彩色图像的分割结果。另一种形式则是应用灰度图像的分割算法独立地分割彩色图像的3个通道，然后将3个颜色通道的分割结果合并起来。显然，这两种分割方法都有不足之处。前一种方法没有利用颜色信息(存在数据丢失的问题)：如果一个彩色图像的所有像素具有相同的亮度和不同的色度，则这种分割方法将失败。后一种方法则没有利用颜色通道的相关性，容易产生虚假的分割结果。基于矢量处理的分割方法将彩色像素作为一个整体(矢量)，通过分析彩色像素的矢量属性实现彩色图像的分割，这种方法可以一定程度上维护颜色通道的相关性。在这类分割方法中，一种简单的思想就是在灰度图像分割方法中引进矢量处理技术。例如，通过引入矢量相似度测量机制到 K 均值(K-means)算法，就可获得彩色版本的 K 均值分割算法。近年来，人们提出一些新的基于彩色处理技术的彩色图像分割方法，这些方法有效地提升了彩色图像分割的质量。

彩色图像分割方法大致可以分为[1,2,75-76]：

- 基于像素的分割方法；
- 基于区域的分割方法；
- 基于聚类的分割方法；
- 基于能量的分割方法；

• 基于图论的分割方法；
• 其他分割方法。

按照是否预先指定分类个数或利用其他先验知识，每类方法又可分为有监督分割方法和无监督分割方法。每类方法都有其自身的优点和缺点，不可能适合所有的分割场景。

7.1 基于像素的分割方法

基于像素的分割方法通过提取图像像素的特征，分析像素特征的分布规律，从而在特征空间中把像素划分为互不重叠的不同类别，使得每个类别的像素具有相同或相似的特征。对于彩色图像而言，基本的图像特征一般包括颜色、纹理、梯度等。基于像素的分割方法本质上是根据像素的特征，将每个像素分类成目标或背景（或多个区域）。这种方法没有考虑像素（目标）的空间结构信息，也没有考虑像素与像素之间的相关性，常常会把不同区域的像素分为同一类，使得分割结果包含过多的细小区域或者孤立点（产生不连续的目标）。相对于其他分割算法，这类算法最大的优势是分割速度快、执行效率高。

基于特征（像素）的分割方法主要有下面两类：

• 基于像素特征的阈值方法；
• Otsu 阈值方法。

7.1.1 基于像素特征的阈值方法

这种分割方法首先在特征空间确定一个阈值，然后计算每个像素在特征空间的值，通过比较该特征值和事先确定的阈值，就可确定该像素是否为目标像素。最简单的特征空间就是图像的颜色空间。

对于彩色像素 $\boldsymbol{f}(x,y)=[f_R(x,y),f_G(x,y),f_B(x,y)]^{\mathrm{T}}$，有两种常用的阈值方法可确定像素 $\boldsymbol{f}(x,y)$ 是否为目标像素。

(1) 利用两个颜色阈值确定目标像素

需要确定两个颜色阈值 $\boldsymbol{C}_1=[R_1,G_1,B_1]^{\mathrm{T}}$ 和 $\boldsymbol{C}_2=[R_2,G_2,B_2]^{\mathrm{T}}$，颜色值位于这两种颜色之间的像素就是目标像素。

$$b(x,y)=\begin{cases}1, & \begin{cases}R_1\leqslant f_R(x,y)\leqslant R_2\\ G_1\leqslant f_G(x,y)\leqslant G_2\\ B_1\leqslant f_B(x,y)\leqslant B_2\end{cases}\\ 0, & \text{其他}\end{cases}\tag{7.1.1}$$

其中，$b(x,y)$ 的值表示像素 $\boldsymbol{f}(x,y)$ 是否为目标（1 表示目标、0 表示背景）。

(2) 利用基准颜色确定目标像素

通过确定一个基准颜色 $\boldsymbol{C}_{\mathrm{ref}}=[R_{\mathrm{ref}},G_{\mathrm{ref}},B_{\mathrm{ref}}]^{\mathrm{T}}$ 和阈值 δ（标量）推断像素 $\boldsymbol{f}(x,y)$ 是否为目标像素：

$$b(x,y)=\begin{cases}1, & D(\boldsymbol{f}(x,y),\boldsymbol{C}_{\mathrm{ref}})\leqslant\delta\\ 0, & \text{其他}\end{cases}\tag{7.1.2}$$

其中，$b(x,y)$ 的值表示像素 $\boldsymbol{f}(x,y)$ 是否为目标，$D(\boldsymbol{C}_1,\boldsymbol{C}_2)$ 表示两种颜色的距离。式(7.1.2)表

示当像素 $\boldsymbol{f}(x,y)$ 的颜色与基准颜色 $\boldsymbol{C}_{\text{ref}}$ 的颜色距离小于 δ 时，它就是目标像素。

$D(\cdot)$ 的最简单形式是欧几里得距离：

$$D(\boldsymbol{C}_1,\boldsymbol{C}_2)=((R_1-R_2)^2+(G_1-G_2)^2+(B_1-B_2)^2)^{1/2} \tag{7.1.3}$$

这里，$\boldsymbol{C}_1=[R_1,G_1,B_1]^{\text{T}}$，$\boldsymbol{C}_2=[R_2,G_2,B_2]^{\text{T}}$。

$D(\cdot)$ 也可使用 3.2.1 节介绍的各种距离函数及其他颜色距离方法。例如，可以将颜色矢量的欧几里得距离和角度距离组合起来（类似 5.2.1 节介绍的 DDF 距离机制）：

$$\begin{aligned}D(\boldsymbol{C}_1,\boldsymbol{C}_2)&=\|\boldsymbol{C}_1-\boldsymbol{C}_2\|_2^p\cdot\left(\arccos\left(\frac{[\boldsymbol{C}_1]^{\text{T}}\boldsymbol{C}_2}{\|\boldsymbol{C}_1\|_2\ \|\boldsymbol{C}_2\|_2}\right)\right)^{1-p}\\&=((R_1-R_2)^2+(G_1-G_2)^2+(B_1-B_2)^2)^{p/2}\cdot\\&\quad\left(\arccos\left(\frac{R_1R_2+G_1G_2+B_1B_2}{(R_1^2+G_1^2+B_1^2)^{1/2}\cdot(R_2^2+G_2^2+B_2^2)^{1/2}}\right)\right)^{1-p}\end{aligned} \tag{7.1.4}$$

一般地，由于 RGB 颜色空间是高度非均匀的颜色空间，所以最好在颜色均匀空间 CIELAB 和 CIELUV 中计算颜色距离。

7.1.2　Otsu 阈值方法

在基于像素特征阈值的分割方法中，关键是如何确定阈值。一般情况下，可以根据先验知识或实验数据，手工给出阈值。但是，在很多应用中，要求全自动分割，需要程序自适应地确定阈值。有很多自适应确定阈值的方法，一个经典的方法是 Otsu 阈值方法[77]。

1. 灰度图像的 Otsu 阈值

对于灰度图像的二类分割问题，Otsu 提出一个著名的方法，即 Otsu 准则。下面先介绍灰度图像的 Otsu 阈值方法，再将它扩展到彩色图像。

Otsu 阈值方法的本质是寻找一个灰度阈值（标量），将图像像素分成两类（目标和背景），使得类内方差最小、类间方差最大。

假设灰度图像有 L 个灰度级：$1,2,\cdots,L$。每个灰度级 i 的像素在整个图像中所占的比例为 p_i，$\sum_{i=1}^{L}p_i=1$。

通过一个灰度级为 k 的阈值将图像像素划分为 C_1 和 C_2 两类，分别表示灰度级为 $[1,2,\cdots,k]$ 和 $[k+1,2,\cdots,L]$ 的像素。用 $\omega(k)$ 和 $\mu(k)$ 表示像素灰度级小于或等于 k 的类出现的概率及均值（平均灰度级）：

$$\omega(k)=\sum_{i=1}^{k}p_i \tag{7.1.5}$$

$$\mu(k)=\sum_{i=1}^{k}(i\cdot p_i) \tag{7.1.6}$$

那么，类 C_1 和 C_2 出现的概率及均值（平均灰度级）为

$$\omega_1=\omega(k) \tag{7.1.7}$$

$$\omega_2=\sum_{i=k+1}^{L}p_i=1-\omega(k) \tag{7.1.8}$$

$$\mu_1=\sum_{i=1}^{k}\left(i\cdot\frac{p_i}{\omega_1}\right)=\frac{1}{\omega_1}\sum_{i=1}^{k}(i\cdot p_i)=\frac{\mu(k)}{\omega(k)} \tag{7.1.9}$$

$$\mu_2 = \sum_{i=k+1}^{L}\left(i \cdot \frac{p_i}{\omega_2}\right) = \frac{1}{\omega_2}\sum_{i=k+1}^{L}(i \cdot p_i) = \frac{\mu_T - \mu(k)}{1-\omega(k)} \tag{7.1.10}$$

这里，$\frac{p_i}{\omega_1}$表示灰度级为 i 的像素在类 C_1 中所占的比例。

$$\mu_T = \mu(L) = \sum_{i=1}^{L}(i \cdot p_i) \tag{7.1.11}$$

是整幅图像的平均灰度级。

容易验证：

$$\omega_1\mu_1 + \omega_2\mu_2 = \mu_T \tag{7.1.12}$$

$$\omega_1 + \omega_2 = 1 \tag{7.1.13}$$

这样，类 C_1 和 C_2 的类内方差为

$$\sigma_1^2 = \sum_{i=1}^{k}\left((i-\mu_1)^2 \cdot \frac{p_i}{\omega_1}\right) = \frac{1}{\omega_1}\sum_{i=1}^{k}((i-\mu_1)^2 \cdot p_i) \tag{7.1.14}$$

$$\sigma_2^2 = \sum_{i=k+1}^{L}\left((i-\mu_2)^2 \cdot \frac{p_i}{\omega_2}\right) = \frac{1}{\omega_2}\sum_{i=k+1}^{L}((i-\mu_2)^2 \cdot p_i) \tag{7.1.15}$$

所以，类 C_1 和 C_2 总的类内方差 σ_W^2 和类间方差 σ_B^2 为

$$\sigma_W^2 = \omega_1 \cdot \sigma_1^2 + \omega_2 \cdot \sigma_2^2 \tag{7.1.16}$$

$$\sigma_B^2 = \omega_1 \cdot (\mu_1 - \mu_T)^2 + \omega_2 \cdot (\mu_2 - \mu_T)^2 \tag{7.1.17}$$

根据式(7.1.11)～式(7.1.15)，容易得到：

$$\sigma_W^2 = \sum_{i=1}^{k}((i-\mu_1)^2 \cdot p_i) + \sum_{i=k+1}^{L}((i-\mu_2)^2 \cdot p_i) \tag{7.1.18}$$

$$\sigma_B^2 = \omega_1\omega_2 \cdot (\mu_2 - \mu_1)^2 \tag{7.1.19}$$

显然，ω_1、ω_2、μ_1、μ_2、σ_W^2、σ_B^2都是k 的函数。这样，求最佳分割阈值问题就简化为一个优化问题，即寻找一个灰度级 k 使得类内方差 σ_W^2 最小或类间方差 σ_B^2 最大。一般情况下，使用最大化类间方差 σ_B^2 的方法获取最佳阈值，即最优阈值 k_{opt} 为

$$k_{\text{opt}} = \arg\max_k \sigma_B^2 = \arg\max_k(\omega_1\omega_2 \cdot (\mu_2 - \mu_1)^2) \tag{7.1.20}$$

对于二类分割问题，当目标与背景的面积相差不大时(直方图的双峰所占的面积比较接近)，Otsu 阈值方法能很好地对图像进行分割。但是，当目标与背景的面积相差很大或者目标与背景有较大的重叠时，Otsu 阈值分割就不能准确地将目标与背景分开。导致这种现象的原因是 Otsu 阈值方法没有利用图像的空间信息。

可以将 Otsu 二类阈值方法扩展到多目标(多阈值)分割。假设有 M 个类别，则需要确定 $M-1$ 个灰度级阈值 $k_1, k_2, \cdots, k_{M-1}$，这些阈值将图像分成 M 个类别：$[1,2,\cdots,k_1]$、$[k_1+1,\cdots,k_2]$、……、$[k_{M-1}+1,\cdots,L]$。那么，这 M 个类的类间方差 σ_B^2 为

$$\sigma_B^2 = \sum_{i=1}^{M}(\omega_i \cdot (\mu_i - \mu_T)^2) \tag{7.1.21}$$

其中，

$$\omega_i = \sum_{j=k_{i-1}+1}^{k_i} p_j \tag{7.1.22}$$

$$\mu_i = \sum_{j=k_{i-1}+1}^{k_i} \left(j \cdot \frac{p_j}{\omega_i} \right) = \frac{1}{\omega_i} \sum_{j=k_{i-1}+1}^{k_i} (j \cdot p_j) \tag{7.1.23}$$

这里，$k_0=1, k_M=L$。

这样，通过最大化类间方差 σ_B^2 即可得到最优阈值 $[k_1, k_2, \cdots, k_{M-1}]_{\text{opt}}$：

$$[k_1, k_2, \cdots, k_{M-1}]_{\text{opt}} = \underset{k_1, k_2, \cdots, k_{M-1}}{\arg\max}\ \sigma_B^2 = \underset{k_1, k_2, \cdots, k_{M-1}}{\arg\max} \sum_{i=1}^{M} (\omega_i \cdot (\mu_i - \mu_T)^2) \tag{7.1.24}$$

2. 彩色图像的 Otsu 阈值矢量

Otsu 阈值方法是针对灰度图像的，如果利用它分割彩色图像，则需要将彩色图像转换为灰度图像(亮度图像)，再应用它分割这个灰度图像，将这个灰度图像的分割结果作为彩色图像的分割结果。

基于灰度图像的 Otsu 标量阈值方法，本节提出一个 Otsu 阈值矢量的方法，用于分割彩色图像。下面以二分类为例进行说明。为了将一个 RGB 彩色图像分割为两类，需要确定一个阈值矢量 $[T_R, T_G, T_B]$，该阈值矢量可以将图像分成 8 种不同的类别(假设通道值为 $[0,255]$)：

$$\begin{cases} \{ R[0,T_R), G[0,T_G), B[0,T_B) \} \\ \{ R[0,T_R), G[0,T_G), B[T_B,255] \} \\ \{ R[0,T_R), G[T_G,255], B[0,T_B) \} \\ \{ R[0,T_R), G[T_G,255], B[T_B,255] \} \\ \{ R[T_R,255], G[0,T_G), B[0,T_B) \} \\ \{ R[T_R,255], G[0,T_G), B[T_B,255] \} \\ \{ R[T_R,255], G[T_G,255], B[0,T_B) \} \\ \{ R[T_R,255], G[T_G,255], B[T_B,255] \} \end{cases} \tag{7.1.25}$$

由于是二分类(只有目标和背景)，所以式(7.1.25)中只列出每种分割的目标颜色范围(背景颜色是目标颜色范围之外的所有颜色)。通过计算式(7.1.25)中的每种分类结果的类间方差，就可得到对于阈值矢量 $[T_R, T_G, T_B]$ 的最佳分类(即类间方差最大的分类)。这样，通过计算所有可能的阈值矢量 $[T_R, T_G, T_B]$ 的最佳分类，就可得到彩色图像的全局最佳分割。

下面计算某个分割的类间方差。假设当前分类 C_1 和 C_2 为

$$\begin{cases} \{ C_1 = \{ (r,g,b) \mid r \in \Omega_R \text{ 且 } g \in \Omega_G \text{ 且 } b \in \Omega_B \} \\ \{ C_2 = \{ (r,g,b) \mid r \notin \Omega_R \text{ 或 } g \notin \Omega_G \text{ 或 } b \notin \Omega_B \} \end{cases} \tag{7.1.26}$$

其中，Ω_R、Ω_G、Ω_B 表示 R、G、B 的取值范围。例如，对于式(7.1.25)中的第 2 种分割 $\{ R[0, T_R), G[0,T_G), B[T_B,255] \}$，$C_1$ 和 C_2 为

$$\begin{cases} \{ C_1 = \{ (r,g,b) \mid 0 \leqslant r < T_R \text{ 且 } 0 \leqslant g < T_G \text{ 且 } T_B \leqslant b < 255 \} \\ \{ C_2 = \{ (r,g,b) \mid r \geqslant T_R \text{ 或 } g \geqslant T_G \text{ 或 } b < T_B \} \end{cases} \tag{7.1.27}$$

类 C_1 和 C_2 的均值矢量为

$$\begin{cases} \boldsymbol{\mu}_1 = \sum\limits_{r \in \Omega_R \text{ 且} g \in \Omega_G \text{ 且} b \in \Omega_B} [r,g,b]^{\mathrm{T}} \\ \boldsymbol{\mu}_2 = \sum\limits_{r \notin \Omega_R \text{ 或} g \notin \Omega_G \text{ 或} b \notin \Omega_B} [r,g,b]^{\mathrm{T}} \end{cases} \tag{7.1.28}$$

类 C_1 和 C_2 出现的概率为

$$\begin{cases}\omega_1=\dfrac{\mathrm{Num}((r,g,b)\mid r\in\Omega_R \text{ 且 } g\in\Omega_G \text{ 且 } b\in\Omega_B)}{\mathrm{Num(image)}}\\[2ex]\omega_2=\dfrac{\mathrm{Num}((r,g,b)\mid r\notin\Omega_R \text{ 或 } g\notin\Omega_G \text{ 或 } b\notin\Omega_B)}{\mathrm{Num(image)}}\end{cases}\tag{7.1.29}$$

Num(image)表示图像大小(像素的个数),$\mathrm{Num}((r,g,b)\mid r\in\Omega_R$ 且 $g\in\Omega_G$ 且 $b\in\Omega_B)$ 表示 R、G、B 的值在 Ω_R、Ω_G、Ω_B 中的像素个数。显然,$\omega_1+\omega_2=1$。

由于图像方差表示的是图像信号偏离均值的幅度,所以可以定义类 C_1 和 C_2 的类内方差为

$$\begin{cases}\sigma_1^2=\displaystyle\sum_{r\in\Omega_R \text{ 且} g\in\Omega_G \text{ 且} b\in\Omega_B}[D([r,g,b]^{\mathrm{T}},\boldsymbol{\mu}_1)]^2\\[2ex]\sigma_2^2=\displaystyle\sum_{r\notin\Omega_R \text{ 或} g\notin\Omega_G \text{ 或} b\notin\Omega_B}[D([r,g,b]^{\mathrm{T}},\boldsymbol{\mu}_2)]^2\end{cases}\tag{7.1.30}$$

这里,$D(\boldsymbol{V}_1,\boldsymbol{V}_2)$表示两个矢量 $\boldsymbol{V}_1$ 和 $\boldsymbol{V}_2$ 的距离,$\boldsymbol{\mu}_1$ 和 $\boldsymbol{\mu}_2$ 是类 C_1 和 C_2 的均值矢量。

所以,类 C_1 和 C_2 总的类内方差 σ_W^2 和总的类间方差 σ_B^2 分别为

$$\sigma_W^2=\omega_1\cdot\sigma_1^2+\omega_2\cdot\sigma_2^2\tag{7.1.31}$$

$$\sigma_B^2=\omega_1\cdot(D(\boldsymbol{\mu}_1,\boldsymbol{\mu}_T))^2+\omega_2\cdot(D(\boldsymbol{\mu}_2,\boldsymbol{\mu}_T))^2\tag{7.1.32}$$

其中,$\boldsymbol{\mu}_T$ 表示整个图像的均值矢量。

对于每个阈值矢量$[T_R,T_G,T_B]$,都有 8 种可能的分割(式(7.1.25)),其中类间方差 σ_B^2 最大的分割就是该阈值矢量的最佳分割。这样,通过搜索不同阈值矢量$[T_R,T_G,T_B]$下的最佳分类,就可得到彩色图像的全局最佳分割结果:

$$[T_R,T_G,T_B]_{\mathrm{opt}}=\underset{T_R,T_G,T_B}{\arg\max}\,\sigma_B^2\tag{7.1.33}$$

上述彩色图像二分类的 Otsu 阈值分割方法,很容易扩展到多分类的情况。假设有 M 个类别,那么对每个通道利用 $M-1$ 个阈值将该通道分割成 M 个片段。因此,彩色图像分割的阈值矢量的维数为 $3(M-1)$。对于每个阈值矢量,存在 M^3 种分割,其中类间方差最大的分割就是该阈值矢量的最佳分割。通过搜索不同阈值矢量下的最佳分类,就可得到彩色图像的 M 类分割的最佳结果。

在算法实现中,由于彩色图像总共有 16777216(256×256×256)种颜色,因此搜索阈值矢量时,为了提高效率、减少计算量,可以对颜色进行压缩:将每个颜色通道的取值范围均匀分组(bin),将一组的颜色值看成一种颜色。例如,当组(bin)的大小为 8 时,256×256×256 种颜色就被压缩为 32×32×32(256/8=32)种。一般地,对于小的彩色图像,组(bin)大小可设为 4 或 8;对于大的彩色图像,组大小可设为 16 或 32。

图 7.1.1 显示了彩色 Otsu 阈值方法的二分类分割结果。在实验中,对于彩色图像,bin 大小设置为 16;对于灰度图像,bin 大小为 1。第 1 列是源图像,第 2 列是把彩色图像转换为亮度图像(YUV 的 Y 分量)后利用原始的 Otsu 进行分割的结果,第 3 列是应用彩色 Otsu 进行分割的结果。由图可以看出,彩色矢量 Otsu 的分割结果明显优于原始(灰度)Otsu 的分割结果。对于第 1 行、第 2 行、第 3 行、第 4 行的源图像:原始(灰度)Otsu 确定的阈值分别为 136、83、157、157;彩色矢量 Otsu 确定的阈值矢量分别为[0,16,80]、[64,96,119]、[130,173,232]、[128,96,160]。每个彩色阈值矢量将图像像素划分为两类,其中一类(不一定是目标类)的颜色范围为

$\{0 \leqslant B < 256, 0 \leqslant G < 16, 80 \leqslant R < 256\}$(第 1 行的源图像)

$\{0 \leqslant B < 64, 0 \leqslant G < 96, 0 \leqslant R < 119\}$(第 2 行的源图像)

$\{0 \leqslant B < 130, 0 \leqslant G < 173, 0 \leqslant R < 232\}$(第 3 行的源图像)

$\{128 \leqslant B < 256, 96 \leqslant G < 256, 160 \leqslant R < 256\}$(第 4 行的源图像)

需要注意二分类中的另一类的颜色值范围。例如,对于第 2 行的源图像,其中一类的颜色范围为$\{0 \leqslant B < 64, 0 \leqslant G < 96, 0 \leqslant R < 119\}$,那么另一类的颜色范围就不是$\{64 \leqslant B < 256, 96 \leqslant G < 256, 119 \leqslant R < 256\}$,而是$\{64 \leqslant B < 256, 0 \leqslant G, R \leqslant 255\} \cup \{96 \leqslant G < 256, 0 \leqslant R, B \leqslant 255\} \cup \{119 \leqslant R < 256, 0 \leqslant B, G \leqslant 255\}$。

图 7.1.1　彩色图像的 Otsu 阈值分割

7.1.3　基于直方图的阈值方法

直方图(Histogram)反映了每种颜色在图像中的分布情况。对于一个大小为 $W \times H$ 的灰度图像,假设其像素值的取值范围为[0,L](通常为[0,255]),那么其直方图为每种可能的像素值在图像中出现的比例:

$$p_k = \frac{n_k}{W \cdot H} \quad (k = 0, 1, \cdots, L) \tag{7.1.34}$$

其中,n_k 为像素值等于 k 的像素个数。

直方图阈值分割技术是一种简单的图像分割方法。如果一幅图像由不同的区域组成,其直方图就会呈现出不同的峰值结构,每个峰值对应一个区域,区域和区域之间通过谷值(谷底)分开。例如,对于只有目标和背景的图像,其直方图会呈现双峰结构,通过双峰之间的谷值就可以将目标和背景分开。因此,直方图阈值分割方法首先计算图像的直方图,然后检测相邻峰之间的谷值,最后通过这些谷值将图像分割为不同的区域。利用直方图阈值法分割图像,一般要求图像中各个区域(或目标和背景)的面积不能相差太大。

图 7.1.2 显示了一个灰度图像及其直方图阈值分割结果。从图中可以看出,该灰度图像的直方图明显呈现双峰结果,二个峰之间的谷值在 140 左右,利用这个谷值将图像分成目标和背景两类,很好地将花朵(目标)从背景中分割出来。

对于彩色图像,其直方图由 3 个通道联合组成,需要统计每种颜色的像素个数,总共有 16777216(256×256×256)种可能的颜色。因此,计算直方图时需要 16777216 个计数器。为了减少计算量和节省内存,一般将 3 个通道划分为若干颜色 bin(柱)。例如,将每个通道划分为 16 个 bin,则所需的计数器的个数是 4096(16×16×16)。图 7.1.3 显示了 2 个彩色图像的 3D 直方图,图中每个颜色 bin 显示为一个球体,球体的大小表示了这个 bin 中颜色的出现频数。从这个 3D 直方图中可以看出,要从图中找出几个阈值分割彩色图像是非常困难的。

由于很难直接从 3D 直方图中选取阈值矢量去分割彩色图像,Kurugollu 等提出一个基于 2D 直方图的彩色图像分割方法[78]。该方法包含两个步骤:多阈值分割和结果融合。首先,将 RGB 图像分成 3 个 2 通道图像 R-G、G-B、B-R,为每个 2 通道图像建立 2D 直方图,并在每个 2D 直方图上定位峰值(每个峰值是一个 2D 矢量)。然后,将 3 个 2D 直方图上的 2D 峰值组合起来形成多阈值矢量,并利用这个多阈值矢量分别对 3 个 2D 图像(R-G、G-B、B-R)进行分割。最后,利用一个标签融合算法,将 3 个 2D 图像的分割结果融合起来,从而得到彩色图像最后的分割结果。

彩色图像分割可以在不同的颜色空间中进行。一般地,如果一个颜色空间表达的特征具有较强的区域区分能力(Discriminant Power),那么分割效果就会更好。区域区分能力强的特征具有大的方差。Karhunen-Loeve(K-L)变换的结果具有较大的方差,因此适合于图像分割。$I_1I_2I_3$ 颜色表示(见 2.2.8 节)是彩色图像 R、G、B 数据 K-L 变换的一个逼近,具有较好的区域分割能力。文献[17]研究了颜色空间对彩色图像分割的影响,发现相比其他颜色空间(RGB、CIELAB、HSI 等),$I_1I_2I_3$ 颜色空间的分割效果更好。$I_1I_2I_3$ 的另一个优点是变换简单、计算量小(CIELAB 和 HSI 等需要复杂的计算)。另一个具有较好分割特征的颜色空间是对立颜色空间 RG-YB-I(见 2.2.7 节)[15]。首先,对 3 个通道分别进行平滑。然后,在 2 个对立通道 RG 和 YB 的联合 2D 直方图上搜索峰值和谷值,并利用这些峰-谷值对 RG-YB 平面进行分割,从而得到最终的分割结果。

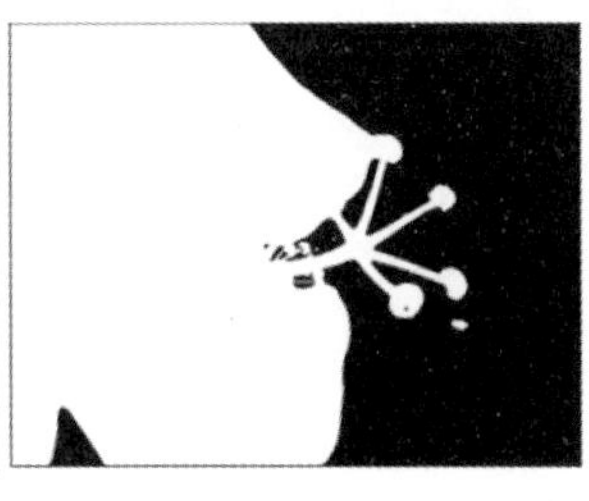

(a) 源图像　　(b) 直方图　　(c) 分割结果(阈值140)

图 7.1.2　灰度图像的直方图阈值分割

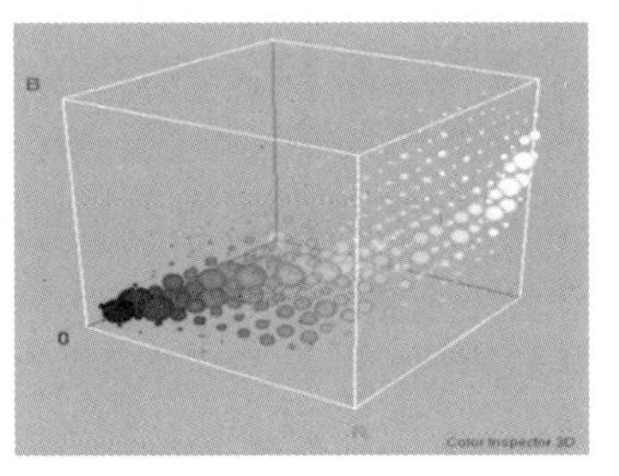

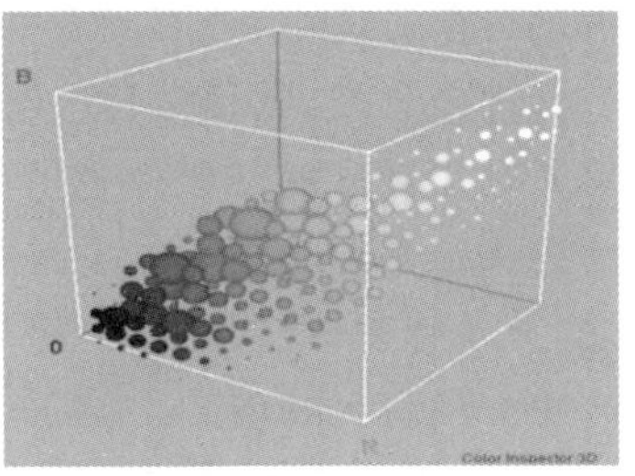

图 7.1.3　彩色图像的 3D 直方图(左边为源图像，右边为直方图)[75]

7.2　基于区域的分割方法

基于像素的分割方法仅利用像素本身的特征，没有考虑空间的相关性，容易造成目标的不连续性，把一个目标分成多个独立的区域。基于区域的分割方法根据图像特征(如颜色、纹理等)的相似性和空间位置的相关性，将图像划分为互不重叠的图像区域。该方法既考虑了同一目标内部像素的相似性，又考虑了同一目标内部像素的连通性，解决了基于像素的分割方法容易把一个目标分成多个独立区域的问题。典型的基于区域的分割算法有：区域生长与分裂合并、分水岭算法，等等。

7.2.1　区域生长与分裂合并

区域生长(Region Growing)与分裂合并(Split and Merge)是一种最简单的区域分割方法。一个目标的内部，像素具有相似性和同一性。区域生长法就利用了这个特性，将图像中相邻的相似像素聚集为同一目标，而把不相邻的相似像素划分为其他目标。算法首先从一个种子点开始，分析每个邻居像素，若邻居像素与它相似(满足事先确定的相似性准则)，则将该邻居像素并入当前区域。然后，将当前区域的边界点作为种子点，重复前面的过程。这个过程不断进行下去,直到区域的所有边界像素与它们的邻居像素都不满足相似性准则,生长就停止。

可以看出,在区域生长方法中,需要事先给出种子点并确定生长准则(相似性度量方法)。对于彩色图像,一个简单的相似性度量方法就是颜色距离或颜色相似度(见 3.2 节),当种子点和邻居像素的颜色距离小于某个阈值时(或者相似度高于某个阈值),就将邻居像素并入当前区域。这种方法虽然简单,但存在明显的缺陷。这种方法会将平缓变化的区域(不管这个区域多大)分割为同一个目标。如果这个平缓变化的区域非常大,本来应当属于 2 个不同的目标,则这种分割方法将失败。为此,一个改进就是假设最初的种子点的颜色代表区域的均值颜色(而不是某个彩色像素的颜色),指定生长准则时,既考虑最新边界像素与邻居像素的颜色距离,又考虑邻居像素与区域均值颜色的颜色距离,则可避免上述情况。

分裂合并的分割方法则与区域生长相反。分裂合并算法对图像进行递归分裂,每次把一个区域分裂成若干个互不相交的、连通的子区域。这种分裂过程不断进行下去,直到满足某个条件才停止。然后,按照一定的合并准则,将毗邻的相似区域合并为一个区域。分裂和合并可以交叉进行。

在分裂合并的分割方法中,分裂和合并的策略是关键。根据某种策略决定是否对一个区域进行分裂。如需要分裂,则通常利用网格的方式将区域分裂成几个固定数目的子区域。一种简单的策略是利用区域内像素颜色的统计特征决定分裂和合并。例如,可以利用区域内像素的颜色方差决定是否分裂。方差越大,说明区域内像素的颜色越分散(需要分裂的可能性越大);反之,方差越小,说明区域内像素的颜色越一致(方差为 0 时区域内像素的颜色值一样)。同样,也可以将区域内的均值颜色作为区域合并的策略。当 2 个毗邻区域的均值颜色的距离很小时,说明这 2 个区域的颜色很接近,这时将这 2 个毗邻区域合并为一个区域;反之,当它们的均值颜色的距离较大时,就不合并这 2 个区域。

均值颜色是指区域内像素的平均颜色。方差是指区域内像素颜色偏离均值颜色的程度。一般地,计算信号方差时,隐含的信号是标量信号。对于彩色图像,大多数方法独立地计算各个颜色通道的方差,从而构成一个 3 通道的方差矢量。但研究认为[30],即使是矢量信号,方差也可以用标量描述,这是因为方差本质上表达的是信号偏离均值的程度。假设一个区域有 N 个彩色像素 $\boldsymbol{X}=\{\boldsymbol{x}_1,\boldsymbol{x}_2,\cdots,\boldsymbol{x}_N\}$,那么它们的均值颜色和方差为

$$\boldsymbol{\mu}=\frac{1}{N}\sum_{i=1}^{N}\boldsymbol{x}_i \tag{7.2.1}$$

$$\sigma^2=\frac{1}{N-1}\sum_{i=1}^{N}D^2(\boldsymbol{x}_i,\boldsymbol{\mu}) \tag{7.2.2}$$

这里,$D(\boldsymbol{x}_i,\boldsymbol{\mu})$表示两个颜色矢量 $\boldsymbol{x}_i$ 和 $\boldsymbol{\mu}$ 的距离,一般取欧几里得距离(可以是 RGB 空间的欧几里得距离,也可以是颜色均匀空间 CIELAB/LUV 的欧几里得距离)。

四叉树分解法是常见的分裂合并算法[4]。如果一个区域满足分裂的条件,则将它分裂为 4 个相同大小的子区域。如果 2 个毗邻区域满足合并的条件,则将这 2 个区域合并为一个区域。图 7.2.1 演示了一个彩色图像(包含 3 种颜色)的四叉树分裂过程,使用方差决定是否需要分裂或合并。算法 7.2.1 描述了基于四叉树分解的分裂合并算法的实现步骤。

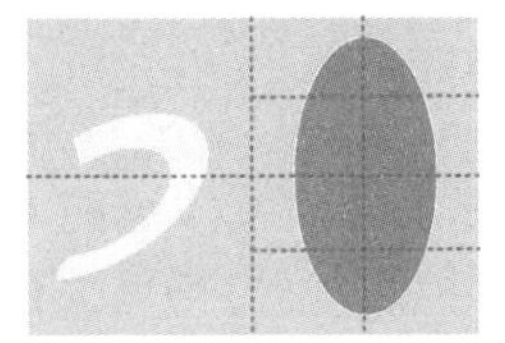

(a) 包含3种颜色的彩色图像

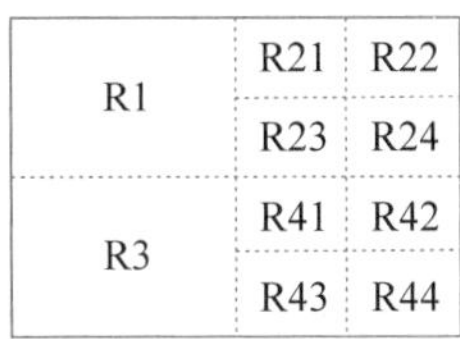

(b) 图像分裂

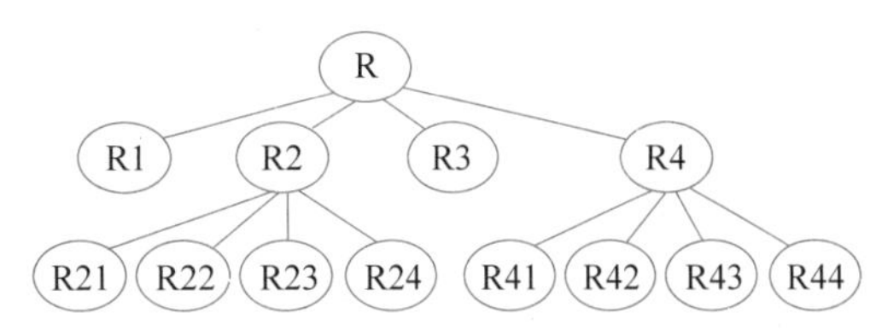

(c) 四叉树结构

图 7.2.1　四叉树分裂过程

算法 7.2.1　基于四叉树分解的分裂合并算法

定义：$P(R_i)$判断区域 R_i 是否需要分裂，true 表示需要分裂，
　　false 表示不需要分裂(R_i 的像素颜色是均匀一致的)

(1) 初始化：$\boldsymbol{R}=\{\boldsymbol{I}\}\triangleq\{R_1\}$，$\boldsymbol{I}$ 为源图像

(2) 四叉树分裂

```
split=0
flag=true
while flag=true do {
    flag=false
    for R 中每个子区域 R_i do {
        if  P(R_i)=true then {
            将 R_i 分裂成 4 个大小相同的子区域 {R_i1, R_i2, R_i3, R_i4}
            R=R-{R_i}+{R_i1, R_i2, R_i3, R_i4}
            split=split+1
            flag=true
        } //end if
    } //end for
} //end while
```

(3) 区域合并

```
merge=0
for R 中每个子区域 R_i do {
    for R_i 的每个邻接区域 R_j do {
        if  P(R_i)=true then break          //R_i 需要分裂，不能合并邻接区域
        if  P(R_i ∪ R_j)=false then {
            R_i=R_i ∪ R_j                   //将 R_j 合并到 R_i
            R=R-{R_j}                       //从 R 中去除区域 R_j
            merge=merge+1
        } //end if
    } //end for
} //end for
```

(4) 重复步骤(2)和(3)，直到没有任何分裂和合并发生

```
if split > 0 OR merge > 0 then goto (2)
```

//算法结束

在上面的分裂合并算法中，$P(R_i)$是分裂/合并的准则，为 true 时表示区域 R_i 需要分裂，为 false 时表示不需要分裂。若两个毗邻区域 R_i 和 R_j 需要合并时，必须满足 $P(R_i\cup R_j)=\text{false}$。最简单的分裂/合并准则，可以定义为区域的方差：

$$P(R_i):\ \sigma^2(R_i)\geqslant\sigma_T^2 \tag{7.2.3}$$

即当区域 R_i 的方差大于或等于某个阈值σ_T^2 时，表示 R_i 需要分裂。

7.2.2 分水岭算法

分水岭(Watershed)算法是一种传统的基于区域的分割方法。分水岭的基本思想是把图像看作测地学的拓扑地貌,图像中每个像素的灰度值表示该点的海拔高度,每个局部极小值所在的区域称为集水盆,而集水盆的边界(需要构建)则为分水岭。分水岭的形成可以通过模拟水浸入盆地的过程说明。将像素值高的区域看成山峰、灰度值低的区域看成山谷(集水盆)。向图像中所有山谷注入不同颜色的水,通过不断注水,水位不断上升并灌满每个山谷。不断注水使得山谷中水位提升,山谷中的水会溢出,从而会造成相邻的山谷汇合为一个山谷。因此,需要决定是否要在汇合的地方筑起堤坝(分水岭)。对于小的山谷,可能需要汇合到一起(不需筑建堤坝),而对于大的山谷,则可能需要筑建堤坝(分水岭)。可以看出,可以将堤坝看作图像分割后形成的边界。

1. 经典的分水岭算法

应用分水岭算法分割图像,一般有两种形式:将原始图像作为分水岭算法的输入、将图像的梯度(模)图像作为分水岭算法的输入。第 1 种形式将图像像素的灰度值看成海拔高度,这种形式一般先对图像做一些变换(如二值化或层次化将像素值分成若干个级别),然后再执行分水岭算法。第 2 种形式则将图像像素的梯度(模)值当成该点的海拔高度,分水岭算法将梯度值较小的区域看成聚水盆,而将梯度值较大的边界点作为山脊(分水岭)。当水淹没盆地时,低梯度点会逐渐连成一片(盆地);当水到达梯度极值点时,保留山脊线,两个盆地的水相遇之处也就保留下来了(堤坝)。

经典的分水岭算法是 Vincent 和 Soille 于 1991 年提出的[79]。在该算法中,分水岭分割分两个步骤:一个是排序过程;一个是淹没过程。首先对每个像素的灰度级(海拔高度)从低到高排序,然后再从低到高实施淹没过程。

Vincent 和 Soille 的分水岭算法涉及下面几个概念。

测地(线)距离(**Geodesic distance**):两点之间的最短路径。

计算测地距离时,应考虑邻域的连接方式,图 7.2.2 给出了一个测地距离的例子。

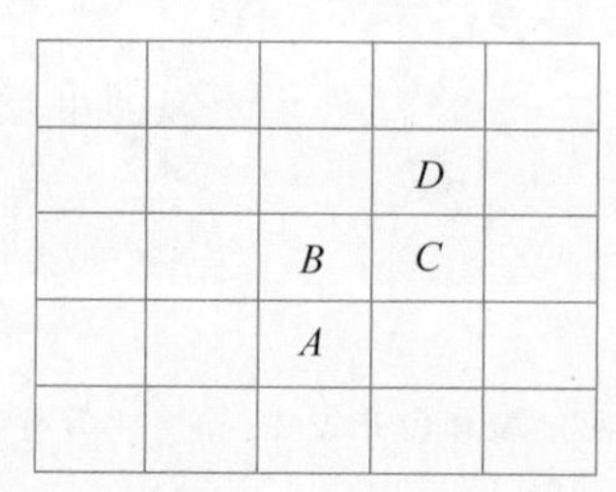

图 7.2.2 测地距离演示(每个小方格表示 1 个像素)

4 连接方式:$d(A,B)=1$,$d(A,C)=2$,$d(A,D)=3$

8 连接方式:$d(A,B)=1$,$d(A,C)=1$,$d(A,D)=2$

一个点到一个连通区域的测地距离:这个点到连通区域边缘点的最短距离。

测地(线)影响区域(**Geodesic Influence Zone**):一个连通区域 A 的测地影响区域由这样的点组成——区域 A 外部的点且这些点到 A 的测地距离小于到其他连通区域的距离。

图 7.2.3 表示整体区域 A 中有 3 个连通子区域 $B1$、$B2$ 和 $B3$，其中阴影部分为 $B1$ 的测地影响区域。

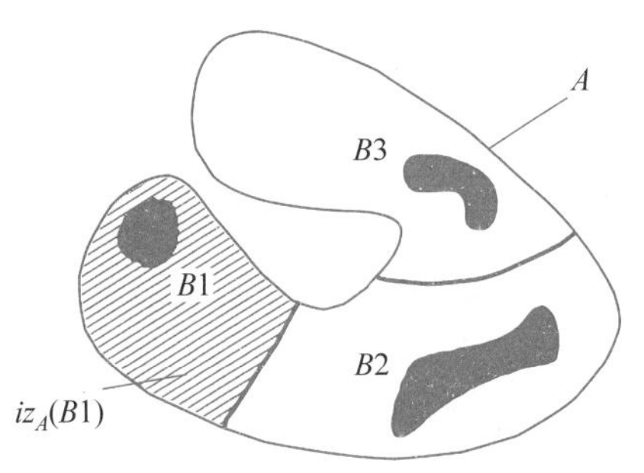

图 7.2.3 测地影响区域：A 中有 3 个连通子区域 $B1$、$B2$、$B3$，阴影部分为 $B1$ 的测地影响区域

假定灰度图像 I 的像素值（整数）取值范围为 $I(p)\in[h_{\min},h_{\max}]$（海拔高度），假设：

$T_h(I)$表示图像中像素值小于或等于 h 的像素位置（坐标）的集合：

$$T_h(I)=\{\ p,\ I(p)\leqslant h\ \} \tag{7.2.4}$$

$C(M)$表示极小值为 M 的聚水盆地（像素值大于或等于 M 的连通区域）：

$$C(M)=\{\ p,\ p\ \text{是连通区域且}\ I(p)\ \text{的最小值为}\ M\ \} \tag{7.2.5}$$

$C_h(M)$为 $C(M)$的子区域且该子区域内的像素值小于或等于 h：

$$C_h(M)=\{\ p\in C(M),\ I(p)\leqslant h\ \} \tag{7.2.6}$$

下面模仿淹没过程。

首先，从最低海拔 $h_{\min}$ 开始淹没：$X_{h_{\min}}=T_{h_{\min}}(I)=\{\ p,I(p)\leqslant h_{\min}\}$。由于 $h_{\min}$ 是图像 I 的最小灰度值（最低海拔高度），因此 $X_{h_{\min}}$ 中的像素值都应等于 $h_{\min}$：

$$X_{h_{\min}}=\{\ p,\ I(p)=h_{\min}\}=R_{\min}(h_{\min}) \tag{7.2.7}$$

其中，$R_{\min}(h)$表示灰度值为 h 的实心区域。

当水位上升到 $h_{\min}+1$ 的时候，会出现两种淹没情况：一种情况是水流将 $X_{h_{\min}}$ 中某些聚水盆地扩大；另一种情况是水流开始淹没极小值高度为 $h_{\min}+1$ 的新盆地。将水位上升到 $h_{\min}+1$ 时的淹没结果记为 $X_{h_{\min}+1}$，显然，有 $X_{h_{\min}+1}\in T_{h_{\min}+1}(I)$。下面讨论 $T_{h_{\min}+1}(I)$中每个连通区域 Y 的淹没情况。

情况 1：$Y\cap X_{h_{\min}}=\varnothing$。这种情况意味着 Y 是一个新的连通区域或孤立的点。由于 Y 不包含 $X_{h_{\min}}$ 中的部件，因此 Y 区域的最小值为 $h_{\min}+1$。同时，Y 外面的像素值都应大于 $h_{\min}+1$。因此，区域 Y 内部的所有像素值都应等于 $h_{\min}+1$：

$$Y=R_{\min}(h_{\min}+1) \tag{7.2.8}$$

情况 2：$Y\cap X_{h_{\min}}\neq\varnothing$ 且 $Y\cap X_{h_{\min}}$ 是一个连通的子区域。这意味着 Y 是 $X_{h_{\min}}$ 的某个聚水盆的扩展，也就是说 Y 是盆地 $Y\cap X_{h_{\min}}$ 的一部分（盆地内像素的灰度值小于或等于 $h_{\min}+1$），即

$$Y=C_{h_{\min}+1}(Y\cap X_{h_{\min}})=iz_Y(Y\cap X_{h_{\min}}) \tag{7.2.9}$$

情况 3：$Y\cap X_{h_{\min}}\neq\varnothing$ 且 $Y\cap X_{h_{\min}}$ 不是一个连通的子区域。假设 $Y\cap X_{h_{\min}}$ 包含 K 个子区域，每个子区域内像素最小值为 $Z_i(i=1,2,\cdots,K)$，那么盆地 $C_{h_{\min}+1}(Z_i)$的最好选择是在区域 Y 内的 Z_i 测地影响区域：

$$C_{h_{\min}+1}(Z_i)=iz_Y(Z_i) \tag{7.2.10}$$

其中，$iz_Y(Z_i)$表示在区域Y内像素值为Z_i的子区域的测地影响区域。将上面3种情况综合到一起，就得到了水位达到$h_{min}+1$时的淹没结果$X_{h_{min}+1}$：

$$\begin{cases}\Omega=T_{h_{min}+1}(I)=\{p,I(p)\leqslant h_{min}+1\}\\X_{h_{min}+1}=R_{min}(h_{min}+1)\cup iz_\Omega(X_{h_{min}})\end{cases}\tag{7.2.11}$$

对于任意的水位h，上面的淹没过程都是成立的。于是，分割结果$X_{h_{max}}$（盆地）可以通过下面的迭代得到：

$$\begin{cases}\text{for } h=h_{min} \text{ to } h_{max}-1 \text{ do }\{\\ \quad \Omega=\{p,I(p)\leqslant h+1\}\\ \quad X_{h+1}=R_{min}(h+1)\cup iz_\Omega(X_h)\\ \quad \text{with } \ X_{h_{min}}=\{p,I(p)=h_{min}\}\\ \}\end{cases}\tag{7.2.12}$$

分水岭就是分割结果$X_{h_{max}}$（盆地）的外围边界，不属于任何区域。因此，分水岭就是图像$\boldsymbol{I}$去除$X_{h_{max}}$后剩下的像素。

在算法实现中，使用一个先进先出的队列保存排序的像素，算法7.2.2给出了算法的实现步骤。

算法7.2.2　经典的分水岭算法

```
输入：灰度图像I，其像素值（整数）的取值范围为I(p)∈[h_min,h_max]
输出：标签图像Y，标记每个像素的分割结果（标签≥1），-1表示分水岭
定义：INIT=0, MASK=-2, WSHED=-1
    N_G(p)          p的邻域像素
    fifo_add(p)     将像素p压入队列的尾部
    fifo_first()    队首元素出队列
    fifo_size()     队列中的元素个数
(1) 初始化：
    将每个像素的标签设置为INIT：Y(p)=INIT
    将每个像素的测地距离设置为0：D(p)=0（D为图像，保存每个像素的测地距离）
    当前标签变量置0：curLabel=0
(2) for h=h_min to h_max-1 do {
        for 每个灰度值为h的像素p do {
            Y(p)=MASK
            if 存在p'∈N_G(p)满足Y(p')>0 or Y(p')=WSHED then {
                D(p)=1
                fifo_add(p)              //将像素p加入先进先出队列
            } //end if
        } //end for
        //计算测地距离和测地影响区域，扩展盆地
        curDist=1
        while  fifo_size() !=0 do {
            curDist++                    //当前测地距离加1
            elemNum=fifo_size()          //当前队列中元素的个数
            for k=1 to elemNum do {
                p=fifo_first()           //取出队头元素
                for 每个像素p'∈N_G(p) {
```

```
                if Y(p')=MASK and D(p')=0 then {
                    D(p')=curDist+1
                    fifo_add(p')
                }
                else if  Y(p')≠INIT and D(p')≤curDist then {
                    if Y(p)=MASK and D(p)=D(p') then {
                        Y(p)=Y(p')
                    }
                    else if Y(p')>0 and Y(p')≠Y(p) then {
                        Y(p)=WSHED
                    }
                } // end else if
            } // end for
        } // end for
    } // end while
    //检查是否需要淹没新盆地(新的极小值)
    for 每个灰度值为 h 的像素 p do {
        D(p)=0
        if  Y(p)=MASK then {
            curLab++
            Y(p)=curLab
            fifo_add(p)
            while  fifo_size() !=0 do {
                p'=fifo_first()
                for 每个像素 p''∈N_G(p') do  {
                    if Y(p'')=MASK then {
                        Y(p'')=curLabel
                        fifo_add(p'')
                    } // end if
                } // end for
            } // end while
        } // end if Y(p)
    } // end for
    /**/
  } //end for h=h_min to h_max-1
  //步骤(2)，泛洪(浸没)结束
//算法结束
```

为了提高算法的执行效率，一般在执行上述分水岭算法前，先对输入图像的像素进行排序(根据灰度值从低到高排序)。

图 7.2.4 显示了经典的分水岭算法对 3 个彩色图像的分割结果。先利用彩色 Otsu 方法对彩色图像进行二值化，然后再利用分水岭算法对二值化的图像进行分割。图中，左边一列是原始图像，中间一列是分割算法生成的分水岭，右边一列是把分水岭附到原始图像的结果。

2. 基于标记点的分水岭算法

在经典的分水岭算法中，如果输入图像直接使用梯度图像，则会产生非常琐碎的分割结

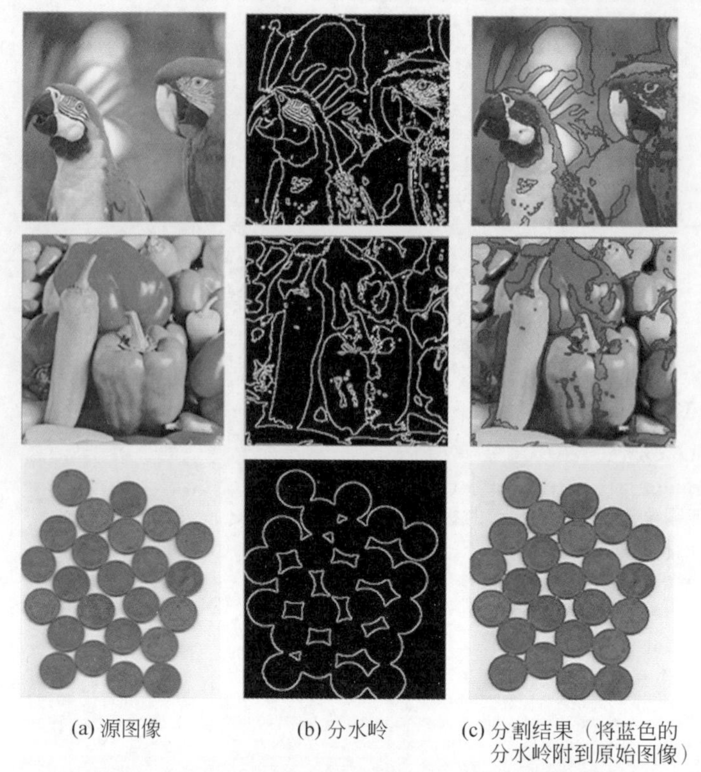

(a) 源图像　(b) 分水岭　(c) 分割结果（将蓝色的分水岭附到原始图像）

图 7.2.4　经典的分水岭算法：先利用彩色 Otsu 方法对图像进行二值化，然后再利用分水岭算法对二值化的图像进行分割

果，导致过度分割。这是因为梯度图像中存在非常多的局部极小值点，经典的分水岭算法使得每个极小值像素点都会产生一个小的聚水盆地(区域)。此外，梯度对噪声也非常敏感。因此，在实际应用中，直接使用梯度图像作为分水岭算法的输入，一般难以得到满意的分割结果。图 7.2.5 显示了一个直接使用梯度图像作为输入的分水岭算法的分割结果，这里的梯度是使用改进的 Zenzo 彩色图像梯度方法计算的。梯度模的极小值一般存在于物体的边界处(旁边)，所以分割结果中区域的边界处被构建了非常多的分水岭。

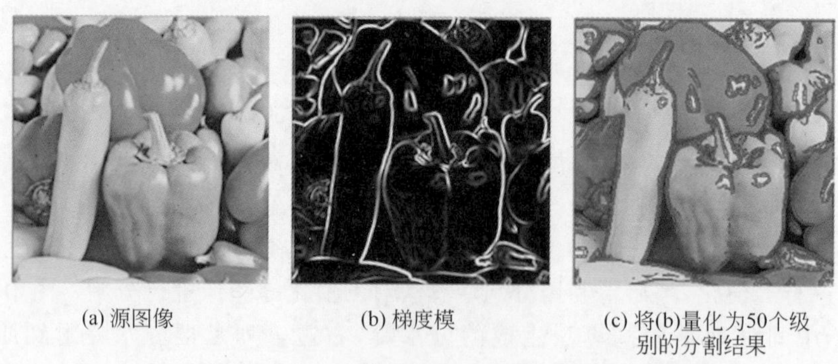

(a) 源图像　(b) 梯度模　(c) 将(b)量化为50个级别的分割结果

图 7.2.5　经典的分水岭算法：将梯度模图像作为输入，图(c)是将梯度模量化为 50 个级别的分割结果

为了减少基于梯度的分水岭算法产生的过度分割，一种方法是利用先验知识去除无关

的边缘信息，这可通过修改梯度函数实现。一个简单的方法是对梯度图像进行阈值处理，消除灰度的微小变化产生的过度分割。在这种方法中，阈值的选取非常重要，特别是对于微弱边缘，梯度变化很小，阈值过大可能使得被微弱边缘分隔的区域被分割为一个区域。

Meyer 提出一个改进的方法[80]。该方法要求预先给出每个区域的参考点。假设需要分割的区域数(包括背景)是已知的，而且每个区域的某些点是已知的，这些点叫做标记点。每个区域内的标记点不要求是极小值点，也不必是单个孤立点(一个连通的点群也可以被看作一个标记点)。对每个区域内的标记点进行编号，每个连通区域的标记点编号是相同的，不同区域的标记点编号是不同的。基于标记点的分水岭算法，淹没过程从预先定义的标记点开始，克服了直接使用梯度图像进行分水岭运算而产生的过度分割问题。

该算法需要计算每个像素的优先级，每次选取优先级最高的像素进行泛洪。首先，将所有标记点(注水点)的邻域点压入一个排序队列(根据优先级排序)。然后，不断从排序队列中选取优先级最高的点进行泛洪：

(1) 在该点(堆栈中优先级最高的点)的邻域像素中，如果有且只有 1 个已经被标注为某个盆地的像素，则淹没该点(并入邻域像素所在的盆地)。在这种情况下，对于不属于任何盆地的邻域像素，如果这些像素不在队列中，则将它们放到队列中；

(2) 在该点的邻域像素中，如果至少存在 2 个不同的盆地像素，则将该点归类为分水岭。

注：队列中的任何点，其邻域像素中至少有 1 个已经被标注为某个盆地。

算法 7.2.3 描述了基于标记点的分水岭算法的实现步骤。

算法 7.2.3　基于标记点的分水岭算法

输入：**I**　　原始的彩色图像或梯度模图像
　　channels　　为 **I** 的通道数：3 表示彩色图像，1 表示灰度图像，0 表示梯度图像
　　Markers　　为标记图像，非标记点的值为 0，标记点的值≥1，每个区域的标记点编号是相同的，不同区域的标记点编号是不同的
输出：Markers，标记每个像素的分割结果的图像(标签≥1)，−1 表示分水岭
定义：QUEUE=−2，　WSHED=−1
　　Priority(p,Ω)　　计算像素 p 的优先级
　　$N_G(p)$　　p 的邻域像素
　　q　　排序队列(每压入一个元素，队列将自动排序)
　　q.add(p)　　将像素 p 压入队列，队列将自动从小到大排序
　　q.pop()　　队首元素出队列(最小元素出队，最小元素即优先级最高元素)
　　q.size()　　队列中的元素个数
(1) 将标记点(注水点)的非标记点邻居加入队列并排序
　　for ***I*** 中每个像素 p **do** {
　　　　if　Markers(p)=0 **then** {
　　　　　　if 存在 $N'_G(p)=\{p'_1,p'_2,\cdots,p'_K\}\in N_G(p)$
　　　　　　　　满足 Markers(p'_i)>0 ($i=1,2,\cdots,K$) **then** {
　　　　　　　　//$N'_G(p)$表示 p 的邻居中为注水点的像素
　　　　　　　　Prio=Priority(p,$N'_G(p)$)　　//根据注水点 $N'_G(p)$计算 p 的优先级
　　　　　　　　q.add(Prio,p)　　//将像素 p 加入队列并根据优先级 Prio 排序
　　　　　　} //end if
　　　　} //end if
　　} //end for

---

(2) 淹没盆地

```
while q.size() !=0 do {
    p=q.pop()
    label=0                                          //整型变量
    for 每个元素 p'∈N_G(p) do {
        if Markers(p')>0 then {
            if label=0 then label=Markers(p')
            else if label≠Markers(p') then label=WSHED
        } //end if Markers()
    } //end for
    Markers(p)=label
    if Markers(p)>0 then {
        for 每个元素 p'∈N_G(p) do {
            if Markers(p')=0 then {
                Prio=Priority(p',p)              //计算 p'的优先级
                q.add(Prio,p')                   //将像素 p'加入队列并根据优先级 Prio 排序
                Markers(p')=QUEUE
            } // end if
        } // end for
    } // end if
} // end while
//算法结束
```

在上面的算法中，需要计算每个像素的优先级。如果输入是梯度(模)图像，则可以定义优先级为梯度值(海拔)，梯度值越小，优先级越高。如果输入是原始的彩色图像，一个像素的优先级可以定义为它与邻居中已经标记为盆地的像素的最小距离(距离越小，优先级越高)。这种机制会使得没有标记的点(需要淹没的点)聚类到与它颜色距离最近的盆地(区域)。

基于标记点的分水岭算法的关键在于如何获得先验知识，即每个区域的标记点。这里介绍两种常用的方法。第一种方法把边缘点当成区域的标记点，这是因为边缘点一般是区域最外围的点。利用彩色边缘检测技术获取彩色图像的边缘图，再对边缘图中的边缘点进行编号。连续(连通)的边缘点的编号是相同的，不连续(非连通)的边缘点的编号是不相同的。如果编号从1开始连续编号，则最大的编号代表了分割结果的区域数。

第二种获取标记点的方法是利用图像的距离变换[81-82]。图像的距离变换，主要用于二值图像，用来计算每个非零点(前景)到周边零点(背景)的最短距离。变换的结果是一个灰度图像，非0的灰度值只能出现在前景区域，灰度值越大，表示该点离零点越远(离目标中心就越近)。距离变换被应用到很多二值图像处理任务，如骨架提取、边缘和轮廓的细化等。在距离变换算法中，常用的距离计算方法有：欧几里得距离(Euclidean Distance)、街区距离(City Block Distance)、棋盘距离(Chessboard Distance)等。假设2个点的坐标分别为$P_1(x_1,y_1)$和$P_2(x_2,y_2)$，则P_1到P_2的各种距离为

欧几里得距离：$d_1=\sqrt{(x_1-x_2)^2+(y_1-y_2)^2}$

街区距离：$d_2=|x_1-x_2|+|y_1-y_2|$

棋盘距离：$d_3=\max(|x_1-x_2|, |y_1-y_2|)$

图7.2.6显示了一个5×5大小的二值图像的距离变换结果。

1	0	0	0	0
1	1	0	0	0
1	1	1	0	0
1	1	1	0	0
1	1	0	0	0

(a) 源图像（5×5大小）

1	0	0	0	0
1.414	1	0	0	0
2.236	1.414	1	0	0
2.236	1.414	1	0	0
2	1	0	0	0

(b) 基于欧几里得距离的距离变换

1	0	0	0	0
2	1	0	0	0
3	2	1	0	0
3	2	1	0	0
2	1	0	0	0

(c) 基于街区距离的距离变换

1	0	0	0	0
1	1	0	0	0
2	1	1	0	0
2	1	1	0	0
2	1	0	0	0

(d) 基于棋盘距离的距离变换

图 7.2.6　距离变换

距离变换得到的是灰度图像，为了得到标记点，需要将距离变换图像二值化，将图像中灰度值大的点(即位于区域中心的点)标记为区域的参考点。由于距离变换计算的是非零点(目标)到最近零点(背景)的距离，所以将距离变换图像的高灰度值点(目标点)标记为参考点后，还需要为每个背景区域(每个值为 0 的连续区域)提供参考点。最后，对所有参考点进行编号(连通的参考点编号相同、不连通的参考点编号不相同)，从而得到分水岭算法所需要的标记图像。

图 7.2.7 显示了基于标记点的分水岭算法的分割结果(见彩插 4 的第 2 行)，这里输入是原始的彩色图像(图 7.2.7(a))，优先级定义为颜色的欧几里得距离，标记图像(图 7.2.7(d))是通过对距离变换图像(图 7.2.7(c))进行二值化得到的。图 7.2.8 显示了基于标记点的分

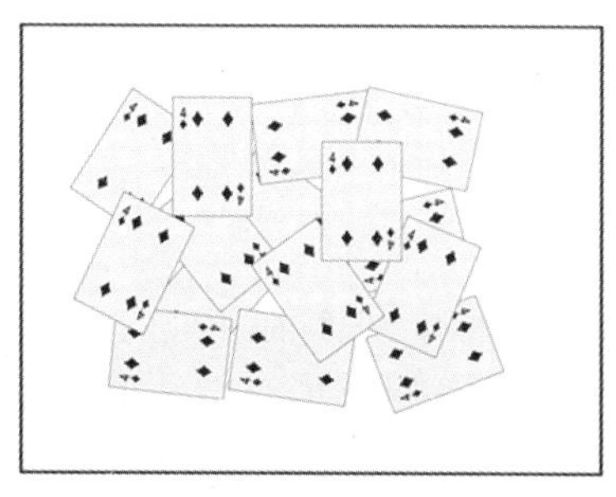

(a) 源图像

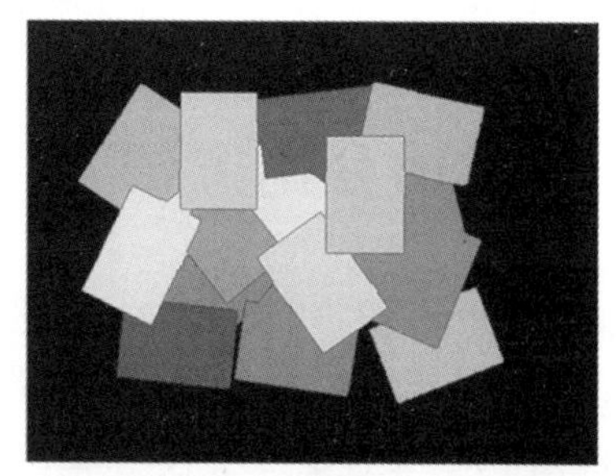

(b) 分割结果

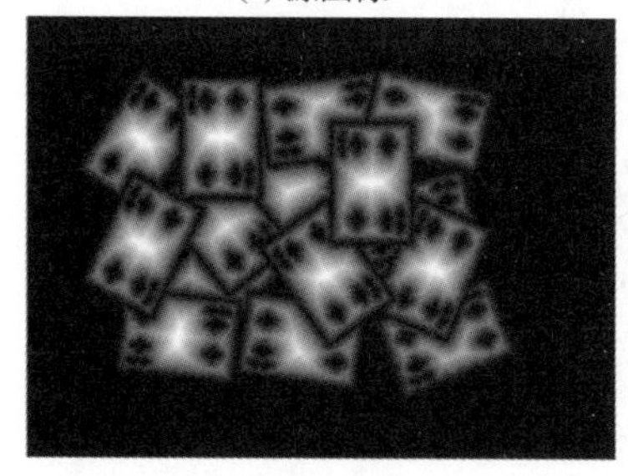

(c) 距离变换图像

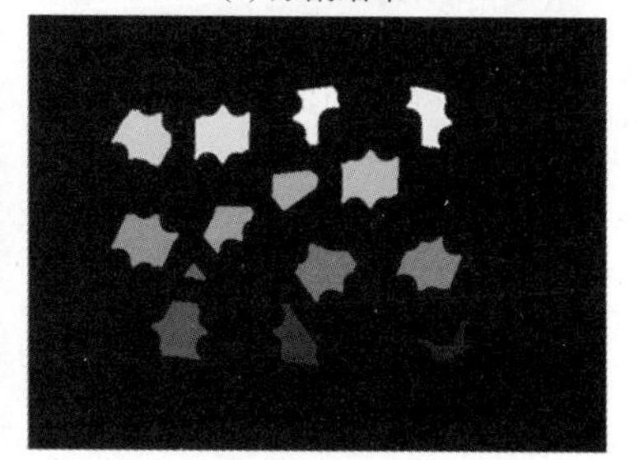

(d) 标记图像

图 7.2.7　基于标记点的分水岭算法：输入是彩色图像，标记图像是根据距离变换获得的

水岭算法对另一个图像的分割结果(见彩插4的第3行),这里输入分别是源图像(图7.2.8(a))和梯度模图像(图7.2.8(b)),标记图像(图7.2.8(f))是通过彩色Canny边缘图(图7.2.8(c))获取的,优先级就是梯度模图像的像素值。从图中可以看出,对于基于标记点的分水岭算法,使用原始的彩色图像作为输入和使用梯度模图像作为输入,分割结果非常相近,仅有一些细微的差异。

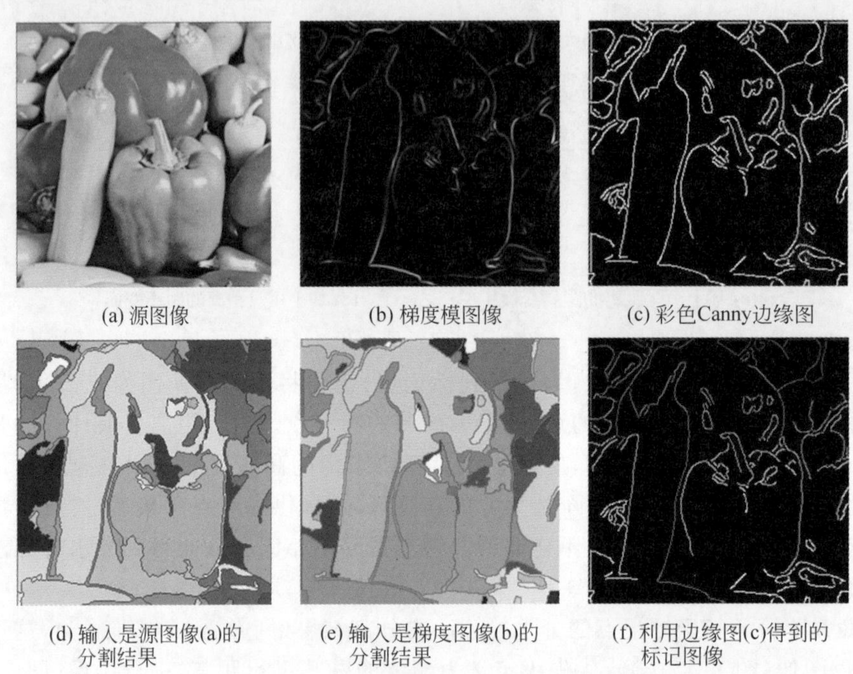

图7.2.8 基于标记点的分水岭算法:输入分别是原始的彩色图像(a)和梯度图像(b),标记图像是彩色Canny边缘图

7.3 基于聚类的分割方法

聚类(Clustering)方法根据彩色图像特征之间的相似度,把特征相似的像素归为一类,从而达到分割的目的。与基于像素的分割方法一样,聚类方法得到的分割结果中目标区域可能不是一个连通的区域(可能包含多个区域,甚至孤立点)。本节介绍4种经典的聚类分割方法。

- K-均值(K-means)算法。
- 模糊C-means(FCM)算法。
- 高斯混合模型聚类方法。
- 均值迁移分割方法。

7.3.1 K-means 算法

K-means算法[83-84]通过最小化一个目标函数,将图像像素分成K类。通过不断更新聚类中心,将每个图像像素归类到离它最近的聚类中心的类中。假设彩色图像$\boldsymbol{f}(x,y)$有N个像素,每个像素用一个特征矢量描述,这样得到N个特征矢量$\{\boldsymbol{x}_1,\boldsymbol{x}_2,\cdots,\boldsymbol{x}_N\}$(典型地,每个像素的特征矢量就是它的 R、G、B 颜色值，即第 k 个像素的特征矢量 $\boldsymbol{x}_k=[R_k,G_k,B_k]^{\mathrm{T}}$）。$K$-means 算法就是要在图像的特征空间寻找 K 个聚类中心 $\boldsymbol{\mu}=\{\boldsymbol{\mu}_1,\boldsymbol{\mu}_2,\cdots,\boldsymbol{\mu}_K\}$（$K$ 个矢量），将特征空间分割为 K 部分 $\boldsymbol{C}=\{\boldsymbol{C}_1,\boldsymbol{C}_2,\cdots,\boldsymbol{C}_K\}$（$\boldsymbol{C}_k$ 表示第 k 个分类的特征矢量的集合），使得下面的目标函数最小化：

$$J(\boldsymbol{C},\boldsymbol{\mu})=\sum_{k=1}^{K}\sum_{\boldsymbol{x}\in\boldsymbol{C}_k}D(\boldsymbol{x},\boldsymbol{\mu}_k) \tag{7.3.1}$$

其中，$D(\boldsymbol{V}_1,\boldsymbol{V}_2)$表示两个矢量 $\boldsymbol{V}_1$ 和 $\boldsymbol{V}_2$ 的距离，$D(\cdot)$的最简单形式是欧几里得距离。最小化目标函数一般采用爬山算法（Hill-Climbing），通过迭代搜索目标函数的极小值，直到相邻两次迭代的目标函数差值小于给定的阈值。算法 7.3.1 描述了 K-means 算法的实现步骤。

算法 7.3.1　K-means 算法

（1）在特征空间随机选择 K 个初始类中心 $\{\boldsymbol{\mu}_1^{(1)},\boldsymbol{\mu}_2^{(1)},\cdots,\boldsymbol{\mu}_K^{(1)}\}$，并令 K 个类为空 $\boldsymbol{C}_i^{(1)}=\varnothing(i=1,2,\cdots,K)$，$k=1$；

（2）在第 k 次迭代时，计算每个像素的特征矢量 $\boldsymbol{x}$ 到 K 个类中心 $\{\boldsymbol{\mu}_1^{(k)},\boldsymbol{\mu}_2^{(k)},\cdots,\boldsymbol{\mu}_K^{(k)}\}$ 的距离，把该像素归类到距离最近的类 $\boldsymbol{C}_i^{(k)}$，即 $\boldsymbol{C}_i^{(k+1)}=\boldsymbol{C}_i^{(k)}+\{\boldsymbol{x}\}$，如果

$$D(\boldsymbol{x},\boldsymbol{\mu}_i^{(k)})<D(\boldsymbol{x},\boldsymbol{\mu}_j^{(k)}),j=1,2,\cdots,K,j\neq i \tag{7.3.2}$$

（3）根据步骤（2）的结果，更新的 K 个聚类中心：

$$\boldsymbol{\mu}_i^{(k+1)}=\frac{1}{|\boldsymbol{C}_i^{(k+1)}|}\sum_{\boldsymbol{x}\in\boldsymbol{C}_i^{(k+1)}}\boldsymbol{x} \tag{7.3.3}$$

其中，$|\boldsymbol{C}_i^{(k+1)}|$表示集合 $\boldsymbol{C}_i^{(k+1)}$ 的大小，即元素的个数。

（4）如果对所有的类 $i=1,2,\cdots,K$ 有 $\boldsymbol{\mu}_i^{(k+1)}=\boldsymbol{\mu}_i^{(k)}$（或者 $\|\boldsymbol{\mu}_i^{(k+1)}-\boldsymbol{\mu}_i^{(k)}\|^2\leqslant\varepsilon$，$\varepsilon$ 是一个预定义的阈值），则算法收敛并结束；否则，令 $k=k+1$，转跳步骤（2）进行下一次迭代。

//算法结束

在 K-means 算法中，初始聚类中心的选择非常重要，合适的初始聚类中心能加快算法的收敛。人们提出一些初始聚类中心的选择方法。例如，可以利用直方图的峰-谷值确定初始聚类中心。

7.3.2　模糊 C-means 算法

将模糊规则引入 K-means 算法去计算每个像素属于每个类别的隶属度，就可得到模糊 K-means 算法（Fuzzy K-means），也叫模糊 C-means（Fuzzy-C-Means，FCM）[85]。在模糊 C-means 算法中（C 个类别），目标函数被定义为每个像素的特征矢量到所有类别中心的加权距离和，其中权值由模糊隶属函数计算。

FCM 算法是一种基于划分的聚类算法，它的思想是使得被划分到同一簇的对象之间相似度最大，不同簇之间的相似度最小。模糊 C-means 算法是普通 C-means 算法的改进，普通 C-means 算法对于数据的划分是硬性的，而 FCM 则是一种柔性的模糊划分。

模糊 C-means 聚类的目标是将 N 个特征矢量 $\{\boldsymbol{x}_1,\boldsymbol{x}_2,\cdots,\boldsymbol{x}_N\}$分成 C 组，并计算所有类别的聚类中心 $\boldsymbol{\mu}=\{\boldsymbol{\mu}_1,\boldsymbol{\mu}_2,\cdots,\boldsymbol{\mu}_C\}$（$C$ 个矢量），使得每个特征矢量到所有聚类中心的加权距离和最小。其中，权值是模糊隶属函数的值（取值为 0～1），表示每个特征矢量属于各个类别的程度。目标函数定义如下：

$$J_m(\boldsymbol{U},\boldsymbol{\mu}) = \sum_{i=1}^{N}\sum_{k=1}^{C}(u_{ik})^m(d_{ik})^2 \tag{7.3.4}$$

这里，$u_{ik}\in[0,1]$表示特征矢量$\boldsymbol{x}_i$属于第k类（中心矢量为$\boldsymbol{\mu}_k$）的模糊隶属值（概率）。d_{ik}表示$\boldsymbol{x}_i$和$\boldsymbol{\mu}_k$之间的距离。$m\geqslant 1$是模糊隶属函数的参数，其值越大，模糊性越强。$\boldsymbol{U}$是一个N行C列的隶属值矩阵，每行表示一个特征矢量属于C个类别的概率，即

$$\boldsymbol{U}_{N\times C} = \begin{bmatrix} u_{11} & u_{12} & \cdots & u_{1C} \\ u_{21} & u_{22} & \cdots & u_{2C} \\ \vdots & \vdots & \ddots & \vdots \\ u_{N1} & u_{N2} & \cdots & u_{NC} \end{bmatrix} \tag{7.3.5}$$

显然，任何一个特征矢量到所有类别的隶属值之和都应等于1：

$$\sum_{k=1}^{C} u_{ik} = 1,\ i = 1,2,\cdots,N \tag{7.3.6}$$

通过最小化$J_m(\boldsymbol{U},\boldsymbol{\mu})$确定隶属矩阵$\boldsymbol{U}$和聚类中心$\boldsymbol{\mu}=\{\boldsymbol{\mu}_1,\boldsymbol{\mu}_2,\cdots,\boldsymbol{\mu}_C\}$。为了在约束条件(7.3.6)下使得$J_m(\boldsymbol{U},\boldsymbol{\mu})$取最小值，需要利用拉格朗日乘子法构造新的函数：

$$J_m(\boldsymbol{U},\boldsymbol{\mu},\boldsymbol{\lambda}) = \sum_{i=1}^{N}\sum_{k=1}^{C}((u_{ik})^m\cdot(d_{ik})^2) + \sum_{i=1}^{N}\left(\lambda_i\cdot\left(\sum_{k=1}^{C}u_{ik}-1\right)\right) \tag{7.3.7}$$

$J_m(\boldsymbol{U},\boldsymbol{\mu})$取最小值的必要条件是：

$$\frac{\partial J_m}{\partial \lambda_i}=0,\quad \frac{\partial J_m}{\partial u_{ik}}=0,\quad \frac{\partial J_m}{\partial \boldsymbol{\mu}_k}=0 \tag{7.3.8}$$

于是，

$$\frac{\partial J_m}{\partial \lambda_i} = \sum_{k=1}^{C}u_{ik}-1=0$$

$$\frac{\partial J_m}{\partial u_{ik}} = m\cdot(u_{ik})^{m-1}\cdot(d_{ik})^2+\lambda_i=0$$

这样，当$m>1$时，

$$u_{ik}=\left(\frac{-\lambda_i}{m\cdot(d_{ik})^2}\right)^{\frac{1}{m-1}}=\left(\frac{-\lambda_i}{m}\right)^{\frac{1}{m-1}}\cdot\frac{1}{(d_{ik})^{\frac{2}{m-1}}}$$

$$1=\sum_{k=1}^{C}u_{ik}=\sum_{k=1}^{C}\left(\left(\frac{-\lambda_i}{m}\right)^{\frac{1}{m-1}}\cdot\frac{1}{(d_{ik})^{\frac{2}{m-1}}}\right)=\left(\frac{-\lambda_i}{m}\right)^{\frac{1}{m-1}}\cdot\sum_{k=1}^{C}\frac{1}{(d_{ik})^{\frac{2}{m-1}}}$$

因此，

$$u_{ik}=\left(\frac{-\lambda_i}{m}\right)^{\frac{1}{m-1}}\cdot\frac{1}{(d_{ik})^{\frac{2}{m-1}}}=\frac{1}{\sum\limits_{k=1}^{C}\frac{1}{(d_{ik})^{\frac{2}{m-1}}}}\cdot\frac{1}{(d_{ik})^{\frac{2}{m-1}}}=\frac{1}{\sum\limits_{j=1}^{C}\frac{1}{(d_{ij})^{\frac{2}{m-1}}}}\cdot\frac{1}{(d_{ik})^{\frac{2}{m-1}}}$$

所以，

$$u_{ik}=\frac{1}{\sum\limits_{j=1}^{C}\left(\frac{d_{ik}}{d_{ij}}\right)^{\frac{2}{m-1}}} \tag{7.3.9}$$

在式(7.3.9)中，使用欧几里得距离计算聚类中心矢量$\boldsymbol{\mu}_k$与特征矢量$\boldsymbol{x}_i$的距离d_{ik}。假设聚类中心矢量与特征矢量的维数为P，即

$$\boldsymbol{\mu}_k = [\mu_{k1}, \mu_{k2}, \cdots, \mu_{kP}]^{\mathrm{T}} \tag{7.3.10}$$

$$\boldsymbol{x}_i = [x_{i1}, x_{i2}, \cdots, x_{iP}]^{\mathrm{T}} \tag{7.3.11}$$

那么，

$$\begin{aligned} J_m(\boldsymbol{U},\boldsymbol{\mu},\boldsymbol{\lambda}) &= \sum_{i=1}^{N}\sum_{k=1}^{C}((u_{ik})^m \cdot (d_{ik})^2) + \sum_{i=1}^{N}\left(\lambda_i \cdot \left(\sum_{k=1}^{C} u_{ik} - 1\right)\right) \\ &= \sum_{i=1}^{N}\sum_{k=1}^{C}((u_{ik})^m \cdot \| x_i - \mu_k \|^2) + \sum_{i=1}^{N}\left(\lambda_i \cdot \left(\sum_{k=1}^{C} u_{ik} - 1\right)\right) \\ &= \sum_{i=1}^{N}\sum_{k=1}^{C}((u_{ik})^m \cdot \sum_{p=1}^{P}(x_{ip} - \mu_{kp})^2) + \sum_{i=1}^{N}\left(\lambda_i \cdot \left(\sum_{k=1}^{C} u_{ik} - 1\right)\right) \end{aligned}$$

$$\frac{\partial J_m}{\partial \mu_{kp}} = \sum_{i=1}^{N}(-2 \cdot (u_{ik})^m \cdot (x_{ip} - \mu_{kp}))$$

从而，

$$\frac{\partial J_m}{\partial \boldsymbol{\mu}_k} = \sum_{i=1}^{N}(-2 \cdot (u_{ik})^m \cdot (\boldsymbol{x}_i - \boldsymbol{\mu}_k)) = 0$$

得到，

$$\boldsymbol{\mu}_k = \frac{\sum_{i=1}^{N}((u_{ik})^m \cdot \boldsymbol{x}_i)}{\sum_{i=1}^{N}(u_{ik})^m} \tag{7.3.12}$$

综上所述，FCM算法的实现步骤可以总结如下。

算法 7.3.2 模糊 *C*-means 算法实现步骤

算法参数：假定需要分类的特征矢量为$\{\boldsymbol{x}_1, \boldsymbol{x}_2, \cdots, \boldsymbol{x}_N\}$，分类数为$C$、模糊度参数为$m(m>1)$、结束的条件（如迭代次数或2次迭代的误差等）；

(1) 用0～1的数随机初始化一个隶属度矩阵$\boldsymbol{U}$（大小为N行C列），并使每一行的元素之和为1；

(2) 根据式(7.3.12)计算聚类中心矢量$\boldsymbol{\mu}_k(k=1,2,\cdots,C)$；

(3) 更新隶属度矩阵$\boldsymbol{U}$：若$\boldsymbol{\mu}_k$与特征矢量$\boldsymbol{x}_i$的欧几里得距离$d_{ik}=0$，则$u_{ik}=0$；否则，利用式(7.3.9)更新$u_{ik}(i=1,2,\cdots,N; k=1,2,\cdots,C)$；

(4) 根据式(7.3.4)计算目标函数$J_m(\boldsymbol{U},\boldsymbol{\mu})$的值，若该值与前一次迭代目标函数的值的差小于预定的阈值，或者迭代次数达到预定的次数，则算法结束；否则，转跳到步骤(2)进入下一次迭代。

//算法结束

当算法结束后，利用隶属度矩阵$\boldsymbol{U}$决定每个特征矢量属于的类别。根据最大隶属度原则，对于$\boldsymbol{x}_i(i=1,2,\cdots,N)$，隶属度矩阵$\boldsymbol{U}$的第$i$行最大的元素所在的列就是$\boldsymbol{x}_i$的类别。

注意，在上面推导模糊隶属度u_{ik}时，假定$m>1$。当$m=1$时，就不能利用式(7.3.9)更新u_{ik}。事实上，$m=1$时，

$$\frac{\partial J_m}{\partial u_{ik}} = (d_{ik})^2 + \lambda_i \tag{7.3.13}$$

显然，从这个公式不能推导出u_{ik}。在这种情况下，可以假定：

$$u_{ik} = \begin{cases} 1, & x_i \in C_k \\ 0, & x_i \notin C_k \end{cases} \tag{7.3.14}$$

即 $\boldsymbol{x}_i$ 属于类 C_k 时($\boldsymbol{x}_i$ 与 $\boldsymbol{\mu}_k$ 的距离 d_{ik} 最小)$u_{ik}=1$,否则为 0。也就是说,隶属度矩阵 $\boldsymbol{U}$ 的每一行中只有一个元素为 1,其他都为 0。此时,式(7.3.12)所表示的聚类中心矢量 $\boldsymbol{\mu}_k$ 实际上就是类 C_k 的平均矢量。所以,当 $m=1$ 时,FCM 就退化成一种硬聚类方法(隶属度只有 0 和 1 两个值),等价于 K-means 算法。

7.3.3 高斯混合模型聚类方法

在模式识别和机器学习领域,高斯混合模型(Gaussian Mixture Model,GMM)是使用最广泛的概率密度模型。在包含多个目标的图像中,可以假定每个分割区域中像素的颜色服从某些高斯分布[2,86],那么整个图像的颜色分布可以表示为加权的高斯函数之和:

$$f(\boldsymbol{x} \mid \Theta)=\sum_{k=1}^{K}(w_k \cdot f_k(\boldsymbol{x} \mid \boldsymbol{\mu}_k,\boldsymbol{V}_k)) \tag{7.3.15}$$

这里,$w_k \geqslant 0$ 是第 k 个高斯分布的权值,满足 $\sum_{k=1}^{K} w_k=1$。$f_k(\boldsymbol{x}|\boldsymbol{\mu}_k,\boldsymbol{V}_k)$表示第 k 个高斯分布,$\boldsymbol{\mu}_k$ 和 $\boldsymbol{V}_k$ 是该高斯分布的均值矢量和协方差矩阵。

$\Theta=\{w_1,\boldsymbol{\mu}_1,\boldsymbol{V}_1;\ w_2,\boldsymbol{\mu}_2,\boldsymbol{V}_2;\cdots;\ w_K,\boldsymbol{\mu}_K,\boldsymbol{V}_K\}$表示所有 K 个高斯分布的权值及其参数的集合。对于 3 通道的 RGB 图像,$\boldsymbol{\mu}_k$ 是三维列矢量,$\boldsymbol{V}_k$ 是 3×3 的实对称矩阵。这时,高斯函数 $f_k(\boldsymbol{x}|\boldsymbol{\mu}_k,\boldsymbol{V}_k)$和协方差矩阵 $\boldsymbol{V}_k$ 分别为

$$f_k(\boldsymbol{x} \mid \boldsymbol{\mu}_k,\boldsymbol{V}_k)=\frac{1}{(2\pi)^{3/2} \cdot |\boldsymbol{V}_k|^{1/2}} \cdot \mathrm{e}^{-\frac{1}{2}(\boldsymbol{x}-\boldsymbol{\mu}_k)^{\mathrm{T}} \cdot \boldsymbol{V}_k \cdot (\boldsymbol{x}-\boldsymbol{\mu}_k)} \tag{7.3.16}$$

$$\boldsymbol{V}_k=\begin{bmatrix} v_{r,r,k} & v_{r,g,k} & v_{r,b,k} \\ v_{g,r,k} & v_{g,g,k} & v_{g,b,k} \\ v_{b,r,k} & v_{b,g,k} & v_{b,b,k} \end{bmatrix} \tag{7.3.17}$$

在式(7.3.17)中,对角线元素 $v_{r,r,k}$、$v_{g,g,k}$、$v_{b,b,k}$ 表示彩色图像中第 k 个目标区域的各个通道的方差,非对角线元素表示每 2 个通道的互相关系数。显然,$\boldsymbol{V}_k$ 是一个实对称矩阵。如果假定 3 个通道是相互独立的,则非对角线元素为 0,从而 $\boldsymbol{V}_k$ 变成一个对角矩阵。

如果参数 $\Theta=\{w_1,\boldsymbol{\mu}_1,\boldsymbol{V}_1;\ w_2,\boldsymbol{\mu}_2,\boldsymbol{V}_2;\cdots;\ w_K,\boldsymbol{\mu}_K,\boldsymbol{V}_K\}$被学习到,就可以对彩色图像中的像素进行分类。对于每个彩色像素 $\boldsymbol{x}_i$,利用式(7.3.16)计算它属于第 k $(k=1,2,\cdots,K)$ 类的概率 $f_k(\boldsymbol{x}|\boldsymbol{\mu}_k,\boldsymbol{V}_k)$,选取概率最大的类作为 $\boldsymbol{x}_i$ 的类别:

$$\boldsymbol{x}_i \in \text{class } k \Leftrightarrow \underset{k}{\operatorname{argmax}}\{f_k(\boldsymbol{x}_i \mid \boldsymbol{\mu}_k,\boldsymbol{V}_k),\ k=1,2,\cdots,K\} \tag{7.3.18}$$

协方差矩阵 $\boldsymbol{V}_k$ 代表了最可能属于第 k 个目标的颜色区域(范围)的形状和宽度。在通道值范围不同的颜色空间(如 CIELAB、HSI 等颜色空间)中进行图像分割时,这个性质特别有用。

为了求解参数 $\Theta=\{w_1,\boldsymbol{\mu}_1,\boldsymbol{V}_1;\ w_2,\boldsymbol{\mu}_2,\boldsymbol{V}_2;\cdots;\ w_K,\boldsymbol{\mu}_K,\boldsymbol{V}_K\}$,一般使用极大似然法估计这些参数。假定彩色图像有 N 个像素 $\boldsymbol{X}=\{\boldsymbol{x}_1,\boldsymbol{x}_2,\cdots,\boldsymbol{x}_N\}$,那么高斯混合模型(7.3.15)的似然函数(Likelihood Function)为

$$P(\boldsymbol{X} \mid \Theta)=\prod_{i=1}^{N} f(\boldsymbol{x}_i \mid \Theta)=\prod_{i=1}^{N}\sum_{k=1}^{K}(w_k \cdot f_k(\boldsymbol{x}_i \mid \boldsymbol{\mu}_k,\boldsymbol{V}_k)) \tag{7.3.19}$$

使得 $P(\boldsymbol{X}|\Theta)$取得最大值的参数 Θ 就是 Θ 的极大似然估计。对式(7.3.19)取 log(对数),得到 log 似然函数:

$$\log P(\boldsymbol{X} \mid \Theta)=\sum_{i=1}^{N}\log\left(\sum_{k=1}^{K}(w_k \cdot f_k(\boldsymbol{x}_i \mid \boldsymbol{\mu}_k,\boldsymbol{V}_k))\right) \tag{7.3.20}$$

因此，Θ 的极大似然估计为

$$\hat{\Theta}=\underset{\Theta}{\operatorname{argmax}}\{\log P(\boldsymbol{X} \mid \Theta)\} \tag{7.3.21}$$

一般地，可以用求导的方法计算 GMM 参数的估计值，但是在约束条件 $\sum_{k=1}^{K} w_k=1(w_k \geqslant 0)$下，求导的方法无法完成参数 Θ 的估计。为此，可以使用 EM 算法[87-88]计算 GMM 模型的参数值。EM 算法是一个在数据不完备(部分数据缺失)的情况下搜索极大似然法参数的迭代方法。在图像分割的 GMM 模型中，图像的像素集 $\boldsymbol{X}$ 被看作一个不完整数据，丢失部分是一个标签集(表示每个像素由哪个高斯组件产生)。EM 算法包括两个基本步骤：估计未知参数的期望值，给出当前的参数估计(E 步骤)；重新估计分布参数，使得数据的似然性最大(M 步骤)。重复这两个步骤，直到收敛。

算法 7.3.3 GMM 聚类算法的实现步骤

---

(1) 初始化所有参数：K 个高斯组件的均值矢量 $\boldsymbol{\mu}_1,\boldsymbol{\mu}_2,\cdots,\boldsymbol{\mu}_K$ 和协方差矩阵 $\boldsymbol{V}_1,\boldsymbol{V}_2,\cdots,\boldsymbol{V}_K$，以及权值 $w_1,w_2,\cdots,w_K$。一种初始化的方法是将图像划分为 K 个大小相同的区域，将 $\boldsymbol{\mu}_1,\boldsymbol{\mu}_2,\cdots,\boldsymbol{\mu}_K$ 定义为这 K 个区域的均值矢量；每个协方差矩阵定义为 3×3 的单位矩阵；每个权值设置为 $1/K$。

(2) 计算每个像素 $\boldsymbol{x}_i$ 来自第 k $(k=1,2,\cdots,K)$个高斯组件的概率 $p(\boldsymbol{C}_k|\boldsymbol{x}_i,\Theta)$：

$$p(\boldsymbol{C}_k \mid \boldsymbol{x}_i,\Theta)=\frac{w_k \cdot f_k(\boldsymbol{x}_i \mid \boldsymbol{\mu}_k,\boldsymbol{V}_k)}{\sum_{c=1}^{K}(w_c \cdot f_c(\boldsymbol{x}_i \mid \boldsymbol{\mu}_c,\boldsymbol{V}_c))} \tag{7.3.22}$$

(3) 更新每个高斯组件的权值、均值矢量、协方差矩阵：

$$w_k^{\text{new}}=\frac{1}{N}\sum_{i=1}^{N}p(\boldsymbol{C}_k \mid \boldsymbol{x}_i,\Theta) \tag{7.3.23}$$

$$\boldsymbol{\mu}_k^{\text{new}}=\frac{\sum_{i=1}^{N}(\boldsymbol{x}_i \cdot p(\boldsymbol{C}_k \mid \boldsymbol{x}_i,\Theta))}{\sum_{i=1}^{N}p(\boldsymbol{C}_k \mid \boldsymbol{x}_i,\Theta)} \tag{7.3.24}$$

$$\boldsymbol{V}_k^{\text{new}}=\frac{\sum_{i=1}^{N}(p(\boldsymbol{C}_k \mid \boldsymbol{x}_i,\Theta) \cdot (\boldsymbol{x}_i-\boldsymbol{\mu}_k^{\text{new}}) \cdot (\boldsymbol{x}_i-\boldsymbol{\mu}_k^{\text{new}})^{\mathrm{T}})}{\sum_{i=1}^{N}p(\boldsymbol{C}_k \mid \boldsymbol{x}_i,\Theta)} \tag{7.3.25}$$

(4) 重复步骤(2)和(3)，直到式(7.3.20)表示的 log 似然函数 $\log P(\boldsymbol{X}|\Theta)$的值变化小于某个阈值，或者达到预定的迭代次数。

//算法结束

7.3.4 均值迁移分割方法

均值迁移(Mean Shift)是基于概率密度的非参数聚类算法[89-90]，通过在空间-颜色联合域上估计密度函数的梯度实现空间-颜色联合数据的聚类。均值迁移算法的思想是假设同一区域的数据服从相同的概率密度分布，而区域内密度最高的样本点对应该分布的最大值。算法的本质是求解概率密度函数的局部极大值，这可通过密度函数的梯度下降法实现。如

果每个样本点沿着密度增长最大的方向移动(移动的矢量称为 Mean Shift),则最终会收敛于密度最高的样本点。因此,收敛于同一点的样本属于同一区域,从而实现了数据聚类(分割)。均值迁移在图像处理和计算机视觉领域的应用非常广泛,如图像滤波和分割、数据聚类、目标跟踪等。

给定一个 d 维空间的点集 $\{\boldsymbol{x}_1,\boldsymbol{x}_2,\cdots,\boldsymbol{x}_n\}$、核函数 $K(\boldsymbol{x})$ 和窗口半径(带宽) h,则在点 $\boldsymbol{x}$ 处的 d 维变量核密度估计为[91]

$$\hat{f}(\boldsymbol{x})=\frac{1}{nh^d}\sum_{i=1}^{n}K\left(\frac{\boldsymbol{x}-\boldsymbol{x}_i}{h}\right) \tag{7.3.26}$$

使式(7.3.26)和真实的密度函数的平均全局误差最小的核函数是 Epanechnikov 多维核函数:

$$K_E(\boldsymbol{x})=\begin{cases}\dfrac{d+2}{2\,c_d}(1-\|\boldsymbol{x}\|^2), & \|\boldsymbol{x}\|\leqslant 1\\ 0, & 其他\end{cases} \tag{7.3.27}$$

这里,c_d 是 d 维单位球的体积。

另外一个常用的 d 维核函数是高斯(正态)核:

$$K_N(\boldsymbol{x})=\frac{1}{(2\pi)^{d/2}}\exp\left(-\frac{\|\boldsymbol{x}\|^2}{2}\right) \tag{7.3.28}$$

综合式(7.3.27)和式(7.3.28),式(7.3.26)可写为

$$\hat{f}(\boldsymbol{x})=\frac{1}{nh^d}\sum_{i=1}^{n}k\left(\left\|\frac{\boldsymbol{x}-\boldsymbol{x}_i}{h}\right\|^2\right) \tag{7.3.29}$$

其中,对于 Epanechnikov 核函数(7.3.27)

$$k(x)=\begin{cases}\dfrac{d+2}{2\,c_d}(1-x), & x\leqslant 1\\ 0, & 其他\end{cases} \tag{7.3.30}$$

对于高斯(正态)核函数(7.3.28),

$$k(x)=\frac{1}{(2\pi)^{d/2}}\exp\left(-\frac{x}{2}\right) \tag{7.3.31}$$

记 $\begin{cases}\boldsymbol{x}=[x_1,x_2,\cdots,x_d]^{\mathrm{T}}\\ \boldsymbol{x}_i=[x_{i1},x_{i2},\cdots,x_{id}]^{\mathrm{T}}\end{cases}$ 和 $g(x)=k'(x)$,则有

$$\begin{aligned}\frac{\partial\hat{f}(\boldsymbol{x})}{\partial x_j}&=\frac{1}{nh^d}\cdot\frac{\partial}{\partial x_j}\sum_{i=1}^{n}k\left(\left\|\frac{\boldsymbol{x}-\boldsymbol{x}_i}{h}\right\|^2\right)\\ &=\frac{1}{nh^d}\cdot\sum_{i=1}^{n}\left(\frac{\partial}{\partial x_j}k\left(\left\|\frac{\boldsymbol{x}-\boldsymbol{x}_i}{h}\right\|^2\right)\right)\\ &=\frac{1}{nh^d}\cdot\sum_{i=1}^{n}\left(k'\left(\left\|\frac{\boldsymbol{x}-\boldsymbol{x}_i}{h}\right\|^2\right)\cdot\frac{\partial}{\partial x_j}\left\|\frac{\boldsymbol{x}-\boldsymbol{x}_i}{h}\right\|^2\right)\\ &=\frac{1}{nh^{d+2}}\cdot\sum_{i=1}^{n}\left(k'\left(\left\|\frac{\boldsymbol{x}-\boldsymbol{x}_i}{h}\right\|^2\right)\cdot\frac{\partial}{\partial x_j}\left(\sum_{l=1}^{d}(x_l-x_{il})^2\right)\right)\\ &=\frac{2}{nh^{d+2}}\cdot\sum_{i=1}^{n}\left(g\left(\left\|\frac{\boldsymbol{x}-\boldsymbol{x}_i}{h}\right\|^2\right)\cdot(x_j-x_{ij})\right)\end{aligned}$$

$$\nabla \hat{f}(\boldsymbol{x})=\left[\frac{\partial \hat{f}(\boldsymbol{x})}{\partial x_1},\frac{\partial \hat{f}(\boldsymbol{x})}{\partial x_2},\cdots,\frac{\partial \hat{f}(\boldsymbol{x})}{\partial x_d}\right]^{\mathrm{T}}=\frac{2}{nh^{d+2}}\begin{bmatrix}\sum_{i=1}^{n}\left(g\left(\left\|\frac{\boldsymbol{x}-\boldsymbol{x}_i}{h}\right\|^2\right)\cdot(x_1-x_{i1})\right)\\ \sum_{i=1}^{n}\left(g\left(\left\|\frac{\boldsymbol{x}-\boldsymbol{x}_i}{h}\right\|^2\right)\cdot(x_2-x_{i2})\right)\\ \cdots\cdots\\ \sum_{i=1}^{n}\left(g\left(\left\|\frac{\boldsymbol{x}-\boldsymbol{x}_i}{h}\right\|^2\right)\cdot(x_d-x_{id})\right)\end{bmatrix}$$

即

$$\begin{aligned}\nabla \hat{f}(\boldsymbol{x})&=\left[\frac{\partial \hat{f}(\boldsymbol{x})}{\partial x_1},\frac{\partial \hat{f}(\boldsymbol{x})}{\partial x_2},\cdots,\frac{\partial \hat{f}(\boldsymbol{x})}{\partial x_d}\right]^{\mathrm{T}}\\&=\frac{2}{nh^{d+2}}\cdot\sum_{i=1}^{n}\left(g\left(\left\|\frac{\boldsymbol{x}-\boldsymbol{x}_i}{h}\right\|^2\right)(\boldsymbol{x}-\boldsymbol{x}_i)\right)\end{aligned}\tag{7.3.32}$$

式(7.3.32)就是 d 维核密度函数的梯度估计。

$$\begin{aligned}\nabla \hat{f}(\boldsymbol{x})&=\frac{2}{nh^{d+2}}\cdot\sum_{i=1}^{n}\left(g\left(\left\|\frac{\boldsymbol{x}-\boldsymbol{x}_i}{h}\right\|^2\right)\cdot(\boldsymbol{x}-\boldsymbol{x}_i)\right)\\&=\frac{2}{nh^{d+2}}\cdot\sum_{i=1}^{n}\left(\boldsymbol{x}\cdot g\left(\left\|\frac{\boldsymbol{x}-\boldsymbol{x}_i}{h}\right\|^2\right)-\boldsymbol{x}_i\cdot g\left(\left\|\frac{\boldsymbol{x}-\boldsymbol{x}_i}{h}\right\|^2\right)\right)\\&=\frac{2}{nh^{d+2}}\cdot\left(\boldsymbol{x}\cdot\sum_{i=1}^{n}g\left(\left\|\frac{\boldsymbol{x}-\boldsymbol{x}_i}{h}\right\|^2\right)-\sum_{i=1}^{n}\left(\boldsymbol{x}_i\cdot g\left(\left\|\frac{\boldsymbol{x}-\boldsymbol{x}_i}{h}\right\|^2\right)\right)\right)\\&=\frac{2}{nh^{d+2}}\cdot\left(\sum_{i=1}^{n}g\left(\left\|\frac{\boldsymbol{x}-\boldsymbol{x}_i}{h}\right\|^2\right)\right)\cdot\left(\boldsymbol{x}-\frac{\sum_{i=1}^{n}\left(\boldsymbol{x}_i\cdot g\left(\left\|\frac{\boldsymbol{x}-\boldsymbol{x}_i}{h}\right\|^2\right)\right)}{\sum_{i=1}^{n}g\left(\left\|\frac{\boldsymbol{x}-\boldsymbol{x}_i}{h}\right\|^2\right)}\right)\end{aligned}$$

在上面的梯度公式中，$\frac{2}{nh^{d+2}}\cdot\left(\sum_{i=1}^{n}g\left(\left\|\frac{\boldsymbol{x}-\boldsymbol{x}_i}{h}\right\|^2\right)\right)$ 的值一般都不会等于0，后面的括号部分包含了样本的均值迁移矢量(负方向)，记

$$M_h(\boldsymbol{x})=\boldsymbol{x}-\frac{\sum_{i=1}^{n}\left(\boldsymbol{x}_i\cdot g\left(\left\|\frac{\boldsymbol{x}-\boldsymbol{x}_i}{h}\right\|^2\right)\right)}{\sum_{i=1}^{n}g\left(\left\|\frac{\boldsymbol{x}-\boldsymbol{x}_i}{h}\right\|^2\right)}\tag{7.3.33}$$

那么，每次均值迁移后得到新的 d 维矢量：

$$\boldsymbol{y}=\frac{\sum_{i=1}^{n}\left(\boldsymbol{x}_i\cdot g\left(\left\|\frac{\boldsymbol{x}-\boldsymbol{x}_i}{h}\right\|^2\right)\right)}{\sum_{i=1}^{n}g\left(\left\|\frac{\boldsymbol{x}-\boldsymbol{x}_i}{h}\right\|^2\right)}\tag{7.3.34}$$

式(7.3.34)就是样本点每次迁移后新的位置。

对于 Epanechnikov 核函数(7.3.27)，

$$g(x)=k'(x)=\begin{cases}-\frac{d+2}{2c_d}, & x\leqslant 1\\ 0, & \text{其他}\end{cases}$$

式(7.3.32)表示的 d 维核密度函数的梯度估计和式(7.3.34)表示的迁移(目的)矢量可简化为

$$\begin{aligned}\nabla \hat{f}(\boldsymbol{x}) &= \frac{2}{nh^{d+2}} \cdot \sum_{i=1}^{n}\left(g\left(\left\|\frac{\boldsymbol{x}-\boldsymbol{x}_i}{h}\right\|^2\right)(\boldsymbol{x}-\boldsymbol{x}_i)\right) \\ &= -\frac{2}{nh^{d+2}}\frac{d+2}{2c_d} \cdot \sum_{i=1}^{n}(\boldsymbol{x}-\boldsymbol{x}_i) \\ &= \frac{1}{h^{d+2}}\frac{d+2}{c_d} \cdot \left(\frac{1}{n}\sum_{i=1}^{n}\boldsymbol{x}_i-\boldsymbol{x}\right)\end{aligned} \tag{7.3.35}$$

$$\boldsymbol{y} = \frac{\sum_{i=1}^{n}\left(\boldsymbol{x}_i \cdot g\left(\left\|\frac{\boldsymbol{x}-\boldsymbol{x}_i}{h}\right\|^2\right)\right)}{\sum_{i=1}^{n} g\left(\left\|\frac{\boldsymbol{x}-\boldsymbol{x}_i}{h}\right\|^2\right)} = \frac{1}{n}\sum_{i=1}^{n}\boldsymbol{x}_i \tag{7.3.36}$$

对于高斯(正态)核函数(7.3.28),

$$g(x) = k'(x) = \frac{-1}{2 \cdot (2\pi)^{d/2}} \exp\left(-\frac{x}{2}\right)$$

式(7.3.32)表示的核密度函数的梯度估计和式(7.3.34)表示的迁移(目的)矢量可简化为

$$\begin{aligned}\nabla \hat{f}(\boldsymbol{x}) &= \frac{2}{nh^{d+2}} \cdot \sum_{i=1}^{n}\left(g\left(\left\|\frac{\boldsymbol{x}-\boldsymbol{x}_i}{h}\right\|^2\right)(\boldsymbol{x}-\boldsymbol{x}_i)\right) \\ &= -\frac{2}{nh^{d+2}} \cdot \sum_{i=1}^{n}\left(\frac{-1}{2 \cdot (2\pi)^{d/2}} \exp\left(-\frac{1}{2}\left\|\frac{\boldsymbol{x}-\boldsymbol{x}_i}{h}\right\|^2\right)(\boldsymbol{x}-\boldsymbol{x}_i)\right) \\ &= \frac{1}{nh^{d+2}} \cdot \frac{1}{(2\pi)^{d/2}} \cdot \sum_{i=1}^{n}\left(\exp\left(-\frac{1}{2}\left\|\frac{\boldsymbol{x}-\boldsymbol{x}_i}{h}\right\|^2\right)(\boldsymbol{x}-\boldsymbol{x}_i)\right)\end{aligned} \tag{7.3.37}$$

$$\boldsymbol{y} = \frac{\sum_{i=1}^{n}\left(\boldsymbol{x}_i \cdot g\left(\left\|\frac{\boldsymbol{x}-\boldsymbol{x}_i}{h}\right\|^2\right)\right)}{\sum_{i=1}^{n} g\left(\left\|\frac{\boldsymbol{x}-\boldsymbol{x}_i}{h}\right\|^2\right)} = \frac{\sum_{i=1}^{n}\left(\boldsymbol{x}_i \cdot \exp\left(-\frac{\|\boldsymbol{x}-\boldsymbol{x}_i\|^2}{2h^2}\right)\right)}{\sum_{i=1}^{n} \exp\left(-\frac{\|\boldsymbol{x}-\boldsymbol{x}_i\|^2}{2h^2}\right)} \tag{7.3.38}$$

对每个样本点不断进行上面的均值迁移,最终会收敛到某个点上(密度最大的点)。Comaniciu 和 Meet 证明了算法的收敛性[90]。

图 7.3.1 显示了 Mean Shift 的迁移过程。每次迁移时,以该点为中心,利用带宽参数确定单位球体的样本点,计算迁移矢量并移动到新的位置,不断重复这个过程,直到收敛于密度最大的点。

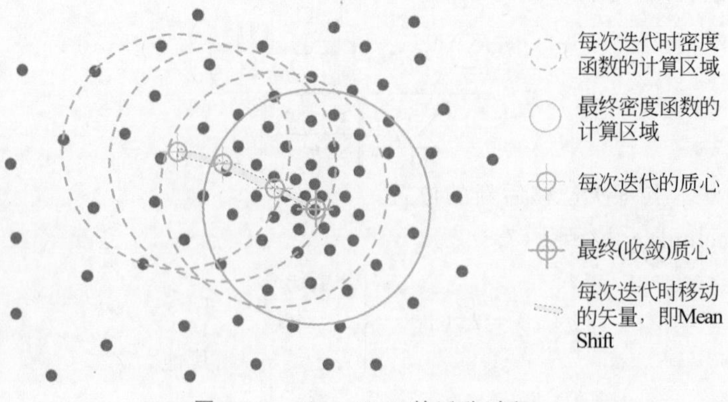

图 7.3.1　Mean Shift 的迁移过程

将均值迁移算法应用到图像分割时，将像素的空间位置和颜色矢量组成新的样本空间，在新的样本空间内对每个点进行均值迁移，直到收敛。收敛于同一点的像素属于同一区域，从而实现图像分割。算法 7.3.4 描述了基于 Mean Shift 的彩色图像分割算法。

算法 7.3.4　基于 Mean Shift 的彩色图像分割算法

输入：$\boldsymbol{I}$　原始 RGB 彩色图像，共 N 个像素

σ_r, σ_s　颜色域带宽和空间域带宽

K　核函数类型（0＝Epanechnikov 核函数，1＝Gaussian 核函数，等等）

ε　迁移距离小于该阈值时表示收敛

δ　将颜色距离小于 δ 的邻接像素聚类到一起

M　最小区域的大小

输出：$\boldsymbol{Y}$ 图像，标记每个像素的分割结果的图像（标签）

（1）利用带宽参数将像素的位置(x,y)和颜色值(R, G, B)归一化，并组成空间-颜色联合域的五维空间数据：$(x/\sigma_s, y/\sigma_s, R/\sigma_r, G/\sigma_r, B/\sigma_r)$，从而得到矢量图像 $\boldsymbol{V}$（共 N 个像素，每个像素是一个五维的矢量）；

（2）初始化矢量图像 $\boldsymbol{U}$（大小与 $\boldsymbol{V}$ 相同，像素矢量可任意设置），用于记录 $\boldsymbol{V}$ 中每个像素的模式数据（收敛点）；

（3）对五维空间 $\boldsymbol{V}$ 中的每个点进行 Mean Shift 操作，直到收敛：

for $k=1$ to N **do** {

　　$\boldsymbol{x}=\boldsymbol{V}(k)=[x, y, r, g, b]$

　　while (**true**) **do** {　　　　//对样本点 $\boldsymbol{x}$ 做 Mean Shift，直到收敛

　　　　在以 $\boldsymbol{x}$ 为中心的单位球体内搜索样本点，假设为$\{\boldsymbol{x}_1, \boldsymbol{x}_2, \cdots, \boldsymbol{x}_n\}$；

　　　　利用下面的公式计算新的位置：

$$
\boldsymbol{y}=\begin{cases}\dfrac{\sum\limits_{i=1}^{n}\left(\boldsymbol{x}_i \cdot \exp\left(-\dfrac{1}{2}\|\boldsymbol{x}-\boldsymbol{x}_i\|^2\right)\right)}{\sum\limits_{i=1}^{n}\exp\left(-\dfrac{1}{2}\|\boldsymbol{x}-\boldsymbol{x}_i\|^2\right)}, & K \text{ 是 Gaussian 核函数} \\ \dfrac{1}{n}\sum\limits_{i=1}^{n}\boldsymbol{x}_i, & K \text{ 是 Epanechnikov 核函数}\end{cases}
$$

　　　　if $\|\boldsymbol{y}-\boldsymbol{x}\|<\varepsilon$ **then** {　　　　//满足收敛条件

　　　　　　$\boldsymbol{U}(k)=\boldsymbol{x}$　　　　//记录 $\boldsymbol{V}$ 中每个像素矢量的模式数据

　　　　　　break　　　　//跳出 while 循环（处理下一个样本点）

　　　　} //end if

　　　　$\boldsymbol{x}=\boldsymbol{y}$

　　} //end while

} //end for

（4）从空间-颜色联合域的模式图像 $\boldsymbol{U}$ 中获取颜色图像 $\boldsymbol{Y}$（简称为**模式图像**）：

记 $\boldsymbol{U}(k)=[x_k, y_k, r_k, g_k, b_k]$，那么 $\boldsymbol{Y}(k)=\sigma_r \cdot [r_k, g_k, b_k]$

（5）利用区域生长算法在图像 $\boldsymbol{Y}$ 中将颜色距离小于 δ 的邻接像素聚类到一起，并对每个区域进行编号；

（6）将图像 $\boldsymbol{Y}$ 中面积小于 M 的邻接区域合并到邻接区域。

//算法结束

在算法 7.3.4 中，颜色域带宽 σ_r 和空间域带宽 σ_s 是两个重要的参数，决定参与计算迁移矢量的样本数据范围。σ_r 和 σ_s 越大，参与计算迁移矢量的样本数据数越多，分割出的区域数越少。

图 7.3.2 和图 7.3.3 分别显示了使用 Epanechnikov 和 Gaussian 核函数及不同的带宽参数对 Peppers 图像（见图 7.2.8(a)）进行 Mean Shift 分割的结果。其中，图 7.3.2(a)为模式图

像(每个像素的 Mean Shift 收敛结果),图 7.3.2(b)和图 7.3.2(c)是对模式图像进行区域生长和区域合并得到的分割结果(分别使用模式颜色和新的随机颜色填充每个区域)。从图中可以看出,带宽越大,模式图像越平滑,分割出的区域数就越少。

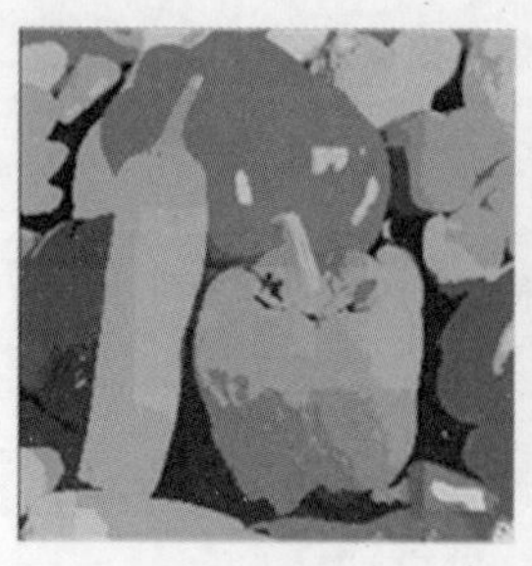
(a) 模式图像
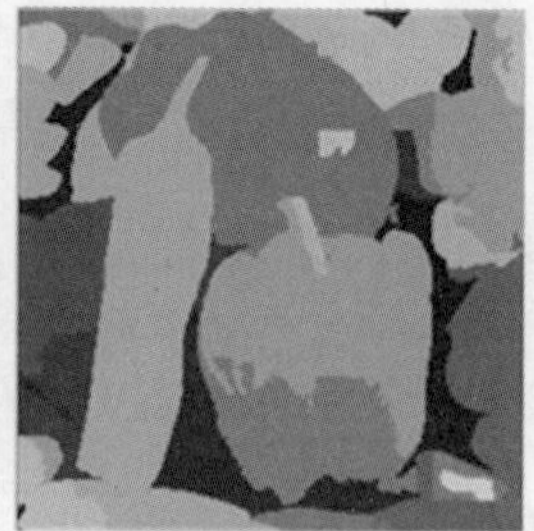
(b) 分割结果(用模式颜色填充)

(c) 分割结果(用随机颜色填充)

图 7.3.2 均值迁移算法(Epanechnikov 核函数, $M=200, \sigma_r=60, \sigma_s=30$)

(a) 模式图像
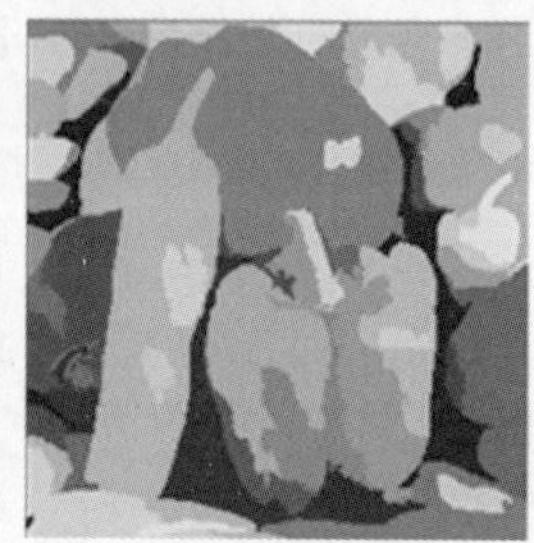
(b) 分割结果(用模式颜色填充)

(c) 分割结果(用随机颜色填充)

图 7.3.3 均值迁移算法(Gaussian 核函数, $M=200, \sigma_r=30, \sigma_s=10$)

7.4 基于能量泛函的分割方法

基于能量泛函的分割方法主要指基于活动轮廓模型(Active Contour Model)的分割方法,其基本思想是使用闭合的曲线表达目标的边缘。基于曲线定义一个能量泛函,能量函数包括内部能量(用于规范曲线形状)和外部能量(用于规范曲线与目标物体轮廓线接近程度)。内部能量变小会导致曲线向物体内部紧缩并保持平滑,而外部能量变小则会使得曲线贴近目标的轮廓线。当能量泛函达到最小值时,曲线位置就是目标的实际轮廓,从而分割出目标。因此,图像分割就转变为求解能量泛函的最小值的问题。

按照模型中曲线的表达形式,活动轮廓模型可分为两类:参数活动轮廓模型(Parametric Active Contour Model)和几何活动轮廓模型(Geometric Active Contour Model)。

参数活动轮廓模型使用参数显式地表达曲线,代表性模型是 Kass 等 1988 年提出的 Snake 模型[92]。Snake 模型是图像分割领域中的一个重大突破,自从 Snake 模型被提出后,人们进行了大量研究,提出很多改进型的 Snake[93-94]。参数活动轮廓模型具有较低的时间复杂度,但是该类模型容易受噪声影响,对初始轮廓位置敏感(分割结果与初始曲线的位置有关),难以处理拓扑结构复杂的图像,也难以收敛到曲率高的边缘。此外,其能量泛函只依赖于曲线的参数,与物体的几何形状无关,这也影响分割性能。

几何活动轮廓模型不使用参数显式地表达曲线，而是利用三维曲面与水平面的交线表达二维曲线(通过水平集隐式表达二维曲线)。Caselles[95]和Malladi[96]等相继提出非参数化的几何活动轮廓模型。该方法将水平集方法引入活动轮廓模型(隐式地表示曲线)。因此，几何活动轮廓模型也被称为基于水平集的活动轮廓模型。该类模型将曲线嵌入一个三维曲面的零水平集中，通过演化三维曲面获取最后的轮廓曲线。这类方法无须追踪曲线的演化过程，可以较好地适应复杂的拓扑结构，对初始轮廓位置也不敏感。然而，此类方法的计算复杂度非常高。根据构造能量函数所利用的信息类型，几何活动轮廓模型可分成基于边缘的活动轮廓模型和基于区域的活动轮廓模型。基于边缘的活动轮廓模型[95-97]，一般都是基于图像梯度构造能量函数，因此对噪声很敏感。基于区域的活动轮廓模型利用区域的统计信息构造能量函数，一定程度上克服了基于边缘的活动轮廓模型的缺陷(如对噪声、初始条件敏感等问题)。基于区域的活动轮廓模型的经典方法是 Mumford-Shah (MS) 模型[98]，其基本思想是使用分段平滑的函数拟合不同区域的灰度值，通过最小化相应的能量函数获得最佳的拟合函数以及各区域的边界。由于该方法考虑了区域统计信息，且不依赖边缘梯度，因而解决了初始曲线位置的选择问题，并且对模糊边界有较好的鲁棒性，但是计算复杂度非常高。为了提升 MS 模型的实用性，Chan 和 Vese 在 MS 模型的基础上用简化的分段常数函数替换原本的光滑逼近分段函数，提出了著名的 Chan-Vese 模型(简称 **C-V** 模型)[99]。C-V 模型是基于区域的活动轮廓模型中的里程碑式的方法。**C-V** 模型只能进行单目标分割，对前景和背景灰度值均匀且均值不同的图像有良好的分割效果，对灰度不均匀的图像分割效果则比较差。为此，人们对 C-V 模型进行了大量研究[100-102]。Vese 和 Chan 将单水平集的 C-V 模型推广到多水平集的分片光滑(Piecewise Smooth，PS)模型[100]，实现多目标分割并改善对灰度不均匀的图像的分割效果。然而，该方法的计算复杂度也很高，而且需要设置多个初始轮廓。

7.4.1 活动轮廓

Snake 模型[92]是经典的参数活动轮廓(Snake)模型。该模型使用参数表示轮廓线，将轮廓线作为自变量构建出一个能量泛函，在内力与外力的协同控制下促使轮廓线向目标边界演化，当能量最小时闭合轮廓线构成的区域就是所需分割的目标。

假设 $v(s)=(x(s),y(s))(s\in[0,1])$表示一条封闭的曲线，即 $v(0)=v(1)$。定义曲线的能量，使得该曲线在目标轮廓处能量最小，该能量泛函被定义为

$$E_{\text{snake}}=\int_0^1(E_{\text{int}}(v(s))+E_{\text{ext}}(v(s)))\mathrm{d}s \tag{7.4.1}$$

其中，$E_{\text{int}}(\cdot)$是轮廓曲线 $v(s)$弯曲产生的内部能量，约束 Snake 轮廓曲线的连续性和平滑性；$E_{\text{ext}}(\cdot)$为外部能量，反映了图像特征(边缘纹理结构等)和一些外部约束对曲线演化所起的作用。

内部能量 $E_{\text{int}}(\cdot)$定义为

$$E_{\text{int}}(v(s))=\frac{\alpha}{2}\cdot|v'(s)|^2+\frac{\beta}{2}\cdot|v''(s)|^2 \tag{7.4.2}$$

式(7.4.2)中，第 1 项是 $v(s)$的一阶导数的模，反映了曲线的平滑程度，称为弹性能量。第 2 项是 $v(s)$的二阶导数的模，反映了曲线的弯曲程度(切线斜率的变化率)，称为弯曲能量。

弹性能量和弯曲能量合称内部能量(内部力),控制轮廓线的弹性形变。最小化式(7.4.2)可以使得轮廓线在演化过程中变得圆滑和连续。在迭代过程中,弹性能量驱使轮廓演化为光滑的圆,弯曲能量将轮廓拉成光滑的曲线或直线。α 和 β 是两个常量系数,决定曲线可以伸展和弯曲的程度。α 越大轮廓收敛越快,β 越大轮廓就越光滑。

外部能量 $E_{\text{ext}}(\cdot)$ 由图像力 $E_{\text{img}}(\cdot)$ 和外部约束力 $E_{\text{con}}(\cdot)$ 组成:

$$E_{\text{ext}}(v(s))=E_{\text{img}}(v(s))+E_{\text{con}}(v(s)) \tag{7.4.3}$$

其中,$E_{\text{img}}(\cdot)$ 表示曲线内部区域的影响力,$E_{\text{con}}(\cdot)$ 定义了 Snake 的外部约束力。

外部约束力 $E_{\text{con}}(\cdot)$ 一般用于特定的应用场所,根据先验知识定义专用的 $E_{\text{con}}(\cdot)$。一般情况下,可设 $E_{\text{con}}(\cdot)=0$。

图像力 $E_{\text{img}}(\cdot)$ 使得曲线向具有显著性特征的位置(如直线、边缘等)演化,它由直线能量 $E_{\text{line}}(\cdot)$、边缘能量 $E_{\text{edge}}(\cdot)$ 和停止项 $E_{\text{term}}(\cdot)$ 组成:

$$E_{\text{img}}=w_{\text{line}}\cdot E_{\text{line}}+w_{\text{edge}}\cdot E_{\text{edge}}+w_{\text{term}}\cdot E_{\text{term}} \tag{7.4.4}$$

直线能量 $E_{\text{line}}(\cdot)$ 吸引轮廓线演化向直线靠近,可以简单地定义为图像 $I(x,y)$ 的像素值(或彩色像素的矢量模):

$$E_{\text{line}}=|I(x,y)| \tag{7.4.5}$$

当权重 $w_{\text{line}}<0$ 时吸引轮廓线向亮的直线演化,$w_{\text{line}}>0$ 时吸引轮廓线向暗的直线演化。

边缘能量 $E_{\text{edge}}(\cdot)$ 吸引曲线向目标边缘轮廓线(梯度大的位置)演化,可以定义为图像 $I(x,y)$ 的梯度模的相反数:

$$E_{\text{edge}}=-|\nabla I(x,y)|^2 \tag{7.4.6}$$

当轮廓线靠近目标图像边缘,位于轮廓线上的像素的梯度将会增大,从而式(7.4.6)的能量变小,牵引轮廓线向边缘靠近。当轮廓线正好位于目标边缘时,式(7.4.6)的能量最小,轮廓线的演化运动就会停止,从而达到了目标分割的目的。

$E_{\text{edge}}(\cdot)$ 也可定义为图像拉普拉斯响应:

$$E_{\text{edge}}=|G_\sigma(x,y)\otimes\nabla^2 I(x,y)|^2 \tag{7.4.7}$$

式(7.4.7)表示图像的拉普拉斯响应与高斯函数 $G_\sigma(x,y)$ 做卷积(平滑)。由于图像边缘点位于图像拉普拉斯响应的零交叉点,所以最小化 $E_{\text{edge}}(\cdot)$ 也可以驱使轮廓向拉普拉斯响应的零交叉点(即图像边缘)靠近。

停止项 $E_{\text{term}}(\cdot)$ 引导曲线在某些情况下停止演化,可以将 $E_{\text{term}}(\cdot)$ 定义为曲率。为减少噪声的干扰,在计算曲率前,一般需要先使用高斯函数对图像 $I(x,y)$ 做平滑(平滑后的图像仍记为 $I(x,y)$)。曲率的计算公式如下。

$$E_{\text{term}}=\frac{\dfrac{\partial^2 I}{\partial y^2}\left(\dfrac{\partial I}{\partial x}\right)^2-2\dfrac{\partial^2 I}{\partial x\partial y}\dfrac{\partial I}{\partial x}\dfrac{\partial I}{\partial y}+\dfrac{\partial^2 I}{\partial x^2}\left(\dfrac{\partial I}{\partial y}\right)^2}{\left(\left(\dfrac{\partial I}{\partial x}\right)^2+\left(\dfrac{\partial I}{\partial y}\right)^2\right)^{3/2}} \tag{7.4.8}$$

从上面的 E_{snake} 各个组成部件可以看出,内部能量 $E_{\text{int}}(\cdot)$ 仅与 Snake 的形状有关,与图像数据无关。外部能量 $E_{\text{ext}}(\cdot)$ 则仅与图像数据和外部约束力有关。

式(7.4.1)中的 E_{snake} 能量函数极小化是一个典型的变分问题。要使得 E_{snake} 最小,必须满足下面的欧拉-拉格朗日方程:

$$\alpha\frac{\mathrm{d}}{\mathrm{d}s}(v'(s))-\beta\frac{\mathrm{d}^2}{\mathrm{d}s^2}(v''(s))-\frac{\partial E_{\text{ext}}}{\partial v}=0$$

即

$$\alpha v''(s)-\beta v''''(s)-\frac{\partial E_{\text{ext}}}{\partial v}=0 \tag{7.4.9}$$

由于 $v(s)=[x(s),y(s)]$,所以式(7.4.9)可写成:

$$\begin{cases}\alpha\, x''_s(s)-\beta\, x''''_s(s)-\dfrac{\partial E_{\text{ext}}}{\partial x}=0\\ \alpha\, y''_s(s)-\beta\, y''''_s(s)-\dfrac{\partial E_{\text{ext}}}{\partial y}=0\end{cases} \tag{7.4.10}$$

在离散化的情况下,用差分逼近偏导数:

$$\begin{cases}x'_s(s_i)=x(s_i)-x(s_{i-1})\\ x''_s(s_i)=x(s_{i+1})-2x(s_i)+x(s_{i-1})\end{cases}$$

这样,可以计算 4 阶偏导数:

$$\begin{aligned}x''''_s(s_i)&=x''_s(s_{i+1})-2x''_s(s_i)+x''_s(s_{i-1})\\ &=(x(s_{i+2})-2x(s_{i+1})+x(s_i))-2(x(s_{i+1})-2x(s_i)+x(s_{i-1}))\\ &\quad+(x(s_i)-2x(s_{i-1})+x(s_{i-2}))\end{aligned}$$

即

$$x''''_s(s_i)=x(s_{i+2})-4x(s_{i+1})+6x(s_i)-4x(s_{i-1})+x(s_{i-2})$$

同样,可以计算 $y(s)$ 的各阶偏导数。这样,式(7.4.10)可以写成:

$$\begin{cases}\beta\cdot x(s_{i-2})-(\alpha+4\beta)\cdot x(s_{i-1})+(2\alpha+6\beta)\cdot x(s_i)-(\alpha+4\beta)\cdot x(s_{i+1})\\ \quad+\beta\cdot x(s_{i-2})+\dfrac{\partial E_{\text{ext}}}{\partial x}(x(s_i),y(s_i))=0\\ \beta\cdot y(s_{i-2})-(\alpha+4\beta)\cdot y(s_{i-1})+(2\alpha+6\beta)\cdot y(s_i)-(\alpha+4\beta)\cdot y(s_{i+1})\\ \quad+\beta\cdot y(s_{i-2})+\dfrac{\partial E_{\text{ext}}}{\partial y}(x(s_i),y(s_i))=0\end{cases} \tag{7.4.11}$$

将封闭曲线 $v(s)=[x(s),y(s)]$离散为 N 个点:

$$v(s)=\{(x_0,y_0),\ (x_1,y_1),\ \cdots,\ (x_{N-2},y_{N-2}),\ (x_{N-1},y_{N-1})\}$$

每个点都满足方程(7.4.11)。将所有点的方程写成如下形式:

$$\begin{cases}c\cdot x_{-2}+b\cdot x_{-1}+a\cdot x_0+b\cdot x_1+c\cdot x_2+\dfrac{\partial E_{\text{ext}}}{\partial x}(x_0,y_0)=0\\ c\cdot x_{-1}+b\cdot x_0+a\cdot x_1+b\cdot x_2+c\cdot x_3+\dfrac{\partial E_{\text{ext}}}{\partial x}(x_1,y_1)=0\\ c\cdot x_0+b\cdot x_1+a\cdot x_2+b\cdot x_3+c\cdot x_4+\dfrac{\partial E_{\text{ext}}}{\partial x}(x_2,y_2)=0\\ \cdots\cdots\\ c\cdot x_{N-4}+b\cdot x_{N-3}+a\cdot x_{N-2}+b\cdot x_{N-1}+c\cdot x_N+\dfrac{\partial E_{\text{ext}}}{\partial x}(x_{N-2},y_{N-2})=0\\ c\cdot x_{N-3}+b\cdot x_{N-2}+a\cdot x_{N-1}+b\cdot x_N+c\cdot x_{N+1}+\dfrac{\partial E_{\text{ext}}}{\partial x}(x_{N-1},y_{N-1})=0\end{cases} \tag{7.4.12}$$

其中，

$$\begin{cases} a = 2\alpha + \beta \\ b = -(\alpha + 4\beta) \\ c = \beta \end{cases} \tag{7.4.13}$$

因为 $v(s)$ 是封闭曲线，所以

$$\begin{cases} x_{-2} = x_{N-2} \\ x_{-1} = x_{N-1} \\ x_N = x_0 \\ x_{N+1} = x_1 \end{cases} \tag{7.4.14}$$

这样，式(7.4.12)可写成矩阵的形式：

$$\begin{cases} \boldsymbol{A}\boldsymbol{x} + \dfrac{\partial E_{\text{ext}}}{\partial \boldsymbol{x}} = 0 \\ \boldsymbol{A}\boldsymbol{y} + \dfrac{\partial E_{\text{ext}}}{\partial \boldsymbol{y}} = 0 \end{cases} \tag{7.4.15}$$

这里，

$$\boldsymbol{A}_{N\times N} = \begin{bmatrix} a & b & c & 0 & \cdots & 0 & c & b \\ b & a & b & c & 0 & \cdots & 0 & c \\ c & b & a & b & c & 0 & \cdots & 0 \\ 0 & c & b & a & b & c & \cdots & 0 \\ \vdots & \vdots & \vdots & \vdots & \vdots & \vdots & \vdots & \vdots \\ 0 & \cdots & 0 & c & b & a & b & c \\ c & 0 & \cdots & 0 & c & b & a & b \\ b & c & 0 & \cdots & 0 & c & b & a \end{bmatrix}, \boldsymbol{x} = \begin{bmatrix} x_0 \\ x_1 \\ \cdots \\ x_{N-2} \\ x_{N-1} \end{bmatrix}, \boldsymbol{y} = \begin{bmatrix} y_0 \\ y_1 \\ \cdots \\ y_{N-2} \\ y_{N-1} \end{bmatrix} \tag{7.4.16}$$

$$\frac{\partial E_{\text{ext}}}{\partial \boldsymbol{x}} = \begin{bmatrix} \dfrac{\partial E_{\text{ext}}}{\partial x}(x_0, y_0) \\ \dfrac{\partial E_{\text{ext}}}{\partial x}(x_1, y_1) \\ \vdots \\ \dfrac{\partial E_{\text{ext}}}{\partial x}(x_{N-2}, y_{N-2}) \\ \dfrac{\partial E_{\text{ext}}}{\partial x}(x_{N-1}, y_{N-1}) \end{bmatrix} \quad \frac{\partial E_{\text{ext}}}{\partial \boldsymbol{y}} = \begin{bmatrix} \dfrac{\partial E_{\text{ext}}}{\partial y}(x_0, y_0) \\ \dfrac{\partial E_{\text{ext}}}{\partial y}(x_1, y_1) \\ \vdots \\ \dfrac{\partial E_{\text{ext}}}{\partial y}(x_{N-2}, y_{N-2}) \\ \dfrac{\partial E_{\text{ext}}}{\partial y}(x_{N-1}, y_{N-1}) \end{bmatrix} \tag{7.4.17}$$

利用梯度下降法求解式(7.4.15)，得到：

$$\begin{cases} \boldsymbol{A}\boldsymbol{x}_t + \dfrac{\partial E_{\text{ext}}}{\partial \boldsymbol{x}_{t-1}} = -\gamma(\boldsymbol{x}_t - \boldsymbol{x}_{t-1}) \\ \boldsymbol{A}\boldsymbol{y}_t + \dfrac{\partial E_{\text{ext}}}{\partial \boldsymbol{y}_{t-1}} = -\gamma(\boldsymbol{y}_t - \boldsymbol{y}_{t-1}) \end{cases}$$

从而得到各个点的演化方程：

$$\begin{cases} \boldsymbol{x}_t = (\boldsymbol{A} + \gamma \boldsymbol{I})^{-1}\left(\gamma \boldsymbol{x}_{t-1} - \dfrac{\partial E_{\text{ext}}}{\partial \boldsymbol{x}_{t-1}}\right) \\ \boldsymbol{y}_t = (\boldsymbol{A} + \gamma \boldsymbol{I})^{-1}\left(\gamma \boldsymbol{y}_{t-1} - \dfrac{\partial E_{\text{ext}}}{\partial \boldsymbol{y}_{t-1}}\right) \end{cases}$$

($\boldsymbol{I}$ 是 $N \times N$ 的单位对角矩阵)　　(7.4.18)

原始的 Snake 算法是基于灰度图像的。当应用到彩色图像时，涉及彩色图像梯度和彩色图像偏导数(即图像力 $E_{\text{img}}(\cdot)$的 3 个组件 $E_{\text{line}}(\cdot)$、$E_{\text{edge}}(\cdot)$和 $E_{\text{term}}(\cdot)$)，应使用彩色图像专门的方法进行处理，参见下面的算法实现步骤的描述(算法 7.4.1)。

算法 7.4.1　彩色 Snake 算法实现步骤

输入：需要分割的 RGB 彩色图像：$\boldsymbol{I}(x,y)=[R(x,y),G(x,y),B(x,y)]$

　　初始封闭曲线(N 个点)：$\{(x_0,y_0),(x_1,y_1),\cdots,(x_{N-2},y_{N-2}),(x_{N-1},y_{N-1})\}$

　　算法所需的参数：$\alpha,\beta,\gamma,\kappa,w_{\text{line}},w_{\text{edge}},w_{\text{term}}$

　　迭代次数：iterNum

输出：目标的轮廓线坐标(N 个点)

(1) 初始化

　(1.1) 利用 α,β 计算 a,b,c(式(7.4.13))

　(1.2) 利用 a,b,c 计算矩阵 $\boldsymbol{A}_{N\times N}$(式(7.4.16))

　(1.3) 计算$(\boldsymbol{A}+\gamma\boldsymbol{I})^{-1}$

　(1.4) 计算彩色图像 $\boldsymbol{I}(x,y)$的每个通道偏导数(见 6.2 节)：

$$\frac{\partial C(x,y)}{\partial x},\frac{\partial C(x,y)}{\partial y},\frac{\partial^2 C(x,y)}{\partial x^2},\frac{\partial^2 C(x,y)}{\partial y^2},\frac{\partial^2 C(x,y)}{\partial x \partial y}\quad (C=\{R,G,B\})$$

　(1.5) 计算彩色图像 $\boldsymbol{I}(x,y)$的梯度模(见 6.3.2 节)，从而得到边缘能量：

$$E_{\text{edge}} = -\left|\nabla \boldsymbol{I}(x,y)\right|^2$$

　(1.6) 计算直线能量：

$$E_{\text{line}} = \left|\boldsymbol{I}(x,y)\right|_2$$

　(1.7) 计算曲率：

$$E_{\text{term}} = \frac{\dfrac{\partial^2 \boldsymbol{I}}{\partial y^2}\left(\dfrac{\partial \boldsymbol{I}}{\partial x}\right)^2 - 2\dfrac{\partial^2 \boldsymbol{I}}{\partial x \partial y}\dfrac{\partial \boldsymbol{I}}{\partial x}\dfrac{\partial \boldsymbol{I}}{\partial y} + \dfrac{\partial^2 \boldsymbol{I}}{\partial x^2}\left(\dfrac{\partial \boldsymbol{I}}{\partial y}\right)^2}{\left(\left(\dfrac{\partial \boldsymbol{I}}{\partial x}\right)^2 + \left(\dfrac{\partial \boldsymbol{I}}{\partial y}\right)^2\right)^{3/2}}$$

　　这里，

$$\begin{cases} \dfrac{\partial \boldsymbol{I}}{\partial x} = \dfrac{\partial R}{\partial x} + \dfrac{\partial G}{\partial x} + \dfrac{\partial B}{\partial x} \\ \dfrac{\partial^2 \boldsymbol{I}}{\partial x^2} = \dfrac{\partial^2 R}{\partial x^2} + \dfrac{\partial^2 G}{\partial x^2} + \dfrac{\partial^2 B}{\partial x^2} \\ \dfrac{\partial^2 \boldsymbol{I}}{\partial x \partial y} = \dfrac{\partial^2 R}{\partial x \partial y} + \dfrac{\partial^2 G}{\partial x \partial y} + \dfrac{\partial^2 B}{\partial x \partial y} \end{cases} \quad \left(\text{同样可以得到}\frac{\partial \boldsymbol{I}}{\partial y}\text{和}\frac{\partial^2 \boldsymbol{I}}{\partial y^2}\right)$$

　(1.8) 计算外部能量：

$$E_{\text{ext}} = w_{\text{line}} \cdot E_{\text{line}} + w_{\text{edge}} \cdot E_{\text{edge}} + w_{\text{term}} \cdot E_{\text{term}}$$

　(1.9) 计算外部能量的偏导数$\dfrac{\partial E_{\text{ext}}}{\partial x}$，$\dfrac{\partial E_{\text{ext}}}{\partial y}$

(2) 执行下面的迭代过程(曲线演化)

　$\boldsymbol{x}_0 = [x_0 \quad x_1 \quad \cdots \quad x_{N-2} \quad x_{N-1}]^{\mathrm{T}}$

　$\boldsymbol{y}_0 = [y_0 \quad y_1 \quad \cdots \quad y_{N-2} \quad y_{N-1}]^{\mathrm{T}}$

　for $t=1$ to iterNum **do** {

　　(2.1) 利用式(7.4.17)从$\dfrac{\partial E_{\text{ext}}}{\partial x}$、$\dfrac{\partial E_{\text{ext}}}{\partial y}$中得到$\dfrac{\partial E_{\text{ext}}}{\partial \boldsymbol{x}_{t-1}}$、$\dfrac{\partial E_{\text{ext}}}{\partial \boldsymbol{y}_{t-1}}$

(2.2) 更新轮廓线坐标 $\boldsymbol{x}_t$、$\boldsymbol{y}_t$：

$$\begin{cases} \boldsymbol{x}_t = (\boldsymbol{A} + \gamma \boldsymbol{I})^{-1} \left(\gamma \boldsymbol{x}_{t-1} - \kappa \dfrac{\partial E_{\text{ext}}}{\partial \boldsymbol{x}_{t-1}} \right) \\ \boldsymbol{y}_t = (\boldsymbol{A} + \gamma \boldsymbol{I})^{-1} \left(\gamma \boldsymbol{y}_{t-1} - \kappa \dfrac{\partial E_{\text{ext}}}{\partial \boldsymbol{y}_{t-1}} \right) \end{cases}$$

} //end for

//算法结束

图 7.4.1 显示了彩色 Snake 算法的分割结果，可以看出彩色 Snake 可以得到满意的结果。如果采用原始的灰度 Snake 算法，则得不到满意的结果。彩色 Snake 算法对初始轮廓线比较敏感，不同的初始位置可能得到不同的分割结果。初始轮廓线一般需要包围整个目标区域，否则曲线最终可能演化为一个圆点。另外，Snake 算法一般要求目标的轮廓边界形状比较简单，如果轮廓边界线结构复杂，Snake 算法很难得到正确的结果。

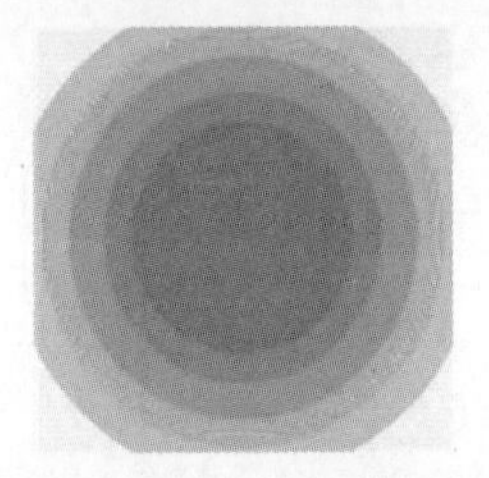

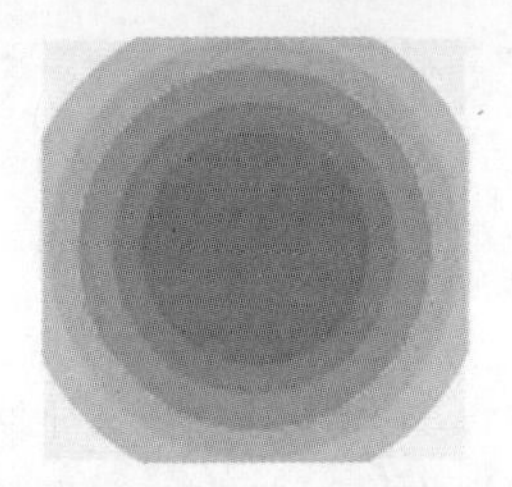

(a) 绿色的圆为初始轮廓　(b) 迭代100次时的结果(收敛)

(c) 绿色的矩形为初始轮廓　(d) 迭代90次时的结果　(e) 迭代850次时的结果(收敛)

图 7.4.1　彩色 Snake 算法分割结果，$\alpha=0.4$，$\beta=0.2$，$\gamma=1$，$\kappa=0.05$，$w_{\text{edge}}=0.005$，$w_{\text{line}}=0$，$w_{\text{term}}=0$，偏导数使用均方差为 1 的高斯函数计算（见 6.2.2 节）

7.4.2　水平集（C-V 模型）

C-V(Chan-Vese)模型[99]是基于 Mumford-Shah 分割技术[98]和水平集(Level set)的活动轮廓模型，它是基于区域的活动轮廓模型中的里程碑式的分割方法。水平集方法把低维的计算上升到高维，把 N 维的描述看成 $N+1$ 维的一个水平。用三维曲面的零水平集表示封闭的二维曲线，这种方法很容易表达任意复杂的轮廓曲线。

C-V 模型用于单目标分割（目标和背景两类）。它与 Mumford-Shah 模型一样，基本思想是使用分段平滑的函数拟合目标区域和背景区域的颜色值，通过最小化能量函数获得最佳的拟合函数以及目标区域的边界。

用 C 表示封闭的轮廓线，inside(C)和 outside(C)分别表示轮廓线内部区域（目标）和外部区域(背景)，Length(C)表示 C 的长度，Area(S)表示区域 S 的面积，$\boldsymbol{c}_1$ 和 $\boldsymbol{c}_2$ 分别表示 C 的内部区域和外部区域的平均颜色值，$\boldsymbol{u}_0(x,y)$表示原始图像。对于彩色图像，$\boldsymbol{u}_0(x,y)$，$\boldsymbol{c}_1$ 和 $\boldsymbol{c}_2$ 都是彩色矢量。C-V 模型的能量函数定义如下。

$$\begin{aligned} F(\boldsymbol{c}_1,\boldsymbol{c}_2,C)=\mu\cdot\mathrm{Length}(C)+v\cdot\mathrm{Area}(\mathrm{inside}(C))&+\\ \lambda_1\cdot\iint_{\mathrm{inside}(C)}\|\boldsymbol{u}_0(x,y)-\boldsymbol{c}_1\|_2^2\mathrm{d}x\mathrm{d}y&+\\ \lambda_2\cdot\iint_{\mathrm{outside}(C)}\|\boldsymbol{u}_0(x,y)-\boldsymbol{c}_2\|_2^2\mathrm{d}x\mathrm{d}y& \end{aligned} \tag{7.4.19}$$

其中，$\mu,v,\lambda_1,\lambda_2$ 是 4 个固定的权值，在原始论文中设置为 $v=0$，$\lambda_1=\lambda_2=1$。

最小化能量式(7.4.19)，意味着轮廓线内部区域(目标)的颜色尽量接近其平均颜色 $\boldsymbol{c}_1$、轮廓线外部区域(背景)的颜色尽量接近其平均颜色 $\boldsymbol{c}_2$，在此前提下，轮廓线长度尽量短且目标区域的面积尽量小。

为了求解上面的能量方程最小化的问题，引入水平集的方法，使用 Lipschitz 函数 ϕ 的零水平集表示轮廓曲线：

$$\begin{cases} C=\{(x,y)\in\Omega:\phi(x,y)=0\} \\ \mathrm{inside}(C)=\{(x,y)\in\Omega:\phi(x,y)>0\} \\ \mathrm{outside}(C)=\{(x,y)\in\Omega:\phi(x,y)<0\} \end{cases} \tag{7.4.20}$$

引入 Heaviside 函数 H 和一维 Dirac 函数 δ：

$$\begin{cases} H(z)=\begin{cases}1, & z\geqslant 0\\ 0, & z<0\end{cases} \\ \delta=\dfrac{\mathrm{d}}{\mathrm{d}z}H(z) \end{cases} \tag{7.4.21}$$

因为 H 函数是二值函数，所以只有在目标区域(非 0 区域)的边缘才具有非 0 值的导数。因此，目标区域的轮廓线长度可定义为 H 对 ϕ 的导数(梯度)：

$$\begin{aligned} \mathrm{Length}(C)&=\iint_\Omega\nabla H(\phi(x,y))\mathrm{d}x\mathrm{d}y\\ &=\iint_\Omega\frac{\mathrm{d}H}{\mathrm{d}\phi}\cdot|\nabla\phi(x,y)|\mathrm{d}x\mathrm{d}y\\ &=\iint_\Omega\delta(\phi(x,y))\cdot|\nabla\phi(x,y)|\mathrm{d}x\mathrm{d}y \end{aligned}$$

类似地，目标区域的面积等于 H 函数在 Ω 中的非 0 值之和：

$$\mathrm{Area}(\mathrm{inside}(C))=\iint_\Omega H(\phi(x,y))\mathrm{d}x\mathrm{d}y$$

同时，

$$\iint_{\mathrm{inside}(C)}|\boldsymbol{u}_0(x,y)-\boldsymbol{c}_1|^2\mathrm{d}x\mathrm{d}y=\iint_\Omega\|\boldsymbol{u}_0(x,y)-\boldsymbol{c}_1\|_2^2\cdot H(\phi(x,y))\mathrm{d}x\mathrm{d}y$$

$$\iint_{\mathrm{outside}(C)}|\boldsymbol{u}_0(x,y)-\boldsymbol{c}_2|^2\mathrm{d}x\mathrm{d}y=\iint_\Omega\|\boldsymbol{u}_0(x,y)-\boldsymbol{c}_2\|_2^2\cdot(1-H(\phi(x,y)))\mathrm{d}x\mathrm{d}y$$

这样，能量函数式(7.4.19) 变为下面的方程：

$$F(\boldsymbol{c}_1,\boldsymbol{c}_2,\phi)=\mu\cdot\iint_\Omega\delta(\phi(x,y))\cdot|\nabla\phi(x,y)|\mathrm{d}x\mathrm{d}y+$$

$$v\cdot\iint_{\Omega}H(\phi(x,y))\mathrm{d}x\mathrm{d}y+$$

$$\lambda_1\cdot\iint_{\Omega}\|\boldsymbol{u}_0(x,y)-\boldsymbol{c}_1\|_2^2\cdot H(\phi(x,y))\mathrm{d}x\mathrm{d}y+$$

$$\lambda_2\cdot\iint_{\Omega}\|\boldsymbol{u}_0(x,y)-\boldsymbol{c}_2\|_2^2\cdot(1-H(\phi(x,y)))\mathrm{d}x\mathrm{d}y \tag{7.4.22}$$

在算法实现中，一般使用水平集方法计算 C 的内部区域和外部区域的平均颜色值 $\boldsymbol{c}_1$ 和 $\boldsymbol{c}_2$：

$$\boldsymbol{c}_1(\phi)=\frac{\iint_{\Omega}\boldsymbol{u}_0(x,y)\cdot H(\phi(x,y))\mathrm{d}x\mathrm{d}y}{\iint_{\Omega}H(\phi(x,y))\mathrm{d}x\mathrm{d}y} \tag{7.4.23}$$

$$\boldsymbol{c}_2(\phi)=\frac{\iint_{\Omega}\boldsymbol{u}_0(x,y)\cdot(1-H(\phi(x,y)))\mathrm{d}x\mathrm{d}y}{\iint_{\Omega}(1-H(\phi(x,y)))\mathrm{d}x\mathrm{d}y} \tag{7.4.24}$$

由于 Heaviside 函数 H 和 Dirac 函数 δ 都是不连续的，为了使用欧拉-拉格朗日方程和梯度下降法求解能量方程(7.4.22)的最小化问题，可以使用连续可微的函数 H_ε 和 $\delta_\varepsilon(\varepsilon\to 0)$ 逼近 H 和 δ：

$$H_\varepsilon(z)=\frac{1}{2}\left(1+\frac{2}{\pi}\arctan\left(\frac{z}{\varepsilon}\right)\right) \tag{7.4.25}$$

$$\delta_\varepsilon(z)=\frac{\mathrm{d}}{\mathrm{d}z}H_\varepsilon(z)=\frac{\varepsilon}{\pi}\cdot\frac{1}{z^2+\varepsilon^2} \tag{7.4.26}$$

这样，能量函数式(7.4.22) 变为下面的方程：

$$F_\varepsilon(\boldsymbol{c}_1,\boldsymbol{c}_2,\phi)=\mu\cdot\iint_{\Omega}\delta_\varepsilon(\phi(x,y))\cdot|\nabla\phi(x,y)|\mathrm{d}x\mathrm{d}y+$$

$$v\cdot\iint_{\Omega}H_\varepsilon(\phi(x,y))\mathrm{d}x\mathrm{d}y+$$

$$\lambda_1\cdot\iint_{\Omega}\|\boldsymbol{u}_0(x,y)-\boldsymbol{c}_1\|_2^2\cdot H_\varepsilon(\phi(x,y))\mathrm{d}x\mathrm{d}y+$$

$$\lambda_2\cdot\iint_{\Omega}\|\boldsymbol{u}_0(x,y)-\boldsymbol{c}_2\|_2^2\cdot(1-H_\varepsilon(\phi(x,y)))\mathrm{d}x\mathrm{d}y \tag{7.4.27}$$

从而得到下面的演化方程：

$$\frac{\partial\phi}{\partial t}=\delta_\varepsilon(\phi)\cdot\left[\mu\cdot\mathrm{div}\left(\frac{\nabla\phi}{|\nabla\phi|}\right)-v-\lambda_1\cdot\|\boldsymbol{u}_0(x,y)-\boldsymbol{c}_1\|_2^2+\lambda_2\cdot\|\boldsymbol{u}_0(x,y)-\boldsymbol{c}_2\|_2^2\right]=0 \tag{7.4.28}$$

$$\phi(t=0,x,y)=\phi_0(x,y)$$

$$\frac{\delta_\varepsilon(\phi)}{|\nabla\phi|}\cdot\frac{\partial\phi}{\partial\vec{n}}=0$$

这里，$\mathrm{div}\left(\frac{\nabla\phi}{|\nabla\phi|}\right)$表示 ϕ 的单位梯度的散度。记

$$\frac{\nabla\phi}{|\nabla\phi|}=\left[\frac{\dfrac{\partial\phi}{\partial x}}{\sqrt{\left(\dfrac{\partial\phi}{\partial x}\right)^2+\left(\dfrac{\partial\phi}{\partial y}\right)^2}},\frac{\dfrac{\partial\phi}{\partial y}}{\sqrt{\left(\dfrac{\partial\phi}{\partial x}\right)^2+\left(\dfrac{\partial\phi}{\partial y}\right)^2}}\right]\triangleq[\varphi_x(x,y),\varphi_y(x,y)] \tag{7.4.29}$$

那么，

$$\operatorname{div}\left(\frac{\nabla\phi}{|\nabla\phi|}\right)=\frac{\partial\varphi_x(x,y)}{\partial x}+\frac{\partial\varphi_y(x,y)}{\partial y} \tag{7.4.30}$$

通过求解偏微分方程(7.4.28)，得到 ϕ 的零水平集(即目标的轮廓线)。

算法 7.4.2 总结了上面的水平集分割方法的实现步骤。

算法 7.4.2　彩色图像 Chan-Vese 分割算法

输入：$\boldsymbol{u}_0(x,y)$　原始的彩色图像

C　初始轮廓线(封闭曲线)

$\mu,v,\lambda_1,\lambda_2$　4 个加权系数，分别针对轮廓线长度、目标区域的面积、目标区域的颜色变化、背景区域的颜色变化

ε　定义函数 $H_\varepsilon(\cdot)$ 和 $\delta_\varepsilon(\cdot)$

Δt，iterNum　演化步长和迭代次数

输出：目标区域的外围轮廓线

(1) 构建水平集函数 $\phi(x,y)$ 的初始零水平集：

$$\phi_0(x,y)=\begin{cases}1, & (x,y)\in \text{inside}(C)\\ -1, & (x,y)\in \text{outside}(C)\end{cases}$$

(2) 执行下面的迭代过程(曲线演化)

for $t=1$ to iterNum **do** {

(2.1) 利用式(7.4.25)计算 $H_\varepsilon(z)(z=\phi_{t-1}(x,y))$，得到图像 $H_\varepsilon(x,y,t-1)$；

(2.2) 利用式(7.4.26)计算 $\delta_\varepsilon(z)(z=\phi_{t-1}(x,y))$，得到图像 $\delta_\varepsilon(x,y,t-1)$；

(2.3) 利用式(7.4.23)和式(7.4.24)，并使用 $\delta_\varepsilon(x,y,t-1)$ 计算均值颜色矢量 $\boldsymbol{c}_1$(C 的内部区域均值颜色)和 $\boldsymbol{c}_2$(C 的外部区域均值颜色)；

(2.4) 计算 $\phi_{t-1}(x,y)$ 的偏导数图像 $\dfrac{\partial\phi_{t-1}(x,y)}{\partial x}$ 和 $\dfrac{\partial\phi_{t-1}(x,y)}{\partial y}$，从而得到单位梯度图像 $\dfrac{\nabla\phi_{t-1}(x,y)}{|\nabla\phi_{t-1}(x,y)|}$(式(7.4.29))；

(2.5) 利用式(7.4.30)计算散度图像 $\operatorname{div}\left(\dfrac{\nabla\phi_{t-1}(x,y)}{|\nabla\phi_{t-1}(x,y)|}\right)$；

(2.6) 利用式(7.4.28)计算图像 $\Delta\phi(x,y,t)$：

$$\Delta\phi(x,y,t)=\delta_\varepsilon(x,y,t-1)\cdot\left(\begin{array}{l}\mu\cdot\operatorname{div}\left(\dfrac{\nabla\phi_{t-1}(x,y)}{|\nabla\phi_{t-1}(x,y)|}\right)-v-\\ \lambda_1\cdot\|\boldsymbol{u}_0(x,y)-\boldsymbol{c}_1\|_2^2+\lambda_2\cdot\|\boldsymbol{u}_0(x,y)-\boldsymbol{c}_2\|_2^2\end{array}\right)$$

(2.7) 更新图像 $\phi_{t-1}(x,y)$：

$$\phi_t(x,y)=\phi_{t-1}(x,y)+\Delta t\cdot\Delta\phi(x,y,t)$$

} //end for

(3) **计算分割结果(抽取轮廓线)**

在最后得到的零水平集图像 $\phi(x,y)$ 中，**抽取像素值大于或等于 0 的区域的边界**，从而得到目标区域的外围轮廓线。

//算法结束

需要说明的是，在上面算法最终得到的零水平集图像 $\phi(x,y)$ 中，像素值大于或等于 0

的区域是目标区域，而在目标区域内部，常常含有背景像素（像素值小于0的像素），也可能包含若干像素值大于或等于0的小区域。所以，提取目标轮廓线时，需要舍弃这些内部小区域和背景区域，这可以通过提取目标区域的最外面的轮廓线实现。

图7.4.2显示了彩色C-V模型的分割结果（见彩插4的第1行）。从图中可以观察到，彩色C-V模型对初始轮廓曲线不敏感，不管初始曲线是否包围目标区域，只要它位于目标区域内部或者仅包含一部分目标区域，算法都能比较准确地分割出目标。其次，对于边界轮廓线结构复杂的目标区域，彩色C-V模型也能够准确地得到分割结果。最后，如果背景简单，彩色C-V算法就能很快收敛。

(a) 绿色的椭圆为初始轮廓　(b)绿色的矩形为初始轮廓　(c) 绿色的矩形为初始轮廓

(d) 迭代780次时的结果(收敛)　(e) 迭代80次时的结果(收敛)　(f) 迭代5次时的结果(收敛)

图7.4.2　彩色图像C-V模型（水平集）分割结果，第1行是原始图像及初始曲线，第2行是分割结果。算法参数：$\mu=0.001\times255\times255$，$v=1$，$\lambda_2=1$，$\varepsilon=1$，$\Delta t=0.1$，从左到右的3个图像的分割参数$\lambda_1$分别为0.3，1.2，1

7.5　基于图论的分割方法

基于图论（Graph）的图像分割方法是图像分割领域的一类经典方法。该类方法将图像表示为图的形式：将像素作为图的节点（顶点），像素间的联系作为图节点的连接权值（边）。这样，图像分割问题就转化为对图的分割，从而可以利用图的理论方法对图进行划分，实现图像的分割。基于图论的最优划分准则就是使划分成的子图内部相似度最大、子图之间相似度最小。

7.5.1　图割分割方法

将一个图像表示为图后，就可以利用图的理论方法将图划分为两部分。将图$G(V,E)$划分为两个互补的子图$A(V_1,E_1)$和$B(V_2,E_2)$，连接子图A和B的边的集合称为图G的割集(Cut Set),割集内所有边的权值之和称为割(Cut)。

图 7.5.1 所示的图 G,边$\{W_{34},W_{35},W_{25}\}$就是划分 G 为子图 G_1 和 G_2 的一个割集。如果删除割集中的所有边,则图 G 被划分为两个互不连通的子图 G_1 和 G_2;如果仅删除割集中的部分边,则子图 G_1 和 G_2 仍然是连通的。

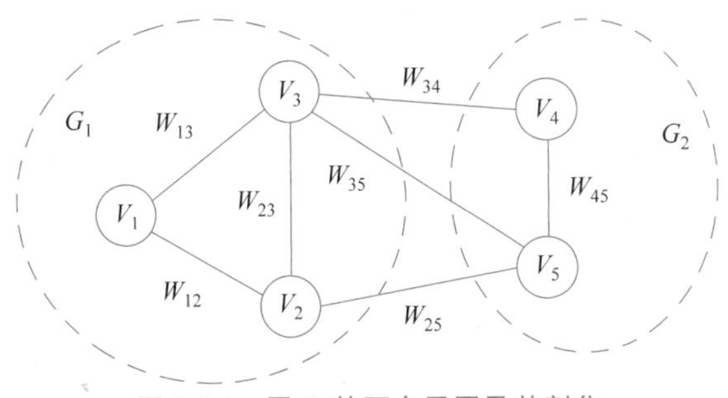

图 7.5.1 图 G 的两个子图及其割集

基于图论的分割方法可以分成两类。一类是全自动分割,不需要人工干预。这类方法通过直接求解各种代价函数的最小化问题而获得图的划分。然而,这类方法一般非常耗费资源,计算复杂度非常大,同时需要巨大的内存。另一类方法是基于人工干预/交互的有监督方法[103-104],这类方法大大降低了算法的复杂度和对内存的要求,同时可以达到更加人性化的分割结果。

对于有监督的图割分割方法,一个关键问题是如何设计分割准则。最优的划分准则就是使得划分图所消耗的代价最少、分割后的子图内部相似度高、子图之间的相似度很小。常见的分割准则有:最小割[105]、归一化割[106]、平均割[107]、最小最大割[108]、比例割[109],等等。下面是这些分割准则的代价函数。

1. 最小割准则

最小割准则的代价函数被定义为割集内所有边的权值之和(即割的定义):

$$\mathrm{cut}(A,B)=\sum_{u\in A,v\in B}w(u,v) \tag{7.5.1}$$

其中,$w(u,v)$表示连接图节点 u 和 v 的边的权值。

最小割准则可以产生较好的效果,但容易分割出孤立点或很小的子图(只有几个顶点)。

2. 归一化割准则

代价函数:

$$\mathrm{Ncut}(A,B)=\frac{\mathrm{cut}(A,B)}{\mathrm{assoc}(A,V)}+\frac{\mathrm{cut}(A,B)}{\mathrm{assoc}(B,V)} \tag{7.5.2}$$

其中,

$$\mathrm{assoc}(A,V)=\sum_{u\in A,\ v\in V}w(u,v) \tag{7.5.3}$$

归一化割准则通过引入归一化项(子图与所有顶点之间的连接边权重之和)修正划分的损失,解决了最小割准则容易分割出孤立点的问题。

3. 平均割准则

代价函数:

$$\text{Avcut}(A,B)=\frac{\text{cut}(A,B)}{|A|}+\frac{\text{cut}(A,B)}{|B|} \tag{7.5.4}$$

其中，$|A|$、$|B|$表示子图 A、B 的节点数。用子图的大小(顶点数)修正划分的损失(与归一化准则类似)。平均割准则的划分结果容易出现过分割。

4. 最小最大割准则

代价函数：

$$\text{Mcut}(A,B)=\frac{\text{cut}(A,B)}{\text{assoc}(A,A)}+\frac{\text{cut}(A,B)}{\text{assoc}(B,B)} \tag{7.5.5}$$

用子图内所有连接边的权重之和修正划分的损失(与归一化准则和平均割准则类似)。

5. 比例割准则

这种方法需要为图的连接边定义两种不同的权函数 $w_1(u,v)$和 $w_2(u,v)$。

代价函数：

$$\text{Rcut}(A,B)=\frac{\text{cut}_1(A,B)}{\text{cut}_2(A,B)} \tag{7.5.6}$$

这里，$\text{cut}_1(A,B)$、$\text{cut}_2(A,B)$是使用 $w_1(u,v)$、$w_2(u,v)$计算出的最小代价值。

原始论文给出了 $w_1(u,v)$和 $w_2(u,v)$的一个例子：

$$\begin{cases} w_1(u,v)=\exp\left(-\dfrac{(I(u)-I(v))^2}{\sigma^2}\right) \\ w_2(u,v)=1 \end{cases} \tag{7.5.7}$$

这样，比例割准则的代价函数变为

$$\text{Rcut}(A,B)=\frac{\text{cut}_1(A,B)}{\min(|A|,|B|)} \tag{7.5.8}$$

通过最小化分割准则的代价函数，得到图的最优划分。不同的分割准则，需要使用不同的方法求解其代价函数最小化的问题。对于最小割准则和比例割准则，一般使用树图缩减法求解代价函数的最小化问题。对于归一化割准则、最小最大割准则、平均割准则，一般使用图谱理论求解代价函数的最小化问题。图谱方法在图像处理中的应用非常广泛。求解图像分割问题时，图谱方法首先根据图像构造相似度矩阵或拉普拉斯矩阵；然后，求解矩阵的特征矢量；最后，利用特征矢量指导图的划分。

在上面的各种分割准则中，归一化割准则是一种高效且具有代表性的方法，下面详细介绍归一化图割分割的原理。

7.5.2 归一化图割分割方法

将一个图 $G(V,E)$划分为两个互补的子图 A 和 B，最小割准则使用式(7.5.1)所示的代价函数。最小割分割方法的目标是找到一个分割 A、B，使得式(7.5.1)的 $\text{cut}(A,B)$最小。虽然最小割分割方法比较简单，但容易产生只包含几个顶点的较小子图。图 7.5.2 显示了这种情况。在图 7.5.2 中，最小割方法倾向将节点 $n1$ 或 $n2$ 分割为一个子图，而将其他所有节点分割为另一个子图。

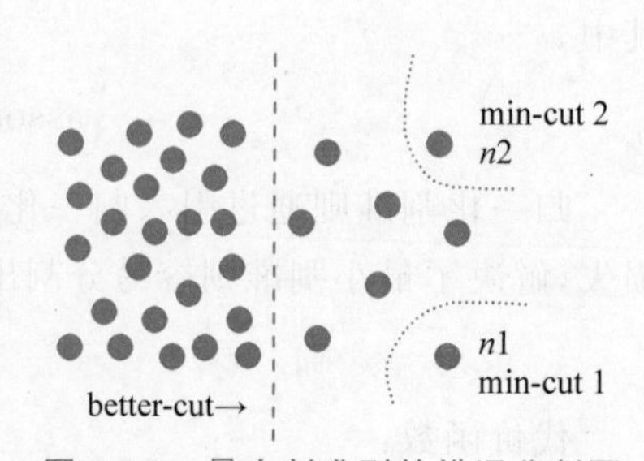

图 7.5.2 最小割准则的错误分割图

为了克服最小割方法容易分割出很小子图的问题，Shi 和 Malik 提出了归一化图割(Normalized Cut)分割方法[106]。该方法在最小割方法基础上加入归一化约束项以去除偏差，解决了最小割容易分割出很小子图的问题。

假设图像 $\boldsymbol{I}$ 有 N 个像素，将图像 $\boldsymbol{I}$ 表示为图 $G(V,E)$：每个像素 i 对应图中的一个顶点 V_i，连接顶点 V_i(像素)与 V_j(像素)的边 E_{ij} 的权值 $W(V_i,V_j)$用像素 i 和 j 的相似度 w_{ij} 表示。显然，$w_{ij}=w_{ji}=w(V_i,V_j)$。

对于二分类问题，假设图像被分割为目标 A 和背景 B，归一化图割方法的目标函数如式(7.5.2)所定义。为了方便，将相关的公式重新列出：

$$\mathrm{Ncut}(A,B)=\frac{\mathrm{cut}(A,B)}{\mathrm{assoc}(A,V)}+\frac{\mathrm{cut}(A,B)}{\mathrm{assoc}(B,V)} \tag{7.5.9}$$

其中，$\mathrm{cut}(A,B)$是最小割的目标函数：

$$\mathrm{cut}(A,B)=\sum_{u\in A,v\in B} w(u,v) \tag{7.5.10}$$

约束项 $\mathrm{assoc}(A,V)$表示 A 中所有节点到图像中全部节点(像素)的权值之和：

$$\mathrm{assoc}(A,V)=\sum_{u\in A,\ v\in V} w(u,v) \tag{7.5.11}$$

通过最小化 $\mathrm{Ncut}(A,\ B)$找到最佳分割 A、B。

用 d_i 表示像素 i 到图像中其他所有像素的权值之和：

$$d_i=\sum_{j\in V} w_{ij} \tag{7.5.12}$$

这样就得到一个对称的权值矩阵 $\boldsymbol{W}_{NN}$ 和一个对角矩阵 $\boldsymbol{D}_{NN}$：

$$\boldsymbol{W}_{NN}=\begin{bmatrix} w_{11} & w_{12} & \cdots & w_{1N} \\ w_{21} & w_{22} & \cdots & w_{2N} \\ \vdots & \vdots & & \vdots \\ w_{N1} & w_{N2} & \cdots & w_{NN} \end{bmatrix} \quad \boldsymbol{D}_{NN}=\begin{bmatrix} d_1 & & & \\ & d_2 & & \\ & & \vdots & \\ & & & d_N \end{bmatrix}$$

用列矢量 $\boldsymbol{x}=[x_1,\ x_2,\ \cdots,\ x_N]^{\mathrm{T}}$ 表示每个节点(像素)属于 A 或属于 B：$x_i=1$ 表示像素 i 属于 A，$x_i=-1$ 表示像素 i 属于 B。

令 k 表示集合 A 中所有节点的权重和在整个图中所有节点的权重和中所占的比例：

$$k=\frac{\sum_{x_i>0} d_i}{\sum_{j\in V} d_j}$$

这样，式(7.5.9)可以写成：

$$\begin{aligned}
\mathrm{Ncut}(A,B)&=\frac{\mathrm{cut}(A,B)}{\mathrm{assoc}(A,V)}+\frac{\mathrm{cut}(A,B)}{\mathrm{assoc}(B,V)} \\
&=\frac{\sum_{x_i>0,\ x_j<0}(-w_{ij}\cdot x_i\cdot x_j)}{\sum_{x_i>0} d_i}+\frac{\sum_{x_i<0,\ x_j>0}(-w_{ij}\cdot x_i\cdot x_j)}{\sum_{x_i<0} d_i} \\
&=\frac{1}{4}\left(\frac{(\boldsymbol{1}+\boldsymbol{x})^{\mathrm{T}}(\boldsymbol{D}-\boldsymbol{W})(\boldsymbol{1}+\boldsymbol{x})}{k\ \boldsymbol{1}^{\mathrm{T}}\boldsymbol{D}\boldsymbol{1}}+\frac{(\boldsymbol{1}-\boldsymbol{x})^{\mathrm{T}}(\boldsymbol{D}-\boldsymbol{W})(\boldsymbol{1}-\boldsymbol{x})}{(1-k)\ \boldsymbol{1}^{\mathrm{T}}\boldsymbol{D}\boldsymbol{1}}\right) \\
&=\frac{1}{4}\left(\frac{\boldsymbol{x}^{\mathrm{T}}(\boldsymbol{D}-\boldsymbol{W})\boldsymbol{x}+\boldsymbol{1}^{\mathrm{T}}(\boldsymbol{D}-\boldsymbol{W})\boldsymbol{1}}{k(1-k)\ \boldsymbol{1}^{\mathrm{T}}\boldsymbol{D}\boldsymbol{1}}+\frac{2(1-2k)\ \boldsymbol{1}^{\mathrm{T}}(\boldsymbol{D}-\boldsymbol{W})\boldsymbol{x}}{k(1-k)\ \boldsymbol{1}^{\mathrm{T}}\boldsymbol{D}\boldsymbol{1}}\right)
\end{aligned} \tag{7.5.13}$$

这里，$\boldsymbol{1}$ 表示元素值全为1的 N 维列矢量(N 行1列)。

记 $\begin{cases}\alpha(\boldsymbol{x})=\boldsymbol{x}^{\mathrm{T}}(\boldsymbol{D}-\boldsymbol{W})\boldsymbol{x}\\ \beta(\boldsymbol{x})=\boldsymbol{1}^{\mathrm{T}}(\boldsymbol{D}-\boldsymbol{W})\boldsymbol{x}\\ \gamma=\boldsymbol{1}^{\mathrm{T}}(\boldsymbol{D}-\boldsymbol{W})\boldsymbol{1}\\ M=\boldsymbol{1}^{\mathrm{T}}\boldsymbol{D}\boldsymbol{1}\end{cases}$

容易验证，对于一个给定的图像，$\gamma=0$。

将式(7.5.13)简写成：

$$\begin{aligned}4\cdot\mathrm{Ncut}(A,B)&=\frac{\alpha(\boldsymbol{x})+\gamma}{k(1-k)M}+\frac{2(1-2k)\beta(\boldsymbol{x})}{k(1-k)M}\\&=\frac{(\alpha(\boldsymbol{x})+\gamma)+2(1-2k)\beta(\boldsymbol{x})}{k(1-k)M}-\frac{2(\alpha(\boldsymbol{x})+\gamma)}{M}+\frac{2\alpha(\boldsymbol{x})}{M}+\frac{2\gamma}{M}\\&=\frac{(1-2k+2k^2)(\alpha(\boldsymbol{x})+\gamma)+2(1-2k)\beta(\boldsymbol{x})}{k(1-k)M}+\frac{2\alpha(\boldsymbol{x})}{M}\end{aligned}$$

记 $b=\dfrac{k}{1-k}$，考虑到 $\gamma=0$，上式变为

$$\begin{aligned}4\cdot\mathrm{Ncut}(A,B)&=\frac{(1+b^2)(\alpha(\boldsymbol{x})+\gamma)+2(1-b^2)\beta(\boldsymbol{x})}{bM}+\frac{2\alpha(\boldsymbol{x})}{M}\\&=\frac{(1+b^2)(\alpha(\boldsymbol{x})+\gamma)}{bM}+\frac{2(1-b^2)\beta(\boldsymbol{x})}{bM}+\frac{2b\alpha(\boldsymbol{x})}{bM}-\frac{2b\gamma}{bM}\\&=\frac{(1+b^2)\boldsymbol{x}^{\mathrm{T}}(\boldsymbol{D}-\boldsymbol{W})\boldsymbol{x}+\boldsymbol{1}^{\mathrm{T}}(\boldsymbol{D}-\boldsymbol{W})\boldsymbol{1}}{b\boldsymbol{1}^{\mathrm{T}}\boldsymbol{D}\boldsymbol{1}}+\\&\quad\frac{2(1-b^2)\boldsymbol{1}^{\mathrm{T}}(\boldsymbol{D}-\boldsymbol{W})\boldsymbol{x}}{b\boldsymbol{1}^{\mathrm{T}}\boldsymbol{D}\boldsymbol{1}}+\frac{2b\boldsymbol{x}^{\mathrm{T}}(\boldsymbol{D}-\boldsymbol{W})\boldsymbol{x}}{b\boldsymbol{1}^{\mathrm{T}}\boldsymbol{D}\boldsymbol{1}}-\frac{2b\boldsymbol{1}^{\mathrm{T}}(\boldsymbol{D}-\boldsymbol{W})\boldsymbol{1}}{b\boldsymbol{1}^{\mathrm{T}}\boldsymbol{D}\boldsymbol{1}}\\&=\frac{(\boldsymbol{1}+\boldsymbol{x})^{\mathrm{T}}(\boldsymbol{D}-\boldsymbol{W})(\boldsymbol{1}+\boldsymbol{x})}{b\boldsymbol{1}^{\mathrm{T}}\boldsymbol{D}\boldsymbol{1}}+\frac{b^2(\boldsymbol{1}-\boldsymbol{x})^{\mathrm{T}}(\boldsymbol{D}-\boldsymbol{W})(\boldsymbol{1}-\boldsymbol{x})}{b\boldsymbol{1}^{\mathrm{T}}\boldsymbol{D}\boldsymbol{1}}-\\&\quad\frac{b^2(\boldsymbol{1}-\boldsymbol{x})^{\mathrm{T}}(\boldsymbol{D}-\boldsymbol{W})(\boldsymbol{1}-\boldsymbol{x})}{b\boldsymbol{1}^{\mathrm{T}}\boldsymbol{D}\boldsymbol{1}}\\&=\frac{((\boldsymbol{1}+\boldsymbol{x})-b(\boldsymbol{1}-\boldsymbol{x}))^{\mathrm{T}}(\boldsymbol{D}-\boldsymbol{W})((\boldsymbol{1}+\boldsymbol{x})-b(\boldsymbol{1}-\boldsymbol{x}))}{b\boldsymbol{1}^{\mathrm{T}}\boldsymbol{D}\boldsymbol{1}}\end{aligned}$$

令 $\boldsymbol{y}=(\boldsymbol{1}+\boldsymbol{x})-b(\boldsymbol{1}-\boldsymbol{x})$，则有

$$\boldsymbol{y}^{\mathrm{T}}\boldsymbol{D}\boldsymbol{1}=2\Big(\sum_{x_i>0}d_i-b\sum_{x_i<0}d_i=0\Big)=2\left(\sum_{x_i>0}d_i-\sum_{x_i<0}d_i\cdot\frac{\sum_{x_i>0}d_i}{\sum_{x_i<0}d_i}\right)=0$$

$$\begin{aligned}\boldsymbol{y}^{\mathrm{T}}\boldsymbol{D}\boldsymbol{y}&=\sum_{x_i>0}d_i+b^2\sum_{x_i<0}d_i\\&=\sum_{x_i<0}d_i\cdot\frac{\sum_{x_i>0}d_i}{\sum_{x_i<0}d_i}+b^2\sum_{x_i>0}d_i\cdot\frac{\sum_{x_i<0}d_i}{\sum_{x_i>0}d_i}\\&=\sum_{x_i<0}d_i\cdot\frac{k}{1-k}+b^2\sum_{x_i>0}d_i\cdot\frac{1-k}{k}\end{aligned}$$

$$=b\sum_{x_i<0}d_i+b\sum_{x_i>0}d_i$$

$$=b\Big(\sum_{x_i<0}d_i+\sum_{x_i>0}d_i\Big)=b\boldsymbol{1}^{\mathrm{T}}\boldsymbol{D}\boldsymbol{1}$$

于是，

$$4\cdot \mathrm{Ncut}(A,B)=\frac{\boldsymbol{y}^{\mathrm{T}}(\boldsymbol{D}-\boldsymbol{W})\boldsymbol{y}}{\boldsymbol{y}^{\mathrm{T}}\boldsymbol{D}\boldsymbol{y}}$$

因此，对于二分类问题的归一化图割分割方法，目标是寻找一个标签矢量 $\boldsymbol{x}=[x_1,x_2,\cdots,x_N]^{\mathrm{T}}(x_i\in\{1,-1\})$，使得下面的目标函数最小化：

$$\min_{x}\mathrm{Ncut}(\boldsymbol{x})=\min_{y}\frac{\boldsymbol{y}^{\mathrm{T}}(\boldsymbol{D}-\boldsymbol{W})\boldsymbol{y}}{\boldsymbol{y}^{\mathrm{T}}\boldsymbol{D}\boldsymbol{y}} \tag{7.5.14}$$

其中，$\boldsymbol{y}$ 满足约束条件：

$$\begin{cases}y_i\in\{2,-2b\}\\ \boldsymbol{y}^{\mathrm{T}}\boldsymbol{D}\boldsymbol{1}=0\end{cases} \tag{7.5.15}$$

上面的表达式就是瑞利商的广义形式，最小化该表达式可以通过求解下面方程的特征矢量获得：

$$(\boldsymbol{D}-\boldsymbol{W})\boldsymbol{y}=\lambda\boldsymbol{D}\boldsymbol{y} \tag{7.5.16}$$

令 $\boldsymbol{z}=\boldsymbol{D}^{1/2}\boldsymbol{y}$，则式(7.5.16)变成：

$$\boldsymbol{D}^{-1/2}(\boldsymbol{D}-\boldsymbol{W})\boldsymbol{D}^{-1/2}\boldsymbol{z}=\lambda\boldsymbol{z} \tag{7.5.17}$$

这里，$\boldsymbol{D}^{1/2}$ 表示 $\boldsymbol{D}$ 的每个元素开平方，$\boldsymbol{D}^{-1/2}$ 表示 $\boldsymbol{D}^{1/2}$ 的逆矩阵。

容易验证，$\boldsymbol{L}=\boldsymbol{D}^{-1/2}(\boldsymbol{D}-\boldsymbol{W})\boldsymbol{D}^{-1/2}$（拉普拉斯矩阵）是半正定的对称矩阵，其特征值都是非负实数。$\lambda=0$ 是它的最小特征值，对应的特征矢量为 $\boldsymbol{z}_0=\boldsymbol{D}^{1/2}\boldsymbol{1}$，这时 $\boldsymbol{y}=\boldsymbol{D}^{-1/2}\boldsymbol{z}_0=\boldsymbol{1}$，表明集合 A 包含所有的节点（整个图像）。因此，需要选取第二小的特征矢量作为分割的结果。算法 7.5.1 描述了归一化图割分割算法的实现步骤。

算法 7.5.1　归一化图割分割算法

输入：图像（N 个像素）$\boldsymbol{I}=\{F_1,F_2,\cdots,F_N\}$，其中 F_i 表示第 i 个像素的值（对于灰度图像 F_i 是标量，对于彩色图像 F_i 是矢量）。

σ_I,σ_X,r 是用于计算权值的参数。

输出：标签矢量 $\boldsymbol{x}=[x_1,x_2,\cdots,x_N]^{\mathrm{T}}(x_i\in\{1,-1\})$，$x_i=1$ 表示像素 i 属于 A，$x_i=-1$ 表示像素 i 属于 B。

(1) 按下面公式计算权值矩阵 $\boldsymbol{W}_{NN}$ 和对角矩阵 $\boldsymbol{D}_{NN}$：

$$w_{ij}=\begin{cases}\exp\left(-\dfrac{\|F_i-F_j\|_2^2}{\sigma_I^2}\right)\cdot\exp\left(-\dfrac{\|X_i-X_j\|_2^2}{\sigma_X^2}\right), & \|X_i-X_j\|_2<r\\ 0, & \text{其他}\end{cases}$$

（X_i 表示像素 i 的 (x,y) 坐标）

$$d_{ii}=\sum_{j=1}^{N}w_{ij}$$

(2) 计算矩阵拉普拉斯 $\boldsymbol{L}_{NN}$ 及 $\boldsymbol{D}_{NN}^{1/2}$ 的逆矩阵：

$$\boldsymbol{L}_{NN}=\boldsymbol{D}^{-1/2}(\boldsymbol{D}-\boldsymbol{W})\boldsymbol{D}^{-1/2}\quad(\boldsymbol{L}_{NN}\text{ 是 }N\text{ 行 }N\text{ 列的对称矩阵})$$

$$D^{-1/2}(i,i)=\frac{1}{\sqrt{D(i,i)}}$$

(3) 计算矩阵 L_{NN} 的第二小的特征值和特征矢量：

对 L_{NN} 进行特征值分解，假设 z_1 是第二小的特征值的特征矢量(特征值和特征矢量都为实数)，计算矢量 y：

$$y=D^{-1/2}z_1$$

(4) 二值化矢量 y，得到标签矢量(分割结果) $x=[x_1,x_2,\cdots,x_N]^{\mathrm{T}}(x_i\in\{1,-1\})$

二值化矢量 y，通常有 3 种方法确定二值化的阈值：

方法 1：以 0 为阈值；

方法 2：以矢量 y 元素的均值为阈值；

方法 3：以一个步长(在矢量 y 元素的最小值和最大值之间)搜索最佳阈值。每个阈值将图像分割为 A 和 B 两部分，按下面的公式计算每个分割的 Ncut 值，最小 Ncut 值对应的阈值即为最佳阈值)。

$$\mathrm{Ncut}(A,B)=\frac{\sum\limits_{x_i>0,\,x_j<0}(-w_{ij}\cdot x_i\cdot x_j)}{\sum\limits_{x_i>0}d_i}+\frac{\sum\limits_{x_i<0,\,x_j>0}(-w_{ij}\cdot x_i\cdot x_j)}{\sum\limits_{x_i<0}d_i}$$

//算法结束

图 7.5.3 显示了 3 个图像的 Ncut 分割结果，同时将第二小的特征矢量重新排列为图像的大小并显示出来。可以看出，Ncut 分割算法很好地将整个图像划分为两个区域。特征矢

图 7.5.3 Ncut 算法分割结果，将特征矢量显示为图像。以特征矢量的均值为阈值计算标签矢量。算法参数：$\sigma_X=2$，$r=15$。Parrots 图像(第 1 行)和莲花图像(第 2 行) $\sigma_I=40$，第 3 行的图像 $\sigma_I=100$

量的分布反映了图像的目标区域分布。在第 3 行的三色图像中，特征矢量的分布清晰地显示出 3 个区域，但由于经典 Ncut 属于二分算法，只能分割出目标和背景，所以算法将特征值相差较小的两个区域(黑色和灰色)合成一个区域，而把白色特征值的区域作为另一个区域。

Ncut 算法的计算量巨大，非常耗费内存。一般在实际应用中，先对图像进行粗分割，以得到超像素图像(例如，使用 MeanShift 算法对图像进行预分割，每个小区域就是一个超像素)，将每个超像素作为图的一个顶点，这样就大大缩减了图的大小，从而大大减少了计算资源，提高了 Ncut 算法的效率。

7.6　混合分割方法

在彩色图像分割中，使用单一的特征(例如颜色特征)或单一的方法对图像进行分割，有时不能取得满意的结果。例如，单一的颜色特征和直方图特征不能很好地描述纹理信息，一些方法的分割结果中会出现不连续的物体边界，而有些方法则需要分类个数的先验知识。因此，一些方法将不同的分割算法和不同的图像特征组合起来，以求取得好的分割结果。本节介绍几种典型的混合分割方法。

7.6.1　基于色调的分割方法

文献[110,1]提出一种基于色调的分割方法。首先，将一个彩色图像划分为色调(Chromatic)区域和非色调(Achromatic)区域，然后使用直方图阈值方法分别对色调区域和非色调区域进行分割。为此，先将彩色图像转换到符合人类视觉感知的 HSI(色调-饱和度-强度)颜色空间，并将亮度 I 归一化到[1,100]，饱和度 S 归一化到[0,180]。然后，根据亮度分量 I 和饱和度分量 S 将彩色像素划分为色调像素和非色调像素。最后，对于色调区域，使用色调 H 的直方图进行分割；对于非色调区域，则使用亮度 I 的直方图进行分割[111]。算法 7.6.1 给出了这种组合色调和亮度的彩色图像分割算法的实现步骤。

算法 7.6.1　组合色调和亮度的彩色图像分割算法

(1) 将 RGB 彩色图像 $f(x,y)$ 转换到 HSI 颜色空间，并将强度 I 归一化到[1,100]、饱和度 S 归一化到[0,180]。

(2) 将彩色图像的像素分类为色调像素和非色调像素。
　　对于一个彩色像素，判断是否满足下列条件之一：
　　(2.1) $I>95$　or　$I\leqslant 25$；
　　(2.2) $81<I\leqslant 95$ 且 $S<18$；
　　(2.3) $61<I\leqslant 81$ 且 $S<20$；
　　(2.4) $51<I\leqslant 61$ 且 $S<30$；
　　(2.5) $41<I\leqslant 51$ 且 $S<40$；
　　(2.6) $25<I\leqslant 41$ 且 $S<60$。
　　如果该像素的亮度值 I 和饱和度 S 满足上面的 6 个条件之一，则该像素为非色调像素；否则为色调像素。

(3) 对于每个色调区域，使用文献[110]的方法、利用色调分量 H 的直方图进行阈值分割；对于每个非色调区域，则使用亮度分量 I 的直方图进行阈值分割。

(4) 使用区域合并的技术，处理过分割的问题。

//算法结束

7.6.2 JSEG 分割方法

2001 年,Deng 和 Manjunath 提出一个无监督的彩色纹理图像的分割方法[112],即 JSEG (J-Segmentation)分割算法。很多纹理图像分割算法需要估计纹理模型参数,而这样的参数估计是比较困难的。JSEG 算法不需估计纹理模型参数,它根据彩色纹理结构的同质性(Homogeneity)对彩色纹理图像进行分割。为了标识这种同质性,JSEG 算法假设: ①每个图像都包含一些颜色和结构大概相同的(同质性)彩色纹理区域; ②一个图像区域的颜色信息可以表示成少量的量化后的颜色; ③相邻区域的颜色是可以区分的。幸运地,对于常规的彩色纹理图像,这 3 个假设一般都是满足的。

JSEG 分割算法由两个阶段组成: 颜色量化和空间分割。在颜色量化阶段,首先将彩色图像的颜色量化为一些有代表性的颜色,这个过程是在某个颜色空间中实现的,没有考虑空间相关性的信息。然后,图像像素的值被替换为量化后的颜色标签,从而形成"类图"(Class Map)。"类图"可以被看作一种纹理结构图。在下一阶段的空间分割中是在"类图"(不是在原始的彩色图像)中进行的。显然,JSEG 算法将像素的颜色相似性和它们的空间分布分开进行处理。

彩色图像的颜色量化是通过同伴组滤波(Peer Group Filtering,PGF)和矢量量化(Vector Quantization,VQ)[113]技术实现的。首先,通过 PGF 算法对彩色图像进行平滑去噪预处理,同时获得每个像素的粗糙度和平滑度。每个像素的平滑度(或粗糙度)代表其局部同伴组区域的平滑程度(或粗糙程度),区域越平滑,平滑度越大(粗糙度就越小)。纹理区域的平滑度比平滑区域的平滑度小(纹理区域的粗糙度更大)。然后,采用 VQ 技术完成颜色的初始量化。需要量化的颜色数量的初始值根据图像的平均粗糙度决定(线性关系)。图像颜色越粗糙,颜色量化的数目就越多;相反,图像越平滑,颜色量化的数目就越少。最后,使用改进的 GLA(General Lloyd Algorithm)算法对量化的颜色进行聚类[114]。由于 GLA 聚类算法的目标函数是最小化图像全局的颜色扭曲,它会使得差异很小的颜色被聚类到多个类中,所以需要执行区域合并操作,将相似颜色的类合并成一个类。经过上面的颜色量化处理,图像中的每个像素就被归类到相应的类,从而形成"类图"(Class Map)。

空间分割是 JSEG 算法中最重要的部分。JSEG 的空间分割算法本质上是一种区域生长方法,但是它不是在源图像或颜色量化后的"类图"上进行区域生长,而是在 J 图上进行的。J 图是根据"类图"得到的。J 值的计算是 JSEG 算法的核心思想。J 值是根据每个类中像素位置分布的均值和方差计算的。一个"类图"(或"类图"的一个局部区域)的 J 值反映了"类图"(或局部区域)中纹理分布的均匀性。J 值越大,纹理分布越不均匀(不同的纹理结构分布在不同的地方),图像(或区域)越趋于一个好的分割(很容易分割)。J 值越小,纹理分布越均匀(图像的每个位置具有相似的纹理结构分布),图像(或区域)的可分割性就会很差。为了利用 J 值指导分割,在"类图"中利用每个像素的局部邻域分布信息,计算这个像素的 J 值,从而得到 J 图。因此,J 图中每个像素的 J 值反映了其局部邻域的可分割性。一个像素的 J 值越大,表明其局部邻域的可分割性越强,这也意味着该像素越可能靠近某个区域的边界。反之,一个像素的 J 值越小,表明其局部邻域的可分割性越弱,意味着该像素的邻域可能位于某个区域的内部。因此,J 图像就像一个包含山地和峡谷的三维地形分布图: 高 J 值的位置相当于山脊边界、低J值的位置相当于山谷。在图像分割中，这样的图像结构非常适合区域增长算法。计算像素的J值时，采用圆形的邻域，区域（邻域）的大小决定了分割出的目标大小。小的区域有利于定位颜色的边缘，大的区域有助于检测纹理边界。因此，JSEG算法使用多尺度的方法分割图像。最小的尺度（粗尺度）是9×9（去除一些角点使得窗口形状近似圆形），在下一个尺度（细尺度）窗口大小翻倍。这样生成各个尺度的J图。JSEG的区域生长算法从初始的粗尺度J图开始，对于每个在粗尺度J图中分割出的区域，在下一个细尺度J图中进行进一步的区域生长分割。这样的过程持续下去，直到最后一个精细尺度的J图处理完毕。这时会出现很多过分割现象（分割出很多零碎的细小区域），所以需要进行区域合并，从而得到最后的分割结果。区域生长算法所需要的种子点是初始的粗尺度J图的局部极小值点，原始论文给出了定位这些局部极小值点的方法。

JSEG算法能较好地分割彩色纹理图像，但是对于包含色调渐变的区域，容易出现过分割，这主要是JSEG算法中颜色量化引起的。图7.6.1显示了JSEG算法的分割结果。

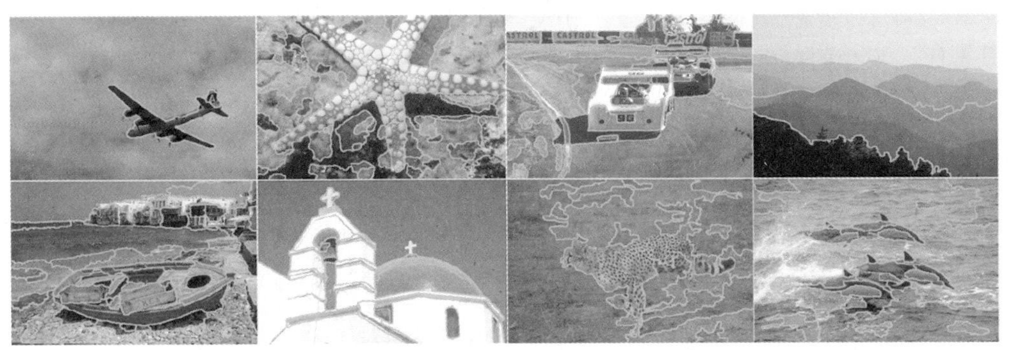

图7.6.1　JSEG算法的分割结果[112,75]

7.7　分割结果评价标准

图像分割评估方法可以分成两类[76,115]：有监督评估（主观）方法和无监督评估（客观）方法。无监督评估方法不需要人工分割的图像（金标准），这类方法主要通过分析分割结果的某些特征和属性量化分割结果的得分。有监督评估方法需要人为干预，人们通过视觉检查直接对算法的分割结果评分，或者先手动给出分割结果（金标准），再通过计算分割结果和金标准分割结果的差异评估算法分割结果的得分。所以，有监督评估方法本质上是一种主观性的评估方法，不同的评估者（人）得到的评估结果（得分）可能不同，甚至有显著的差异。

人们提出很多有监督评估方法和无监督评估方法。本节仅介绍有监督评估方法，无监督评估方法（如F、Q、E等评估方法）可参阅文献[115]。图像分割的有监督评估方法非常多，不同应用领域的图像分割评估指标也有显著的不同（如自然图像分割与医学图像分割）。对于自然图像分割，比较常用的评估方法有[76,116]：PRI（Probabilistic Random Index）、VOI（Variation of Information）、GCE（Global Consistency Error）、BDE（Boundary Displacement Error），等等。

1. PRI

PRI用来统计算法的分割结果和金标准（Ground-truth）（人工分割结果）之间像素标签

一致（相同）的概率。PRI 的取值范围为[0,1]，其值越大，表示两个分割结果越相似（分割结果越好）。

假设 S_{test} 表示算法的分割结果标签，$\{S_1, S_2, \cdots, S_K\}$ 表示 K 个金标准分割结果的标签，图像像素的个数为 N。那么，PRI 的定义如下。

$$\text{PRI}(S_{\text{test}}, \{S_k\}) = \frac{1}{C(N,2)} \sum_{i<j} (c_{ij} p_{ij} + (1 - c_{ij})(1 - p_{ij})) \tag{7.7.1}$$

其中，$C(N,2)$ 表示 N 个像素组成的像素对的总数。

$$C(N,2) = \frac{N(N-1)}{2} \tag{7.7.2}$$

c_{ij} 表示像素对(x_i, x_j)在分割 S_{test} 中是否属于同一个区域，即 x_i 的分割标签 $l^i_{S_{\text{test}}}$ 和 x_j 的分割标签 $l^j_{S_{\text{test}}}$ 是否相同。

$$c_{ij} = \begin{cases} 1, & l^i_{S_{\text{test}}} = l^j_{S_{\text{test}}} \\ 0, & \text{其他} \end{cases} \tag{7.7.3}$$

p_{ij} 是事件 c_{ij} 发生的概率，即像素 x_i 和像素 x_j 在金标准分割结果中有相同标签的概率。

$$p_{ij} = \frac{1}{K} \sum_{k=1}^{K} T(i,j,k) \tag{7.7.4}$$

$$T(i,j,k) = \begin{cases} 1, & l^i_{S_k} = l^j_{S_k} \\ 0, & \text{其他} \end{cases} \tag{7.7.5}$$

2.VOI

VOI 将两个分割结果的差异定义为一个分割结果相对于另一个分割结果的平均条件熵（Average Conditional Entropy），从而粗略地估计分割结果相对于金标准的差异。VOI 的取值范围为[0,+∞)，其值越小，表示两个分割结果越相似（分割结果越好）。

假设 S_1 和 S_2 分别表示两个分割结果的标签，那么 VOI 的定义为

$$\text{VOI}(S_1, S_2) = E(S_1) + E(S_2) - 2I(S_1, S_2) \tag{7.7.6}$$

这里，$E(S)$表示 S 的信息熵。

$$E(S) = -\sum_{k=1}^{C} (p(C_k) \cdot \log p(C_k)) \tag{7.7.7}$$

C 表示 S 中的类别数，$p(C_k)$表示类别 k 的概率密度。

$$p(C_k) = \frac{N_k}{N} \tag{7.7.8}$$

N_k 是类别 k 的像素数，N 为图像像素数。

$I(S_1, S_2)$表示类别 S_1 和 S_2 的互信息（Mutual Information）。

$$I(S_1, S_2) = \sum_{i=1}^{C_{S_1}} \sum_{i=1}^{C_{S_2}} \left(p(S_1^i, S_2^j) \log\left(\frac{p(S_1^i, S_2^j)}{p(S_1^i) p(S_2^j)} \right) \right) \tag{7.7.9}$$

$p(S_1^i, S_2^j)$是 S_1 的类别 i 和 S_2 的类别 j 的联合概率密度。

$$p(S_1^i, S_2^j) = \frac{|S_1^i \cap S_2^j|}{N} \tag{7.7.10}$$

$|S_1^i \cap S_2^j|$表示 S_1 的类别 i 和 S_2 的类别 j 的交集的大小。

3. GCE

GCE 用来度量两个分割中一个分割被看成另一个分割的完善(Refinement)程度,反映了两个分割结果的不重叠的程度(不重叠度越小,也就是重叠度越大,表明两个分割结果越相似)。GCE 的取值范围为[0,1],其值越小,表示两个分割结果越相似,即一个分割结果能更好地代表另一个分割的结果。

假设 S_1 和 S_2 分别表示两个分割结果。先定义关于每个像素 x_k 的不一致性分割错误:

$$C(S_1,S_2,x_k)=\frac{|R(S_1,x_k)\backslash R(S_2,x_k)|}{|R(S_1,x_k)|} \tag{7.7.11}$$

这里,$R(S_1,x_k)$表示在分割结果 S_1 中包含像素 x_k 的区域,\表示集合差运算,$|R(S_1,x_k)|$表示 $R(S_1,x_k)$中的元素数。

显然,式(7.7.11)定义的不一致性分割错误具有方向性。考虑到两个方向上的不一致性分割错误,GCE 被定义为在所有像素上不一致性分割错误的平均值(N 为图像像素数):

$$\text{GCE}(S_1,S_2)=\frac{1}{N}\min\left(\sum_{k=1}^{N}C(S_1,S_2,x_k),\sum_{k=1}^{N}C(S_2,S_1,x_k)\right) \tag{7.7.12}$$

4. BDE

BDE 用来测量两个分割结果中边界像素的平均错位距离。BDE 把一个分割结果中一个边界像素的错位距离定义为这个像素到另一个分割结果(金标准)中最近的边界像素的距离。BDE 的取值范围为$[0,+\infty)$,其值越小,表示两个分割结果越相似(分割结果越好)。

假设 B_1 和 B_2 分别是两个分割结果的边界点集合(每个边界点用二维坐标表示),那么 BDE 的定义为

$$\text{BDE}(B_1,B_2)=\frac{1}{2}\left(\frac{1}{|B_1|}\sum_{p\in B_1}D(p,B_2)+\frac{1}{|B_2|}\sum_{p\in B_2}D(p,B_1)\right) \tag{7.7.13}$$

其中,$D(p,B)$表示点 p 到集合 B 中所有点的最短欧几里得距离。

$$D(p,B)=\min_{q\in B}\|p-q\|_2 \tag{7.7.14}$$

习题

7.1 假设 RGB 彩色图像 $\boldsymbol{f}(x,y)$中只包含目标和背景两类,目标的均值颜色为 $\boldsymbol{C}_{\text{ref}}=[R_{\text{ref}},G_{\text{ref}},B_{\text{ref}}]^{\text{T}}$,设计一个基于像素的阈值分割方法,将目标和背景分割出来。

7.2 对于彩色图像二分类(目标和背景),假设目标的颜色范围为$\{R[0,T_R),G[0,T_G),B[T_B,255]\}$,那么背景的颜色范围是多少?

7.3 分析直方图阈值分割方法的优缺点。

7.4 一个灰度图像(像素值范围为[0,255])中只有一个目标和背景,它们的平均灰度值分别为 180 和 70。该图像被均值为 0、标准差为 10 的高斯噪声污染了。设计一个阈值分割方法,使得分割结果的正确率不低于 90%。

7.5 一个灰度图像(像素值范围为[0,255])中只有一个目标和背景,分别服从高斯分布 $N(\mu_1,\sigma_1^2)$和 $N(\mu_2,\sigma_2^2)$,目标的面积占整个图像的 $p\%$。求直方图阈值法分割的最佳阈值表达式。

7.6　Otsu 矢量阈值分割方法需要计算目标区域和背景区域的类内方差 σ_1^2 和 σ_2^2，以及类间方差 σ_B^2。假设 RGB 彩色图像 $\boldsymbol{f}(x,y)$，目标的颜色范围为 $\{R[0,T_R],G[0,T_G],B[0,T_B]\}$，试推导 σ_1^2、σ_2^2、σ_B^2 的计算公式。

7.7　对于 RGB 彩色图像 $\boldsymbol{f}(x,y)$，简述 7.1.2 节的彩色图像 Otsu 矢量阈值分割方法的实现步骤。

7.8　使用四叉树的分裂合并算法分割下面的图像，并给出分割的四叉树。区域分裂的原则是颜色均匀一致性，即一个区域需要分裂的条件是这个区域的方差大于某个阈值。

7.9　为什么一般情况下分水岭算法总可以得到封闭的轮廓线？

7.10　分水岭算法可以使用不同的输入，如二值图像、标记图像、梯度图像、原始灰度图像等。如果输入图像使用梯度图像或者原始灰度图像，则会出现严重的过分割（产生很多非常琐碎的分割结果），分析产生过分割的原因。

7.11　在基于标记点的分水岭算法中，标记点代表什么？连通的标记点的编号和不连通的标记点的编号有什么不同？在什么情况下需要构建堤坝（分水岭）？

7.12　对于基于标记点的彩色图像分水岭算法，简述几种生成标记点的方法。

7.13　简述基于标记点的彩色图像分水岭算法的原理。

7.14　证明：对于任意给定的初始聚类中心，K-means 算法的目标函数一定会收敛。

7.15　在模糊 C-均值（FCM）算法的目标函数（式(7.3.4)）中，一般要求加权指数 $m>1$。m 的作用是什么？分别讨论 $m=1$ 和 $m=0$ 的情况。

7.16　对于彩色图像的高斯混合模型聚类方法，能否将协方差矩阵式(7.3.17)的非对角线元素设定为 0？说明理由。

7.17　对于 K-means 算法、模糊-C 均值算法、高斯混合模型聚类方法、均值迁移分割方法，在它们的分割结果中，每个类别是一个连通的区域吗？为什么？

7.18　利用均值迁移算法分割彩色图像时，一般需要设定颜色域带宽和空间域带宽。解释这些带宽起什么作用？

7.19　在均值迁移算法中，假设核函数是 d 维变量的拉普拉斯分布：

$$K_{\mathrm{Lap}}(\boldsymbol{x})=\frac{1}{2^d}\mathrm{e}^{-\|\boldsymbol{x}\|}$$

试推导均值迁移的公式。

7.20　在 Snake 模型的能量泛函式(7.4.1)中，内部能量 $E_{\mathrm{int}}(\cdot)$ 约束轮廓曲线的连续性和平滑性，外部能量 $E_{\mathrm{ext}}(\cdot)$ 则吸引曲线沿目标边缘轮廓线和直线的方向演化。分析原因。

7.21　原始的 Snake 模型是用于分割灰度图像的。对于彩色图像，如何修改 Snake 模型，才能使得它能直接对彩色图像进行分割(不是独立地分割3个颜色通道)?

7.22　水平集(C-V模型)分割方法可以分割灰度图像，也可以分割彩色图像。分析灰度图像C-V模型和彩色图像C-V模型的差异。

7.23　为什么最小割分割方法容易分割出顶点个数很少的子图?

7.24　简述归一化图割分割算法的原理。

7.25　在算法7.5.1(归一化图割分割算法)中，当$\| X_i - X_j \|_2 \geqslant r$时权值$w_{ij}=0$，分析将权值设置为0的原因；当$\| X_i - X_j \|_2 < r$时权值由两部分组成，解释这两个组成部分的意义。

第8章　彩色图像压缩编码

8.1　概述

图像和视频具有巨大的数据量。例如一个PAL制视频图像(大小为720×576),每个像素用24位表示,则大约为9.5Mb,每秒的数据量为237.3Mb。为了节省存储资源和信道实时传输,需要对图像和视频信号进行压缩。

图像压缩(Image Compression)是建立在图像和视频信号中存在大量冗余信息基础上的,主要有如下几类冗余信息:

(1) 空间冗余。一方面,相邻像素存在强烈的空间相关性,从而引起空间信息的冗余。另一方面,在一个图像中,一些基本的图案、形状、颜色等会重复出现,从而引起空间模式的冗余。

(2) 光谱冗余。彩色图像的各个通道之间存在强烈的光谱相关性,从而引起光谱(颜色)冗余。

(3) 时域冗余。在视频图像序列中,相邻帧之间是强烈相关的。例如,在视频流中,一个目标(物体)会在连续多帧中出现。

(4) 视觉冗余。人类的视觉对图像信号的一些细微变化是很难分辨出的。舍弃图像中人眼难以分辨的信息,不会降低整个图像的视觉效果,也不影响图像的实际应用。

图像压缩算法通过消除图像信号中的冗余信息,以达到减少图像数据量的目的。图像压缩技术大概有如下几类。

(1) 无损压缩(Lossless Compression)。无损压缩是指将图像压缩后,能根据压缩后的图像数据完美重建出(解压缩)原始图像(没有任何损失)。由于需要达到无损压缩和解压,因此这类压缩方法的压缩率不会很高。

(2) 有损压缩(Lossy Compression)。这类方法允许在压缩时有信息损失,在解压时不能完美无缺地重建出原始图像。对于一个有损压缩算法,压缩率越高,重建出的图像质量就越低(损失越大)。两个著名的有损压缩方法是用于静态图像有损压缩的JPEG和用于视频压缩的MPEG。一般来说,在不引起明显失真(扭曲)的前提下,有损压缩方法可以达到的最大压缩率为10∶1。更大的压缩率可能引起明显的块效应、颜色漂移、虚假轮廓等。

(3) 视觉感知上的无损压缩(Perceptually Lossless Compression)。这类压缩方法本质上也是有损压缩,只不过这种损失是人类视觉系统(Human Visual System,HVS)难以观察到的。一些小的图像失真(扭曲)是人眼难以觉察到的,这样就可以在图像压缩算法中允许存在这种损失,从而在不影响视觉效果的情况下显著提高压缩率。

图像压缩算法的性能,可以根据下面几方面进行评估。

(1) 图像质量。通过比较重建(解压缩)的图像和原始图像的差异评估,包括主观评估和客观评估。主观评估是指由多个人类观察者给重建图像进行质量评分,然后取平均得分,也就是 MOS(Mean Opinion Score)得分,MOS 得分将图像质量评为 5 个级别。客观评估是指通过客观的方法计算重建图像和原始图像的差异(或者相似度),差异越大(相似度越小),图像质量就越差。典型的客观评估指标有 MSE(Mean Square Error)、MAE(Mean Absolute Error)、RMSE(Relative Mean Square Error)、SNR(Signal-to-noise Ratio),等等。然而,客观评估指标有时不符合人眼视觉评估,高的客观评估得分在人眼视觉评估中可能得分偏低。

(2) 编码效率。评估编码效率的两个典型指标是压缩率(Compression Ratio)和位率(Bit Rate)。压缩率是指原始图像所需要的存储位数和编码压缩后图像所需要的存储位数的比率,压缩率越大,表示图像压缩得越厉害,压缩后的图像数据量就越小。位率是指编码一个图像元素(像素)所需的平均位数。评估一个图像压缩算法时,应同时考虑图像质量和编码效率。在图像质量相同的情况下,再比较编码效率。

(3) 算法复杂度。复杂度是评估任何图像处理算法的一个重要指标。复杂度越高,计算代价和硬件资源要求就会越高,执行效率就越低。

8.2　彩色图像压缩方法

彩色图像由 3 个颜色通道组成,颜色通道之间存在强烈的光谱相关性。彩色图像压缩方法可分成两类[1-2]:基于通道相关性的压缩方法和通道独立的压缩方法。基于通道相关性的压缩方法尽量利用通道之间的光谱相关性指导彩色图像数据的压缩。通道独立的压缩方法是对每个通道独立地应用灰度图像压缩方法压缩编码。这种压缩方法没有利用通道之间的相关信息,只利用了通道图像内部的空间相关性。因此,这类方法没有考虑光谱冗余,仅考虑了空间冗余。作为一个改进,可以在压缩通道图像前,尽量减弱光谱相关性,一般可以通过颜色空间转换完成(例如,将 RGB 表示方式变换到通道相关性较弱的颜色空间,如 YUV、YIQ、YCbCr)。然而,任何空间变换都不能完全去除通道之间的光谱联系,只能一定程度上减弱通道之间的相关性。

8.2.1　基于通道相关性的编码技术

在通道独立的压缩方法中,每个通道图像独立地压缩编码(没有利用通道之间的相关性),会导致很多冗余信息(很多类似甚至相同的信息在各个通道被重复编码)。为了克服(缓解)这类问题,基于通道相关性的压缩方法尽量利用通道之间的相关性指导彩色图像数据的压缩。一类简单的方法是将矢量处理机制引入通道图像的压缩中,这是因为一些矢量处理机制能在一定程度上体现通道之间的相关性。一方面,可以利用矢量处理结果指导每个通道图像的压缩编码。例如,在彩色图像中,边缘、轮廓、纹理等结构信息在 3 个通道图像中出现的位置一般基本相同。因此,可以通过矢量梯度(见第6章)刻画这些结构信息,然后基于这些结构信息实现每个通道图像的压缩编码。另一方面,矢量(颜色)处理机制和空间压缩技术结合起来,实现彩色图像的压缩。例如,传统的矢量量化方法是用于处理标量数据块的(将标量数据块排列为一个矢量),其目的是利用数据块内标量数据的相关性同时量化整个数据块。对于彩色图像,传统的矢量量化方法只能对3个通道进行独立的矢量量化。为了能同时量化3个通道数据块,可以结合颜色矢量的颜色相关性和空间相关性同时量化3个通道的数据块。

除引入矢量处理机制到通道图像的压缩外,调色板表示(**Palette Representation**)也是一种重要的彩色图像压缩方法。每个彩色像素的值是一个由红、绿、蓝的强度值组成的3D列矢量,该矢量代表一种颜色。如果将一个彩色图像中所有颜色的红、绿、蓝强度值定义到一个表中,用索引号(标量数据)表示一种颜色,这样彩色图像就表示成灰度图像。这种定义颜色的红、绿、蓝强度值的表被称为调色板(Palette)。

1. 基于调色板表示的压缩方法

假设一个24位RGB彩色图像 $\boldsymbol{f}(x,y)$(大小为 $M\times N$),图像中实际颜色数为 K。现在定义一个调色板 P,将所有的 K 个颜色都包含进去,如表8.2.1所示。将 $\boldsymbol{f}(x,y)$ 中每个像素的值(RGB矢量)用调色板中的索引号表示,形成一个灰度图像 $g(x,y)$,同时将调色板也保存到 $g(x,y)$ 中。调色板的位数为 $m=\lceil \log_2 K \rceil$($\lceil\cdot\rceil$表示向上取整)。这样,灰度索引图像 $g(x,y)$ 的大小(比特数)与原始彩色图像 $\boldsymbol{f}(x,y)$ 的大小(比特数)之比为

$$\gamma=\frac{M\times N\times m+K\times 24}{M\times N\times 24}=\frac{m}{24}+\frac{K}{M\times N} \tag{8.2.1}$$

假设 $M=N=512$、$K=256$,那么 $\boldsymbol{\gamma}=\frac{1}{3}+\frac{1}{1024}$,压缩率接近3。若 $K=1024$,则 $\boldsymbol{\gamma}\approx\frac{1}{2.38}$,压缩率约为2.38。若 $K=65536$,则 $\boldsymbol{\gamma}=\frac{11}{12}$,压缩率为1.1。然而,当 $K>65536$ 时,$\boldsymbol{\gamma}>1$,这时使用这种无损的调色板表示法,图像的存储大小反而会增大。

表8.2.1 含有 K 个颜色的调色板

索引号	R	G	B
0	R1	G1	B1
1	R2	G2	B2
…	…	…	…
$K-1$	Rk	Gk	Bk

上面的例子表明,当一个彩色图像中的颜色数非常多时,如果使用无损的调色板表示法对彩色图像进行压缩,就会出现负效果(压缩后的图像存储大小反而会变大)。然而,对于24位的彩色图像,虽然所有可能的颜色总数为16777216(256×256×256),但是一般的彩色图像仅包含其中很小一部分颜色。而且,对于很多相似的颜色,人眼是无法区分的。这就是说,可以使用一种颜色代表一组相似的颜色(颜色量化)。这就是基于调色板表示的彩色图像压缩的理论根据。

假设对于某个实际颜色数为 M 的彩色图像 $\boldsymbol{f}(x,y)$，利用某些方法设计一个含有 $K(K<M)$ 个颜色的调色板 P，将 $\boldsymbol{f}(x,y)$ 的像素值(颜色)用调色板的颜色索引值表示，以达到彩色图像压缩的目的。也就是说，对于 $\boldsymbol{f}(x,y)$ 的每个像素所表示的颜色 $\boldsymbol{C}_k(k=1,2,\cdots,M)$，需要从调色板 P 定义的颜色 $\{\boldsymbol{C}_1^P,\boldsymbol{C}_2^P,\cdots,\boldsymbol{C}_K^P\}$ 中选出与 $\boldsymbol{C}_k$ 最相似的颜色 $\boldsymbol{C}_k^P$：

$$\boldsymbol{C}_k^P=\min_{\boldsymbol{C}_i^P(i=1,2,\cdots,K)} D(\boldsymbol{C}_k,\boldsymbol{C}_i^P) \tag{8.2.2}$$

其中，$D(\boldsymbol{C}_1,\boldsymbol{C}_2)$ 是计算两个颜色距离的函数，最简单的距离函数是矢量的欧几里得距离。

为了观察调色板的效果，可以将映射后得到的索引(标量)图像通过调色板反映射为彩色图像，再从视觉上观察其效果。可以发现，当设计的调色板很小或者调色板中的颜色不能很好地逼近实际彩色图像的颜色时，重建的彩色图像会有明显的失真：虚假颜色(与周边像素的颜色差异很大)、颜色漂移、颜色丢失，等等。

在调色板表示的压缩方法中，最重要的是如何设计调色板，这可通过颜色量化(Color Quantization)技术完成。完成调色板设计后，根据调色板将彩色图像映射为灰度索引图像，灰度索引图像则可进一步利用灰度图像压缩技术进行压缩。

2. 颜色量化

颜色量化是指从大量颜色中提取出数量有限的代表性的颜色，并用它们表示实际的颜色[117-118]。颜色量化的目的是减少图像中实际颜色的数目，主要用于调色板的设计、显示、打印，等等。基本的颜色量化方法有[119,1]：均匀量化、K-means 算法、流行度算法、中位切割算法、八叉树量化法，等等。

(1) 均匀量化(Uniform Quantization)

均匀量化对颜色空间进行均匀划分。考虑到人眼对不同颜色的敏感度，一般对 RGB 空间中的 R 轴和 G 轴的划分应当比对 B 轴的划分精细一些。例如，将 RGB 空间的颜色量化为 256 个级别，可以将 R 轴和 G 轴都均匀划分为 8 个区间：[0,31]、[32,63]、[64,95]、[96,127]、[128,159]、[160,191]、[192,223]、[224,255]，将 B 轴均匀划分为 4 个区间：[0,63]、[64,127]、[128,191]、[192,255]，这样就得到 $8\times8\times4=256$ 个颜色级别，每个颜色级别可以使用相应的均值颜色表示。例如，RGB 的值为[0,31]、[0,31]、[64,127]时，量化后的颜色的 RGB 值为[16,16,96]，其索引号为 1。显然，均匀量化与具体的图像无关，利用这种均匀调色板编码彩色图像时，一般情况下效果不会很好。

(2) K-means 聚类

K-means 聚类是一种经典的图像分割方法(见 7.3 节)。首先，在图像颜色空间中随机选取 K 种颜色作为 K 类的初始种子颜色(K 是需要量化的颜色数)。然后，计算每种颜色到这 K 个种子颜色的距离，并把这种颜色归类到距离最小的类。接着，更新每类的质心(均值颜色)，重复上述过程，直到收敛。最后，利用聚类结果的 K 个均值颜色生成调色板。K-means 聚类算法有很多改进型版本。例如，通过将模糊规则引入 K-means 算法中计算每个像素属于每个类别的隶属度，从而得到模糊 K-means 算法。

(3) 流行度算法(Popularity Algorithm)

该算法挑选彩色图像中出现频率最高的 K 种颜色作为调色板的颜色。该方法实现简单，但存在一些缺点。当图像中出现一些与其他颜色显著不同的颜色且其所占面积比较小(如一个很亮的小斑块)，由于该颜色出现的频率不足，且与其他颜色显著不同，这样图像进行颜色映射时，该颜色会被替换成与其显著不同的颜色，从而造成较大的颜色失真。其次，当颜色分布不均匀时，挑选出的调色板颜色会过于集中。如果某些类似颜色出现的频率都很高，那么流行度算法会将这些相似的颜色挑选出来作为调色板的颜色（而丢弃其他颜色）。为了克服这个问题，可以先进行一些预处理。例如，先进行粗糙的颜色聚类分割，然后再执行流行度颜色量化算法。

（4）中位切割算法（Median Cut Algorithm）

中位切割算法是一种重要的颜色量化方法，其基本思想是把 RGB 颜色空间正方体分成 K 个长方体，使得每个长方体包含数量大概相等的颜色（像素），用每个长方体的中心点（颜色）表示这个长方体内的颜色。算法首先在 R、G、B 轴中查找最长的轴，然后利用最长轴的中点，将初始 RGB 长方体划分为两个长方体。然后，在现有的长方体中查找包含像素（颜色）最多的长方体，再利用最长轴的中点将这个包含像素最多的长方体划分为两个长方体。如此重复，直到生成 K 个长方体为止。

（5）八叉树量化法（Octree Algorithm）

八叉树量化法将一个 RGB 颜色表示为深度为 8 的八叉树的一个叶子结点，叶子结点的路径位置是由该 RGB 颜色的 3 个通道的位平面的值（0～7）决定的。每次读入一个 RGB 颜色，就在八叉树上插入一个新的叶子结点（如果读入的 RGB 颜色在八叉树中已经存在，则不再插入新的叶子结点）。如果插入新的叶子结点后八叉树的颜色数超过 K（K 是调色板的颜色数），则在八叉树上将相邻颜色（相邻的叶子结点）合并，以保证其叶子结点数不超过 K。以这样的方式处理完所有颜色后，八叉树的叶子结点数不超过 K，每个叶子结点就表示量化后的颜色（调色板中的各个颜色）。

然而，根据这些颜色量化方法生成的调色板及相应的灰度索引图像重建出的彩色图像，常常包含虚假轮廓、颜色突变、块效应等噪声信息，一般需要利用其他一些处理措施改进这些问题。对于这些问题，基本的处理方法有半色调（Halftoning）技术和颜色抖动（Color Dithering）算法。两个经典的方法是误差扩散半色调算法[120]和有序抖动算法（Ordered Dither）[121]。这两个方法都是在调色板映射（量化）阶段动态修改被映射像素的颜色值，从而调整量化（映射）结果。误差扩散半色调算法在将一个彩色像素（颜色）映射为灰度索引值时，计算调色板颜色和实际颜色的误差，将这个颜色误差按比例扩散给还没有映射的相邻像素（根据扩散系数调整相邻像素的颜色值）。有序抖动算法则是在利用调色板映射彩色像素之前，在彩色像素的 3 个通道上加上一个随机的周期性抖动信号，抖动信号的空间结构是由抖动矩阵决定的。然而，这两个经典的处理算法都存在一些问题。首先，前面像素的量化错误会累加起来并传递到后面的像素，这可能导致后面的像素被错误地分类（映射为显著不同的调色板颜色），从而形成颜色脉冲噪声。其次，抖动处理会导致边缘两边的颜色相互扩散，从而形成锯齿状边缘（Jagged Edges）。

对于上面利用调色板重建的彩色图像出现的图像质量问题，除了在映射（量化）阶段进行干预外，还可以应用一些后处理算法对重建后彩色图像进行处理，以增强视觉效果。

3. 压缩灰度索引图像

彩色图像利用调色板映射为灰度索引图像（称为伪灰度图像，Pseudo-grayscale Image）后，可以利用灰度图像压缩技术进一步压缩。伪灰度图像常常会出现一些视觉上的突变，例如脉冲噪声和突起的变化，这是由于从 3D 颜色到 1D 索引的调色板非线性变换（映射）所引起的。这些突起的变化会严重影响图像压缩编码的效率。另一方面，压缩算法（有损压缩）引起的模糊和失真会导致重建彩色图像时出现一些严重的虚假颜色。这是因为在解压缩（反映射）时，对于一个位于 2 个连续索引号之间的索引值（由于压缩引起的），在调色板中找不到对应的颜色。一个很小的编解码损失可能造成重建的彩色图像出现显著的颜色失真（甚至虚假颜色）。

为了解决上述问题，一个方法是将调色板中的颜色按如下方式排序：相似的颜色紧挨排列（这样它们的索引号是连续的）、明显不同的颜色错开排列（它们的索引号相隔较远）。也就是说，在调色板中，两种颜色的排列位置相隔越近，它们的颜色就越相似；相反，两种颜色的排列位置相隔越远，它们的颜色差异就越大。这可表示为

$$|i-j|<|n-m| \Leftrightarrow |\boldsymbol{C}_i^P-\boldsymbol{C}_j^P|<|\boldsymbol{C}_n^P-\boldsymbol{C}_m^P|, \quad 0 \leqslant i,j,n,m<K \quad (8.2.3)$$

基于调色板排序的思想，人们开发了一些图像压缩算法，专门用于压缩由调色板生成的伪灰度图像。文献[122]根据视觉上的相似性对调色板中的颜色进行分组，分组是在均匀颜色空间中完成的，组内的颜色再根据亮度进行排序。这样，在对压缩后的伪灰度图像数据解码时，一个扭曲的颜色（失真的颜色）将被映射到调色板内某个颜色相似组内最接近的颜色。这意味着，最大的颜色扭曲误差被限制在颜色相似组内部，从而有效地减少了重建误差。文献[123]提出一个子带编码方法，专门用于压缩由调色板生成的伪灰度图像。该方法除对调色板中的颜色排序外，还使用一个基于块的颜色矫正机制处理由于有损压缩引起的虚假颜色问题。

8.2.2 通道独立的压缩方法

基于通道相关性的编码技术，对整个彩色像素进行一体化编码（而不是独立地对各个通道编码）。然而，如何建模颜色通道的相关性、如何将光谱相关性表示应用到彩色图像编码中，这是一个非常困难的问题。因此，目前主流的彩色图像压缩技术都是基于标量数据处理的。也就是说，独立地应用灰度图像的压缩方法对彩色图像的各个颜色通道进行压缩，或者仅应用灰度图像的压缩方法压缩彩色图像的亮度通道（色度部件则进行其他处理）。

当应用灰度图像压缩方法压缩彩色图像时，一般不直接对 RGB 图像的 3 个颜色通道进行独立的压缩，而是将 RGB 图像变换到其他颜色空间再进行压缩[124]，这是因为 RGB 彩色图像的 3 个颜色通道存在强烈的光谱相关性（图像的能量均匀地分布在 3 个颜色通道）。将 RGB 图像变换到其他颜色空间的目的是尽量去除光谱相关性（颜色冗余），将亮度从彩色信号中分离出来，从而实现亮度和色度的分离。在这方面，明度－色度空间是一个比较好的选择。常用的明度-色度空间有 YUV、YIQ、YCbCr、CIELAB、CIELUV，等等（参见第 2 章）。在这些颜色空间中，亮度（明度）部件（Y、L）和色度部件（UV、IQ、CbCr、AB、UV）的相关性较弱。将 RGB 图像变换到其他空间，以消除（减弱）通道之间的相关性，称为颜色变换（Color Transform）。JPEG 2000 采用的是 YCbCr 颜色变换，而彩色传真系统一般在 CIELAB 空间中压缩图像。

研究表明，人眼对亮度的变化非常敏感，对色度变化的敏感度则相对迟钝（特别是色度部件的高频部分）。因此，一种彩色图像压缩方法是应用灰度图像的压缩算法压缩亮度（明度）通道，对色度部件则进行下采样，色度部件下采样后可以直接输出，也可以进一步应用灰度图像的压缩算法压缩。对于 YCbCr、YUV、YIQ 图像信号，3 个典型的色度采样方式是

4∶4∶4、4∶2∶2、4∶2∶0。4∶4∶4 是全采样方式(每个 Y 分量对应一组 CbCr / UV / IQ 分量),不会丢失信息(没有压缩)。4∶2∶2 格式表示对色度部件 CbCr / UV / IQ 在水平方向上进行 2∶1 的下采样(垂直方向是全采样)。因此,在 4∶2∶2 格式中,每 4 个亮度部件 Y 对应 2 组色度部件(即每 2 个 Y 分量共享一组 CbCr / UV / IQ 分量)。4∶2∶0 格式表示在水平和垂直两个方向上,都对 2 个色度部件进行 2∶1 的下采样,也就是每 4 个 Y 分量共享一组 CbCr / UV / IQ 分量。2 个色度部件经过简单的下采样(如 4∶2∶2 或 4∶2∶0)后,还可以独立应用灰度图像压缩算法进一步压缩(也可以不压缩而直接输出)。色度部件经过下采样的压缩方式是有损压缩。图 8.2.1 演示了这种压缩方法,亮度通道采用专门的灰度图像算法压缩,2 个色度部件经过简单的下采样后可以直接输出,也可以再次独立应用灰度图像算法压缩进一步压缩。

彩色图像(RGB)经过颜色变换后,亮度和色度分离。另一种更广泛的压缩方法是对亮度通道和两个色度通道应用不同的灰度图像压缩算法进行独立的压缩。然后,将 3 个通道压缩后的位流复合到一起,形成输出位流。这种压缩机制可以是无损压缩,也可以是有损压缩(由每个通道的压缩算法决定)。图 8.2.2 显示了这种压缩机制。

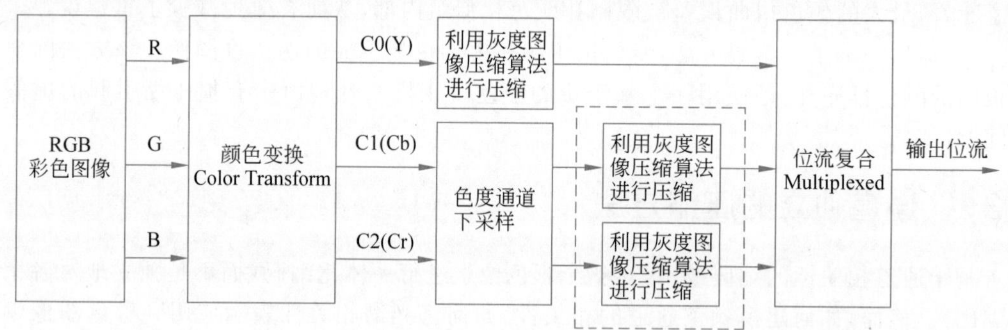

图 8.2.1 彩色图像压缩方法 1:亮度通道 C0 采用灰度图像压缩算法进行压缩,色度部件 C1 和 C2 在进行下采样后直接输出(去除虚线框里的内容)或者再次独立应用灰度图像压缩算法进一步压缩(保留虚线框里的内容),这种压缩方式是有损压缩

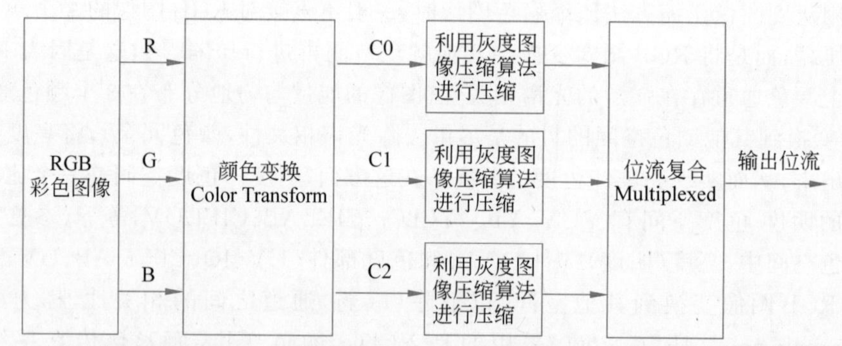

图 8.2.2 彩色图像压缩方法 2:对颜色变换后的 3 个通道采用 3 个灰度图像压缩算法进行单独的压缩,这种压缩方式可以是有损压缩,也可以是无损压缩(由标量数据的压缩算法决定)

综上所述,通道独立的彩色图像压缩方法可以总结为:首先通过颜色变换去除(减弱)颜色通道的光谱相关性(颜色冗余),然后应用灰度图像的压缩算法对各个颜色通道(或主要

的通道(如亮度))进行压缩。所以,彩色图像压缩的关键是对灰度(通道)图像的压缩。不管哪种图像压缩技术,它们都是通过对图像信号(或它们的变换域版本)进行重新编码实现的。基本的编码方法有[125-126]:熵编码(哈夫曼编码、算术编码、香农编码、行程编码、LZW 字典编码等)、预测编码(Δ 调制、DPCM 编码、ADPCM 编码等)、变换域编码(Fourier 变换、离散余弦变换、Walsh-Hadamard 变换、Karhunen-Loeve 变换等),等等。熵编码方法是无损的;变换域编码一般都是有损的;预测编码则既可以是无损的,也可以是有损的。

8.3 熵编码方法

信息熵表示信源的平均信息量(不确定性的度量)。图像的熵表示图像的平均信息量。假设灰度图像 X 有 K 个灰度级别,每个灰度级别的像素出现的概率为 $P_1,P_2,\cdots,P_K$,那么图像 X 的熵为

$$H(X)=-\sum_{k=1}^{K}(P_k\cdot\log_2 P_k)\ (\text{bit}) \tag{8.3.1}$$

图像熵的单位是比特(bit),代表了编码每个灰度级所需要的平均位数。

根据香农信息论,信息熵是无失真(无损)编码(压缩)的理论极限。如果编码后的信息熵低于这个极限,则该编码方法一定是有失真(有损)的。

熵编码是指在编码过程中不丢失信息量,即要求保存信息熵。熵编码是无失真编码(无损压缩)。常见的熵编码有:香农(Shannon)编码、哈夫曼(Huffman)编码、算术编码(Arithmetic Coding)、行程编码(Run Length Encoding,RLE)、LZW 编码、基于上下文的自适应变长编码(Context-based Adaptive Variable Length Coding,CAVLC)、基于上下文的自适应二进制算术编码(Context-based Adaptive Binary Arithmetic Coding,CABAC),等等。

一个压缩算法的编码效率可以通过信息熵和平均码字长度的比值衡量。编码效率越高,压缩率就越高。假设图像 X 的每个灰度级别的编码(码字)长度为 $\tau_1,\tau_2,\cdots,\tau_K$,则该图像的平均码字长度为

$$M(X)=\sum_{k=1}^{K}P_k\tau_k\ (\text{bit}) \tag{8.3.2}$$

编码效率为

$$\eta(X)=\frac{H(X)}{M(X)} \tag{8.3.3}$$

8.3.1 哈夫曼编码

哈夫曼(Huffman)编码是一种无损的变长编码方法。它是根据信源符号出现的概率构造最短码字的编码方法。哈夫曼编码的原则是将出现频率高的信源符号用尽可能短的码字表示,而出现频率低的信源符号则使用相对较长的码字编码。

哈夫曼编码的关键是构建哈夫曼树。哈夫曼树是一种特殊的二叉树,每个终端节点代表一个待编码的信源符号。将信源符号出现的概率作为相应终端节点的权值,那么整棵二叉树的加权路径长度就是各个终端节点的路径长度乘以该节点的权值的总和。可以证明,哈夫曼树的加权路径长度是最小的。

下面根据信源符号出现的概率构建哈夫曼树。首先，使用两个概率最小的信源符号构建一棵二叉树，这棵二叉树的根节点的概率为它的左右节点（信源符号）的概率之和。然后，从这棵二叉树的根节点和其他信源符号（或其他二叉树的根节点）中选取两个概率最小的符号组建新的二叉树。重复这个过程，直到所有的信源符号都被编入一棵二叉树。

下面以一个示例演示哈夫曼树的构建过程。假设待编码的信源为字符串："AABCDAAEABBDE"。要求对该字符串进行哈夫曼编码。

首先，计算各个信源符号出现的频率：

'A'：0.39，'B'：0.23，'C'：0.08，'D'：0.15，'E'：0.15

然后，根据各个信源符号出现的频率构建哈夫曼树，如图 8.3.1 所示。

最后，根据哈夫曼树二叉树对各个信源符号（终端节点）进行编码。从哈夫曼树的根节点开始，遍历每个终端节点，当访问左节点时赋予码字 0（或 1），访问右节点时赋予码字 1（或 0）。遍历到终端节点时，代表这条路径的 0 和 1 组成的二进制串就是该信源符号的哈夫曼编码码字。这样，得到各个字符（信源符号）的编码：

'A'：0，'B'：111，'C'：100，'D'：101，'E'：110

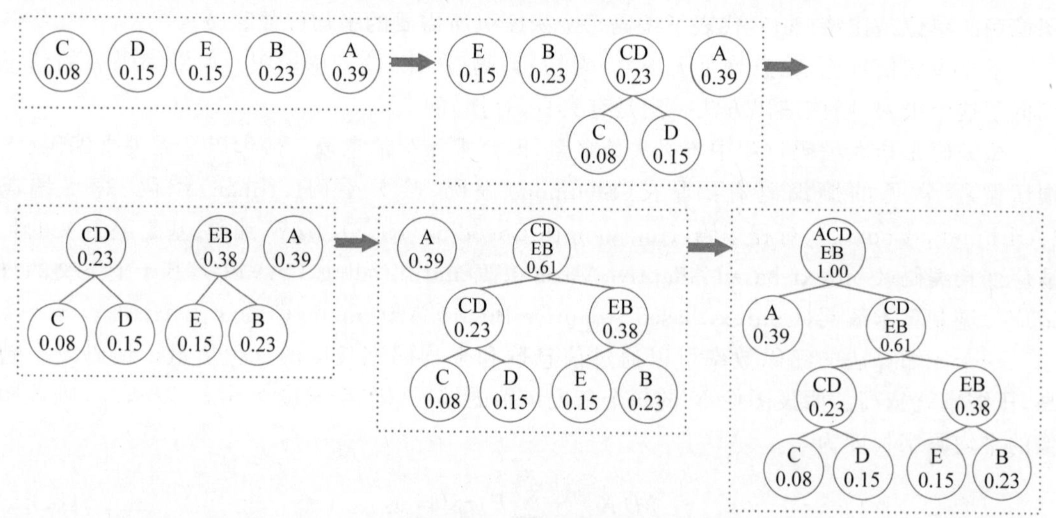

图 8.3.1　构建哈夫曼树

从上面的编码过程可知，哈夫曼编码的所有码字都是不相同的，所以哈夫曼编码是非奇异码。哈夫曼编码的任何码字都不可能是其他码字的前缀，所以哈夫曼编码也是即时码。因此，哈夫曼编码的信息可以紧密排列连续传输，解码时不会出现歧义性。

在上述的编码中，平均码字长度为

$$M=1\times0.39+3\times0.23+3\times0.08+3\times0.15+3\times0.15=2.22(\text{bit})$$

信息源的熵为

$$H=-(0.39\times\log_2 0.39+0.23\times\log_2 0.23+0.08\times\log_2 0.08+0.15\times\log_2 0.15+0.15\times\log_2 0.15)$$
$$=2.13$$

编码效率为 $\eta=\dfrac{H}{M}=\dfrac{2.13}{2.22}=95.95\%$

8.3.2　香农编码

香农(Shannon)编码是一种常见的可变字长的无损编码,它根据信源符号的累计概率分布分配码字。与哈夫曼编码不同,在香农编码中,每个信源符号的编码长度是根据该信源符号出现的概率直接计算的。香农编码将经常出现的信源符号编成短码,不经常出现的信源符号则编成长码。香农编码的效率不高,实用性不大,但对其他编码方法有理论参考意义。一般情况下,香农编码的平均码长不是最短的,即不是最佳码(Optimal Code)。只有当所有的信源符号出现的概率都是 2 的负幂次方时,编码效率才达到最高(最佳码)。

香农编码算法首先根据各个信源符号出现的概率计算信源符号编码的长度。然后,将信源符号的概率从大到小排序,并计算它们的累加概率。最后,将各信源符号的累加概率表示为二进制小数,并取小数部分的若干位(位数为该符号概率的编码长度)作为该符号的编码。算法8.3.1 描述了香农编码的实现步骤。

算法 8.3.1　香农编码的实现步骤

(1) 将信源符号按其出现概率从大到小排序;
(2) 计算出各概率对应的码字长度。假设一个信源符号出现的概率为 P_k,则该信源符号的码字长度为:$\tau_k=\lceil -\log_2 P_k \rceil$($\lceil \cdot \rceil$表示向上取整);
(3) 计算各个信源符号的累加概率(从大到小排序的第一个信源符号的累加概率为 0);
(4) 把各个累加概率由十进制转化为二进制,取该二进制数小数点后的前 τ_k 位作为对应信源符号的码字。
//算法结束

下面以 8.3.1 节的示例字符串“AABCDAAEABBDE”为例,计算该字符串的香农编码。表 8.3.1 给出了对该字符串进行香农编码的各个步骤。

表 8.3.1　香农编码的实现步骤

步骤	信源符号	A: 0.39	B: 0.23	C: 0.08	D: 0.15	E: 0.15
(1)	根据概率从大到小排序	A: 0.39	B: 0.23	D: 0.15	E: 0.15	C: 0.08
(2)	计算 $-\log_2 P_k$	1.36	2.12	2.74	2.74	3.64
	码字长度 $\tau_k=\lceil -\log_2 P_k \rceil$	2	3	3	3	4
(3)	计算累加概率	0.00	0.39	0.62	0.77	0.92
(4)	将累加概率转换为二进制	0.00000	0.01100	0.10011	0.11000	0.11101
(5)	编码(取小数点后 τ_k 位)	00	011	100	110	1111

在上述的香农编码中,平均码字长度为

$$M=2\times 0.39+3\times 0.23+3\times 0.15+3\times 0.15+4\times 0.08=2.69(\text{bit})$$

编码效率为 $\eta=\dfrac{H}{M}=\dfrac{2.13}{2.69}=79.18\%$

由此可见,对于 8.3.1 节的示例字符串,香农编码的效率只有 79.18%,而哈夫曼编码的效率达到 95.95%(见 8.3.1 节)。

8.3.3 算术编码

算术编码(Arithmetic Coding)是一种重要的无损熵编码。前面介绍的可变长编码(哈夫曼编码和香农编码)都是对每个信源符号进行编码,概率大的信源符号被分配长度短的码字,概率小的信源符号则分配较长的码字。这类变长编码方法都存在一个缺陷:每个信源符号的编码长度都会大于或等于1(至少1个bit)。这个特性限制了编码性能进一步向信源熵逼近,导致无法达到最佳码的压缩性能。

算术编码可以有效地解决这个问题。算术编码是一种精巧优雅的熵编码方法,其思想与变长编码完全不同。算术编码并不是对单个的信源符号进行编码,而是把整个信源映射到实数区间[0,1)的一个小区间,从该区间中选择一个数并转换为二进制作为整个信源的编码。首先,根据各个信源符号的概率将区间[0,1)划分为若干子区间(每个信源符号对应一个子区间)。然后,读入一个信源符号,根据所有信源符号的概率,再次将这个信源符号对应的子区间划分为若干子区间(子区间个数等于信源符号的个数)。不断重复这个过程,直到处理完毕。这样就将需要编码的信源映射到[0,1)的一个小区间。最后,从确定的子区间中选择一个数并将其转换为二进制,这个二进制数的小数部分就是整个信源的编码。算法8.3.2给出了算术编码的实现步骤。

算法 8.3.2 算术编码的实现步骤

(1) 统计每个信源符号出现的频率(概率);
(2) 设置初始区间为$[L,H)=[0,1)$;
(3) 按各个信源符号的概率(百分比)将当前区间$[L,H)$划分成多个连续的子区间(不需要排序信源符号的频率大小,子区间的个数是信源符号的个数);
(4) 读入一个信源符号,根据这个信源符号的概率p找到它在$[L,H)$中对应的子区间$[L_p,H_p)$,然后根据各个信源符号的概率将$[L_p,H_p)$划分成多个子区间(子区间的个数是信源符号的个数),同时更新$[L,H)$:$[L,H)=[L_p,H_p)$;
(5) 重复执行步骤(3)和步骤(4),直到处理完所有信源符号;
(6) 编码。从最后得到的子区间$[L,H)$中选取一个数并将其转换为二进制(该数能转换为尽可能短的二进制),这个二进制串就是整个信源的编码。

//算法结束

按照信源符号的概率(百分比)将当前区间$[L,H)$划分成多个连续的子区间的方法如下。假设有K个不同的信源符号,概率分别为$P_1,P_2,\cdots,P_K$,那么各个子区间的起始点为

$$\tau_k=\begin{cases}L, & k=1\\ \tau_{k-1}+(H-L)\times P_{k-1}, & 1<k\leqslant K\end{cases}\tag{8.3.4}$$

因此,$[L,H)$被划分为K个子区间:$[L,\tau_2),[\tau_2,\tau_3),\cdots,[\tau_K,H)$。概率$P_k(1\leqslant k\leqslant K)$对应的区间为$[\tau_k,\tau_{k+1})$(这里,$\tau_1=L$, $\tau_{K+1}=H$)。

下面以一个示例演示算术编码的过程。假设需要编码的字符串为"ABABBCBABA",表8.3.2给出了对该字符串进行算术编码的步骤。从表中可以看出,整个字符串的编码结果是区间[0.22696,0.22704)内的一个数。在这个区间,选取一个数,使得该数的二进制表示尽可能短。这个数为0.22699,对应的二进制数为0.00111010000111B,因此字符串的算术编码为"00111010000111"(14 bits)。

这个算术编码的平均码字长度为 $M=14/10=1.4(\mathrm{bit})$。

信息源的熵为

$$H=-(0.4\times\log_2 0.4+0.5\times\log_2 0.5+0.2\times\log_2 0.2+0.1\times\log_2 0.1)=1.361$$

编码效率 $\eta=\dfrac{H}{M}=\dfrac{1.361}{1.4}=97.2\%$

表 8.3.2　算术编码的实现步骤

信源字符串：ABABBCBABA

信源符号概率：A：0.4，B：0.5，C：0.1

读入字符	区间划分[L,H)		当前区间[L_p,H_p)
A	[0,1)：	[0,0.4,0.9,1.0)	[0,0.4)
B	[0,0.4)：	[0,0.16,0.36,0.4)	[0.16,0.36)
A	[0.16,0.36)：	[0.16,0.24,0.34,0.36)	[0.16,0.24)
B	[0.16,0.24)：	[0.16,0.192,0.232,0.24)	[0.192,0.232)
B	[0.192,0.232)：	[0.192,0.208,0.228,0.232)	[0.208,0.228)
C	[0.208,0.228)：	[0.208,0.216,0.226,0.228)	[0.226,0.228)
B	[0.226,0.228)：	[0.226,0.2268,0.2278,0.228)	[0.2268,0.2278)
A	[0.2268,0.2278)：	[0.2268,0.2272,0.2277,0.2278)	[0.2268,0.2272)
B	[0.2268,0.2272)：	[0.2268,0.22696,0.22716,0.2272)	[0.22696,0.22716)
A	[0.22696,0.22716)：	[0.22696,0.22704,0.22714,0.22716)	[0.22696,0.22704)

解码是编码的逆过程。当前码字为 0.00111010000111B，也就是 0.22699。首先，根据信源符号的概率(0.4，0.5，0.1)将区间[0，1)划分成 3 个子区间[0，0.4，0.9，1.0)，0.22699 位于第 1 个子区间[0，0.4)，所以第 1 个字母为 A。接着，再根据信源符号的概率(0.4，0.5，0.1)将区间[0，0.4)划分成 3 个子区间[0，0.16，0.36，0.4)，可以看出 0.22699 位于[0，0.4)的第 2 个子区间[0.16，0.36)，所以第 2 个字母为 B。同样，将[0.16，0.36)划分成 3 个子区间[0.16，0.24，0.34，0.36)，0.22699 位于[0.16，0.36)的第 1 个子区间[0.16，0.24)，所以第 3 个字母为 A。以此类推，最后得到解码结果“ABABBCBABA”。

8.3.4　行程编码

行程(长度)编码或游程(长度)编码(Run Length Coding/Encoding，RLC/RLE)是一种简单的无损编码技术，主要思想是将符号相同的连续串用一个代表该符号的值和串的长度表示。例如，字符串“aaaaabbbbbb”可以使用“a5b6”表示(表示 5 个‘a’、6 个‘b’)。行程编码可分为定长行程编码和变长行程编码两种。定长行程编码是指使用固定位数的二进制数表示行程长度(相同符号的个数)。如果行程长度超过固定二进制位数所能表示的最大值，则进行下一轮行程编码。变长行程编码是指行程长度的编码位数是可变的，这时需要增加标志位表明所使用的二进制位数。

对图像编码来说，可以定义沿某个特定方向具有相同灰度值的相邻像素为一轮，并进行行程编码。例如，若沿水平方向有连续 M 个像素具有相同的灰度值 N，则编码为一个值对 (M,N) 就可代替 M 个灰度值为 N 的像素。当然，在图像的行程编码中，需要包含信息串的位置信息。行程编码对传输错误很敏感，如果其中一位符号发生错误，解码时整个编码序列就不会正确。因此，一般用行同步或列同步的方法把差错控制在一行或一列的内部。

行程编码非常适合于二值图像的编码（二值图像中很多相邻像素都具有相同的值），但是不适用于自然图像的压缩（自然图像中多个相邻像素的颜色值一般不会完全相同）。为了达到较好的压缩效果，行程编码常常和其他一些编码方法混合使用。例如，在 JPEG 编码系统中（见 8.5.5 节），行程编码和离散余弦变换（Discrete Cosine Transform，DCT）及哈夫曼（Huffman）编码一起使用，先对图像分块，然后对每个图像块进行 DCT、量化 Z 形扫描、行程编码，再对行程编码的结果进行哈夫曼编码。

假设二值图像黑色（0 像素）行程、白色（非 0 像素）行程的最大长度为 K，长度为 k 的黑色行程和白色行程的概率分别为 α_k 和 β_k（即长度为 k 的黑/白色行程数除以黑/白色行程总数），那么黑/白色行程的信源熵为

$$\begin{cases} H_0 = -\sum_{k=1}^{K} \alpha_k \cdot \log_2 \alpha_k \\ H_1 = -\sum_{k=1}^{K} \beta_k \cdot \log_2 \beta_k \end{cases} \tag{8.3.5}$$

黑/白色行程的平均长度为

$$\begin{cases} L_0 = -\sum_{k=1}^{K} k\alpha_k \\ L_1 = -\sum_{k=1}^{K} k\beta_k \end{cases} \tag{8.3.6}$$

于是，图像的近似行程熵为

$$H_{01} = \frac{H_0 + H_1}{L_0 + L_1} \tag{8.3.7}$$

H_{01} 就是对二值图像的行程进行变长编码时每个像素平均位数的估计。

8.3.5 LZW 编码

哈夫曼编码是一种高效的编码方法，但存在一些缺陷。首先，每个字符需要固定的比特数去编码。实际上，可以将经常出现的字符串（不是一个字符）作为一个符号进行编码，这样可以大大提高编码效率。其次，哈夫曼需要把编码表或者字符频度表传输到解码方，以便解码时重构出每个字符对应的编码。而且，哈夫曼编码需要先对整个文件内容遍历一次计算每个字符出现的频率，然后才能进行编码。LZW 编码算法能克服这些问题。LZW 压缩算法是由 Lemple、Ziv、Welch 3 人共同提出的，它是一种基于字典的无损、定长编码方法（每个被编码的符号的编码比特数是相同的）。GIF 和 TIFF 图像格式常常使用 LZW 压缩方法，LZW 压缩也适合文本文件的压缩。

LZW 压缩算法的基本思想：根据原始文件的字符流动态创建/维护一个字典，用字典中的字符（串）的索引号代替原始文件中对应的内容，以达到文件压缩的目的。另外，LZW 编码时的字典不需要保存，解码时程序根据编码的规则自动生成和维护字典并进行解码。

LZW 算法的特点是逻辑简单、运算速度快。LZW 将不同的字符(串)映射为定长的码字(通常为 12 比特)。LZW 字典中的符号具有"前缀性":字典中任意一个字符串的前缀子串也在字典中。也就是说,如果一个符号串 S 和一个单字符 C 组成的串 SC 在字典中,那么 S 也在字典中,称 C 为前缀串 S 的扩展字符。

LZW 算法编码时,输入是符号(字符)串,输出是码字串(字典中符号的索引号)。首先,需要初始化字典并包含所有的单个符号(字符)。然后,每次读入一个字符 C 时,判断 C 与它前面的串 P 组成的新串 P+C 是否在字典中,若不在,则加入字典,并输出 P 的索引号(码字),同时用 C 更新 P(前缀串重新开始);若 P+C 在字典中,则用 P+C 更新 P(使得下一个加入字典的符号串尽量长)。算法 8.3.3 描述了 LZW 编码算法的实现流程。

LZW 算法解码时,输入是码字串(字典中符号的索引号),输出是符号(字符)串。解码过程与编码过程类似,算法 8.3.4 描述了 LZW 解码算法的实现流程。

算法 8.3.3　LZW 编码算法

---

(1) 建立初始字典 Dict,初始字典仅包含所有的单个字符,用 m 表示 Dict 的空闲位置(下次加入字符串 str 到字典的操作为:Dict[m++]=str);
(2) 初始化前缀字符串 P 和当前字符 C 均为空:P=null、C=null;
(3) 读入新的字符到 C,与 P 合并形成新的字符串 P+C;
(4) 判断新的字符串 P+C 是否在字典中?
　(4.1) 若存在,则 P=P+C,转步骤(3);
　(4.2) 若不存在,则:
　　(a) 输出 P 的索引号;
　　(b) Dict[m++]=P+C;
　　(c) 令 P=C(P 仅包含一个字符 C),转步骤(3);
//算法结束

算法 8.3.4　LZW 解码算法

---

(1) 建立初始字典 Dict,初始字典仅包含所有的单个字符,用 m 表示 Dict 的空闲位置(下次加入字符串 str 到字典的操作为:Dict[m++]=str);
(2) 初始化(p 表示前缀字符串的码字、c 表示当前码字):
　c=第 1 个码字,输出 Dict[c](码字 c 对应的字符(串)),p=c
(3) 读入新的码字到 c,判断 Dict[c]是否存在?
　(3.1) 若存在,则
　　(a) 输出 Dict[c];
　　(b) Dict[m++]=Dict[p]+Dict[c][0];(Dict[c][0]表示字符串 Dict[c]的第 1 个字符);
　　(c) p=c,转步骤(3);
　(3.2) 若不存在,则
　　(a) 输出 Dict[p]+Dict[p][0];
　　(b) Dict[m++]=Dict[p]+Dict[p][0];
　　(c) p=c,转步骤(3);
//算法结束

下面用一个示例演示 LZW 算法的编/解码过程。假设需要编码的字符串为"abcbaaabc"。

(1) 编码过程

首先,建立初始字典 Dict:Dict[1]='a', Dict[2]='b', Dict[3]='c', m=4;

接着，初始化前缀字符串 P 和当前字符 C 均为空：P=null，C=null；

然后，每次从源串中读入一个字符进行处理。表 8.3.3 给出了 LZW 编码的步骤。

最后，编码结果为“abcbaaabc”=> 1232185。

(2) 解码过程

首先，建立初始字典 Dict：Dict[1]='a'，Dict[2]='b'，Dict[3]='c'，m=4；

接着，初始化前缀码字 p 和当前码字 c：p=null，c=1(压缩流的第 1 个码字)；

然后，每次压缩流中读入一个码字进行处理。表 8.3.4 列出了 LZW 解码的每个步骤。

最后，解码结果为 1232185=>“abcbaaabc”。

表 8.3.3 LZW 算法的编码过程

步骤	字符串	前缀字符串 P	当前字符 C	P+C	P+C 是否在字典中?	字典操作	输出
(0)	abcbaaabc	null	null	null	null	null	null
(1)	bcbaaabc	null	a	a	Yes	null	null
(2)	cbaaabc	a	b	ab	No	Dict[4]='ab'，m=5	'a'的索引：1
(3)	baaabc	b	c	bc	No	Dict[5]='bc'，m=6	'b'的索引：2
(4)	aaabc	c	b	cb	No	Dict[6]='cb'，m=7	'c'的索引：3
(5)	aabc	b	a	ba	No	Dict[7]='ba'，m=8	'b'的索引：2
(6)	abc	a	a	aa	No	Dict[8]='aa'，m=9	'a'的索引：1
(7)	bc	a	a	aa	Yes	null	null
(8)	c	aa	b	aab	No	Dict[9]='aab'，m=10	'aa'的索引：8
(9)	null	b	c	bc	Yes	null	'bc'的索引：5

表 8.3.4 LZW 算法的解码过程

步骤	码字串	前缀码字 p	当前码字 c	Dict[c] 是否存在?	字典操作	输出
(0)	1232185	null	null	null	null	null
(1)	232185	null	1	Yes	null	Dict[1]：'a'
(2)	32185	1	2	Yes	Dict[4]=Dict[1]+Dict[2][0]='ab'，m=5	Dict[2]：'b'
(3)	2185	2	3	Yes	Dict[5]=Dict[2]+Dict[3][0]='bc'，m=6	Dict[3]：'c'
(4)	185	3	2	Yes	Dict[6]=Dict[3]+Dict[2][0]='cb'，m=7	Dict[2]：'b'
(5)	85	2	1	Yes	Dict[7]=Dict[2]+Dict[1][0]='ba'，m=8	Dict[1]：'a'
(6)	5	1	8	No	Dict[8]=Dict[1]+Dict[1][0]='aa'，m=9	Dict[1]+Dict[1][0]：'aa'

续表

步骤	码字串	前缀码字 p	当前码字 c	Dict[c]是否存在?	字典操作	输出
(7)	null	8	5	Yes	Dict[9]=Dict[8]+Dict[5][0]='aab',m=10	Dict[5]:'bc'

8.4 预测编码

图像中相邻像素存在强烈的空间相关性。因此,利用一个像素的相邻像素估计(预测)这个像素的值,这个预测值应当接近这个像素真实的值。这样,各个像素与它们的预测值的差值的平均能量就会很小(趋近于0)。因此,只用很短的编码长度(比特数)就可表示差值图像。图像的预测编码(Predictive Coding)就是基于这个原理设计的。图像的预测编码是指对当前像素与其预测值的误差进行编码压缩,而不是直接对像素值进行编码。利用位于当前像素前面的邻域像素预测当前像素,并计算预测值与当前像素的误差(预测误差),然后对这个预测误差进行编码压缩。解码是编码的逆过程,对预测误差进行解码,然后利用已经还原的像素和已经解码的预测误差还原出当前像素。

预测编码可以分为无损预测编码和有损预测编码。预测器可以是线性的,也可以是非线性的。

8.4.1 无损预测编码

图8.4.1显示了无损预测编解码系统的框架。在该框架中,编码器和解码器都是无损的,编码端和解码端的预测器是相同的。图像像素按从上到下、从左到右的顺序依次输入,$f(n)$表示图像的第n个像素(当前像素)。预测器利用位于当前像素之前的邻域像素预测(估计)像素$f(n)$的值。该预测值一般为浮点数,经过四舍五入取整后得到整数预测值$\hat{f}(n)$。这样,预测误差为

$$e(n)=f(n)-\hat{f}(n) \tag{8.4.1}$$

获得误差图像$e(n)$后,利用一些无损的编码方法(如算术编码、哈夫曼编码等)对误差图像$e(n)$进行编码压缩。解码时,解码器从压缩的码流中还原出$e(n)$。同时,解码端的预测器利用已经解码的邻域像素估计出同样的预测值$\hat{f}(n)$,从而重建出每个像素$f(n)$:

$$f(n)=e(n)+\hat{f}(n) \tag{8.4.2}$$

预测器利用位于当前像素前的邻域像素预测当前像素的值。图8.4.2显示了图像的当前行和前一行的邻域像素。

最简单的预测方法是利用最邻近的邻域像素(当前行的前一个像素或当前列的前一个像素)预测当前像素的值$\hat{X}$:

$$\hat{X}=\alpha X_1\text{或者 }\hat{X}=\alpha X_5(\alpha\leqslant 1\text{是一个常量}) \tag{8.4.3}$$

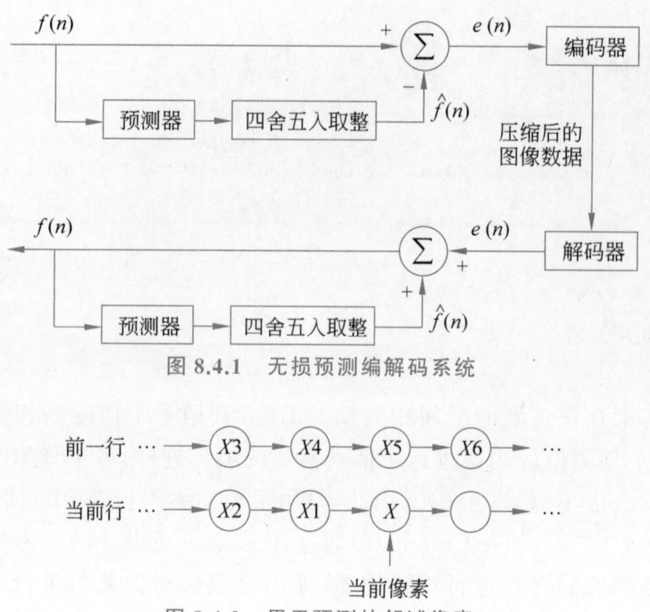

图 8.4.1 无损预测编解码系统

图 8.4.2 用于预测的邻域像素

另一种简单的方法是将预测值定义为邻域像素的加权平均，例如：

$$\hat{X}=\alpha_1 X_1+\alpha_2 X_4+\alpha_3 X_5+\alpha_4 X_6 \quad (\alpha_1+\alpha_2+\alpha_3+\alpha_4\leqslant 1) \tag{8.4.4}$$

当然，也可以利用更多行的邻域像素预测当前像素。

8.4.2 有损预测编码

在图 8.4.1 所示的无损预测编码系统中，预测器的输出取整后，利用无损编码器对预测值与原始信号的差值进行编码压缩。在有损预测编码系统中，不需要对预测器的输出取整。由于预测值的分布可能与原始值的分布不同，同时也为了减少编码的级别数(比特数)，需要设计一个量化器去量化预测值与输入信号的误差值，将误差值的幅度数目限制到规定的数目。图 8.4.3 显示了有损预测编、解码系统的结构框架。在该框架中，为了使得编码端的预测器和解码端的预测器能产生相同的输出，这两个预测器需要有相同的输入。为此，将编码端的预测器放到一个反馈环中，这个预测器的输入是过去的预测值和其对应的量化误差之和：

$$f'(n)=e'(n)+\hat{f}(n) \tag{8.4.5}$$

$\hat{f}(n)$是过去信号的预测值，$e'(n)$是量化器量化 $e(n)$时产生的误差。这个闭环结构保证解码端的输出就是 $f'(n)$。

$$e(n)=f(n)-\hat{f}(n) \tag{8.4.6}$$

于是，

$$f(n)-f'(n)=e(n)-e'(n) \tag{8.4.7}$$

式(8.4.7)表明：图 8.4.3 所示的有损预测编解码系统的误差就是编码端量化器的误差，与预测器和编解码器无关。

下面以增量调制编码 DM(Δ 调制，Delta Modulation)为例，演示有损预测编码的过程。

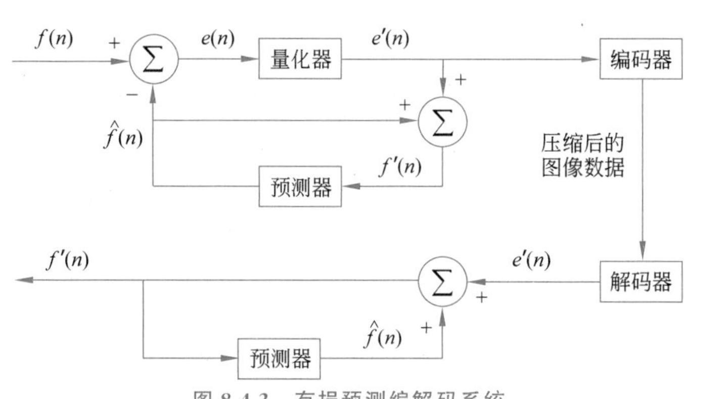

图 8.4.3 有损预测编解码系统

Δ 调制(DM)是一种简单的有损预测编码方法,其预测器和量化器分别被定义为

$$\hat{f}(n)=\alpha f(n-1) \tag{8.4.8}$$

$$e'(n)=\begin{cases}+\eta, & e(n)>0\\ -\eta, & e(n)\leqslant 0\end{cases} \tag{8.4.9}$$

α 是预测系数(一般取 $0<\alpha\leqslant 1$),η 是一个正的常量。预测器利用前一个像素预测当前像素,量化器将预测值与原始值的误差 $e(n)$量化成正负两个常量级别。因此,DM 方法输出的码率是 1 bit/像素。

假设需要编码的序列为{14,15,14,15,13,15,15,14,20,26,27,28,27,27,29,37,47,62,75,77,78,79,80,81,81,82,82},Δ 调制的参数设置为 $\alpha=1$、$\eta=6.5$。编码器和解码器的初始条件为 $f(0)=f'(0)=14$。下面利用式(8.4.8)、式(8.4.6)、式(8.4.9)、式(8.4.5)分别计算预测值 $\hat{f}(n)$、预测误差 $e(n)$、量化值 $e'(n)$、解码器的输出 $f'(n)$。

(1) $n=1$ 时,

$$f(1)=15$$
$$\hat{f}(1)=\alpha f'(0)=14$$
$$e(1)=f(1)-\hat{f}(1)=15-14=1$$
$$e'(1)=+\eta=6.5$$
$$f'(1)=e'(1)+\hat{f}(1)=6.5+14=20.5$$
$$f(1)-f'(1)=e(1)-e'(1)=1-6.5=-5.5$$

(2) 同样,$n=2$ 时,

$$f(2)=14$$
$$\hat{f}(2)=\alpha f'(1)=20.5$$
$$e(2)=f(2)-\hat{f}(2)=14-20.5=-6.5$$
$$e'(2)=-\eta=-6.5$$
$$f'(2)=e'(2)+\hat{f}(2)=-6.5+20.5=14$$
$$f(2)-f'(2)=e(2)-e'(2)=-6.5-(-6.5)=0$$

以此类推,可以得到所有元素的编码及重建误差。表 8.4.1 列出了上述序列每个元素的

DM 编码步骤。解码过程与编码过程类似，其初始条件是 $f'(0)=14$，然后利用 $\hat{f}(n)=\alpha f'(n-1)$ 和 $f'(n)=e'(n)+\hat{f}(n)$ 重建出 $f'(n)$（解码不需要计算 $e(n)$）。

表 8.4.1　DM 编码过程

n	$f(n)$	$\hat{f}(n)$ $\hat{f}(n)=f'(n-1)$	$e(n)$ $e(n)=f(n)-\hat{f}(n)$	$e'(n)$ $e'(n)=\{+\eta,-\eta\}$	$f'(n)$ $f'(n)=e'(n)+\hat{f}(n)$	$f(n)-f'(n)$
0	14	X	X	X	14.0	0.0
1	15	14.0	1.0	6.5	20.5	−5.5
2	14	20.5	−6.5	−6.5	14.0	0.0
3	15	14.0	1.0	6.5	20.5	−5.5
…	…	…	…	…	…	…
18	75	46.5	28.5	6.5	53.0	22.0
19	77	53.0	24.0	6.5	59.5	17.5
20	78	59.5	18.5	6.5	66.0	12.0
21	79	66.0	13.0	6.5	72.5	6.5
22	80	72.5	7.5	6.5	79.0	1.0
23	81	79.0	2.0	6.5	85.5	−4.5
24	81	85.5	−4.5	−6.5	79.0	2.0
25	82	79.0	3.0	6.5	85.5	−3.5
26	82	85.5	−3.5	−6.5	79.0	3.0

图 8.4.4 显示了原始信号 $f(n)$ 和重建后的信号 $f'(n)$。从图中可以看出，在快速变化的区域 $n=14$ 到 $n=19$，由于 $\eta=6.5$ 太小而不能表示输入信号的最大变化，从而导致斜率过载（Slope Overload）的失真。在相对平滑的区域 $n=0$ 到 $n=7$，由于 $\eta=6.5$ 太大而不能表示输入信号的最小变化，导致出现颗粒噪声（Granular Noise）。对于图像而言，这两种现象将会导致物体边缘模糊和物体表面出现颗粒状噪声。

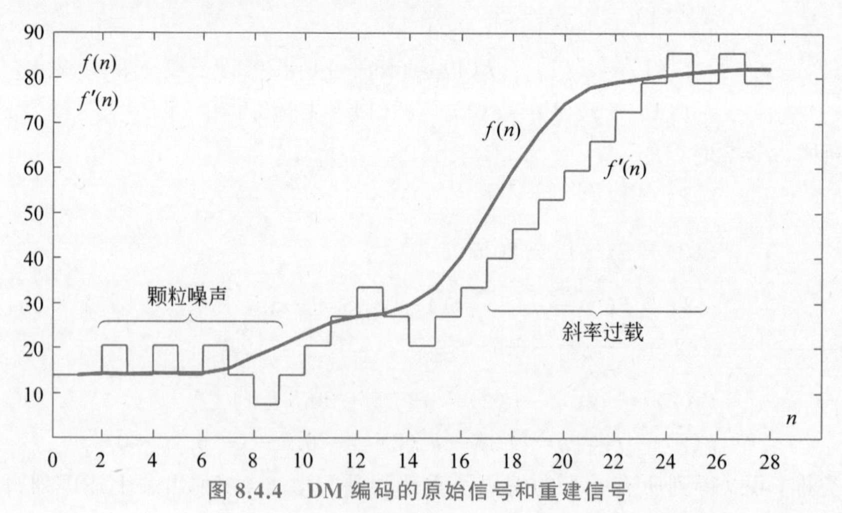

图 8.4.4　DM 编码的原始信号和重建信号

1. 最佳预测器

大多数预测编码系统都采用最佳线性预测器。对于线性预测器：

$$\hat{f}(n)=\sum_{k=1}^{m}\alpha_k f(n-k) \tag{8.4.10}$$

在满足下面约束条件的情况下(即 $e'(n)\approx e(n)$)：

$$f'(n)=e'(n)+\hat{f}(n)\approx e(n)+\hat{f}(n)=f(n) \tag{8.4.11}$$

若能最小化编码器的均方预测误差($E(\cdot)$表示数学期望)：

$$E[e^2(n)]=E[(f(n)-\hat{f}(n))^2] \tag{8.4.12}$$

则称为**最佳预测器**。基于这些条件的预测编码方法称为差分脉冲编码调制(Differential Pulse Code Modulation,DPCM)。在这种机制中,预测值是前 m 个样本的线性组合。

显然,最佳预测器的设计就是求解 m 个预测系数,使得下面表达式的值最小：

$$E[e^2(n)]=E\left[\left(f(n)-\sum_{k=1}^{m}\alpha_k f(n-k)\right)^2\right] \tag{8.4.13}$$

为了使得式(8.4.13)取得最小值,必须满足 $E[e^2(n)]$对各个预测系数 α_k 的偏导数为 0：

$$\begin{aligned}\frac{\partial E[e^2(n)]}{\partial \alpha_k}&=\frac{\partial E\left[\left(f(n)-\sum_{i=1}^{m}\alpha_i f(n-i)\right)^2\right]}{\partial \alpha_k}\\&=-2E\left[\left(f(n)-\sum_{i=1}^{m}\alpha_i f(n-i)\right)f(n-k)\right]\end{aligned} \tag{8.4.14}$$

令 $\frac{\partial E[e^2(n)]}{\partial \alpha_k}=0$,可得：

$$E\left[f(n-k)\sum_{i=1}^{m}\alpha_i f(n-i)\right]=E[f(n)f(n-k)] \tag{8.4.15}$$

于是,有如下的方程组：

$$\begin{cases}E[f(n-1)f(n-1)]\alpha_1+E[f(n-2)f(n-1)]\alpha_2+\cdots+E[f(n-m)f(n-1)]\alpha_m\\ \quad =E[f(n)f(n-1)]\\ E[f(n-1)f(n-2)]\alpha_1+E[f(n-2)f(n-2)]\alpha_2+\cdots+E[f(n-m)f(n-2)]\alpha_m\\ \quad =E[f(n)f(n-2)]\\ \vdots\\ E[f(n-1)f(n-m)]\alpha_1+E[f(n-2)f(n-m)]\alpha_2+\cdots+E[f(n-m)f(n-m)]\alpha_m\\ \quad =E[f(n)f(n-m)]\end{cases} \tag{8.4.16}$$

记 $\boldsymbol{R}$ 为自相关矩阵：

$$\boldsymbol{R}=\begin{bmatrix}E[f(n-1)f(n-1)] & E[f(n-2)f(n-1)] & \cdots & E[f(n-m)f(n-1)]\\ E[f(n-1)f(n-2)] & E[f(n-2)f(n-2)] & \cdots & E[f(n-m)f(n-2)]\\ \vdots & \vdots & & \vdots\\ E[f(n-1)f(n-m)] & E[f(n-2)f(n-m)] & \cdots & E[f(n-m)f(n-m)]\end{bmatrix} \tag{8.4.17}$$

$\boldsymbol{\alpha}$ 和 $\boldsymbol{r}$ 为 m 维列矢量：

$$\boldsymbol{r}=\begin{bmatrix}E[f(n)f(n-1)]\\E[f(n)f(n-2)]\\\cdots\\E[f(n)f(n-m)]\end{bmatrix},\quad \boldsymbol{\alpha}=\begin{bmatrix}\alpha_1\\\alpha_2\\\cdots\\\alpha_m\end{bmatrix} \tag{8.4.18}$$

那么,方程组(8.4.16)可以写成:$\boldsymbol{R\alpha}=\boldsymbol{r}$

因此,预测系数 $\boldsymbol{\alpha}$ 的解为

$$\boldsymbol{\alpha}=\boldsymbol{R}^{-1}\boldsymbol{r} \tag{8.4.19}$$

假设原始输入信号 $f(n)$的方差为 σ^2,那么使用这些最佳预测系数得到的预测误差的方差为

$$\begin{aligned}\sigma_e^2&=E[((f(n)-\hat{f}(n))-E(f(n)-\hat{f}(n)))^2]\\&=E[(f(n)-\hat{f}(n))^2]\\&=E[f(n)(f(n)-\hat{f}(n))]-E[\hat{f}(n)(f(n)-\hat{f}(n))]\end{aligned}$$

$$\begin{aligned}\hat{f}(n)(f(n)-\hat{f}(n))&=f(n)\sum_{i=1}^{m}\alpha_i f(n-i)-\Big(\sum_{i=1}^{m}\alpha_i f(n-i)\Big)^2\\&=f(n)\sum_{i=1}^{m}\alpha_i f(n-i)-\sum_{i=1}^{m}(\alpha_i f(n-i))^2-\\&\quad 2\sum_{i=1}^{m-1}\alpha_i\Big(\sum_{j=i+1}^{m}\alpha_j(f(n-j))\Big)f(n-i)\\&=f(n)\sum_{i=1}^{m}\alpha_i f(n-i)-\sum_{i=1}^{m}(\alpha_i f(n-i))^2-\\&\quad 2\sum_{i=1}^{m-1}\sum_{j=i+1}^{m}(\alpha_i\alpha_j f(n-i)f(n-j))\\&=f(n)\sum_{i=1}^{m}\alpha_i f(n-i)-\sum_{i=1}^{m}(\alpha_i f(n-i))^2-\\&\quad 2\sum_{i=1}^{m-1}\sum_{j=i+1}^{m}(\alpha_i\alpha_j f(n-i)f(n-j))\\&=\alpha_1 f(n-1)(f(n)-(\alpha_1 f(n-1)+\alpha_2 f(n-2)+\cdots+\alpha_m f(n-m)))+\\&\quad \alpha_2 f(n-2)(f(n)-(\alpha_1 f(n-1)+\alpha_2 f(n-2)+\cdots+\alpha_m f(n-m)))+\\&\quad \cdots+\\&\quad \alpha_m f(n-m)(f(n)-(\alpha_1 f(n-1)+\alpha_2 f(n-2)+\cdots+\alpha_m f(n-m)))\end{aligned}$$

由式(8.4.14)知,$\dfrac{\partial E[e^2(n)]}{\partial\alpha_k}=-2E[(f(n)-\sum_{i=1}^{m}\alpha_i f(n-i))f(n-k)]=0\quad(k=1,2,\cdots,m)$

因此,$E[\hat{f}(n)(f(n)-\hat{f}(n))]=0$

这样,

$$\begin{aligned}\sigma_e^2&=E[f(n)(f(n)-\hat{f}(n))]\\&=E[f(n)(f(n)-\sum_{k=1}^{m}\alpha_k f(n-k))]\end{aligned}$$

$$=\sigma^2-\sum_{k=1}^{m}\alpha_k E[f(n)f(n-k)] \tag{8.4.20}$$

式(8.4.20)表明，误差信号 $e(n)$ 的方差比原始输入信号 $f(n)$ 的方差小，这说明与原始输入信号 $f(n)$ 相比，误差信号 $e(n)$ 的相关性变弱了。

为了使预测器的输出不超出图像灰度值的动态范围，预测系数之和应不大于1：

$$\sum_{k=1}^{m}\alpha_k \leqslant 1 \tag{8.4.21}$$

虽然上述计算预测系数的方法非常简单，但在实际应用中一般不会使用。这是因为，利用式(8.4.19)计算出的预测系数是图像相关的(对于每个图像都需要重新计算自相关矩阵 $\boldsymbol{R}$ 及矢量 $\boldsymbol{r}$)，而且直接利用式(8.4.17)和式(8.4.18)计算 $\boldsymbol{R}$ 和 $\boldsymbol{r}$ 是非常耗时的(计算量巨大)。一般可以假设一个图像模型，将模型的自相关参数代入式(8.4.17)和式(8.4.18)计算全局(所有图像)的自相关矩阵 $\boldsymbol{R}$ 和矢量 $\boldsymbol{r}$。例如，假设一个2D马尔可夫图像源具有可分离的自相关函数：

$$E[f(x,y)f(x-i)(y-j)]=\sigma^2\rho_v^i\rho_h^j \tag{8.4.22}$$

ρ_h 和 ρ_v 分别是图像的水平和垂直相关系数，如果采用下面的4阶线性预测器：

$$\boldsymbol{f}(x,y)=\alpha_1 f(x,y-1)+\alpha_2 f(x-1,y-1)+\alpha_3 f(x-1,y)+\alpha_4 f(x-1,y+1)$$

$(x$ 表示行，y 表示列$)$　　(8.4.23)

那么，最佳预测系数为[127]：

$$\alpha_1=\rho_h,\ \alpha_2=-\rho_h\rho_v,\ \alpha_3=\rho_v,\ \alpha_4=0 \tag{8.4.24}$$

在式(8.4.23)中，通过改变4个预测系数的值，可以得到一些常用的预测器：

$$\boldsymbol{f}_1(x,y)=0.97f(x,y-1) \tag{8.4.25}$$

$$\boldsymbol{f}_2(x,y)=0.5f(x,y-1)+0.5f(x-1,y) \tag{8.4.26}$$

$$\boldsymbol{f}_3(x,y)=0.75f(x,y-1)+0.75f(x-1,y)-0.5f(x-1,y+1) \tag{8.4.27}$$

$$\boldsymbol{f}_4(x,y)=\begin{cases}0.97f(x,y-1), & |f(x-1,y)-f(x-1,y-1)| \\ & \leqslant |f(x,y-1)-f(x-1,y-1)| \\ 0.97f(x-1,y), & \text{其他}\end{cases} \tag{8.4.28}$$

式(8.4.28)是一个自适应的预测器，它根据水平方向和垂直方向的变化强度自适应地确定预测值。

2. 最佳量化器

量化器将输入信号(幅度)量化成规定数目的级别数，它在有损编码压缩中起着重要的作用。量化技术有标量量化和矢量量化(见8.6.1节)两大类。标量量化是指将输入信号的每个样值进行独立的量化。矢量量化是指将输入信号的样值分组，每组样值构成一个矢量，每次对一个矢量(多个样值)进行量化。在标量量化中，如果量化区间是均匀划分的，则称为均匀量化；否则，称为不均匀量化。对于均匀分布的信源，一般采用均匀量化；对于非均匀分布的信源，则采用非均匀量化才能取得最好的效果。非均匀量化方法在信源分布密度大的区间采用小的量化步长，在信源分布密度小的区间则采用较大的量化步长。

量化器的设计可以分成两类：第一类方法量化的位数 b 是固定的(量化级别总数为 2^b)，一般根据量化误差最小的原则设计这类量化器；第二类方法在保证量化误差满足要求的情况下，尽可能使量化的位数变小。本节介绍第一类方法。

假设输入信号 x 的概率密度函数 pdf(Probability Density Function)为 $p(x)$，需要量化的级别总数为 L。设计一个量化器 $Q(\cdot)$，使得其均方量化误差(MSQE)最小。满足 MSQE 最小的量化器称为**最佳量化器**，也称为 **pdf-最佳量化器**。

量化结果 $Q(x)$与原始信号 x 的 MSQE 为

$$\text{MSQE}=\int_{-\infty}^{+\infty}(x-Q(x))^2 p(x)\,\mathrm{d}x \tag{8.4.29}$$

假设 $x_0,x_1,\cdots,x_L$ 为量化判决电平，$y_1,y_2,\cdots,y_L$ 为量化输出电平，那么式(8.4.29)可写成：

$$\text{MSQE}=\sum_{k=1}^{L}\int_{x_{k-1}}^{x_k}(x-y_k)^2 p(x)\,\mathrm{d}x \tag{8.4.30}$$

要使得 MSQE 最小，判决电平和量化输出电平必须满足下面两个条件：

$$x_k=\frac{y_k+y_{k+1}}{2} \tag{8.4.31}$$

$$y_k=\frac{\int_{x_{k-1}}^{x_k}xp(x)\,\mathrm{d}x}{\int_{x_{k-1}}^{x_k}p(x)\,\mathrm{d}x} \tag{8.4.32}$$

式(8.4.31)和式(8.4.32)表明：判决电平 x_k 是量化器输出电平区间$[y_k,y_{k+1}]$的中点，量化器输出电平 y_k 则是概率密度函数 $p(x)$在判决电平区间$[x_{k-1},x_k]$下面区域的质心。

根据式(8.4.31)和式(8.4.32)构建的最佳量化器称为 Lloyd-Max 量化器。

为了利用式(8.4.31)和式(8.4.32)计算判决电平 x_k 和量化器输出电平 y_k，一般采用下面的迭代算法(算法 8.4.1)。

算法 8.4.1 Lloyd-Max 量化器迭代算法

(1) 设置量化输出电平的初始值 $y_1,y_2,\cdots,y_L$，令 $j=0,D_0=+\infty$(初始均方误差)；

(2) 计算量化判决电平：$x_k=\dfrac{y_k+y_{k+1}}{2},k=1,2,\cdots,L-1$；

(3) 更新 $y_1,y_2,\cdots,y_L$：$y_k=\dfrac{\int_{x_{k-1}}^{x_k}xp(x)\,\mathrm{d}x}{\int_{x_{k-1}}^{x_k}p(x)\,\mathrm{d}x},k=1,2,\cdots,L$；

(4) 计算均方误差：$D_{j+1}=\sum_{k=1}^{L}\int_{x_{k-1}}^{x_k}(x-y_k)^2p(x)\,\mathrm{d}x$；

(5) 若$\dfrac{D_j-D_{j+1}}{D_j}<\varepsilon$，则停止迭代；否则，$j=j+1$，转步骤(2)继续迭代。

//**算法结束**

Lloyd-Max 量化示例：假设 x 是均值为 0、方差为 1 的高斯分布，即 $x\sim N(0,1)$。设计两个均方误差最小的最佳量化器，一个量化 4 个级别(2 比特)，另一个量化 8 个级别(3 比特)。

根据算法 8.4.1 进行迭代，得到如下的量化器：

4 个级别的量化器：判决电平(边界)：-0.98，0，0.98

量化(重建)水平：-1.50，-0.45，0.45，1.50

8 个级别的量化器：判决电平(边界)：−1.71，−1.05，−0.50，0，0.50，1.05，1.71
量化(重建)水平：−2.08，−1.33，−0.76，−0.25，0.25，0.76，1.33，2.08

对于每个量化器，分别将判决边界初始化为[−3,0,3]和[−4.5,0,4.5]，然后进行独立的迭代，得到相同的量化结果。判决边界为[−3,0,3]时，4 个级别和 8 个级别的量化器分别经过 7 次和 11 次迭代后，相对量化误差都下降到$(D_j-D_{j+1})/D_j<0.01$，获得 2 个量化器的判决电平和量化电平。图 8.4.5 和图 8.4.6 分别显示了 4 个级别和 8 个级别的 Lloyd-Max 量化结果和每次迭代的量化误差 D_j。

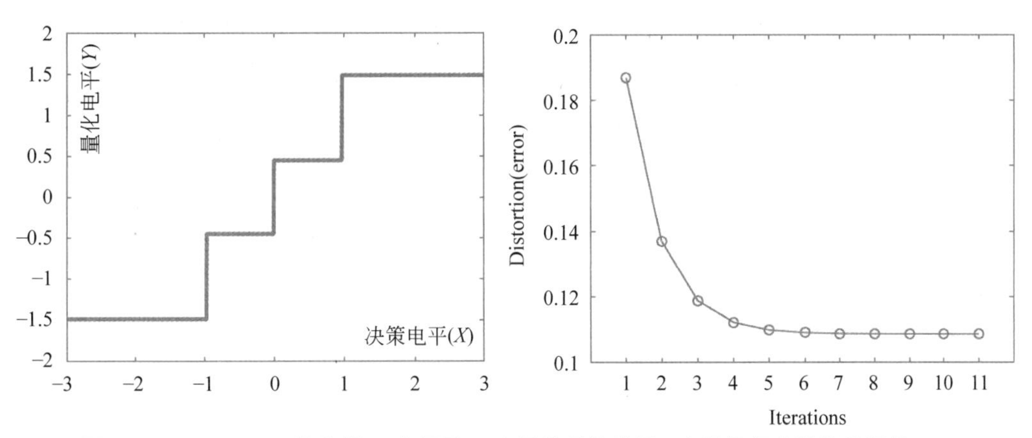

图 8.4.5　Lloyd-Max 量化器(4 个级别)：左图是量化结果，右图是每次迭代的误差 D_j

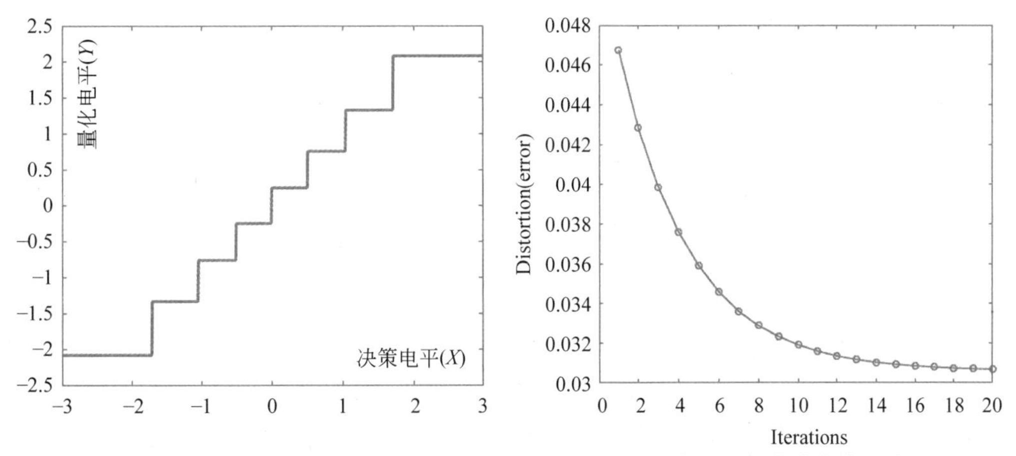

图 8.4.6　Lloyd-Max 量化器(8 个级别)：左图是量化结果，右图是每次迭代的误差 D_j

8.5　变换域编码

在空域中，信号的数据之间有很强的相关性，预测编码利用预测值与原始信号的差值减弱输入信号的相关性。另一种典型的去除(降低)空域信号相关性的方法是利用一些变换将信号从空域变换到其他空间。在变换域空间中，元素(数据)之间的相关性显著减弱，而且信号的主要能量会集中在某个局部区域(而空域中信号能量一般都均匀分布)。这样，只需要对变换域空间中能量集中的变换系数进行编码压缩(舍弃或粗糙地量化能量小的变换系数),这就是变换域编码压缩的核心思想。

8.5.1 引言

数据在一种表示方式下相关性很强,但经过变换后在另一种表示方式下相关性可能会显著变弱,从而可以有效地进行压缩。

考虑下面两组相关的 X-Y 数据:

$$\begin{cases} X=\{7,16,37,34,20,27,40,10,31,16,22,16,43,3,39\} \\ Y=\{20,34,69,59,41,50,68,13,51,20,36,27,76,12,66\} \end{cases}$$

将 X 和 Y 数据组成联合的数据对(x,y)并在平面上显示出来,如图 8.5.1(a)所示。从图中可以看出,这些点主要分布在方向为 60°的直线附近。现在将坐标系旋转 60°,也就是做如下的正交变换:

$$\begin{pmatrix} x' \\ y' \end{pmatrix}=\begin{pmatrix} \cos(\pi/3) & \sin(\pi/3) \\ -\sin(\pi/3) & \cos(\pi/3) \end{pmatrix}\begin{pmatrix} x \\ y \end{pmatrix}=\boldsymbol{T}\cdot\begin{pmatrix} x \\ y \end{pmatrix} \tag{8.5.1}$$

就获得了新的表示方式(四舍五入取整):

$$\begin{cases} X'=\{21,37,78,68,46,57,79,16,60,25,42,31,87,12,77\} \\ Y'=\{4,3,2,0,3,2,-1,-2,-1,-4,-1,0,1,3,-1\} \end{cases}$$

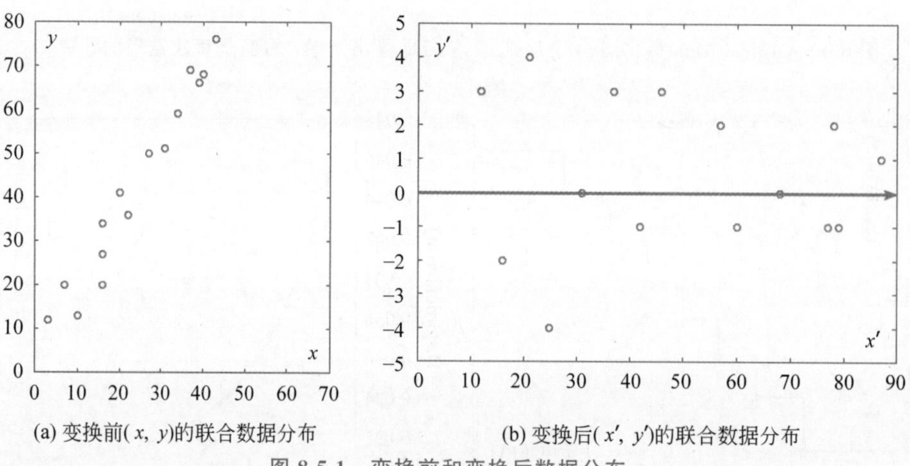

(a) 变换前(x, y)的联合数据分布　　(b) 变换后(x', y')的联合数据分布

图 8.5.1　变换前和变换后数据分布

图 8.5.1(b)显示了变换后的 X'和 Y'的联合数据(x',y')的分布,图 8.5.2 则显示了变换前后的 X 和 Y 的数据分布。可以观察到,X'的值明显增加,而 Y'的值则变得很小,在 0 附近波动,这表明变换后的数据能量主要集中在 x'轴,y'轴的数据都很小(变换前的数据能量则均匀分布在 x 轴和 y 轴)。

为了压缩(x',y')数据,一个简单的方法是将 y'数据都设置为 0,这样就只需存储(编码)x'数据,需要编码压缩的数据个数减少了一半。对缩减后的序列求逆变换(重建):

$$\begin{pmatrix} x \\ y \end{pmatrix}=\boldsymbol{T}^{-1}\cdot\begin{pmatrix} x' \\ y' \end{pmatrix}=\boldsymbol{T}^{-1}\cdot\begin{pmatrix} x' \\ 0 \end{pmatrix}=\begin{pmatrix} \cos(\pi/3) & -\sin(\pi/3) \\ \sin(\pi/3) & \cos(\pi/3) \end{pmatrix}\begin{pmatrix} x' \\ 0 \end{pmatrix} \tag{8.5.2}$$

得到:

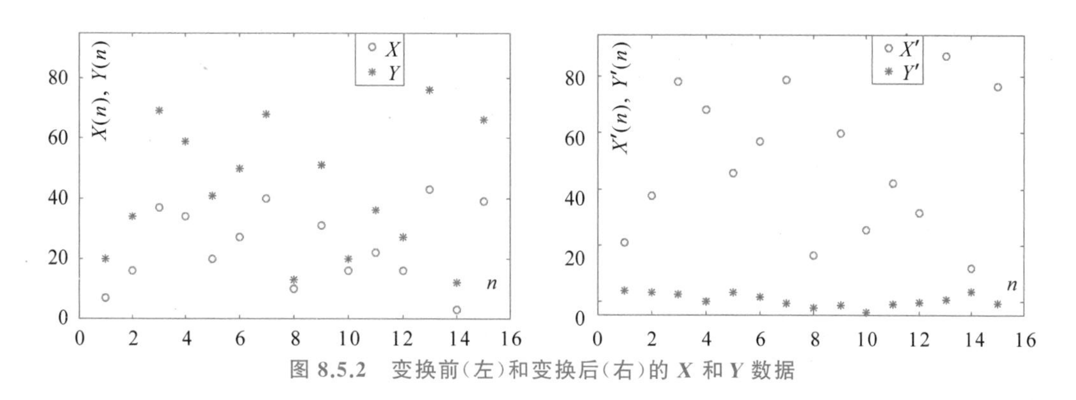

图 8.5.2　变换前(左)和变换后(右)的 X 和 Y 数据

$$\begin{cases} Xe=\{11,19,39,34,23,29,40,8,30,13,21,16,44,6,39\} \\ Ye=\{18,32,68,59,40,49,68,14,52,22,36,27,75,10,67\} \end{cases}$$

式(8.5.1)所示的旋转变换是一种正交变换。正交变换的一个性质是能量不变性,变换前后的能量是相等的。对于前面的旋转变换,变换前后的能量为

$$\sum_k (x_k^2 + y_k^2) = \sum_k (x_k'^2 + y_k'^2) = 45069$$

因为变换不改变总的能量,因此变换后如果一组数据(如 Y')的能量显著变小了,那么其他组数据(如 X')的能量必定显著变大。

上面的变换改变了样本方差的分布:

变换前的(X,Y):$\sigma_x^2=164.78,\sigma_y^2=471.17$

变换后的(X',Y'):$\sigma_{x'}^2=630.58,\sigma_{y'}^2=5.37$

由于 $\sigma_{x'}^2 \gg \sigma_{y'}^2$,所以样本的主要能量集中在 X'轴。相比原始的(X,Y)表示,(X',Y')表示的相关性显著减弱了,X'和 Y'变得更加独立。虽然样本方差的分布发生了变化,但样本方差的总和并未发生变化,即 $\sigma_x^2+\sigma_y^2=\sigma_{x'}^2+\sigma_{y'}^2=635.95$。

通过正交变换使得样本数据在坐标轴上的方差呈现不均匀分布,就是变换域编码压缩的理论根据。对于一个图像,将它划分为 1×2 的子图像,用 X 和 Y 表示每个子图像中的像素值(2 个像素),那么值对(X,Y)绝大部分都会落在45°直线($Y=X$)附近。这样,通过一个45°的旋转变换就会大大降低 X 和 Y 的相关性,变换结果将与上面的 X-Y 情况类似。同样,将图像划分为 $m\times n$ 大小的图像块,每个图像块被看成 mn 维空间中的一个点,那么经过合适的正交变换,可以使得这些点(图像块)主要分布到某些坐标轴附近。然后,采用不同的策略对变换系数(结果)进行量化和编码(粗糙地量化或舍弃能量小的系数、分配更多的比特去编码能量大的变换系数),就可达到图像压缩的效果。

8.5.2　块变换编码

块变换编码是将图像分块,然后对每个图像块进行独立的编码。首先,将图像划分为大小相同的块(如 8×8、16×16 等大小)。然后,使用一种可逆的变换将每个图像块从空域映射到另一个空间(如频域)。在变换域空间中,变换系数之间的相关性显著降低,图像块的主要能量会集中在某个局部区域。接着,对变换域空间中的每个图像块进行量化。量化时需要考虑不同的因素,如期望的平均比特率、可以容忍的重建误差,等等。可以对不同位置的

变换系数采用不同的量化方法。最后,对量化后的数值进行编码。图 8.5.3 显示了块变换编解码系统的结构。

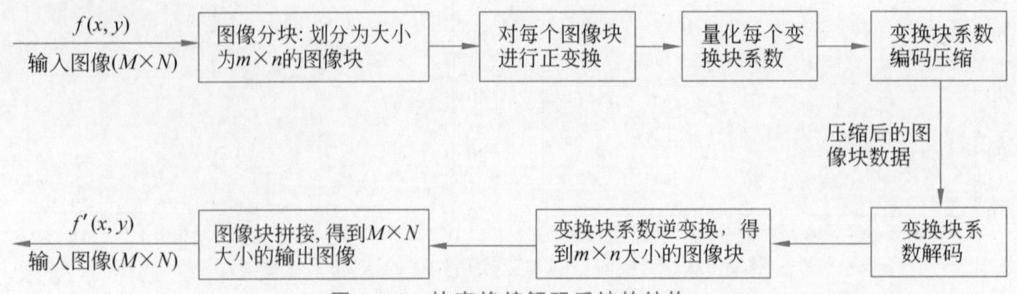

图 8.5.3　块变换编解码系统的结构

在变换域编解码系统中,变换算法非常重要,它不但将图像块从空域映射到另一个空间(如频域),更重要的是它能尽可能地去除像素之间的相关性,使得在变换域中图像块的主要能量分布在一些局部区域(而不是均匀分布在整个空间),这是变换域编码的关键。为了保证变换系数能从变换域还原到空域(重建空域图像),变换必须是可逆的。

将图像块内像素的灰度值排列为一个列矢量 $\boldsymbol{x}=[x_1,x_2,\cdots,x_n]^{\mathrm{T}}$,假设变换矩阵为 $\boldsymbol{A}$,那么变换结果矢量 $\boldsymbol{y}=[y_1,y_2,\cdots,y_n]^{\mathrm{T}}$ 为

$$\boldsymbol{y}=\boldsymbol{A}\boldsymbol{x} \tag{8.5.3}$$

在解码端,需要执行逆变换:

$$\boldsymbol{x}=\boldsymbol{A}^{-1}\boldsymbol{y} \tag{8.5.4}$$

但是,不是所有的矩阵都是可逆的,而且逆矩阵的求解有时是比较困难的。因此,在图像编码压缩中,一般要求变换矩阵 $\boldsymbol{A}$ 是正交矩阵,这样 $\boldsymbol{A}$ 的逆矩阵就是它的转置:$\boldsymbol{A}^{-1}=\boldsymbol{A}^{\mathrm{T}}$。相应地,这种变换就称为正交变换。

目前,用于图像压缩的变换一般都是可分离的。也就是说,对图像做变换时,可以先沿着一个方向进行一维变换,然后再在另一个方向重复该一维变换(例如,先对行进行一维变换,再对列做同样的变换)。将一个图像表示为矩阵 $\boldsymbol{X}$,如果正交变换是可分离的,那么对 $\boldsymbol{X}$ 的变换可写成:

$$\boldsymbol{Y}=\boldsymbol{P}\boldsymbol{X}\boldsymbol{P}^{\mathrm{T}} \tag{8.5.5}$$

这时,逆变换为

$$\boldsymbol{X}=\boldsymbol{P}^{\mathrm{T}}\boldsymbol{Y}\boldsymbol{P} \tag{8.5.6}$$

为了观察变换系数之间的相关性,考虑其协方差矩阵:

$$\boldsymbol{C}_y=E[(\boldsymbol{y}-\bar{\boldsymbol{y}})(\boldsymbol{y}-\bar{\boldsymbol{y}})^{\mathrm{T}}] \tag{8.5.7}$$

如果变换系数之间是不相关的,那么协方差矩阵 $\boldsymbol{C}_y$ 的对角线外的元素都为 0。事实上,对于式(8.5.7)所表示的协方差矩阵,总可以找到一个正交矩阵,使得 $\boldsymbol{C}_y$ 对角化。这是因为式(8.5.7)可写成:

$$\begin{aligned}\boldsymbol{C}_y&=E[(\boldsymbol{y}-\bar{\boldsymbol{y}})(\boldsymbol{y}-\bar{\boldsymbol{y}})^{\mathrm{T}}]=E[\boldsymbol{A}(\boldsymbol{x}-\bar{\boldsymbol{x}})(\boldsymbol{x}-\bar{\boldsymbol{x}})^{\mathrm{T}}\boldsymbol{A}^{\mathrm{T}}]\\&=\boldsymbol{A}\cdot E[(\boldsymbol{x}-\bar{\boldsymbol{x}})(\boldsymbol{x}-\bar{\boldsymbol{x}})^{\mathrm{T}}]\cdot\boldsymbol{A}^{\mathrm{T}}=\boldsymbol{A}\boldsymbol{C}_x\boldsymbol{A}^{\mathrm{T}}\end{aligned} \tag{8.5.8}$$

$\boldsymbol{C}_x$ 是原始(空域)图像块的协方差。由于 $\boldsymbol{C}_x$ 是一个实对称矩阵,所以一定存在一个正交矩阵 $\boldsymbol{P}$,使得 $\boldsymbol{P}\boldsymbol{C}_x\boldsymbol{P}^{\mathrm{T}}=\boldsymbol{D}$($\boldsymbol{D}$ 为对角矩阵),从而有 $\boldsymbol{C}_y=(\boldsymbol{A}\boldsymbol{P}^{\mathrm{T}})\boldsymbol{D}(\boldsymbol{A}\boldsymbol{P}^{\mathrm{T}})^{\mathrm{T}}$。

在图像编码压缩中，正交变换具有一些重要的性质。首先是能量守恒，即空域中数据的平方和与变换域中变换系数的平方和是相等的。考虑式(8.5.3)所示的正交变换：

$$\sum_k y_k^2 = \boldsymbol{y}^{\mathrm{T}}\boldsymbol{y} = (\boldsymbol{A}\boldsymbol{x})^{\mathrm{T}}\boldsymbol{A}\boldsymbol{x} = \boldsymbol{x}^{\mathrm{T}}\boldsymbol{A}^{\mathrm{T}}\boldsymbol{A}\boldsymbol{x} = \boldsymbol{x}^{\mathrm{T}}\boldsymbol{I}\,\boldsymbol{x} = \boldsymbol{x}^{\mathrm{T}}\boldsymbol{x} = \sum_k x_k^2$$

能量守恒性表明变换域中的能量与空域中原始信号的能量是相等的，它对数据压缩的意义在于：只有当空间域信号能量全部转换到某个变换域后，有限个空间取样值才能完全由有限个变换系数对基矢量加权来恢复。

正交变换的第二个性质是熵保持性，变换系数的熵值和原始信号的熵值是相等的。这说明正交变换本身不会丢失信息，因此传输变换系数等同于传送原始信号。

正交变换的第三个性质是去相关性，高度相关的空域信号经过正交变换后，变换系数之间的相关性极大地减弱了，甚至趋向于不相关。

正交变换的第四个性质是能量集中性。空域中信号的能量基本上是均匀分布的，经过正交变换后，能量会集中到少数变换系数上。由于能量守恒性，这意味着大部分变换系数只包含少量的能量。这个性质使得在压缩质量允许的情况下，舍弃一些能量较小的变换系数(或者只给能量小的系数分配较少的比特数)，从而达到较大的压缩率。

在变换域编码压缩中，常用的正交变换有[3]：Fourier 变换、离散余弦变换(Discrete Cosine Transform，DCT)、Walsh-Hadamard 变换、K-L(Karhunen-Loeve)变换，等等。这些正交变换根据计算量从小到大的顺序依次是 Walsh-Hadamard、DCT、Fourier 变换、K-L 变换，若按能量集中能力从高到低的顺序则为 K-L 变换、Fourier 变换、DCT、Walsh-Hadamard。在 Fourier 变换中，二维图像被认为是周期性的信号，所以会造成子图像(图像块)边界处的变换系数是不连续的，从而引起块状效应(特别是当图像块比较小的时候)。Walsh-Hadamard 变换的计算效率高，但其能量集中的功能差。K-L 变换具有最好的能量聚集功能，但计算量大，其变换矩阵依赖输入的数据，对每个需要压缩的图像都需要计算变换矩阵。因此，在图像变换域压缩中，K-L 变换并不实用。DCT 的计算类似于 Fourier 变换，但它解决了 Fourier 变换会引起图像块边界不连续性的问题，而且 DCT 还具有良好的能量聚集功能。正是因为这些原因，DCT 在图像变换域编码中得到广泛应用(如 JPEG 和 MPEG)。

8.5.3 离散余弦变换

离散余弦变换(DCT)与 Fourier 变换类似，它将空域二维图像信号转换到频域，分解为不同频率的信号之和。但是，DCT 克服了 Fourier 变换会引起图像块边界不连续性的问题，同时 DCT 的能量聚集性能接近 K-L 变换，而其计算量却远低于 K-L 变换。图像经过 DCT 后，主要能量集中在左上角的变换系数上(图像的低频部分)，而右下角的变换系数的能量很小，对应图像的高频纹理细节信息。

假设灰度图像 $f(x,y)$ 的大小为 $M\times N$，那么 DCT 为

$$F(u,v) = c_x(u)c_y(v)\cdot\sum_{x=0}^{M-1}\sum_{y=0}^{N-1} f(x,y)\cos\left(\frac{(2x+1)\pi}{2M}u\right)\cos\left(\frac{(2y+1)\pi}{2N}v\right) \tag{8.5.9}$$

这里，$c_x(\cdot)$ 和 $c_y(\cdot)$ 为补偿系数，使得 DCT 矩阵为正交矩阵。

$$c_x(z)=\begin{cases}\sqrt{\dfrac{1}{M}}, & z=0\\ \sqrt{\dfrac{2}{M}}, & z\neq 0\end{cases},\quad c_y(z)=\begin{cases}\sqrt{\dfrac{1}{N}}, & z=0\\ \sqrt{\dfrac{2}{N}}, & z\neq 0\end{cases}\tag{8.5.10}$$

式(8.5.9)可以写成如下的具体形式：

$$F(u,v)=\begin{cases}\dfrac{1}{\sqrt{MN}}\sum_{x=0}^{M-1}\sum_{y=0}^{N-1}f(x,y), & u=0,v=0\\ \dfrac{2}{\sqrt{N}}\sum_{x=0}^{M-1}\sum_{y=0}^{N-1}f(x,y)\cos\left(\dfrac{(2x+1)u\pi}{2M}\right), & u=1,2,\cdots,N-1,\ v=0\\ \dfrac{2}{\sqrt{M}}\sum_{x=0}^{M-1}\sum_{y=0}^{N-1}f(x,y)\cos\left(\dfrac{(2y+1)v\pi}{2N}\right), & u=0,\ v=1,2,\cdots,N-1\\ \dfrac{2}{\sqrt{MN}}\sum_{x=0}^{M-1}\sum_{y=0}^{N-1}f(x,y)\cos\left(\dfrac{(2x+1)u\pi}{2M}\right)\cos\left(\dfrac{(2y+1)v\pi}{2N}\right), & u,v=1,2,\cdots,N-1\end{cases}\tag{8.5.11}$$

DCT 的逆变换为

$$f(x,y)=\sum_{u=0}^{M-1}\sum_{v=0}^{N-1}c_x(u)c_y(v)F(u,v)\cos\left(\frac{(2x+1)\pi}{2M}u\right)\cos\left(\frac{(2y+1)\pi}{2N}v\right)\tag{8.5.12}$$

式(8.5.12)可以写成如下的具体形式：

$$\begin{aligned}f(x,y)=&\frac{1}{\sqrt{MN}}F(0,0)+\\&\frac{2}{\sqrt{N}}\sum_{u=1}^{M-1}F(u,0)\cos\left(\frac{(2x+1)u\pi}{2M}\right)+\\&\frac{2}{\sqrt{M}}\sum_{v=1}^{N-1}F(0,v)\cos\left(\frac{(2y+1)v\pi}{2N}\right)+\\&\frac{2}{\sqrt{MN}}\sum_{u=1}^{M-1}\sum_{v=1}^{N-1}F(u,v)\cos\left(\frac{(2x+1)u\pi}{2M}\right)\cos\left(\frac{(2y+1)v\pi}{2N}\right)\end{aligned}\tag{8.5.13}$$

也可以使用下面的矩阵形式表达 DCT 及其逆变换（$\boldsymbol{f}_{N\times N}$ 是图像的矩阵表示形式）：

$$\boldsymbol{F}_{N\times N}=\boldsymbol{C}_{N\times N}\cdot\boldsymbol{f}_{N\times N}\cdot\boldsymbol{C}_{N\times N}^{\mathrm{T}}\tag{8.5.14}$$

$$\boldsymbol{f}_{N\times N}=\boldsymbol{C}_{N\times N}^{\mathrm{T}}\cdot\boldsymbol{F}_{N\times N}\cdot\boldsymbol{C}_{N\times N}\tag{8.5.15}$$

$$\boldsymbol{C}_{N\times N}=\sqrt{\frac{2}{N}}\begin{bmatrix}\sqrt{\dfrac{1}{2}} & \sqrt{\dfrac{1}{2}} & \cdots & \sqrt{\dfrac{1}{2}}\\ \cos\dfrac{\pi}{2N} & \cos\dfrac{3\pi}{2N} & \cdots & \cos\dfrac{(2N-1)\pi}{2N}\\ \cos\dfrac{2\pi}{2N} & \cos\dfrac{6\pi}{2N} & \cdots & \cos\dfrac{2(2N-1)\pi}{2N}\\ \cdots & \cdots & \cdots & \cdots\\ \cos\dfrac{(N-1)\pi}{2N} & \cos\dfrac{3(N-1)\pi}{2N} & \cdots & \cos\dfrac{(2N-1)(2N-1)\pi}{2N}\end{bmatrix}\tag{8.5.16}$$

由式(8.5.11)可以看出,$F(0,0)$反映了图像信号的均值(图像均值的$\sqrt{MN}$倍),称为直流(DC)系数,其他系数则称为交流(AC)系数。图8.5.4显示了一个8×8图像块的DCT变换结果。其中,图8.5.4(a)是图像块的像素值,图8.5.4(b)给出了DCT变换结果。可以看出,在DCT变换域,主要能量集中在左上角(低频分量),右下角的变换系数能量很小(对应纹理、边缘、细节等高频部分)。图8.5.5视觉化Peppers(灰度图像,256×256)的DCT变换结果,图中左上角包含很多明亮的白点,表示该处的变换系数的值(能量)很大。

43	58	56	43	51	63	49	42
52	54	39	62	58	47	38	31
38	35	53	65	37	26	20	13
45	58	73	63	32	22	15	12
58	68	72	44	27	27	21	14
57	69	59	46	33	30	26	17
49	64	55	42	33	22	25	28
43	52	46	40	51	40	33	24

(a) 8×8图像块

338.5	89.5	−29.3	−16.6	−15.2	−1.7	−3.5	−4.2
17.1	−22.3	−15.1	6.5	5.7	7.0	3.2	−7.2
18.6	−44.9	5.7	25.0	1.7	−14.3	−6.1	1.8
18.7	5.3	22.8	3.6	−17.9	−9.7	1.8	0.5
7.7	−0.5	0.4	−1.6	−15.0	−5.0	8.8	5.6
−6.8	2.5	−0.3	−17.1	−4.1	1.1	4.2	0.4
−6.6	−5.7	−6.6	3.0	−3.7	4.7	4.3	1.1
−9.0	−1.2	4.5	−4.1	−2.7	2.4	5.1	3.1

(b) 图(a)的DCT变换结果

图8.5.4　8×8图像块的DCT变换结果，DCT变换结果的主要能量集中在图(b)左上角(低频)

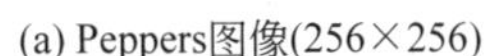

(a) Peppers图像(256×256)　　(b) DCT变换

图8.5.5　Peppers图像的DCT变换结果(变换结果的主要能量集中在左上角)

8.5.4　变换系数的量化和编码

在图像变换域编码中,一般需要将输入图像划分成块(图像块),然后对每个图像块进行独立的正交变换和编码。图像块的大小是显著影响压缩性能的因素之一。图像块越小,计算量越小,但是重建(解压缩)时块效应就越严重。对于大的图像块而言,计算量大,但去相关的效果较好,重建时方块效应减弱。若图像块太大,则去相关性能饱和,这时远离图像块中心的样本与中心样本的相关性就很小,这对图像压缩的性能的提升没有明显影响,反而会显著增加计算复杂度。在目前的变换域图像压缩算法中,图像块的大小一般取8×8、16×16等。

图像块经过正交变换后,变换系数的主要能量会集中在某个区域。例如,对于DCT变换,变换系数的主要能量会集中在左上角。对于有损压缩,需要决定舍弃哪些变换系数、哪些变换系数需要进行量化和编码,以及每个编码系数的比特数。变换系数的选择原则是尽量选择能量集中的、方差大的系数,通常有两种选择方法:区域法和阈值法。阈值编码方法根据变换系数的幅值决定一个变换系数是否保留下来进行编码。区域法的基础是信息论的不确定性原理，方差大的变换系数携带更多的图像信息，所以方差大的区域应当保留下来(不能舍弃)。研究表明，以均方误差为准则的最佳区域就是最大方差区域。

区域法根据变换系数的方差设定一个连通的区域，只对区域内的变换系数进行量化和编码，而区域外的系数被舍去。区域是根据变换系数所在位置的方差决定的。一个变换系数所在位置的方差可以通过所有变换块中该位置的变换系数计算出来，也可以基于某个图像模型(如马尔可夫自相关函数)得到。对于DCT变换，幅值大的变换系数主要集中在区域的左上部(低频分量)，这些变换系数的方差会比较大，所以需要保留这一部分，而其他部分的系数(高频分量)则可舍弃。这样的处理方式，由于保留了大部分信号能量(低频分量)，在重建(解压缩)后，图像质量不会产生明显的变化。确定需要保留的区域后，需要进一步决定区域内每个变换系数的编码比特数。一般有两种策略：给区域内所有系数分配相同的比特数；给不同位置的系数分配不同的比特数。在第一种情况下，一般将区域内系数用它们的均方差进行归一化，然后再进行均匀量化编码。对于第二种情况，需要对不同位置设计不同的量化器。图8.5.6显示了一个典型的区域编码的比特分配方法，因为越靠近左上角的变换系数，其值越大，所以编码时需要分配更长的比特数；而右下角的变换系数能量都很小，所以分配短的比特数，甚至舍弃(比特数为0)。

8	7	6	4	3	2	1	0
7	6	5	4	3	2	1	0
6	5	4	3	3	1	1	0
4	4	3	3	2	1	0	0
3	3	3	2	1	1	0	0
2	2	1	1	1	0	0	0
1	1	1	0	0	0	0	0
0	0	0	0	0	0	0	0

图8.5.6 一个典型的区域编码比特数分配方案

在区域法中，一旦图像块的保留区域被确定后，对于任何图像块，这个编码区域是不会改变的。然而，不同的图像(图像块)具有显著不同的颜色(灰度值)分布、纹理结构等，它们经过正交变换(如DCT)后，聚集主要能量的区域也可能有所不同，因此固定的编码区域不能使得所有的图像(图像块)都能取得同样优秀的压缩性能。区域法另一个明显缺陷是完全舍弃了图像块的高频分量，这就会导致重建出的图像的轮廓和纹理细节模糊。由于这个原因，在图像压缩算法中，阈值法更加常用。阈值法本质上是一种自适应的方法，该方法确定的保留系数的位置会随图像块的不同而不同。阈值法可以根据变换系数的实际分布自适应地设定阈值的大小，大于阈值的变换系数才被保留下来进行量化编码，而小于阈值的变换系数则被舍弃(补零)。这样，不但大多数低频系数被选择进行量化编码，而且少数超过阈值的高频系数也被保留下来进行量化编码，从而一定程度上弥补了区域法的不足(区域法完全舍弃了高频分量)。在阈值编码方法中，如何自适应地确定阈值是一个关键问题。阈值法还需要另外一个开销：被保留下来进行编码的系数在矩阵中的位置是不确定的，因此需要额外的开销保存位置信息。为此，一些方法采用行程编码处理保留下来的变换系数。

8.5.5 JPEG基本系统的编码

很多图像/视频压缩算法都是基于块变换编码压缩的，采用图像分块、正交变换、量化、编码这个框架。不同的压缩方法采用的正交变换、量化器和编码器可能有所不同。JPEG、MPEG2、H264、H265等压缩标准采用DCT变换和熵编码，其中JPEG采用哈夫曼编码和算术编码，H264 和 H265 主要采用的编码方法是 CVALC 和 CABAC。本节描述 JPEG 静态图像压缩标准的基本压缩模式的实现过程。JPEG 图像压缩标准的主体技术采用变换编码，属于有损压缩。JPEG 还有一个独立的无损压缩系统，在空域中直接采用无量化的 DPCM（主要用于去除相邻像素的空间相关性）及无损编码技术，如哈夫曼编码和算术编码，从而保证图像完美重建。

JPEG 静态图像压缩标准包括四种模式[128-129]：基于 DCT 变换的顺序型模式、基于 DCT 变换的渐进型模式、基于 DPCM 的无损编码（顺序型）模式、基于多分辨率编码的分层型模式。在这 4 种模式中，核心是基于 DCT 变换的顺序型模式，该模式与哈夫曼编码一起构成了 JPEG 的基本系统，任何 JPEG 标准设备都包含基本系统。

图 8.5.7 显示了 JPEG 基本系统的编解码过程。如果输入图像是彩色图像，则首先需要通过颜色变换去除（减弱）光谱的相关性（颜色冗余），以获得 3 个独立的灰度通道图像（见 8.2 节）。然后，3 个通道图像独立地进行 JPEG 编码压缩。

如果输入的灰度图像灰度值的动态范围的均值/中值不为 0，则首先需要执行水平移位操作，使得均值/中值变为 0。假设每个像素用 P 个比特表示，则其动态范围为$[0,2^P-1]$，因此每个像素的灰度值需要减去 2^{P-1}，从而使得灰度值动态范围为$[-2^{P-1},2^{P-1}-1]$（这样灰度值动态范围的均值/中值为 0）。对于普通的灰度图像，像素值的动态范围为$[0,255]$，需要减去 128，使得新的像素值在区间$[-128,127]$。然后，图像被划分为 8×8 的块，并对各个图像块进行 DCT 变换。如果图像的行或列数不是 8 的倍数，编码器就复制最后一行/列，确保最终大小为 8 的倍数。这些增加的行或列将在编码过程中被清零。接着，对每个变换块的系数进行量化和编码压缩。解码过程是编码过程的逆操作。

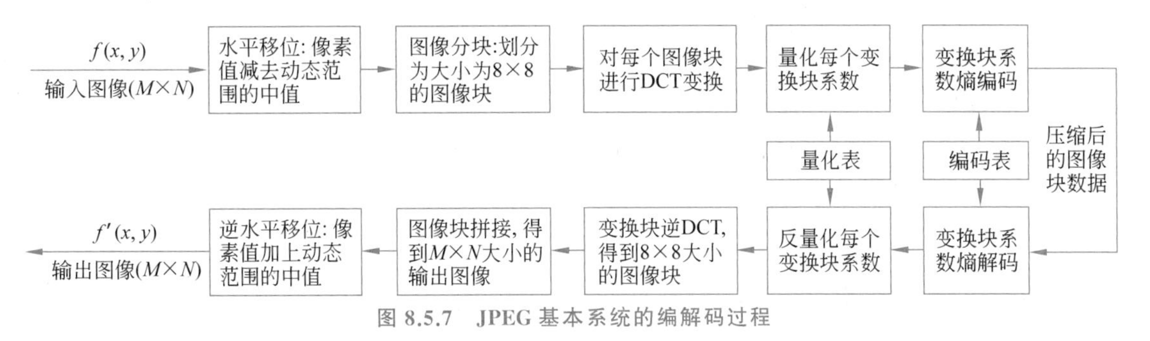

图 8.5.7　JPEG 基本系统的编解码过程

1. DCT 变换

首先对图像块进行水平移位和 DCT 变换。图 8.5.8 显示了一个 8×8 的亮度图像块（图 8.5.8(a)）、水平移位的结果（图 8.5.8(b)），以及对水平移位后的数据进行 DCT 变换的结果（图 8.5.8(c)）。

2. 量化

8×8 的图像块经 DCT 变换后得到 64 个变换系数，JPEG 使用中平型均匀量化器量化这 64 个变换系数。JPEG 根据 DCT 变换的高低频信号的分布属性，设计了一个图 8.5.9 所示的量化表，表格中的值表示量化相应位置系数的步长。根据这个量化表，一个 DCT 变换系数 C_{ij} 的量化值为

124	125	122	120	122	119	117	118
121	121	120	119	119	120	120	118
126	124	123	122	121	121	120	120
124	124	125	125	126	125	124	124
127	127	128	129	130	128	127	125
143	142	143	142	140	139	139	139
150	148	152	152	152	152	150	151
156	159	158	155	158	158	157	156

(a) 原始图像块

−4	−3	−6	−8	−6	−9	−11	−10
−7	−7	−8	−9	−9	−8	−8	−10
−2	−4	−5	−6	−7	−7	−8	−8
−4	−4	−3	−3	−2	−3	−4	−4
−1	−1	0	1	2	0	−1	−3
15	14	15	14	12	11	11	11
22	20	24	24	24	24	22	23
28	31	30	27	30	30	29	28

(b) 水平移位的结果

39.875	6.565	−2.242	1.220	−0.375	−1.087	0.793	1.135
−102.439	4.567	2.264	1.121	0.358	−0.634	−1.053	−0.480
37.771	1.314	1.774	0.258	−1.510	−2.218	−0.101	0.233
−5.674	2.242	−1.326	−0.813	1.417	0.221	−0.139	0.170
−3.375	−0.745	−1.757	0.776	−0.625	−2.660	−1.302	0.762
5.989	−0.140	−0.459	−0.779	1.999	−0.265	1.464	0.005
3.973	5.528	2.399	−0.559	−0.051	−0.848	−0.524	−0.130
−3.433	0.520	−1.072	0.871	0.963	0.090	0.331	0.011

(c) 对图(b)的数据进行DCT变换的结果

图 8.5.8　对图像块进行水平移位及 DCT 变换

(a) 亮度图像量化表							
16	11	10	16	24	40	51	61
12	12	14	19	26	58	60	55
14	13	16	24	40	57	69	56
14	17	22	29	51	87	80	62
18	22	37	56	68	109	103	77
24	35	55	64	81	104	113	92
49	64	78	87	103	121	120	10
72	92	95	98	112	100	103	99

(b) 色度图像量化表							
17	18	24	47	99	99	99	99
18	21	26	66	99	99	99	99
24	26	56	99	99	99	99	99
47	66	99	99	99	99	99	99
99	99	99	99	99	99	99	99
99	99	99	99	99	99	99	99
99	99	99	99	99	99	99	99
99	99	99	99	99	99	99	99

图 8.5.9　JPEG 亮度图像和色度图像量化表

$$m_{ij}=\left\lceil \frac{C_{ij}}{M_{ij}} \right\rceil \tag{8.5.17}$$

M_{ij} 是量化表中位置(i,j)的值，$\lceil\cdot\rceil$表示向上取整(如$\lceil 8.3 \rceil=9$、$\lceil -8.3 \rceil=-9$)。根据式(8.5.17)，对于图 8.5.8(c)所示的 DCT 变换结果(亮度图像块)，其 JPEG 量化值见图 8.5.10。

3. 熵编码

DCT 变换系数被量化后，需要进行编码压缩。为此，JPEG 首先将 8×8 的量化结果按空间频率递增(能量递减)的顺序排列为一个 1D 矢量，也就是按图 8.5.11 所示的 Z 形模式将 8×8 的量化结果排列为 1D 矢量(右图表示每个量化系数在 1D 矢量中的位置)。

根据图 8.5.11，图 8.5.10 所示的量化结果被排列为 1D 矢量：[2,1,−9,3,0,0,…,0]。这样的编排方式使得在矢量中低频系数位于高频系数之前，导致矢量后面的元素(高频系

2	**1**	0	0	0	0	0	0
−9	0	0	0	0	0	0	0
3	0	0	0	0	0	0	0
0	0	0	0	0	0	0	0
0	0	0	0	0	0	0	0
0	0	0	0	0	0	0	0
0	0	0	0	0	0	0	0
0	0	0	0	0	0	0	0

图 8.5.10　图 8.5.8(c)的量化结果

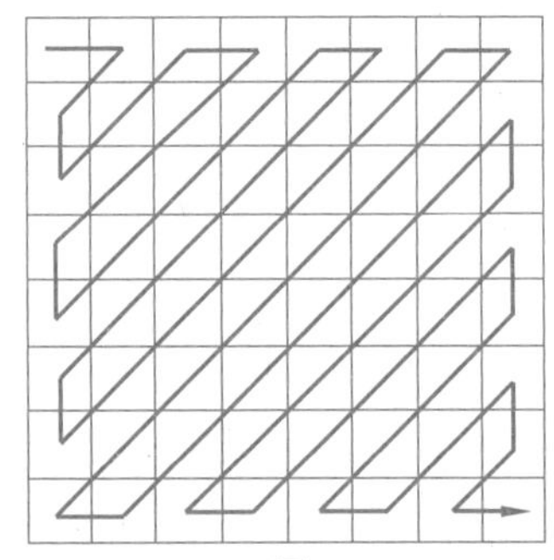

0	1	5	6	14	15	27	28
2	4	7	13	16	26	29	42
3	8	12	17	25	30	41	43
9	11	18	24	31	40	44	53
10	19	23	32	39	45	52	54
20	22	33	38	46	51	55	60
21	34	37	47	50	56	59	61
35	36	48	49	57	58	62	63

图 8.5.11　DCT 变换系数的 Z 形扫描

数)趋于 0 的可能性更大,从而可以高效地利用哈夫曼编码。

由于 DCT 变换域中 **DC** 系数(第一个系数)代表了图像块的主要分量,所以 JPEG 对量化后的 **DC** 系数和 **AC** 系数分别以两种不同的方式进行编码。对于 DC 系数,采用相对于前一块 DC 系数的差进行 DPCM 编码(这是因为两个相邻图像块的均值一般很接近,这样两个相邻图像块均值的差会很小)。对于非 0 的 AC 系数,则直接进行哈夫曼编码。

1) **DC** 系数编码

DC 系数可能很大,两个图像块的 DC 系数之差的取值范围可能更大。对于动态范围非常大的符号集,哈夫曼编码是比较困难的。为了解决这一问题,JPEG 标准将差值进行分类。每个类别的大小是 2 的幂次方:类别 0 仅有 1 个元素 0,类别 1 有 2 个元素(−1 和 1),类别 2 有 4 个元素(−3,−2,2,3),以此类推。JPEG 标准采用“前缀码+尾码”的形式编码 DC 系数的差值。前缀码是类别号的哈夫曼编码(类别号也就是尾码的有效位数 B),尾码则采用自然码表示这个类别中的某个数。基于大量的图像数据分析,JPEG 标准给出了类别号的哈夫曼编码(前缀码),如表 8.5.1 所示。每个类别 B 有 2^B 个数,前一半为负数,后一半为正数,所以编码时用原码表示正数,用反码表示负数:

$$\text{尾码 Diff 的编码} = \begin{cases} \text{Diff 的原码}(B\text{ 个二进制位}), & \text{Diff} \geqslant \mathbf{0} \\ |\,\text{Diff}\,|\text{ 的反码}(B\text{ 个二进制位}), & \text{Diff} < \mathbf{0} \end{cases} \tag{8.5.18}$$

根据这个尾码编码及表 8.5.1 中列出的尾码位数 B(类别号),Diff≥0 时尾码的最高位一定是 1,Diff<0 时尾码的最高位一定为 0。

表 8.5.1 DC 差值哈夫曼编码(前缀码)

类别号	Diff 差 值	亮度图像-前缀码		色度图像-前缀码	
		码长	码字	码长	码字
0	0	2	00	2	00
1	−1,1	3	010	2	01
2	−3,−2,2,3	3	011	2	10
3	−7,−6,−5,−4,4,5,6,7	3	100	3	110
4	−15,…,−9,−8,8,9,…,15	3	101	4	1110
5	−31,…,−17,−16,16,17,…,31	3	110	5	11110
6	−63,…,−33,−32,32,33,…,63	4	1110	6	111110
7	−127,…,−65,−64,64,65,…,127	5	11110	7	1111110
8	−255,…,−129,−128,128,129,…,255	6	111110	8	11111110
9	−511,…,−257,−256,256,257,…,511	7	1111110	9	111111110
10	−1023,…,−513,−512,512,513,…,1023	8	11111110	10	1111111110
11	−2047,…,−1025,−1024,1024,1025,…,2047	9	111111110	11	11111111110

例如,若亮度差值 Diff=6,由表 8.5.1 可知 Diff 落入类别 3 的范围{−7,−6,−5,−4,4,5,6,7},类别 3 的前缀码为“100”,类别 3 也表明尾码的长度为 3,根据式(8.5.18),尾码的编码为“110”,因此差值 Diff=6 的完整编码为“100110”。同样,若差值 Diff=−6,则尾码为 Diff 的绝对值的反码,即“001”,这时 Diff 的完整编码为“100001”。注意,若 Diff=0,则不需要尾码(尾码长度为 0),这时 Diff 的完整编码就是前缀码“00”。

2) AC 系数编码

JPEG 通过 Z 形扫描,将图像块的 2D 量化系数转换为 1D 矢量。从这个 1D 矢量中可以分析出每个非零系数与前一个非零系数之间的零系数的个数。这样,对于每个非零系数 AC,就可得到一个值对“ZRL/AC”,这里 ZRL 表示“零游程长度”,即这个非零系数 AC 与前一个非零系数之间的零系数的个数。因为零游程长度隐含了非零系数的位置信息,因此 JPEG 只对所有非零 AC 系数的 ZRL/AC 值对进行编码即可。为了编码一个非零 AC 系数的值对 ZRL/AC,首先需要根据 AC 系数的值在表 8.5.1 中确定它所属的类别 C,这样就得到一个新的值对 “Z/C”(零游程长度/类别,将 ZRL 简写为 Z)。JPEG 为“零游程长度/类别”建立了一个编码表,如表 8.5.2 所示。在这个编码表中,“零游程长度”用 4 个二进制位表示,因此其值范围是 0~15(十六进制的 0~F)。在这个表中查找值对 Z/C 对应的编码,并将这个编码作为前缀码,后面再添加“尾码”(表示 AC 的值),这样就得到值对 ZRL/AC 的完整编码。“尾码”的编码方法同 DC 系数的尾码,即根据式(8.5.18)进行编码。

在表 8.5.2 的“零游程长度/类别”的编码表中,有两个特殊编码。一个是块结束(End of Block,EOB)码字,另一个是 ZRL 代码。在 Z 形扫描得到的矢量中,对最后一个非零值编码后,立即紧跟一个 EOB 代码,表示图像块编码结束。ZRL 代码用于零游程长度大于 15 的情况(因为零游程长度是用 4 个二进制位表示的,最大只能是 15)。当零游程长度大于 15 时,使用一个 ZRL 编码，同时零游程长度减去 16，然后再对新的零游程长度进行编码。

表 8.5.2　亮度图像 AC 系数的 Z/C 编码表（Z/C 用十六进制表示）

Z/C	码长	码　字	Z/C	码长	码　字	Z/C	码长	码　字
0 / 0 EOB	4	1010	…	…	……	F / 0 ZRL	11	11111111001
0 / 1	2	00	1 / 1	4	1100	F / 1	16	1111111111110101
0 / 2	2	01	1 / 2	5	11011	F / 2	16	1111111111110110
0 / 3	3	100	1 / 3	7	1111001	F / 3	16	1111111111110111
0 / 4	4	1011	1 / 4	9	111110110	F / 4	16	1111111111111000
0 / 5	5	11010	1 / 5	11	11111110110	F / 5	16	1111111111111001
0 / 6	7	1111000	1 / 6	16	1111111110000100	F / 6	16	1111111111111010
0 / 7	8	11111000	1 / 7	16	1111111110000101	F / 7	16	1111111111111011
0 / 8	10	1111110110	1 / 8	16	1111111110000110	F / 8	16	1111111111111100
0 / 9	16	1111111110000010	1 / 9	16	1111111110000111	F / 9	16	1111111111111101
0 / A	16	1111111110000011	1 / A	16	1111111110001000	F / A	16	1111111111111110

最后，用两个例子说明图像块量化系数的 JPEG 编码过程。

例 1：假设一个 8×8 的亮度图像块的量化系数矩阵按 Z 形扫描得到下面的矢量：

$$[80\quad -9\quad 7\quad 0\quad -3\quad \underbrace{0\ \cdots\ 0}_{17个0}\quad 2\quad \underbrace{0\ \cdots\ 0}_{41个0}]$$

假设前一个图像块量化后的 DC 系数是 80。

JPEG 编码过程如下。

(1) DC 系数编码

与前一个图像块的 DC 系数之差为：Diff＝80－80＝0，查表 8.5.1 可知 DC 码字的前缀码为“00”，完整编码也是“00”（类别 0 不需要尾码）。

(2) AC 系数编码

计算值对 ZRL/AC：ZRL/AC＝[0/－9　0/7　1/－3　17/2]

查表 8.5.1 可知，非零 AC 系数[－9　7　－3　2]所在的类别是[4　3　2　2]。因此，非零 AC 系数的 Z/C 值对为：Z/C＝[0/4　0/3　1/2　17/2]。使用 Z/C 值对查表 8.5.2，得到前 3 个 Z/C 值对的前缀码为[1011　100　11011]。第 4 个 Z/C 值对的 ZRL＞15，所以需要插入一个 ZRL 编码（“11111111001”），同时这个 Z/C 值对变为(17－16)/1＝1/1，再次查表 8.5.2 知 1/1 的前缀码为“1100”。因此，第 4 个 Z/C 值对的前缀码为“111111110011100”（ZRL＋1100）。各个非零 AC 系数的尾码为[0110　111　00　10]。因此，所有非零 AC 系数的完整编码为[10110110　100111　1101100　11111111001110010]。

最后，将 DC 系数的编码和 AC 系数的编码合起来，再增加一个块结尾标记（“1010”），得到整个图像块的编码：“00 10110110 100111 1101100 11111111001110010 1010”。总码长为 49 比特，而原始图像块的总码长为 8×8×8＝512（比特），压缩率为 512/44＝11.63。

例 2：对图 8.5.8(a)所示的 8×8 大小的亮度图像块 $f(x,y)$ 进行 JPEG 压缩编码。

图像块(图 8.5.8(a))的 JPEG 压缩过程如下。

(1) 水平移位(像素值减去 128),图 8.5.8(b)给出了水平移位的结果。

(2) 对水平移位的结果(图 8.5.8(b))进行 DCT 变换,DCT 变换结果见图 8.5.8(c)。

(3) 根据式(8.5.17)对 DCT 变换结果(图 8.5.8(c))进行量化(图 8.5.8(c)中的元素除以图 8.5.9(a)中相同位置的元素,然后四舍五入取整),量化结果见图 8.5.10。

(4) Z 形扫描量化矩阵(图 8.5.10),得到[2 1 −9 3 EOB]。

(5) 计算 DC 系数编码

DC 系数为 2,假设前一个图像块量化后的 DC 系数为 3,那么它们的差为 Diff=2−3=−1,查表 8.5.1 可知 Diff 的类别是 1,前缀码为"010",利用式(8.5.18)计算尾码为"0",DC 系数的完整编码为"0100"。

(6) 计算 AC 系数编码

ZRL/AC=[0/1 0 /−9 0/3]

查表 8.5.1 可知,非零 AC 系数[1 −9 3]所在的类别是[1 4 2]。因此,非零 AC 系数的 Z/C 值对为:Z/C=[0/1 0/4 0/2]。

使用 Z/C 值对查表 8.5.2,得到各个 Z/C 值对的前缀码为[00 1011 01]。

利用式(8.5.18)计算各个非零系数的尾码,得到[1 0110 11]。

因此,所有非零 AC 系数的完整编码为[001 10110110 0111]。

(7) 计算整个图像块的编码

将 DC 系数的编码和 AC 系数的编码合起来,再增加一个块结尾标记("1010"),得到整个图像块的编码:"0100 001 10110110 0111 1010"。

图像块的编码的总码长为 23 比特,原始图像块的总码长为 8×8×8=512 比特,压缩率为 512 / 23=22.26。

解码时,执行编码过程的逆操作。首先,从压缩流中恢复出图 8.5.10 所示的量化结果(编解码器不会产生误差)。经过反量化(量化结果乘以图 8.5.9(a)中相同位置的元素),得到反量化的结果,如图 8.5.12(a)所示。然后,反量化的数据(图 8.5.12(a))经过逆 DCT,得到图 8.5.12(b)所示的结果。最后,逆 DCT 的结果再加上水平移位的偏移(图 8.5.12(b)的各元素加上 128),从而得到重建后的图像块 $f'(x,y)$,如图 8.5.13 所示。重建结果 $f'(x,y)$ 的信噪比为 40.63(PSNR=40.63)。

(a) 亮度图像量化表							
32	**11**	0	0	0	0	0	0
−108	0	0	0	0	0	0	0
42	0	0	0	0	0	0	0
0	0	0	0	0	0	0	0
0	0	0	0	0	0	0	0
0	0	0	0	0	0	0	0
0	0	0	0	0	0	0	0
0	0	0	0	0	0	0	0

(a) 反量化的结果

(b) 逆DCT							
−5.96	−6.25	−6.79	−7.49	−8.24	−8.95	−9.48	−9.77
−7.13	−7.42	−7.95	−8.65	−9.41	−10.11	−10.65	−10.94
−7.54	−7.83	−8.37	−9.07	−9.83	−10.53	−11.06	−11.36
−4.68	−4.97	−5.50	−6.20	−6.96	−7.66	−8.20	−8.49
2.77	2.48	1.95	1.24	0.49	−0.22	−0.75	−1.04
13.67	13.38	12.85	12.14	11.39	10.69	10.15	9.86
24.62	24.33	23.80	23.09	22.34	21.64	21.10	20.81
31.49	31.20	30.66	29.96	29.21	28.50	27.97	27.68

(b) 对(a)进行逆DCT

图 8.5.12 图像量化及逆 DCT

122.04	121.75	121.21	120.51	119.76	119.05	118.52	118.23
120.87	120.58	120.05	119.35	118.59	117.89	117.35	117.06
120.46	120.17	119.63	118.93	118.17	117.47	116.94	116.64
123.32	123.03	122.50	121.80	121.04	120.34	119.80	119.51
130.77	130.48	129.95	129.24	128.49	127.78	127.25	126.96
141.67	141.38	140.85	140.14	139.39	138.69	138.15	137.86
152.62	152.33	151.80	151.09	150.34	149.64	149.10	148.81
159.49	159.20	158.66	157.96	157.21	156.50	155.97	155.68

图 8.5.13　重建后的图像块

8.6　其他编码方法

除前面介绍的基本压缩方法外，还有一些其他压缩方法，典型的方法有矢量量化、子带编码、分形编码，等等。

8.6.1　矢量量化

矢量量化(Vector Quantization，VQ)是一种常用的量化技术[114]。不像标量量化每次只能量化输入信号的一个标量样值，矢量量化将一个矢量(输入信号的多个样值)作为一个整体进行处理，同时量化矢量内的所有元素。将一个图像块的像素排列为一个列矢量，从预先构建的编码本(Codebook)中，按最小化某个错误的规则(例如最邻近准则)，选取一个编码矢量/码矢量(Codevector)表示这个图像块像素矢量。编码本是由有限个编码矢量构成的词典。然后，将被选取的编码矢量在编码本的编号(索引)作为输入矢量(图像块)的量化值，参与下一步的编码压缩。在解码端，需要使用相同的编码本，根据解码得到的索引值从编码本中获得相应的编码矢量，从而恢复出图像块。矢量量化的压缩效率一般可以达到 10∶1。8.2.1 节所述的基于调色板表示的压缩方法就是矢量量化的一个特例，在该方法中，编码矢量是表示颜色的三维列矢量(将一个大小为 $M\times N$ 的彩色图像按像素通道展开成 $3M\times N$ 大小的灰度图像，图像块大小设置为 3×1，再进行矢量量化)。

矢量量化的关键是如何构建编码本，使得编码本中的矢量能比较准确地表示每个图像块。如果编码本中的矢量不能比较准确地表示每个图像块，那么解压缩重建出的图像会显著失真(图像质量很差)。现有的方法一般都利用训练(使用大量需要测试的样本训练)和聚类等方法构建编码本，但是这样的编码本都依赖于具体图像，这样对于不同的图像，VQ 的压缩性能会有很大的变化(对于测试样本中没有包含的模式矢量，压缩性能可能下降很多)。另外，为了提升图像的压缩质量，常常需要构建基于上下文信息的编码矢量。例如，图像块中含有不同的边缘纹理结构和阴影等模式时，就需要为每种模式构建一个的编码矢量。图像块内的结构模式可能非常多(图像块越大，可能的结构模式就越多)，因此需要构建的编码矢量就会很多。这就不可避免地增大了编码本的大小，从而增加了计算效率和编码的位率。编码本的大小也是影响编码效率的因素之一。编码本内的矢量越多，量化误差一般会越小，解压缩重建的图像质量就越好，但编码所需的位数就越多，从而压缩率变低。另一方面，编码矢量的维数越大(图像块越大),压缩率会越大(每个索引号表示的图像块就更大),但输入的矢量(图像块)与匹配的编码矢量的误差可能就会越大,从而导致压缩质量下降(重建出的图像质量失真大)。

8.6.2 子带编码

子带编码(Subband Coding)是一种变换域编码方法[130-131],它是一种符合人眼视觉属性的多分辨率编码技术。利用一组滤波器将输入信号分解成不同频段的信号之和,每个频段称为子带,对每个子带中的信号采用单独的编码方案编码。子带编码中一个重要的步骤是设计共轭滤波器组,用于提取各个频段的子带信号,去除混叠频谱分量。在图像子带编码中,一幅图像被分解成不同频段的分量,然后根据人眼视觉特性对不同频段的子带图像进行粗细不同的量化和编码,以达到更好的压缩效果。

一种典型的子带编码技术是基于小波变换的编码方法[132-133]。小波变换利用多分辨率分解技术,将图像分解成不同频率、不同分辨率的子图像。小波变换本身没有数据压缩功能,也不会丢失信息(具有熵保持性)。首先,利用滤波器组与图像做卷积,将图像分解为4个子带图像:LL(水平和垂直方向都是低频)、HL(水平方向高频、垂直方向低频)、LH(水平方向低频、垂直方向高频)、HH(水平和垂直方向都是高频)。图像的能量主要集中在低频子图像LL,它包含图像的主体信息。高频子图像(HL、LH、HH)的能量较小,主要包含不同方向的边缘、纹理等高频信息。通过不断对低频子图像LL进一步进行小波分解,得到金字塔型的多分辨率分解结果。图8.6.1显示了Parrots灰度图像及1个级别和2个级别的多分辨率分解的结果。在图8.6.1(c)所示的2级分解中,Parrots图像被分解为2种分辨率的子带图像:LL2、LH2、HL2、HH2、LH1、HL1、HH1。在图像分解后,需要对所有的子带图像进行量化和编码。根据人类视觉系统的特性,对视觉上重要的子带图像进行比较精密的量化,而对视觉上不显著的子带图像则实施粗糙的量化。也就是说,低频子带图像LL需要精密的量化,高频子带图像则进行粗糙的量化(一些压缩方法直接将视觉上不显著的高频系数设置为0)。频率越高的子带图像量化越粗糙(第1级小波分解的高频子带图像频率最高,随着小波分解的不断进行,子带图像的频率越来越低)。以图8.6.1(c)为例,说明子带编码的过程。对低频子带图像LL2进行精密的量化,对频率比较高的子图像LH2、HL2、HH2进行比较粗糙的量化,对最高频率的子图像LH1、HL1、HH1则进行最粗糙的量化。完成量化后,需要对量化结果进行编码压缩。一般对LL图像(图8.6.1(c)中的LL2)的量化结果进行DPCM编码,而对高频子带图像(图8.6.1(c)中除LL2外的其他子带图像)的量化结果实行游程编码(因为高频子带图像的量化结果中有很多0系数)。这种DPCM/游程编码组合的方式能达到比较低的码率,同时也能保证压缩后的图像质量。

在多分辨率小波编码方法中,小波分解的两个参数:小波滤波器组和小波分解的级别数,严重影响编码的效率和质量。小波滤波器组决定分解后子带图像的频率属性,决定能否很好地将图像按不同的频段分开。小波分解的级别数与图像的压缩率和压缩质量密切相关。由于低频子图像LL是无损压缩的,这意味着其压缩率不会很高。因此,如果小波分解的级别数很小,那么LL子图像会比较大,从而编码效率就比较低。反之,若小波分解的级别数很大,那么LL子图像会很小,这时整个图像的压缩率高,但压缩质量会比较低(低频分量信息太少)。

(a) 源图像

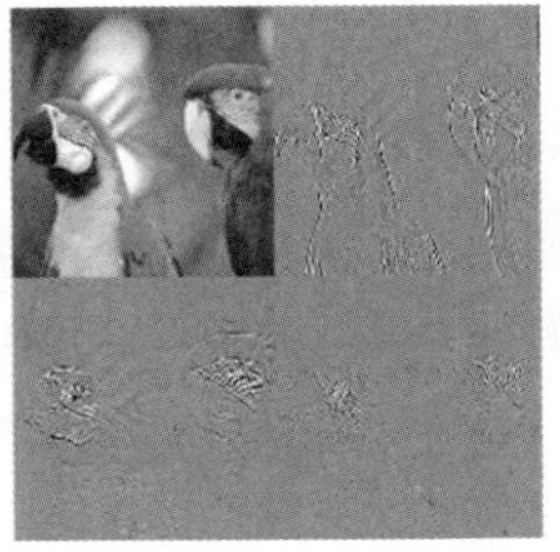

(b) 1级小波分解

LL	LH
HL	HH

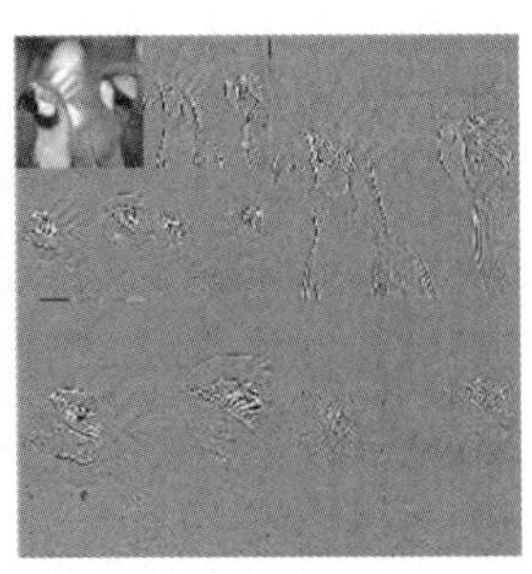

(c) 2级小波分解

LL2	LH2	LH1
HL2	HH2	
HL1		HH1

图 8.6.1　小波多分辨率分解

8.6.3　分形编码

分形编码(Fractal Coding)[134-135]是一种新的有损图像压缩技术,一般都基于迭代函数系统(Iterated Function System,IFS)。一个 IFS 是一套变换的集合,集合中每个变换表示对一个图像区域进行变换的迭代函数,分形编码算法中的迭代函数主要是压缩仿射变换(Contractive Affine Transformation)。分形图像压缩算法具有高压缩率、快速解码、任意分辨率重建等优点。然而,不像基于 DCT 变换的压缩算法(解码是编码的逆过程,编解码的计算量基本上相同),分形编码方法在压缩的时候计算复杂度非常高,但解压缩却非常简单高效。这些性质使得分形压缩技术非常适合 CD-ROM 等大容量存储系统和 HDTV 广播电视系统。

图像的分形编码是 Barnsley 于 1988 年提出的[136]。该方法使用一些图像处理技术(如颜色分割、边缘检测、频谱分析、纹理分析等),把待编码的图像 $\boldsymbol{I}$ 分解为一些小的子图,每个子图都有全局自相似特征(子图与图像整体存在某种自仿射特征)。假设子图为 $R_1,R_2,\cdots,R_N$,即 $\boldsymbol{I}=\bigcup_{k=1}^{N}R_k$,$R_i\cap R_j=\phi\ (i\neq j)$。因为每个子图都存在全局自相似特征,所以存在压缩仿射变换 $w_1,w_2,\cdots,w_N$,使得:

$$w_k(\boldsymbol{I})=R_k(k=1,2,\cdots,N) \tag{8.6.1}$$

这里,所有子图的压缩仿射变换$\{w_1,w_2,\cdots,w_N\}$构成了 IFS。

假设 $\boldsymbol{X}$ 为任意的图像,记

$$W(\boldsymbol{X})=\bigcup_{k=1}^{N}w_k(\boldsymbol{X}) \tag{8.6.2}$$

采用分形理论证明下面极限的收敛性:

$$\lim_{n\to\infty}W^n(\boldsymbol{X})=\boldsymbol{F} \tag{8.6.3}$$

其中,

$$W^n(\boldsymbol{X})=W(W^{n-1}(\boldsymbol{X})) \tag{8.6.4}$$

如果初始图像 $\boldsymbol{X}$ 的大小与压缩前的源图像 $\boldsymbol{I}$ 一样,那么必有 $\boldsymbol{F}=\boldsymbol{I}$。但是,子图与整个图像

的映射式(8.6.1)一般不能严格成立,所以会有 $\boldsymbol{F} \approx \boldsymbol{I}$。

上述原理就是分形编码压缩的本质。编码时,只需要存储压缩仿射变换 $\{w_1, w_2, \cdots, w_N\}$ 的参数,而不需要存储图像数据,这与传统的图像压缩技术完全不同。由于仿射变换的参数量远小于子图的数据量,因此分形压缩编码可以达到非常高的压缩率。解码时,根据式(8.6.3)和式(8.6.4)进行迭代直到收敛,收敛的结果 $\boldsymbol{F}$ 就是解压缩的结果。从式(8.6.3)可以看出,解码重建结果与图像分辨率是无关的,可以重建出任何尺度(大小)的图像。重建图像的尺度取决于初始图像 $\boldsymbol{X}$ 的大小(像素值可以为任意值)。大尺度的 $\boldsymbol{X}$ 得到原始图像的放大图像,小尺度的 $\boldsymbol{X}$ 得到原始图像的缩小版本。

然而,Barnsley 提出的图像分形编码方法很难应用到实际的自然图像压缩应用中。首先,算法要求所有子图像都具有全局自相似性,这在自然图像中几乎是不存在的。因此,该方法只能编码一些比较简单的、具有全局自相似性的图片。其次,即使各个子图都与图像整体是自相似的,也很难利用图像处理技术将图像自动分割为所需要的子图(需要人工协助与干预才能完成)。为解决这个问题,Jaquin 提出了基于块的分形图像压缩算法(分形块编码)[135,137]。该算法的主要思想是用局部(分区)迭代函数系统(Partitioned Iterated Function System,PIFS)替代 Barnsley 分形编码方法的 **IFS**,通过在图像中搜索局部相似块建立 PIFS。PIFS 与 IFS 的主要区别是,PIFS 不再要求图像整体与局部严格自相似,而是只要求图像中局部之间自相似。虽然自然图像一般都不具备全局自相似性,但存在很多局部相似性(图像中一个局部区域与另一个局部区域相似)。图像中一个局部区域经过几何形状的变换和灰度值(像素值)变换后,会与图像中另一个区域非常相似甚至相同。分形块编码利用几何仿射变换(如平移、旋转、翻转、缩放)建模图像中局部块的相似性。正是 Jacquin 的分形块编码算法出现后,图像分形编码才得到广泛的研究和应用。此算法已成为图像分形编码的典型代表。下面详细描述 Jacquin 的分形块编码算法。

首先,将图像 $\boldsymbol{I}(x, y)$ 均匀划分为互不相交(不重叠)、大小为 $K \times K$ 的图像块(值域块)$R_1, R_2, \cdots, R_N$:

$$\begin{cases} \boldsymbol{I} = \bigcup_{k=1}^{N} R_k \\ R_i \cap R_j = \phi \quad (i \neq j) \end{cases} \tag{8.6.5}$$

对 $\boldsymbol{I}(x, y)$ 进行分形编码也就是对值域块 $R_1, R_2, \cdots, R_N$ 进行编码(建立 PIFS)。

然后,再将 $\boldsymbol{I}(x, y)$ 划分为相互重叠、大小为 $2K \times 2K$ 的图像块(定义域块)$D_1, D_2, \cdots, D_M$。一般定义域块之间有很大的重叠,所以定义域块的个数会非常多。对定义域块进行收缩的仿射变换,使得变换后的大小与值域块一样大($K \times K$),同时进行 8 种几何变换:4 个旋转(旋转 0°、90°、180°、270°)和 4 个反射(垂直中线反射、水平中线反射、对角线反射,次对角线反射),从而构建出码本块库。

接着,对于每个值域块 R_k,在码本块库中搜索仿射变换最相似的码本块。由于码本块库包含了收缩后的定义域块的 8 种几何形状的变换,但没有对像素值做变换,所以在码本块库中搜索最相似的块时,不需要再进行几何形状的变换,仅需考虑像素值的变换。通过计算值域块 R_k 与所有码本块(灰度值变换)的距离,距离最小的码本块即 R_k 的最相似的块。假设值域块 R_k 的像素值为 $[x_1, x_2, \cdots, x_m]$ $(m = K^2)$,码本块 Y_k 的像素值为 $[y_1, y_2, \cdots, y_m]$,那么对 Y_k 进行灰度值线性变换后的结果与 R_k 的均方误差(距离)为

$$d_k=\sum_{i=1}^{m}(x_i-(s_k y_i+o_k))^2 \tag{8.6.6}$$

s_k 和 o_k 是码本块 Y_k 的灰度值变换系数。要使得 d_k 最小，必须满足$\frac{\partial d_k}{\partial s_k}=\frac{\partial d_k}{\partial o_k}=0$。

容易求解得 s_k 和 o_k：

$$s_k=\frac{m\sum_{i=1}^{m}x_i y_i-\left(\sum_{i=1}^{m}x_i\right)\left(\sum_{i=1}^{m}y_i\right)}{m\sum_{i=1}^{m}y_i^2-\left(\sum_{i=1}^{m}y_i\right)^2} \tag{8.6.7}$$

$$o_k=\frac{1}{m}\left(\sum_{i=1}^{m}x_i-s_k\sum_{i=1}^{m}y_i\right) \tag{8.6.8}$$

这样，通过计算 R_k 与所有码本块的仿射变换距离，就可以得到距离最小的码本块 Y_k。

最后，对值域块 R_k 进行编码。通过式(8.5.6)～式(8.5.8)，得到与值域块 R_k 最相似的码本块 Y_k。为了对值域块 R_k 进行编码，只需保存 Y_k 仿射变换的相关参数 s_k、o_k，以及 Y_k 对应的定义域块几何变换的编号(8 种)及位置。对所有的值域块进行这样的编码，就完成了对整个图像的编码。

解码过程与式(8.6.3)和式(8.6.4)所示的 Barnsley 分形解码过程类似，只不过每个仿射变换 $w_k(k=1,2,\cdots,N)$的作用范围不再是整个图像，而是一个图像块：

$$W(\boldsymbol{X})=\bigcup_{k=1}^{N}w_k(\boldsymbol{X}_k) \tag{8.6.9}$$

$$\lim_{n\to\infty}W^n(\boldsymbol{X})=\boldsymbol{F} \tag{8.6.10}$$

$\boldsymbol{X}$ 是重建时给定的初始图像(像素值可以为任意值)，$\boldsymbol{X}_k$ 是 $\boldsymbol{X}$ 中的一个图像块，其位置根据仿射变换 w_k 对应的定义域块的位置确定。式(8.5.9)和式(8.5.10)迭代收敛后的结果 $\boldsymbol{F}$ 就是重建结果，可以重建出任何分辨率的图像。

习题

8.1 简述彩色图像压缩的基本原理。

8.2 编程实现如下功能：使用调色板表示的方法将没有噪声的 Parrots 彩色图像(大小为 256×256，二维码 Fig_5.2.1)的颜色数压缩到 256，并将其表示为灰度索引图像；然后，根据灰度索引图像重建彩色图像，并计算重建图像的 PSNR、MAE、NCD 指标。要求颜色量化的方法分别采用：①均匀量化；②K-均值聚类；③中位切割算法。

8.3 一个已经进行直方图均衡化处理的图像包含 2^n 个灰度级，分析利用熵编码方法对该图像进行编码的效果。

8.4 一个 3 个符号的信源，有多少种不同的哈夫曼编码？构建这些编码。

8.5 下图是一个 8×4 的 8 比特灰度图像，要求：①计算图像的熵；②对该图像分别进行哈夫曼编码和香农编码，并比较它们的编码效率。

21	21	21	95	169	243	243	243
21	21	21	95	169	243	243	243
21	21	21	95	169	243	243	243
21	21	21	95	169	243	243	243

8.6　对信息串“abaacbcbaa”进行算术编码，并对输出的码字进行解码，以验证编码的正确性（写出编、解码的过程）。

8.7　已知信源 $\boldsymbol{X}=\begin{bmatrix} a & b & c \\ 0.5 & 0.2 & 0.3 \end{bmatrix}$，对算术编码的结果“010011101001”进行解码（写出编、解码的过程）。

8.8　假设初始字典由字母 a、b、c、d 构成，要求对消息串“ababcdabcda”进行 LZW 编码，然后使用初始字典对编码结果进行解码，以验证编、解码的正确性（写出编、解码的过程）。

8.9　下图是 LZW 的初始字典，接收到的序列为 3，2，1，5，3，4，1，6，5。对该序列进行解码，然后使用初始字典对解码的结果重新进行 LZW 编码，以验证编解、码的正确性（写出编、解码的过程）。

索引	项
1	a
2	b
3	c
4	d

8.10　表 8.4.1（8.4.2 节）列出了一个 DM（Δ 调制）编码的部分过程，完成该 DM 编码的全部过程。

8.11　对题 8.10 得到的 DM（Δ 调制）编码结果进行解码，要求写出 DM 解码的全部过程。

8.12　量化器在有损编码压缩中起着重要的作用，量化器的作用是什么？

8.13　推导 8.4.2 节中构建 Lloyd-Max 量化器的迭代方程（8.4.31）和方程（8.4.32）。

8.14　假设一个均匀分布的密度函数为

$$f(x)=\begin{cases} \dfrac{1}{2A}, & -A \leqslant x \leqslant A \\ 0, & \text{其他} \end{cases}$$

量化级别数 $L=4$，推导 Lloyd-Max 量化器的决策电平和重建电平。

8.15　对灰度图像 $f(x,y)$ 进行 DPCM 编码，预测器为

$$f(x,y)=a\cdot f(x-1,y)+b\cdot f(x,y-1)$$

采用 4 级量化器，后面再跟一个哈夫曼编码器。推导均方差最小的预测系数 a 和 b。

8.16　假设灰度图像 $f(x,y)$ 具有如下可分离的自相关函数：

$$E[f(x,y)f(x-i)(y-j)]=\sigma^2\rho_v^i\rho_h^j$$

这里，x 表示行，y 表示列，ρ_h 和 ρ_v 分别是图像的水平和垂直相关系数。若采用下面的 4 阶线性预测器：

$$f(x,y)=\alpha_1 f(x,y-1)+\alpha_2 f(x-1,y-1)+\alpha_3 f(x-1,y)+\alpha_4 f(x-1,y+1)$$

试证明最佳预测系数为：$\alpha_1=\rho_h,\alpha_2=-\rho_h\rho_v,\alpha_3=\rho_v,\alpha_4=0$

8.17 在题 8.16 中，若图像的水平相关系数 $\rho_h=0$，使用 2 阶线性预测器的 DPCM 对图像进行编码。

(1) 求最佳量化器的自相关矩阵 $\boldsymbol{R}$ 和矢量 $\boldsymbol{r}$；

(2) 求最优预测系数并写出预测器的计算公式；

(3) 计算最优预测系数产生的预测误差的方差。

8.18 假设 $\boldsymbol{A}$ 是 $N\times N$ 大小的正交矩阵：$\boldsymbol{A}\boldsymbol{A}^{\mathrm{T}}=\boldsymbol{A}^{\mathrm{T}}\boldsymbol{A}=\boldsymbol{I}$，$\boldsymbol{X}_1$ 和 $\boldsymbol{X}_2$ 是 2 个 N 维列矢量，有正交变换：$\boldsymbol{Y}_1=\boldsymbol{A}\boldsymbol{X}_1$、$\boldsymbol{Y}_2=\boldsymbol{A}\boldsymbol{X}_2$，证明：$|\boldsymbol{Y}_1-\boldsymbol{Y}_2|^2=|\boldsymbol{X}_1-\boldsymbol{X}_2|^2$。

8.19 按照 JPEG 标准的基本算法，对下面 8×8 的亮度图像块进行编码：①写出编码过程中的每个步骤(假设前一个图像块量化后的 DC 系数为 38)；②计算数据压缩比；③利用压缩后的数据重建图像块，并给出重建结果的 PSNR 指标。

187	186	191	197	200	203	202	201
186	189	196	199	203	202	202	200
189	194	196	202	206	203	203	201
193	196	200	204	204	203	202	200
197	200	203	205	203	204	204	203
198	202	206	204	205	204	204	202
201	204	206	205	204	205	204	202
206	206	207	206	204	204	205	205

8.20 按照 JPEG 标准的基本压缩算法，编程实现对 Parrots 彩色图像(大小为 256×256，二维码 Fig-5.2-1)的压缩：首先，将图像变换到 YCbCr 空间(亮度-色度分离)；然后，应用 JPEG 标准的基本算法对亮度通道和 2 个色度通道分别进行编码压缩，并计算压缩率；最后，利用压缩后的数据重建图像，并计算重建图像的 PSNR、MAE、NCD 指标。

第9章　基于四元数的彩色图像处理方法

彩色图像处理技术可以分成3类：基于灰度图像(通道独立)的处理技术、矢量处理技术、颜色通道相互结合的处理技术。通道独立的处理技术忽略了颜色通道之间的光谱相关性；矢量处理技术不能应用到所有的彩色图像处理任务(如彩色图像的光谱分析、Fourier变换等)；对于颜色通道相互结合的处理技术，关键是如何将颜色通道结合在一起，使得它能维护颜色通道之间的相关性。

怎样把一个彩色像素作为一个整体进行处理，使得在整体运算和处理的过程中能维护颜色通道间的光谱相关性，就成为一个非常重要且具有挑战性的问题。在这方面，四元数(Quaternion)的理论方法可以缓解这些问题。四元数是一种四元代数，包含一个实部件和3个虚部件，非常适合表示彩色图像。利用四元数理论，已经完美地解决了常规的图像处理方法无法解决的问题(如彩色图像的Fourier变换、卷积和相关、主成分分析等)。四元数的一些操作和运算能一定程度上体现颜色通道之间的相关性。因此，四元数为彩色图像处理提供了新的研究方法。

四元数是英国数学家Hamilton于1843年发现的[5]，但是直到20世纪90年代，四元数的理论和方法才被应用到彩色图像处理和计算机视觉的研究中，如彩色图像频谱分析、彩色图像压缩和编码、彩色边缘检测、彩色图像分割、彩色图像的相关性测量、彩色图像分解、彩色目标分类和识别，等等。

9.1　四元数基础

一个四元数 q 是四维空间中的一个数，它包含一个实部 a 和3个虚部 b、c 和 d，记四维空间的基为$\{1,\mathrm{i},\mathrm{j},\mathrm{k}\}$，则四元数 q 可以表示为

$$q=a+b\mathrm{i}+c\mathrm{j}+d\mathrm{k} \tag{9.1.1}$$

其中 a、b、c、d 是实数，i、j 和 k 是3个正交的虚单位部件，并满足下面的规则：

$$\mathrm{i}^2=\mathrm{j}^2=\mathrm{k}^2=\mathrm{ijk}=-1 \tag{9.1.2}$$

从式(9.1.2)可以推导出：

$$\begin{cases}\mathrm{ij}=-\mathrm{ji}=\mathrm{k}\\ \mathrm{jk}=-\mathrm{kj}=\mathrm{i}\\ \mathrm{ki}=-\mathrm{ik}=\mathrm{j}\end{cases} \tag{9.1.3}$$

当实部 $a=0$ 时，称 q 为纯虚四元数(Pure Quaternion)。记 $\mathrm{Re}(q)=a$，表示 q 的实部；$\mathrm{Im}(q)=b\mathrm{i}+c\mathrm{j}+d\mathrm{k}$ 表示 q 的虚部。于是，$q=\mathrm{Re}(q)+\mathrm{Im}(q)$。

四元数 q 的模 $|q|$ 和共轭 q^* 分别为

$$|q|=\sqrt{a^2+b^2+c^2+d^2} \tag{9.1.4}$$

$$q^*=a-b\mathrm{i}-c\mathrm{j}-d\mathrm{k} \tag{9.1.5}$$

二个四元数 $q_1=a_1+b_1\mathrm{i}+c_1\mathrm{j}+d_1\mathrm{k}$ 和 $q_2=a_2+b_2\mathrm{i}+c_2\mathrm{j}+d_2\mathrm{k}$ 的加减运算是它们相应部件的加减；而根据四元数的乘法规则，它们的乘法是不可交换的：

$$\begin{aligned} q_1q_2=&(a_1a_2-b_1b_2-c_1c_2-d_1d_2)+\\ &(a_1b_2+b_1a_2+c_1d_2-d_1c_2)\mathrm{i}+\\ &(a_1c_2-b_1d_2+c_1a_2+d_1b_2)\mathrm{j}+\\ &(a_1d_2+b_1c_2-c_1b_2+d_1a_2)\mathrm{k} \end{aligned} \tag{9.1.6}$$

四元数除上面基本的代数表示法外，还有其他的表示方法[138-139]。不同的表达方式有不同的用途。

(1) 极坐标表示法

对于四元数 $q=a+b\mathrm{i}+c\mathrm{j}+d\mathrm{k}$，令

$$\mu=\frac{1}{\sqrt{b^2+c^2+d^2}}(b\mathrm{i}+c\mathrm{j}+d\mathrm{k}) \tag{9.1.7}$$

$$\theta=\begin{cases}\arctan(\sqrt{b^2+c^2+d^2}/a), & a\neq 0\\ \pi/2, & a=0\end{cases} \tag{9.1.8}$$

则容易推导出：

$$q=|q|(\cos\theta+\mu\sin\theta)=|q|\mathrm{e}^{\mu\theta} \tag{9.1.9}$$

这里，μ 是单位纯虚四元数(模为 1 的纯虚四元数)，也称为四元数 q 的特征轴(Eigenaxis)，θ 则称为特征角(Eigenangle)。这就是四元数 q 极坐标表示形式。这种表达形式在矢量的旋转运算中经常使用。

(2) 复数表示法

将四元数 $q=a+b\mathrm{i}+c\mathrm{j}+d\mathrm{k}$ 写成下面的形式：

$$q=a+b\mathrm{i}+c\mathrm{j}+d\mathrm{k}=(a+b\mathrm{i})+(c+d\mathrm{i})\mathrm{j} \tag{9.1.10}$$

记

$$\begin{cases}\alpha=a+b\mathrm{i}\in C\\ \beta=c+d\mathrm{i}\in C\end{cases} \tag{9.1.11}$$

即 α 和 β 为二维复数，则

$$q=\alpha+\beta\mathrm{j} \tag{9.1.12}$$

这就是四元数 q 的复数表示形式，也叫 Cayley-Dickson 表示法。复数表示法将四元数和普通二维复数联系起来，经常应用于四元数矩阵分析(如四元数矩阵特征值分解、四元数矩阵主成分分析等)。

(3) 相位-角度表示法

文献[138]将二维复数的相位-角度表示方式扩展到四元数域。四元数的相位-角度表示法直观地表示了四元数在 3 个虚轴上的相位-角度关系。

四元数 q 的相位-角度表示形式为

$$q = |q| e^{i\phi} e^{k\varphi} e^{j\theta} \tag{9.1.13}$$

这里，

$$[\phi, \theta, \varphi] \in [-\pi, \pi) \times [-\pi/2, \pi/2) \times [-\pi/4, \pi/4] \tag{9.1.14}$$

为了计算 3 个相位角 ϕ, θ, φ，首先定义如下的角度函数：

$$\begin{cases} \arg_i(q) = \arctan(b/a) \\ \arg_j(q) = \arctan(c/a) \\ \arg_k(q) = \arctan(d/a) \end{cases} \tag{9.1.15}$$

那么，3 个相位角 ϕ, θ, φ 的计算步骤如下。

步骤 1：将四元数 q 规一化为单位四元数，记为 $q = a + bi + cj + dk$（$|q| = 1$）。

步骤 2：计算 φ，$\varphi = -\dfrac{\arcsin(2(bc - ad))}{2}$

步骤 3：计算 ϕ 和 θ：若 $-\pi/4 < \varphi < \pi/4$，则 $\begin{cases} \phi = \dfrac{\arg_i(q \cdot \beta(q^*))}{2} \\ \theta = \dfrac{\arg_j(\alpha(q^*) \cdot q)}{2} \end{cases}$，

否则，若 $\varphi = \pm\pi/4$，则 $\begin{cases} \phi = 0 \\ \theta = \dfrac{\arg_j(\gamma(q^*) \cdot q)}{2} \end{cases}$ 或 $\begin{cases} \theta = 0 \\ \phi = \dfrac{\arg_i(q \cdot \gamma(q^*))}{2} \end{cases}$

这里，

$$\begin{cases} \alpha(q) = -iqi = a + bi - cj - dk \\ \beta(q) = -jqj = a - bi + cj - dk \\ \gamma(q) = -kqk = a - bi - cj + dk \end{cases} \tag{9.1.16}$$

步骤 4：若 $e^{i\phi} e^{k\varphi} e^{j\theta} = -q$，则需调整 ϕ，这时，如果 $\phi \geqslant 0$，则 $\phi = \phi - \pi$；否则（$\phi < 0$），$\phi = \phi + \pi$。

9.2 四元数 Fourier 变换、卷积和相关

Fourier 变换、卷积（Convolution）和相关（Correlation）是信号处理中的 3 个基本运算，广泛用于各种图像处理任务。由于常规的 Fourier 变换、卷积和相关的计算方法是处理标量信号的，而彩色图像具有矢量特性及颜色通道的相关性，因此常规的方法无法计算彩色图像信号的 Fourier 变换、卷积和相关（只能独立地处理每个颜色通道）。然而，利用四元数表示，就可以实现彩色图像 Fourier 变换、卷积和相关的运算。由于四元数的乘法不满足交换律，所以四元数 Fourier 变换、卷积和相关有几种形式。

9.2.1 四元数 Fourier 变换

考虑到四元数乘法的非交换性，四元数 Fourier 变换（Quaternion Fourier Transform，QFT）有 3 种定义形式[139-141]：双边 QFT（$F_{LR}(u,v)$）、左边 QFT（$F_L(u,v)$）、右边 QFT（$F_R(u,v)$）。它们的定义如下：

$$F_{LR}(u,v)=\int_{-\infty}^{\infty}\int_{-\infty}^{\infty}\mathrm{e}^{-\mu_1 ux}f(x,y)\mathrm{e}^{-\mu_2 vy}\mathrm{d}x\mathrm{d}y \tag{9.2.1}$$

$$F_{L}(u,v)=\int_{-\infty}^{\infty}\int_{-\infty}^{\infty}\mathrm{e}^{-\mu_1(ux+vy)}f(x,y)\mathrm{d}x\mathrm{d}y \tag{9.2.2}$$

$$F_{R}(u,v)=\int_{-\infty}^{\infty}\int_{-\infty}^{\infty}f(x,y)\mathrm{e}^{-\mu_1(ux+vy)}\mathrm{d}x\mathrm{d}y \tag{9.2.3}$$

这里，μ_1、μ_2 是正交的单位纯虚四元数，$f(x,y)$为四元数表示的二维信号。双边 QFT 和单边 QFT 的应用可以根据实际情况选用，很难比较这两种变换的优劣。

类似地，它们的逆四元数 Fourier 变换（Inverse Quaternion Fourier Transform，IQFT）为

$$f(x,y)=\frac{1}{4\pi^2}\int_{-\infty}^{\infty}\int_{-\infty}^{\infty}\mathrm{e}^{\mu_1 ux}F_{LR}(u,v)\mathrm{e}^{\mu_2 vy}\mathrm{d}u\mathrm{d}v \tag{9.2.4}$$

$$f(x,y)=\frac{1}{4\pi^2}\int_{-\infty}^{\infty}\int_{-\infty}^{\infty}\mathrm{e}^{\mu_1(ux+vy)}F_{L}(u,v)\mathrm{d}u\mathrm{d}v \tag{9.2.5}$$

$$f(x,y)=\frac{1}{4\pi^2}\int_{-\infty}^{\infty}\int_{-\infty}^{\infty}F_{R}(u,v)\mathrm{e}^{\mu_1(ux+vy)}\mathrm{d}u\mathrm{d}v \tag{9.2.6}$$

对于一幅彩色图像，由于它包含 3 个颜色通道，因此可以使用四元数表示。特别地，一幅 RGB 彩色图像 $f(x,y)$，可以使用如下的四元数表示：

$$f(x,y)=f_{\mathrm{COM}}(x,y)+f_R(x,y)\cdot i+f_G(x,y)\cdot j+f_B(x,y)\cdot k \tag{9.2.7}$$

这里，$f_R(x,y)$、$f_G(x,y)$、$f_B(x,y)$表示 $f(x,y)$的 R、G、B 部件，$f_{\mathrm{COM}}(x,y)$是附加的信息，典型地，可令 $f_{\mathrm{COM}}(x,y)=0$。

将一幅彩色图像用四元数的形式表示后，就可进行四元数的 Fourier 变换。假设图像大小为 $M\times N$，$f(m,n)$($0\leqslant m\leqslant M-1$，$0\leqslant n\leqslant N-1$)为坐标为$(m,n)$处的彩色像素的四元数表示，则式(9.2.1)～式(9.2.6)所表示的双边、左边、右边 Fourier 变换及其逆变换的离散形式为

$$F_{LR}(u,v)=\frac{1}{\sqrt{MN}}\sum_{m=0}^{M-1}\sum_{n=0}^{N-1}\left(\mathrm{e}^{-\mu_1 2\pi\frac{mu}{M}}f(m,n)\mathrm{e}^{-\mu_2 2\pi\frac{nv}{N}}\right) \tag{9.2.8}$$

$$F_{L}(u,v)=\frac{1}{\sqrt{MN}}\sum_{m=0}^{M-1}\sum_{n=0}^{N-1}\left(\mathrm{e}^{-\mu_1 2\pi\left(\frac{mu}{M}+\frac{nv}{N}\right)}f(m,n)\right) \tag{9.2.9}$$

$$F_{R}(u,v)=\frac{1}{\sqrt{MN}}\sum_{m=0}^{M-1}\sum_{n=0}^{N-1}\left(f(m,n)\mathrm{e}^{-\mu_1 2\pi\left(\frac{mu}{M}+\frac{nv}{N}\right)}\right) \tag{9.2.10}$$

$$f(m,n)=\frac{1}{\sqrt{MN}}\sum_{u=0}^{M-1}\sum_{v=0}^{N-1}\left(\mathrm{e}^{\mu_1 2\pi\frac{mu}{M}}F_{LR}(u,v)\mathrm{e}^{\mu_2 2\pi\frac{nv}{N}}\right) \tag{9.2.11}$$

$$f(m,n)=\frac{1}{\sqrt{MN}}\sum_{u=0}^{M-1}\sum_{v=0}^{N-1}\left(\mathrm{e}^{\mu_1 2\pi\left(\frac{mu}{M}+\frac{nv}{N}\right)}F_{L}(u,v)\right) \tag{9.2.12}$$

$$f(m,n)=\frac{1}{\sqrt{MN}}\sum_{u=0}^{M-1}\sum_{v=0}^{N-1}\left(F_{R}(u,v)\mathrm{e}^{\mu_1 2\pi\left(\frac{mu}{M}+\frac{nv}{N}\right)}\right) \tag{9.2.13}$$

图 9.2.1 给出了一幅彩色图像的四元数 Fourier 变换（QFT）的能量谱和该彩色图像的亮度图像的 Fourier 变换（CFT）的能量谱。这里采用左边 QFT（式(9.2.2)），$\mu_1=(i+j+k)/\sqrt{3}$。图 9.2.1(b)显示了彩色图像（图 9.2.1(a)）的四元数 Fourier 变换能量谱（见彩插 6

的第1行)。由于常规的 Fourier 变换只能处理标量数据,所以图 9.2.1 也给出了该彩色图像的亮度图像(图 9.2.1(c))的 Fourier 变换能量谱(图 9.2.1(d))。从图中可以看出,两个 Fourier 变换能量谱有明显的不同。另外,可以从 QFT 图像中完美无损地恢复出原始的彩色图像(QFT 逆变换)。

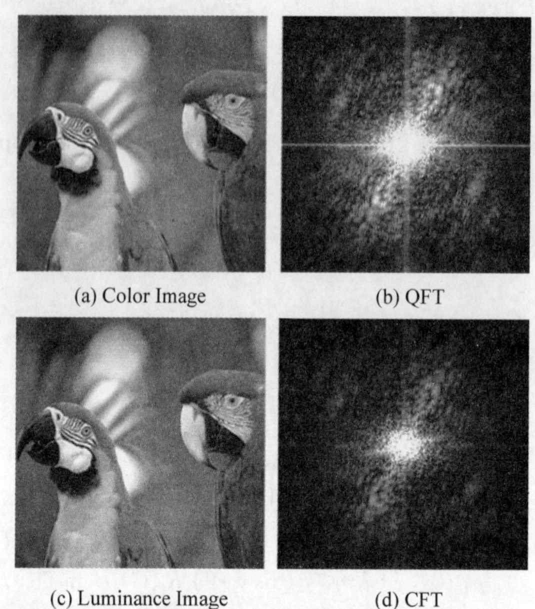

(a) Color Image　(b) QFT

(c) Luminance Image　(d) CFT

图 9.2.1　彩色图像 QFT 及其亮度图像 CFT 的能量谱

9.2.2　四元数卷积

类似于四元数 Fourier 变换,四元数卷积也有单边卷积和双边卷积两种形式[141-143]:

$$\begin{aligned} g_L(x,y) &= f(x,y) \otimes h(x,y) \\ &= \int_{-\infty}^{\infty}\int_{-\infty}^{\infty} f(x-\tau, y-\eta) h(\tau,\eta) \mathrm{d}\tau \mathrm{d}\eta \end{aligned} \tag{9.2.14}$$

$$\begin{aligned} g_{LR}(x,y) &= f(x,y) \otimes \{h_1(x,y), h_2(x,y)\} \\ &= \int_{-\infty}^{\infty}\int_{-\infty}^{\infty} h_1(\tau,\eta) f(x-\tau, y-\eta) h_2(\tau,\eta) \mathrm{d}\tau \mathrm{d}\eta \end{aligned} \tag{9.2.15}$$

对于两个离散化的彩色图像(四元数表示),假设它们的维数的最小值为 $2M+1$ 和 $2N+1$,则式(9.2.14)和式(9.2.15)的离散化形式为

$$g_L(m,n) = \sum_{s=-M}^{M} \sum_{t=-N}^{N} f(m-s, n-t) h(s,t) \tag{9.2.16}$$

$$g_{LR}(m,n) = \sum_{s=-M}^{M} \sum_{t=-N}^{N} h_1(s,t) f(m-s, n-t) h_2(s,t) \tag{9.2.17}$$

9.2.3　四元数相关

对于二维的四元数函数 $f(x,y)$ 和 $h(x,y)$,其互相关函数(Cross-correlation)的定义为[141-143]:

$$\begin{aligned}\mathrm{Corr}(x,y) &= f(x,y) \circ h(x,y) \\ &= \int_{-\infty}^{\infty}\int_{-\infty}^{\infty} f(x+\tau,y+\eta)\, h^{*}(\tau,\eta)\, \mathrm{d}\tau \mathrm{d}\eta \end{aligned} \tag{9.2.18}$$

* 表示共轭。当 $h(x,y)=f(x,y)$ 时，式(9.2.18)就叫自相关(Auto-correlation)。

对于离散化的 $M\times N$ 维的彩色图像，式(9.2.18)的离散化形式为

$$\mathrm{Corr}(m,n) = \sum_{s=0}^{M-1}\sum_{t=0}^{N-1} f(m+s,n+t)\, h^{*}(s,t) \tag{9.2.19}$$

从式(9.2.18)可以看出，相关函数可以使用单边卷积计算：

$$\mathrm{Corr}(x,y) = f(x,y) \circ h(x,y) = f(x,y) \otimes h^{*}(-x,-y) \tag{9.2.20}$$

9.2.4　四元数 Fourier 变换、卷积和相关的快速算法

如果直接利用四元数 Fourier 变换、卷积和相关的定义计算它们的值，则效率非常低。为此，本节根据相关的文献，分析总结它们的快速实现算法。算法的核心是将 QFT 分解成几个二维复数的 Fourier 变换(Complex Fourier Transform，CFT)，然后利用快速的 CFT 算法计算 QFT。四元数的卷积和相关则可用 QFT 实现。

1. 双边四元数 Fourier 变换的快速算法

首先讨论一种特殊的双边四元数 Fourier 变换，然后推广到一般的情况。在式(9.2.1)中，令单位纯虚四元数：$\mu_1=i$，$\mu_2=j$。这样，双边 QFT 公式就变成：

$$F_{LR}(u,v) = \int_{-\infty}^{\infty}\int_{-\infty}^{\infty} \mathrm{e}^{-iux} f(x,y) \mathrm{e}^{-jvy}\, \mathrm{d}x\mathrm{d}y \tag{9.2.21}$$

下面推导式(9.2.21)的快速实现算法。

$$\begin{aligned}
F_{LR}(u,v) &= \int_{-\infty}^{\infty}\int_{-\infty}^{\infty} \mathrm{e}^{-iux} f(x,y) \mathrm{e}^{-jvy}\, \mathrm{d}x\mathrm{d}y \\
&= \int_{-\infty}^{\infty}\int_{-\infty}^{\infty} \mathrm{e}^{-iux} f(x,y)(\cos(-vy) + j\sin(-vy))\mathrm{d}x\mathrm{d}y \\
&= \int_{-\infty}^{\infty}\int_{-\infty}^{\infty} \mathrm{e}^{-iux} f(x,y)\cos(vy)\mathrm{d}x\mathrm{d}y + \left(\int_{-\infty}^{\infty}\int_{-\infty}^{\infty} \mathrm{e}^{-iux} f(x,y)(i\sin(vy))\mathrm{d}x\mathrm{d}y\right)(-k) \\
&= \frac{1}{2}\int_{-\infty}^{\infty}\int_{-\infty}^{\infty} \mathrm{e}^{-iux} f(x,y)(\mathrm{e}^{-ivy} + \mathrm{e}^{ivy})\mathrm{d}x\mathrm{d}y + \\
&\quad \frac{1}{2}\left(\int_{-\infty}^{\infty}\int_{-\infty}^{\infty} \mathrm{e}^{-iux} f(x,y)(\mathrm{e}^{-ivy} - \mathrm{e}^{ivy})\mathrm{d}x\mathrm{d}y\right)(-k) \\
&= \frac{1}{2}\left(\int_{-\infty}^{\infty}\int_{-\infty}^{\infty} \mathrm{e}^{-iux} f(x,y)\mathrm{e}^{-ivy}\mathrm{d}x\mathrm{d}y + \int_{-\infty}^{\infty}\int_{-\infty}^{\infty} \mathrm{e}^{-iux} f(x,y)\mathrm{e}^{-iv(-y)}\mathrm{d}x\mathrm{d}y\right) + \\
&\quad \frac{1}{2}\left(\int_{-\infty}^{\infty}\int_{-\infty}^{\infty} \mathrm{e}^{-iux} f(x,y)\mathrm{e}^{-ivy}\mathrm{d}x\mathrm{d}y - \int_{-\infty}^{\infty}\int_{-\infty}^{\infty} \mathrm{e}^{-iux} f(x,y)\mathrm{e}^{-iv(-y)}\mathrm{d}x\mathrm{d}y\right)(-k)
\end{aligned} \tag{9.2.22}$$

注：在上面的推导中使用了 Euler 公式：

$$\begin{cases}\cos(vy) = (\mathrm{e}^{-ivy} + \mathrm{e}^{ivy})/2 \\ i\sin(vy) = (\mathrm{e}^{-ivy} - \mathrm{e}^{ivy})/2\end{cases} \tag{9.2.23}$$

定义二维复数 Fourier 变换为

$$H_C(u,v)=\int_{-\infty}^{\infty}\int_{-\infty}^{\infty}\mathrm{e}^{-iux}f(x,y)\mathrm{e}^{-ivy}\mathrm{d}x\mathrm{d}y \tag{9.2.24}$$

则式(9.2.22)变为

$$F_{LR}(u,v)=\frac{1}{2}(H_C(u,v)+H_C(u,-v))+\frac{1}{2}(H_C(u,v)-H_C(u,-v))(-k) \tag{9.2.25}$$

式(9.2.25)表明,四元数双边 Fourier 变换 $F_{LR}(u,v)$可以利用四个二维 CFT 计算。但由于 $f(x,y)$是四元数信号,所以还不能直接利用常规的 CFT 算法计算 $H_C(u,v)$。为此,首先将四元数信号 $f(x,y)=f_r(x,y)+f_i(x,y)\cdot i+f_j(x,y)\cdot j+f_k(x,y)\cdot k$ 分解成一对复数信号之和(参见 9.1 节的式(9.1.11)和式(9.1.12)):

$$f(x,y)=f_a(x,y)+f_b(x,y)\cdot \mathrm{j} \tag{9.2.26}$$

这里,

$$\begin{cases}f_a(x,y)=f_r(x,y)+f_i(x,y)\cdot \mathrm{i}\\ f_b(x,y)=f_j(x,y)+f_k(x,y)\cdot \mathrm{i}\end{cases} \tag{9.2.27}$$

并满足 $f_a(x,y)$平行于 i,$f_b(x,y)\cdot j$ 垂直于 i,这是因为 i、j 和 k 是相互正交的。

于是,

$$\begin{aligned}H_C(u,v)&=\int_{-\infty}^{\infty}\int_{-\infty}^{\infty}\mathrm{e}^{-iux}f(x,y)\mathrm{e}^{-ivy}\mathrm{d}x\mathrm{d}y\\
&=\int_{-\infty}^{\infty}\int_{-\infty}^{\infty}\mathrm{e}^{-iux}f_a(x,y)\mathrm{e}^{-ivy}\mathrm{d}x\mathrm{d}y+\int_{-\infty}^{\infty}\int_{-\infty}^{\infty}\mathrm{e}^{-iux}f_b(x,y)j\mathrm{e}^{-ivy}\mathrm{d}x\mathrm{d}y\\
&=\int_{-\infty}^{\infty}\int_{-\infty}^{\infty}\mathrm{e}^{-iux}f_a(x,y)\mathrm{e}^{-ivy}\mathrm{d}x\mathrm{d}y+\\
&\quad\int_{-\infty}^{\infty}\int_{-\infty}^{\infty}\mathrm{e}^{-iux}f_b(x,y)(j\cos(-vy)+ji\sin(-vy))\mathrm{d}x\mathrm{d}y\\
&=\int_{-\infty}^{\infty}\int_{-\infty}^{\infty}\mathrm{e}^{-iux}f_a(x,y)\mathrm{e}^{-ivy}\mathrm{d}x\mathrm{d}y+\\
&\quad\int_{-\infty}^{\infty}\int_{-\infty}^{\infty}\mathrm{e}^{-iux}f_b(x,y)(j\cos(-vy)-ij\sin(-vy))\mathrm{d}x\mathrm{d}y\\
&=\int_{-\infty}^{\infty}\int_{-\infty}^{\infty}\mathrm{e}^{-iux}f_a(x,y)\mathrm{e}^{-ivy}\mathrm{d}x\mathrm{d}y+\\
&\quad\left(\int_{-\infty}^{\infty}\int_{-\infty}^{\infty}\mathrm{e}^{-iux}f_b(x,y)(\cos(vy)+i\sin(vy))\mathrm{d}x\mathrm{d}y\right)\cdot j\\
&=\int_{-\infty}^{\infty}\int_{-\infty}^{\infty}\mathrm{e}^{-iux}f_a(x,y)\mathrm{e}^{-ivy}\mathrm{d}x\mathrm{d}y+\left(\int_{-\infty}^{\infty}\int_{-\infty}^{\infty}\mathrm{e}^{-iux}f_b(x,y)\mathrm{e}^{ivy}\mathrm{d}x\mathrm{d}y\right)\cdot j\\
&=\int_{-\infty}^{\infty}\int_{-\infty}^{\infty}\mathrm{e}^{-iux}\mathrm{e}^{-ivy}f_a(x,y)\mathrm{d}x\mathrm{d}y+\left(\int_{-\infty}^{\infty}\int_{-\infty}^{\infty}\mathrm{e}^{-iux}\mathrm{e}^{-ivy}f_b(x,-y)\mathrm{d}x\mathrm{d}y\right)\cdot j\\
&=\int_{-\infty}^{\infty}\int_{-\infty}^{\infty}\mathrm{e}^{-i(ux+vy)}f_a(x,y)\mathrm{d}x\mathrm{d}y+\left(\int_{-\infty}^{\infty}\int_{-\infty}^{\infty}\mathrm{e}^{-i(ux+vy)}f_b(x,-y)\mathrm{d}x\mathrm{d}y\right)\cdot j\end{aligned}$$

因此,

$$H_C(u,v)=\mathrm{CFT}(f_a(x,y))+\mathrm{CFT}(f_b(x,-y))\cdot j \tag{9.2.28}$$

这里,CFT(·)表示常规二维复数的 Fourier 变换,它有快速的实现算法。算法 9.2.1 总结了 $\mu_1=i$,$\mu_2=j$ 的双边 QFT 变换(式(9.2.21))的实现步骤。

算法 9.2.1 $\mu_1=i$，$\mu_2=j$ 的双边 QFT 变换快速算法(式(9.2.21))

(1) 按式(9.2.26)和式(9.2.27)将四元数函数 $f(x,y)=f_r(x,y)+f_i(x,y)\cdot i+f_j(x,y)\cdot j+f_k(x,y)\cdot k$ 分解成 $f_a(x,y)$和 $f_b(x,y)$：

$f(x,y)=f_a(x,y)+f_b(x,y)\cdot j$

其中，$\begin{cases} f_a(x,y)=f_r(x,y)+f_i(x,y)\cdot i \\ f_b(x,y)=f_j(x,y)+f_k(x,y)\cdot i \end{cases}$

(2) 根据式(9.2.28)计算 $H_C(u,v)$：

$H_C(u,v)=CFT(f_a(x,y))+CFT(f_b(x,-y))\cdot j$

(3) 使用式(9.2.25)计算 $\mu_1=i$、$\mu_2=j$ 时的四元数双边 Fourier 变换 $H_C(u,v)$：

$F_{LR}(u,v)=\frac{1}{2}(H_C(u,v)+H_C(u,-v))+\frac{1}{2}(H_C(u,v)-H_C(u,-v))(-k)$

//算法结束

上面是特殊情况下(即 $\mu_1=i$、$\mu_2=j$)的四元数双边 Fourier 变换式(9.2.21)的实现算法。下面分析一般情况的双边四元数 Fourier 变换式(9.2.1)的实现算法，即 μ_1 和 μ_2 是一般的正交单位纯虚四元数的情形。

假设：

$$\begin{cases} \mu_1=\mu_{11}i+\mu_{12}j+\mu_{13}k \\ \mu_2=\mu_{21}i+\mu_{22}j+\mu_{23}k \end{cases} \tag{9.2.29}$$

这里，$|\mu_1|=|\mu_2|=1$。现构造第三个正交的单位纯虚四元数 μ_3：

$$\mu_3=\mu_1\mu_2=\mu_{31}i+\mu_{32}j+\mu_{33}j \tag{9.2.30}$$

然后，将四元数函数：

$$f(x,y)=f_r(x,y)+f_i(x,y)\cdot i+f_j(x,y)\cdot j+f_k(x,y)\cdot k \tag{9.2.31}$$

分解成 μ_1、μ_2 和 μ_3 的组合：

$$f(x,y)=f_r(x,y)+f_{\mu1}(x,y)\cdot\mu_1+f_{\mu2}(x,y)\cdot\mu_2+f_{\mu3}(x,y)\cdot\mu_3 \tag{9.2.32}$$

容易推导出：

$$\begin{bmatrix} f_{\mu1} \\ f_{\mu2} \\ f_{\mu3} \end{bmatrix}=\begin{bmatrix} \mu_{11} & \mu_{12} & \mu_{13} \\ \mu_{21} & \mu_{22} & \mu_{23} \\ \mu_{31} & \mu_{32} & \mu_{33} \end{bmatrix}^{-1}\cdot\begin{bmatrix} f_i \\ f_j \\ f_k \end{bmatrix} \tag{9.2.33}$$

这样，就可将 $f(x,y)$分解成：

$$f(x,y)=f_a(x,y)+f_b(x,y)\cdot\mu_2 \tag{9.2.34}$$

这里，

$$\begin{cases} f_a(x,y)=f_r(x,y)+f_{\mu1}(x,y)\cdot\mu_1 \\ f_b(x,y)=f_{\mu2}(x,y)+f_{\mu3}(x,y)\cdot\mu_1 \end{cases} \tag{9.2.35}$$

容易验证：$f_a(x,y)$平行于 μ_1，$f_b(x,y)\cdot\mu_2$ 垂直于 μ_1。

根据上面的分析，算法 9.2.2 描述了一般情况的四元数双边 Fourier 变换(式(9.2.1))的实现步骤。

算法 9.2.2 一般情况的四元数双边 Fourier 变换快速算法(式(9.2.1))

(1) 根据式(9.2.32)和式(9.2.33)将四元数函数 $f(x,y)=f_r(x,y)+f_i(x,y)\cdot i+f_j(x,y)\cdot j+f_k(x,y)\cdot k$ 变换成 μ_1、μ_2 和 $\mu_3(\mu_3=\mu_1\mu_2)$的表示形式：

$f(x,y)=f_r(x,y)+f_{\mu1}(x,y)\cdot\mu_1+f_{\mu2}(x,y)\cdot\mu_2+f_{\mu3}(x,y)\cdot\mu_3$

(2) 根据式(9.2.34)和式(9.2.35)将 $f(x,y)$ 分解成：

$f(x,y)=f_a(x,y)+f_b(x,y)\cdot\mu_2$

其中，$\begin{cases} f_a(x,y)=f_r(x,y)+f_{\mu1}(x,y)\cdot\mu_1 \\ f_b(x,y)=f_{\mu2}(x,y)+f_{\mu3}(x,y)\cdot\mu_1 \end{cases}$

(3) 按下面的公式计算 $H_C(u,v)$：

$$\begin{aligned} H_C(u,v) &= \int_{-\infty}^{\infty}\int_{-\infty}^{\infty} e^{-\mu_1(ux+vy)} f_a(x,y)\mathrm{d}x\mathrm{d}y + \left(\int_{-\infty}^{\infty}\int_{-\infty}^{\infty} e^{-\mu_1(ux+vy)} f_b(x,-y)\mathrm{d}x\mathrm{d}y\right)\cdot\mu_2 \\ &= CFT(f_a(x,y)) + CFT(f_b(x,-y))\cdot\mu_2 \end{aligned} \tag{9.2.36}$$

(4) 使用式(9.2.25)计算变换轴为 μ_1、μ_2 时的四元数双边 Fourier 变换 $H_C(u,v)$：

$$F_{LR}(u,v)=\frac{1}{2}(H_C(u,v)+H_C(u,-v)) + \frac{1}{2}(H_C(u,v)-H_C(u,-v))(-\mu_3)$$

//算法结束

说明：可以利用类似的方法快速计算四元数的逆双边 Fourier 变换(式(9.2.4))。

2. 单边四元数 Fourier 变换的实现

本节将利用双边 QFT 的快速算法实现式(9.2.2)和式(9.2.3)所示的单边 QFT：

$$F_L(u,v)=\int_{-\infty}^{\infty}\int_{-\infty}^{\infty} e^{-\mu_1(ux+vy)} f(x,y)\mathrm{d}x\mathrm{d}y$$

$$F_R(u,v)=\int_{-\infty}^{\infty}\int_{-\infty}^{\infty} f(x,y)e^{-\mu_1(ux+vy)}\mathrm{d}x\mathrm{d}y$$

算法 **9.2.3** 单边四元数 Fourier 变换快速算法(式(**9.2.2**)和式(**9.2.3**))

(1) 假设单位纯虚四元数 $\mu_1=\mu_{11}i+\mu_{12}j+\mu_{13}k$，构造一个与 μ_1 正交的单位纯虚四元数 $\mu_2=\mu_{21}i+\mu_{22}j+\mu_{23}k$，即满足：

$$\begin{cases} \mu_{11}\mu_{21}+\mu_{12}\mu_{22}+\mu_{13}\mu_{23}=0 \\ \sqrt{\mu_{21}^2+\mu_{22}^2+\mu_{23}^2}=1 \end{cases} \tag{9.2.37}$$

定义 $\mu_3=\mu_1\mu_2$。例如，若 $\mu_1=i$，则可取 $\mu_2=j$，$\mu_3=k$。

(2) 根据式(9.2.32)和式(9.2.33)将四元数函数 $f(x,y)=f_r(x,y)+f_i(x,y)\cdot i+f_j(x,y)\cdot j+f_k(x,y)\cdot k$ 变换成 μ_1、μ_2 和 $\mu_3(\mu_3=\mu_1\mu_2)$ 的表达形式：

$f(x,y)=f_r(x,y)+f_{\mu_1}(x,y)\cdot\mu_1+f_{\mu_2}(x,y)\cdot\mu_2+f_{\mu_3}(x,y)\cdot\mu_3$

(3) 根据式(9.2.34)和式(9.2.35)将 $f(x,y)$ 分解成：

$f(x,y)=f_a(x,y)+f_b(x,y)\cdot\mu_2$

其中，$\begin{cases} f_a(x,y)=f_r(x,y)+f_{\mu_1}(x,y)\cdot\mu_1 \\ f_b(x,y)=f_{\mu_2}(x,y)+f_{\mu_3}(x,y)\cdot\mu_1 \end{cases}$

(4) 按下面的公式计算左、右单边 QFT：$F_L(u,v)$ 和 $F_R(u,v)$：

$$F_L(u,v) = \mathrm{CFT}(f_a(x,y)) + \mathrm{CFT}(f_b(x,y))\cdot\mu_2 \tag{9.2.38}$$

$$F_R(u,v) = \mathrm{CFT}(f_a(x,y)) + \mathrm{CFT}(f_b(-x,-y))\cdot\mu_2 \tag{9.2.39}$$

//算法结束

式(9.2.38)和式(9.2.39)的推导如下。

$$\begin{aligned} F_L(u,v) &= \int_{-\infty}^{\infty}\int_{-\infty}^{\infty} e^{-\mu_1(ux+vy)}(f_a(x,y)+f_b(x,y)\mu_2)\mathrm{d}x\mathrm{d}y \\ &= \int_{-\infty}^{\infty}\int_{-\infty}^{\infty} e^{-\mu_1(ux+vy)} f_a(x,y)\mathrm{d}x\mathrm{d}y + \left(\int_{-\infty}^{\infty}\int_{-\infty}^{\infty} e^{-\mu_1(ux+vy)} f_b(x,y)\mathrm{d}x\mathrm{d}y\right)\cdot\mu_2 \\ &= \mathrm{CFT}(f_a(x,y)) + \mathrm{CFT}(f_b(x,y))\cdot\mu_2 \end{aligned}$$

$$
\begin{aligned}
F_R(u,v)&=\int_{-\infty}^{\infty}\int_{-\infty}^{\infty}(f_a(x,y)+f_b(x,y)\mu_2)\mathrm{e}^{-\mu_1(ux+vy)}\mathrm{d}x\mathrm{d}y\\
&=\int_{-\infty}^{\infty}\int_{-\infty}^{\infty}\mathrm{e}^{-\mu_1(ux+vy)}f_a(x,y)\mathrm{d}x\mathrm{d}y+\int_{-\infty}^{\infty}\int_{-\infty}^{\infty}f_b(x,y)\mu_2\mathrm{e}^{-\mu_1(ux+vy)}\mathrm{d}x\mathrm{d}y\\
&=\int_{-\infty}^{\infty}\int_{-\infty}^{\infty}\mathrm{e}^{-\mu_1(ux+vy)}f_a(x,y)\mathrm{d}x\mathrm{d}y+\left(\int_{-\infty}^{\infty}\int_{-\infty}^{\infty}\mathrm{e}^{\mu_1(ux+vy)}f_b(x,y)\mathrm{d}x\mathrm{d}y\right)\cdot\mu_2\\
&=\int_{-\infty}^{\infty}\int_{-\infty}^{\infty}\mathrm{e}^{-\mu_1(ux+vy)}f_a(x,y)\mathrm{d}x\mathrm{d}y+\left(\int_{-\infty}^{\infty}\int_{-\infty}^{\infty}\mathrm{e}^{-\mu_1(ux+vy)}f_b(-x,-y)\mathrm{d}x\mathrm{d}y\right)\cdot\mu_2\\
&=\mathrm{CFT}(f_a(x,y))+\mathrm{CFT}(f_b(-x,-y))\cdot\mu_2
\end{aligned}
$$

注：在上面的推导中使用到下面的结论(这些结论可通过直接的计算验证)：

$$
\begin{cases}
\mu_1\mu_2=-\mu_2\mu_1\\
\mathrm{e}^{-\mu_1(ux+vy)}(a_1+a_2\mu_1)=(a_1+a_2\mu_1)\mathrm{e}^{-\mu_1(ux+vy)}\\
\mu_2\mathrm{e}^{-\mu_1(ux+vy)}=\mathrm{e}^{\mu_1(ux+vy)}\mu_2
\end{cases}
\tag{9.2.40}
$$

这里，a_1 和 a_2 为实数。

类似地，可以使用同样的方法计算四元数单边逆 Fourier 变换。因为在后面计算四元数单边卷积和相关时，需要使用四元数左边逆 Fourier 变换 IQFT_L，所以下面推导 IQFT_L 的计算公式。

首先，参考算法 9.2.3 的步骤(1)～(3)，将四元数函数 $F_L(u,v)$ 分解成 $f_a(u,v)$ 和 $f_b(u,v)$：$F_L(u,v)=f_a(u,v)+f_b(u,v)\mu_2$。那么，四元数的左边逆 Fourier 变换 IQFT_L (式(9.2.5))

$$
f(x,y)=\frac{1}{4\pi^2}\int_{-\infty}^{\infty}\int_{-\infty}^{\infty}\mathrm{e}^{\mu_1(ux+vy)}F_L(u,v)\mathrm{d}u\mathrm{d}v
$$

的计算方法为

$$
\mathrm{IQFT}_L(F_L(u,v))=\mathrm{ICFT}(f_a(u,v))+\mathrm{ICFT}(f_b(u,v))\cdot\mu_2
\tag{9.2.41}
$$

这里，ICFT(·)表示常规二维复数的逆 Fourier 变换，它有快速的实现算法。

式(9.2.41)的推导如下。

$$
\begin{aligned}
\mathrm{IQFT}_L(F_L(u,v))&=\int_{-\infty}^{\infty}\int_{-\infty}^{\infty}\mathrm{e}^{\mu_1(ux+vy)}F_L(u,v)\mathrm{d}u\mathrm{d}v\\
&=\int_{-\infty}^{\infty}\int_{-\infty}^{\infty}\mathrm{e}^{\mu_1(ux+vy)}(f_a(u,v)+f_b(u,v)\mu_2)\mathrm{d}u\mathrm{d}v\\
&=\int_{-\infty}^{\infty}\int_{-\infty}^{\infty}\mathrm{e}^{\mu_1(ux+vy)}f_a(u,v)\mathrm{d}u\mathrm{d}v+\left(\int_{-\infty}^{\infty}\int_{-\infty}^{\infty}\mathrm{e}^{\mu_1(ux+vy)}f_b(u,v)\mathrm{d}u\mathrm{d}v\right)\cdot\mu_2\\
&=\mathrm{ICFT}(f_a(u,v))+\mathrm{ICFT}(f_b(u,v))\cdot\mu_2
\end{aligned}
$$

为了简便，在上面的推导中省略了常量因子$\frac{1}{4\pi^2}$。

3. 四元数单边卷积的计算

可以使用四元数左边 Fourier 变换 $F_L(u,v)(\mu_1=i)$ 及其逆变换计算四元数单边卷积 $g_L(x,y)$(式(9.2.14))：

$$
g_L(x,y)=f(x,y)\otimes h(x,y)=\int_{-\infty}^{\infty}\int_{-\infty}^{\infty}f(x-\tau,y-\eta)h(\tau,\eta)\mathrm{d}\tau\mathrm{d}\eta
$$

利用式(9.2.26)和式(9.2.27)将四元数函数 $f(x,y)=f_r(x,y)+f_i(x,y)\cdot i+f_j(x,$

$y)\cdot j+f_k(x,y)\cdot k$ 分解成 $f_a(x,y)$ 和 $f_b(x,y)$：$f(x,y)=f_a(x,y)+f_b(x,y)\cdot j$

其中，$\begin{cases} f_a(x,y)=f_r(x,y)+f_i(x,y)\cdot i \\ f_b(x,y)=f_j(x,y)+f_k(x,y)\cdot i \end{cases}$

那么，

$$g_L(x,y)=f(x,y)\otimes h(x,y)=f_a(x,y)\otimes h(x,y)+f_b(x,y)j\otimes h(x,y) \tag{9.2.42}$$

于是有如下的关于四元数单边卷积的结论。

四元数单边卷积实现：用 $F_L(\phi,u,v)$ 表示四元数函数 $\phi(x,y)$ 的左边四元数 Fourier 变换（式(9.2.2)，$\mu_1=i$），IQFT_L 表示左边逆四元数 Fourier 变换（式(9.2.41)，$\mu_1=i,\mu_2=j$），则四元数单边卷积 $g_L(x,y)$ 可以通过下面的公式计算：

$$\begin{aligned} g_L(x,y)&=f(x,y)\otimes h(x,y) \\ &=\mathrm{IQFT}_L(F_L(f_a,u,v)\cdot F_L(h,u,v)+F_L(f_b,u,v)\cdot j\cdot F_L(h,-u,-v)) \end{aligned} \tag{9.2.43}$$

证明：在下面的证明中需要用到如下两个结论。

(1) $j\mathrm{e}^{i(ux+vy)}=\mathrm{e}^{-i(ux+vy)}j$

(2) $\frac{1}{4\pi^2}\int_{-\infty}^{\infty}\int_{-\infty}^{\infty}\mathrm{e}^{i(ux+vy)}\mathrm{e}^{-i(ux_1+vy_1)}\mathrm{e}^{-i(ux_2+vy_2)}\mathrm{d}u\mathrm{d}v=\delta(x-x_1-x_2)\cdot\delta(y-y_1-y_2)$

第一个公式直接利用 Euler 公式验证即可。

利用这二个公式，式(9.2.43)的推导如下。

$$\begin{aligned} &\mathrm{IQFT}_L(F_L(f_b,u,v)\cdot j\cdot F_L(h,-u,-v)) \\ &=\frac{1}{4\pi^2}\int_{-\infty}^{\infty}\int_{-\infty}^{\infty}\int_{-\infty}^{\infty}\int_{-\infty}^{\infty}\int_{-\infty}^{\infty}\int_{-\infty}^{\infty}\mathrm{e}^{i(ux+vy)}\mathrm{e}^{-i(ux_1+vy_1)}f_b(x_1,y_1)\cdot j\cdot \\ &\quad \mathrm{e}^{i(ux_2+vy_2)}h(x_2,y_2)\mathrm{d}x_1\mathrm{d}y_1\mathrm{d}x_2\mathrm{d}y_2\mathrm{d}u\mathrm{d}v \\ &=\frac{1}{4\pi^2}\int_{-\infty}^{\infty}\int_{-\infty}^{\infty}\int_{-\infty}^{\infty}\int_{-\infty}^{\infty}\left[\int_{-\infty}^{\infty}\int_{-\infty}^{\infty}\mathrm{e}^{i(ux+vy)}\mathrm{e}^{-i(ux_1+vy_1)}\mathrm{e}^{-i(ux_2+vy_2)}\mathrm{d}u\mathrm{d}v\right]f_b(x_1,y_1)\cdot \\ &\quad jh(x_2,y_2)\mathrm{d}x_1\mathrm{d}y_1\mathrm{d}x_2\mathrm{d}y_2 \\ &=\int_{-\infty}^{\infty}\int_{-\infty}^{\infty}f_b(x-x_2,y-y_2)\cdot jh(x_2,y_2)\mathrm{d}x_2\mathrm{d}y_2 \\ &=f_b(x,y)\otimes jh(x,y) \end{aligned}$$

类似地，有

$$\begin{aligned} \mathrm{IQFT}_L(F_L(f_a,u,v)\cdot F_L(h,u,v))&=\int_{-\infty}^{\infty}\int_{-\infty}^{\infty}f_a(x-x_2,y-y_2)\cdot h(x_2,y_2)\mathrm{d}x_2\mathrm{d}y_2 \\ &=f_a(x,y)\otimes h(x,y) \end{aligned}$$

因此，

$$\begin{aligned} &\mathrm{IQFT}_L(F_L(f_a,u,v)\cdot F_L(h,u,v)+F_L(f_b,u,v)\cdot j\cdot F_L(h,-u,-v)) \\ &=f_a(x,y)\otimes h(x,y)+f_b(x,y)\otimes jh(x,y) \\ &=f(x,y)\otimes h(x,y) \\ &=g_L(x,y) \end{aligned}$$

证毕。

4. 四元数双边卷积的计算

本节分析式(9.2.15)所示的四元数双边卷积 $g_{LR}(x,y)$ 的快速计算方法：

$$\begin{aligned} g_{LR}(x,y) &= f(x,y)\otimes\{h_1(x,y),h_2(x,y)\} \\ &= \int_{-\infty}^{\infty}\int_{-\infty}^{\infty} h_1(\tau,\eta)f(x-\tau,y-\eta)h_2(\tau,\eta)\mathrm{d}\tau\mathrm{d}\eta \end{aligned}$$

主要思想是把双边卷积 $g_{LR}(x,y)$ 分解成几个单边卷积 $g_L(x,y)$ 之和。

首先，将 $\begin{cases} h_1(x,y)=h_{1r}(x,y)+h_{1i}(x,y)\cdot i+h_{1j}(x,y)\cdot j+h_{1k}(x,y)\cdot k \\ f(x,y)=f_r(x,y)+f_i(x,y)\cdot i+f_j(x,y)\cdot j+f_k(x,y)\cdot k \end{cases}$，分解成：

$$\begin{cases} h_1(x,y)=h_{1a}(x,y)+h_{1b}(x,y)\cdot j \\ f(x,y)=f_a(x,y)+f_b(x,y)\cdot j \end{cases} \tag{9.2.44}$$

其中，

$$\begin{cases} f_a(x,y)=f_r(x,y)+f_i(x,y)\cdot i \\ f_b(x,y)=f_j(x,y)+f_k(x,y)\cdot i \\ h_{1a}(x,y)=h_{1r}(x,y)+h_{1i}(x,y)\cdot i \\ h_{1b}(x,y)=h_{1j}(x,y)+h_{1k}(x,y)\cdot i \end{cases} \tag{9.2.45}$$

容易验证，

$$\begin{cases} h_{1a}(\tau,\eta)f_a(x-\tau,y-\eta)=f_a(x-\tau,y-\eta)h_{1a}(\tau,\eta) \\ h_{1b}(\tau,\eta)\cdot j\cdot f_a(x-\tau,y-\eta)=f_a^*(x-\tau,y-\eta)\,h_{1b}(\tau,\eta)\cdot j \\ h_{1a}(\tau,\eta)f_b(x-\tau,y-\eta)\cdot j=f_b(x-\tau,y-\eta)\cdot j\cdot h_{1a}^*(\tau,\eta) \\ h_{1b}(\tau,\eta)\cdot j\cdot f_b(x-\tau,y-\eta)\cdot j=f_b^*(x-\tau,y-\eta)\cdot j\cdot h_{1b}^*(\tau,\eta)\cdot j \end{cases} \tag{9.2.46}$$

所以，

$$\begin{aligned} g_{LR}(x,y) &= \int_{-\infty}^{\infty}\int_{-\infty}^{\infty} h_1(\tau,\eta)f(x-\tau,y-\eta)h_2(\tau,\eta)\mathrm{d}\tau\mathrm{d}\eta \\ &= \int_{-\infty}^{\infty}\int_{-\infty}^{\infty} f_a(x-\tau,y-\eta)\,h_3(\tau,\eta)\,\mathrm{d}\tau\mathrm{d}\eta \;+ \\ &\quad \int_{-\infty}^{\infty}\int_{-\infty}^{\infty} f_a^*(x-\tau,y-\eta)\,h_4(\tau,\eta)\,\mathrm{d}\tau\mathrm{d}\eta \;+ \\ &\quad \int_{-\infty}^{\infty}\int_{-\infty}^{\infty} f_b(x-\tau,y-\eta)\,h_5(\tau,\eta)\,\mathrm{d}\tau\mathrm{d}\eta \;+ \\ &\quad \int_{-\infty}^{\infty}\int_{-\infty}^{\infty} f_b^*(x-\tau,y-\eta)\,h_6(\tau,\eta)\,\mathrm{d}\tau\mathrm{d}\eta \end{aligned} \tag{9.2.47}$$

即，

$$\begin{aligned} g_{LR}(x,y) &= f_a(x,y)\otimes h_3(x,y)+f_a^*(x,y)\otimes h_4(x,y)+ \\ &\quad f_b(x,y)\otimes h_5(x,y)+f_b^*(x,y)\otimes h_6(x,y) \end{aligned} \tag{9.2.48}$$

这里，

$$\begin{cases} h_3(\tau,\eta)=h_{1a}(\tau,\eta)\cdot h_2(\tau,\eta) \\ h_4(\tau,\eta)=h_{1b}(\tau,\eta)\cdot j\cdot h_2(\tau,\eta) \\ h_5(\tau,\eta)=j\cdot h_{1a}^*(\tau,\eta)\cdot h_2(\tau,\eta) \\ h_6(\tau,\eta)=j\cdot h_{1b}^*(\tau,\eta)\cdot j\cdot h_2(\tau,\eta) \end{cases} \tag{9.2.49}$$

使用单边卷积的快速计算式(9.2.43),并注意到在按单边卷积的计算步骤将 $f_a(x,y)$分解成两部分时,其第一项(实部件和i)为自身,第二项(j,k部件)为0,所以有

$$f_a(x,y) \otimes h_3(x,y) = \mathrm{IQFT}_L(F_L(f_a,u,v) \cdot F_L(h_3,u,v)) \tag{9.2.50}$$

同时考虑到,

$$F_L(f_a^*(x,y)) = \int_{-\infty}^{\infty}\int_{-\infty}^{\infty} \mathrm{e}^{-\mu(ux+vy)} f_a^*(x,y)\mathrm{d}x\mathrm{d}y = F_L^*(f_a,-u,-v) \tag{9.2.51}$$

因此,

$$\begin{aligned} g_{LR}(x,y) &= f(x,y) \otimes \{h_1(x,y),h_2(x,y)\} \\ &= \mathrm{IQFT}_L\begin{pmatrix} F_L(f_a,u,v) \cdot F_L(h_3,u,v) + \\ F_L^*(f_a,-u,-v) \cdot F_L(h_4,u,v) + \\ F_L(f_b,u,v) \cdot F_L(h_5,u,v) + \\ F_L^*(f_b,-u,-v) \cdot F_L(h_6,u,v) \end{pmatrix} \end{aligned} \tag{9.2.52}$$

这就是双边卷积式(9.2.15)的计算公式。

5. 四元数相关函数的计算

本节分析式(9.2.18)所示的相关函数 $\mathrm{Corr}(x,y)$的快速实现算法:

$$\mathrm{Corr}(x,y) = f(x,y) \circ h(x,y) = \int_{-\infty}^{\infty}\int_{-\infty}^{\infty} f(x+\tau,y+\eta)\, h^*(\tau,\eta)\,\mathrm{d}\tau\mathrm{d}\eta$$

记:

$$h(x,y) = h_r(x,y) + i \cdot h_i(x,y) + j \cdot h_j(x,y) + k \cdot h_k(x,y) \tag{9.2.53}$$

考虑到

$$\begin{aligned} F_L(h^*(-x,-y)) &= \int_{-\infty}^{\infty}\int_{-\infty}^{\infty} \mathrm{e}^{-\mu(ux+vy)} h^*(-x,-y)\mathrm{d}x\mathrm{d}y \\ &= Q_{r,i}^*(F_L(h,u,v)) - Q_{j,k}(F_L(h,-u,-v)) \end{aligned} \tag{9.2.54}$$

这里,

$$\begin{cases} Q_{r,i}(h(x,y)) = h_r(x,y) + i \cdot h_i(x,y) \\ Q_{j,k}(h(x,y)) = j \cdot h_j(x,y) + k \cdot h_k(x,y) \end{cases} \tag{9.2.55}$$

再利用单边卷积的计算式(9.2.43),就得到 $\mathrm{Corr}(x,y)$(式(9.2.18))的快速计算方法:

$$\begin{aligned} \mathrm{Corr}(x,y) &= f(x,y) \otimes h^*(-x,-y) \\ &= \mathrm{IQFT}_L\begin{pmatrix} F_L(f_a,u,v) \cdot F_L(h^*(-x,-y)) + \\ F_L(f_b,u,v) \cdot j \cdot F_L(h^*(-x,-y),-u,-v) \end{pmatrix} \\ &= \mathrm{IQFT}_L\begin{pmatrix} F_L(f_a,u,v) \cdot (Q_{r,i}^*(F_L(h,u,v)) - Q_{j,k}(F_L(h,-u,-v))) + \\ F_L(f_b,u,v) \cdot (Q_{r,i}^*(F_L(h,-u,-v)) - Q_{j,k}(F_L(h,u,v))) \end{pmatrix} \end{aligned} \tag{9.2.56}$$

9.3 四元数特征值分解

矩阵的特征值分解(Eigen Value Decomposition,EVD)在图像处理中得到广泛应用,如图像压缩与编码、图像增强、图像去噪和滤波等。然而,对于彩色图像,其矢量特性,导致常规方法无法对彩色图像进行特征值分解。但是,将彩色图像表示为四元数矩阵后,就可以使

用四元数的理论方法计算彩色图像特征值分解。由于四元数乘法的不可交换性，四元数矩阵特征值分解(Quaternion EVD,QEVD)与实数矩阵的特征值分解有本质的区别。

由于四元数的左乘和右乘是不能交换的，所以四元数矩阵的特征值就有左、右特征值之分，相应地，有如下定义。

定义 9.3.1(左、右特征值)：对于四元数矩阵 $\boldsymbol{A}\in Q^{N\times N}$ ($Q^{N\times N}$ 表示 $N\times N$ 阶四元数矩阵的集合)，若存在非零的 N 维四元数列矢量 $\boldsymbol{x}_L$ 和 $\boldsymbol{x}_R$ 及四元数 $\lambda_L,\lambda_R\in Q$，使得

$$\boldsymbol{A}\boldsymbol{x}_L=\lambda_L\boldsymbol{x}_L \tag{9.3.1}$$

$$\boldsymbol{A}\boldsymbol{x}_R=\boldsymbol{x}_R\lambda_R \tag{9.3.2}$$

则称 $\boldsymbol{x}_L$、$\boldsymbol{x}_R$ 为四元数矩阵 $\boldsymbol{A}$ 的左、右特征值，同时称四元数矢量 $\boldsymbol{x}_L$ 和 $\boldsymbol{x}_R$ 为 $\boldsymbol{A}$ 的左、右特征矢量。

由于左特征值的理论问题没有得到解决[144-147]，因此下面仅讨论右特征值的 QEVD。

定理 9.3.1(特征值类)：设 $\lambda\in Q$ 是四元数矩阵 $\boldsymbol{A}\in Q^{N\times N}$ 的一个特征值，则对于任何单位四元数 q，四元数 $q\lambda q^{-1}$ 也是 $\boldsymbol{A}$ 的特征值(q^{-1} 是 q 的逆，即满足 $qq^{-1}=q^{-1}q=1$)。

定理 9.3.2(复数特征值)：任何四元数矩阵 $\boldsymbol{A}\in Q^{N\times N}$ 有且仅有 N 个虚部为非负的复数右特征值，而且它们的共轭复数也是 $\boldsymbol{A}$ 的右特征值。

在现有的研究成果中，四元数矩阵的特征值分解都是基于复数伴随矩阵的，即通过计算复数伴随矩阵的特征值分解求解四元数矩阵的特征值分解。根据四元数的复数表示法(参见 9.1 节)，可以将四元数矩阵 $\boldsymbol{Q}_{(q)}\in Q^{N\times N}$ 在复数域 C 上分解为

$$\boldsymbol{Q}_{(q)}=\boldsymbol{A}_{(c)}+\boldsymbol{B}_{(c)}j \tag{9.3.3}$$

$\boldsymbol{Q}_{(q)}$ 的复数伴随矩阵(或称为等价的复数矩阵，Equivalent Complex Matrix)被定义为如下的 $2N\times 2N$ 阶的复数矩阵 $\boldsymbol{Q}_{e(c)}$：

$$\boldsymbol{Q}_{e(c)}=\begin{pmatrix}\boldsymbol{A}_{(c)} & \boldsymbol{B}_{(c)}\\ -\boldsymbol{B}_{(c)}^{*} & \boldsymbol{A}_{(c)}^{*}\end{pmatrix}_{2N\times 2N} \tag{9.3.4}$$

这里，$\boldsymbol{A}^*$ 表示 $\boldsymbol{A}$ 中每个元素(复数)的共轭。

定理 9.3.3(四元数矩阵与复数伴随矩阵的关系)：

(1) 若 $\{Q_{1(q)},Q_{2(q)}\}\in Q^{N\times N}$，则 $(Q_{1(q)}\cdot Q_{2(q)})_{e(c)}=Q_{1,e(c)}\cdot Q_{2,e(c)}$

(2) 若 $\boldsymbol{Q}_{(q)}\in Q^{N\times N}$，则 $(\boldsymbol{Q}_{(q)}^{-1})_{e(c)}=(\boldsymbol{Q}_{e(c)})^{-1}$

(3) 若 $\boldsymbol{Q}_{(q)}\in Q^{N\times N}$，则 $(\boldsymbol{Q}_{(q)}^{\mathrm{H}})_{e(c)}=(\boldsymbol{Q}_{e(c)})^{\mathrm{H}}$ (H 表示共轭转置)

定理 9.3.4(复数伴随矩阵特征值)：对于式(9.3.4)表示的 $2N\times 2N$ 阶复数伴随矩阵 $\boldsymbol{Q}_{e(c)}$，它的实数特征值(如果有的话)出现偶数次，其复数特征值共轭出现。

定理 9.3.5(四元数矩阵与复数伴随矩阵的特征值)：$\boldsymbol{Q}_{(q)}\in Q^{N\times N}$ 的复数伴随矩阵 $\boldsymbol{Q}_{e(c)}$ 的特征值就是四元数矩阵 $\boldsymbol{Q}_{(q)}$ 的右特征值。

根据定理 9.3.4 和定理 9.3.5，可以抽取 $\boldsymbol{Q}_{e(c)}$ 的虚部为正或 0 的复数特征值作为 $\boldsymbol{Q}_{(q)}$ 的右特征值，并且容易证明下列结论。

定理 9.3.6(四元数矩阵的特征矢量)：设 $\boldsymbol{x}_{(c)}=\begin{pmatrix}x_{1(c)}\\ x_{2(c)}\end{pmatrix}_{2N\times 1}\in C^{2N\times 1}$ ($x_{1(c)},x_{2(c)}\in C^{N\times 1}$) 是复数伴随矩阵 $\boldsymbol{Q}_{e(c)}$ 关于特征值 λ 的特征矢量，则 $\boldsymbol{x}_{(q)}=[x_{1(c)}]-[x_{2(c)}^{*}]\cdot j$ 是四元数矩阵 $\boldsymbol{Q}_{(q)}$ 右特征值 λ 的一个特征矢量($\boldsymbol{x}^*$ 代表复数的共轭)。

综上所述，求四元数矩阵 $\boldsymbol{Q}_{(q)}$ 的右特征值和特征矢量的问题就转化为求其相对应的复

数伴随矩阵的特征值和特征矢量，算法 9.3.1 给出了四元数矩阵特征值分解(QEVD)的实现步骤。

算法 9.3.1　四元数矩阵特征值分解(QEVD)

目的：将四元数矩阵 $\boldsymbol{Q}_{(q)}$ 分解为：$\boldsymbol{Q}_{(q)} \cdot \boldsymbol{V}_{(q)} = \boldsymbol{V}_{(q)} \cdot \boldsymbol{\Lambda}_{(c)}$

$\boldsymbol{Q}_{(q)}$ 为 $N\times N$ 大小的四元数矩阵，$\boldsymbol{V}_{(q)}$ 为 $N\times N$ 大小的四元数特征矢量矩阵，特征值矩阵 $\boldsymbol{\Lambda}_{(c)}$ 是 $N\times N$ 大小的复数对角矩阵。

(1) 利用式(9.3.3)和式(9.3.4)计算四元数矩阵 $\boldsymbol{Q}_{(q)}$ $(N\times N)$ 的复数伴随矩阵 $\boldsymbol{Q}_{e(c)}$ $(2N\times 2N$ 大小)；

(2) 利用常规的复数矩阵的 EVD(特征值分解)算法计算 $\boldsymbol{Q}_{e(c)}$ 的 EVD：

$$\boldsymbol{Q}_{e(c)} \cdot \boldsymbol{V}_{(c)} = \boldsymbol{V}_{(c)} \cdot \boldsymbol{\Lambda}'_{(c)}$$

特征值矩阵 $\boldsymbol{\Lambda}'_{(c)}$ 是 $2N\times 2N$ 大小的复数对角矩阵，对角线上的特征值根据模从大到小排列。复数特征值共轭出现(在 $\boldsymbol{\Lambda}'_{(c)}$ 中紧挨排列)，实数特征值会连续出现偶数次(相同的实数特征值在 $\boldsymbol{\Lambda}'_{(c)}$ 中紧挨排列)。$\boldsymbol{\Lambda}'_{(c)}$ 中非 0 元素的个数等于矩阵 $\boldsymbol{Q}_{e(c)}$ 的秩。特征矢量矩阵 $\boldsymbol{V}_{(c)}$ 是大小为 $2N\times 2N$ 的复数矩阵，每列是 $\boldsymbol{Q}_{e(c)}$ 的一个特征矢量。

(3) 从 $\boldsymbol{\Lambda}'_{(c)}$ 中的每两个相邻的对角元素中取 1 个作为 $\boldsymbol{\Lambda}_{(c)}$ 的元素(对于复数特征值，可取虚部为正的复数)；

(4) 根据定理 9.3.6，利用 $\boldsymbol{V}_{(c)}$ 计算 $\boldsymbol{Q}_{(q)}$ 的特征矢量矩阵 $\boldsymbol{V}_{(q)}$。假设特征值 λ 对应 $\boldsymbol{V}_{(c)}$ 的列矢量(特征矢量)为 $\boldsymbol{x}_{(c)} = \begin{pmatrix} x_{1(c)} \\ x_{2(c)} \end{pmatrix}_{2N\times 1}$，则 λ 对应 $\boldsymbol{V}_{(q)}$ 的列矢量(特征矢量)为 $\boldsymbol{x}_{(q)} = [x_{1(c)}] - [x^*_{2(c)}]j$ (x^* 代表复数的共轭)。

//算法结束

说明：在 $\boldsymbol{Q}_{e(c)}$ 的特征值 $\boldsymbol{\Lambda}'_{(c)}$ 中，可能存在实数特征值(虚部为 0 的复数)，则这个实数特征值会在 $\boldsymbol{\Lambda}'_{(c)}$ 中出现两次，在特征矢量矩阵 $\boldsymbol{V}_{(c)}$ 中就有 2 列特征矢量。也就是说，一个实数特征值在特征矢量矩阵 $\boldsymbol{V}_{(c)}$ 中有 2 列特征矢量。因此，$\boldsymbol{Q}_{(q)}$ 的特征矢量矩阵 $\boldsymbol{V}_{(q)}$ 可能不是唯一的。对于实数特征值，一般取其第一个特征矢量。

在基于四元数表示的彩色图像处理应用中，四元数 Hermitian 矩阵($\boldsymbol{Q}$ 是 Hermitian 矩阵，表示 $\boldsymbol{Q}^{\mathrm{H}} = \boldsymbol{Q}$)具有重要的作用。例如，在四元数信号处理中，协方差矩阵就是四元数 Hermitian 矩阵。如果 $\boldsymbol{Q}$ 是四元数 Hermitian 矩阵，那么 $\boldsymbol{Q}$ 的对角线元素一定是实数。据定理 9.3.3 可知，四元数 Hermitian 矩阵 $\boldsymbol{Q}$ 的复数伴随矩阵 $\boldsymbol{Q}_{e(c)}$ 是复数 Hermitian 矩阵。因此，$\boldsymbol{Q}_{e(c)}$ 的特征值是实数。再根据定理 9.3.5，四元数矩阵 $\boldsymbol{Q}$ 的复数伴随矩阵 $\boldsymbol{Q}_{e(c)}$ 的特征值就是 $\boldsymbol{Q}$ 的右特征值。也就是说，四元数 Hermitian 矩阵的特征值一定是实数。

Hermitian 矩阵的任意两个不同特征值所对应的特征矢量是正交的。如果一个四元数 Hermitian 矩阵 $\boldsymbol{Q}_{(q)}$ 是满秩的，则必然存在一个四元数酉矩阵(Unitary matrix)$\boldsymbol{V}_{(q)}$，使得 $\boldsymbol{Q}_{(q)} \cdot \boldsymbol{V}_{(q)} = \boldsymbol{V}_{(q)} \cdot \boldsymbol{\Lambda}$。因此，四元数 Hermitian 矩阵 $\boldsymbol{Q}_{(q)}$ 的特征值分解可以写为

$$\boldsymbol{Q}_{(q)} = \boldsymbol{V}_{(q)} \cdot \boldsymbol{\Lambda}_{(r)} \cdot \boldsymbol{V}^{\mathrm{H}}_{(q)} \tag{9.3.5}$$

其中，$\boldsymbol{\Lambda}_{(r)}$ 为实值对角矩阵(对角线上的元素为特征值)，$\boldsymbol{V}_{(q)}$ 是四元数酉矩阵(即满足 $\boldsymbol{V}_{(q)}\boldsymbol{V}^{\mathrm{H}}_{(q)} = \boldsymbol{I}$)。

下面用一个例子说明四元数 Hermitian 矩阵的特征值分解的过程。

假设四元数 Hermitian 矩阵 $\boldsymbol{Q}_{(q)} = \begin{pmatrix} 6 & 1+2\mathrm{i}-\mathrm{j}+\mathrm{k} & \mathrm{i}+\mathrm{j}-2\mathrm{k} \\ 1-2\mathrm{i}+\mathrm{j}-\mathrm{k} & 5 & 6-2\mathrm{i}-3\mathrm{j}+\mathrm{k} \\ -\mathrm{i}-\mathrm{j}+2\mathrm{k} & 6+2\mathrm{i}+3\mathrm{j}-\mathrm{k} & 19 \end{pmatrix}$，求其特征值分解。

首先，将 $\boldsymbol{Q}_{(q)}$ 写成如下的复数表示形式：

$$\boldsymbol{Q}_{(q)}=\begin{pmatrix} 6 & 1+2\mathrm{i} & \mathrm{i} \\ 1-2\mathrm{i} & 5 & 6-2\mathrm{i} \\ -\mathrm{i} & 6+2\mathrm{i} & 19 \end{pmatrix}+\begin{pmatrix} 0 & -1+\mathrm{i} & 1-2\mathrm{i} \\ 1-\mathrm{i} & 0 & -3+\mathrm{i} \\ -1+2\mathrm{i} & 3-\mathrm{i} & 0 \end{pmatrix}\mathrm{j}$$

于是，$\boldsymbol{Q}_{(q)}$ 的复数伴随矩阵 $\boldsymbol{Q}_{e(c)}$ 为

$$\boldsymbol{Q}_{e(c)}=\begin{pmatrix} 6 & 1+2\mathrm{i} & \mathrm{i} & 0 & -1+\mathrm{i} & 1-2\mathrm{i} \\ 1-2\mathrm{i} & 5 & 6-2\mathrm{i} & 1-\mathrm{i} & 0 & -3+\mathrm{i} \\ -\mathrm{i} & 6+2\mathrm{i} & 19 & -1+2\mathrm{i} & 3-\mathrm{i} & 0 \\ 0 & 1+\mathrm{i} & -1-2\mathrm{i} & 6 & 1-2\mathrm{i} & -\mathrm{i} \\ -1-\mathrm{i} & 0 & 3+\mathrm{i} & 1+2\mathrm{i} & 5 & 6+2\mathrm{i} \\ 1+2\mathrm{i} & -3-\mathrm{i} & 0 & \mathrm{i} & 6-2\mathrm{i} & 19 \end{pmatrix}$$

利用常规 EVD 方法，计算复数矩阵 $\boldsymbol{Q}_{e(c)}$ 的特征值分解：$\boldsymbol{Q}_{e(c)}\cdot\boldsymbol{V}_{(c)}=\boldsymbol{V}_{(c)}\cdot\boldsymbol{\Lambda}'_{(c)}$：

$$\boldsymbol{\Lambda}'_{(r)}=\begin{pmatrix} 22.3402 & 0 & 0 & 0 & 0 & 0 \\ 0 & 22.3402 & 0 & 0 & 0 & 0 \\ 0 & 0 & 6.9586 & 0 & 0 & 0 \\ 0 & 0 & 0 & 6.9586 & 0 & 0 \\ 0 & 0 & 0 & 0 & 0.7012 & 0 \\ 0 & 0 & 0 & 0 & 0 & 0.7012 \end{pmatrix}$$

$$\boldsymbol{V}_{(c)}=\begin{pmatrix} 0 & 0.1543 & 0.0159 & -0.8742 & -0.4523 & 0.0842 \\ 0.0079-0.1491\mathrm{i} & -0.0713-0.3443\mathrm{i} & 0.0940-0.3171\mathrm{i} & -0.2246+0.1497\mathrm{i} & 0.2960-0.3781\mathrm{i} & -0.6288+0.2141\mathrm{i} \\ 0.1515-0.6834\mathrm{i} & 0.1169-0.5714\mathrm{i} & -0.1439-0.0140\mathrm{i} & 0.0687-0.1661\mathrm{i} & -0.0414+0.1370\mathrm{i} & 0.3039+0.0606\mathrm{i} \\ -0.1535-0.0150\mathrm{i} & 0 & 0.8352-0.2582\mathrm{i} & 0.0152-0.0047\mathrm{i} & 0.0646+0.0541\mathrm{i} & 0.3469+0.2903\mathrm{i} \\ 0.1043-0.3358\mathrm{i} & -0.0066+0.1492\mathrm{i} & 0.2588+0.0767\mathrm{i} & 0.1835+0.2752\mathrm{i} & -0.3448-0.5677\mathrm{i} & 0.0157-0.4799\mathrm{i} \\ -0.0609-0.5801\mathrm{i} & 0.0845+0.6949\mathrm{i} & -0.1147-0.1384\mathrm{i} & -0.1333+0.0559\mathrm{i} & 0.2720+0.1486\mathrm{i} & -0.0562+0.1316\mathrm{i} \end{pmatrix}$$

再根据算法 9.3.1 的步骤(3)和步骤(4)容易知道，$\boldsymbol{Q}_{(q)}$ 的特征值分解 $\boldsymbol{Q}_{(q)}\cdot\boldsymbol{V}_{(q)}=\boldsymbol{V}_{(q)}\cdot\boldsymbol{\Lambda}_{(r)}$：

$$\boldsymbol{\Lambda}_{(r)}=\begin{pmatrix} 22.3402 & 0 & 0 \\ 0 & 6.9586 & 0 \\ 0 & 0 & 0.7012 \end{pmatrix}$$

$$\boldsymbol{V}_{(q)}=\begin{pmatrix} 0 & 0.0159 & -0.4523 \\ 0.0079-0.1491\mathrm{i} & 0.0940-0.3171\mathrm{i} & 0.2960-0.3781\mathrm{i} \\ 0.1515-0.6834\mathrm{i} & -0.1439-0.0140\mathrm{i} & -0.0414+0.1370\mathrm{i} \end{pmatrix}-$$

$$\begin{pmatrix} -0.1535+0.0150\mathrm{i} & 0.8352+0.2582\mathrm{i} & 0.0646-0.0541\mathrm{i} \\ 0.1043+0.3358\mathrm{i} & 0.2588-0.0767\mathrm{i} & -0.3448+0.5677\mathrm{i} \\ -0.0609+0.5801\mathrm{i} & -0.1147+0.1384\mathrm{i} & 0.2720-0.1486\mathrm{i} \end{pmatrix}\mathrm{j}$$

$$=\begin{pmatrix} 0.1535\mathrm{j}-0.0150\mathrm{k} & 0.0159-0.8352\mathrm{j}-0.2582\mathrm{k} & -0.4523-0.0646\mathrm{j}+0.0541\mathrm{k} \\ 0.0079-0.1491\mathrm{i}-0.1043\mathrm{j}-0.3358\mathrm{k} & 0.0940-0.3171\mathrm{i}-0.2588\mathrm{j}+0.0767\mathrm{k} & 0.2960-0.3781\mathrm{i}+0.3448\mathrm{j}-0.5677\mathrm{k} \\ 0.1515-0.6834\mathrm{i}+0.0609\mathrm{j}-0.5801\mathrm{k} & -0.1439-0.0140\mathrm{i}+0.1147\mathrm{j}-0.1384\mathrm{k} & -0.0414+0.1370\mathrm{i}-0.2720\mathrm{j}+0.1486\mathrm{k} \end{pmatrix}$$

容易验证，$\boldsymbol{Q}_{(q)}=\boldsymbol{V}_{(q)}\cdot\boldsymbol{\Lambda}_{(r)}\cdot\boldsymbol{V}_{(q)}^{\mathrm{H}}$，$\boldsymbol{V}_{(q)}\boldsymbol{V}_{(q)}^{\mathrm{H}}=\boldsymbol{I}$。

9.4 四元数奇异值分解

图像的奇异值分解(Singular Value Decomposition,SVD)[148,3],在图像处理中得到广泛应用。对于彩色图像,传统的方法都是对3个彩色通道进行单独的SVD处理,显然这种方法没有考虑3个彩色通道的相关性。使用四元数表示彩色图像,其奇异值分解将整个彩色像素作为一个整体进行处理,这在某种程度上维护了彩色通道之间的光谱相关性。四元数矩阵的奇异值分解与传统的实值奇异值分解有本质的差异,实现方法也复杂得多。

9.4.1 四元数奇异值分解的数学方法

四元数矩阵的奇异值分解(Quaternion SVD,QSVD)可以通过四元数矩阵的伴随矩阵的SVD求解[145,149]。

定理 9.4.1(四元数矩阵的奇异值分解):对于任何四元数矩阵 $\boldsymbol{Q}_{(q)}\in Q^{M\times N}$,设 $\boldsymbol{Q}_{(q)}$ 的秩 $\mathrm{rank}(\boldsymbol{Q}_{(q)})=r$,则存在四元数酉矩阵 $\boldsymbol{U}_{(q)}(M\times M)$ 和 $\boldsymbol{V}_{(q)}(N\times N)$,使得

$$\boldsymbol{Q}_{(q)}=\boldsymbol{U}_{(q)}\cdot\boldsymbol{\Lambda}_{(r)}\cdot\boldsymbol{V}_{(q)}^{\mathrm{H}} \tag{9.4.1}$$

其中,$\boldsymbol{U}_{(q)}\boldsymbol{U}_{(q)}^{\mathrm{H}}=\boldsymbol{I}$, $\boldsymbol{V}_{(q)}\boldsymbol{V}_{(q)}^{\mathrm{H}}=\boldsymbol{I}$,

$$\boldsymbol{\Lambda}_{(r)}=\begin{pmatrix}\lambda_1 & & & & \\ & \cdots & & & \\ & & \lambda_r & & \\ & & & 0 & \\ & & & & \cdots \\ & & & & & 0\end{pmatrix}_{N\times N}\triangleq\begin{pmatrix}\boldsymbol{\Lambda}_r & & \\ & 0 & \\ & & \cdots & \\ & & & 0\end{pmatrix}_{N\times N} \tag{9.4.2}$$

并满足 $\lambda_k\in R$, $|\lambda_1|\geqslant|\lambda_2|\geqslant\cdots\geqslant|\lambda_r|>0$。

根据上面的定理,假设 $\boldsymbol{Q}_{(q)}\in Q^{M\times N}$ 及其复数伴随矩阵 $\boldsymbol{Q}_{e(c)}\in C^{2M\times 2N}$ 的奇异值分解为

$$\begin{cases}\boldsymbol{Q}_{(q)}=\boldsymbol{U}_{(q)}\boldsymbol{\Lambda}\boldsymbol{V}_{(q)}^{\mathrm{H}}\\ \boldsymbol{Q}_{e(c)}=\boldsymbol{U}_{(c)}\boldsymbol{\Lambda}'\boldsymbol{V}_{(c)}^{\mathrm{H}}\end{cases} \tag{9.4.3}$$

则有

$$\begin{cases}\boldsymbol{Q}_{(q)}\boldsymbol{Q}_{(q)}^{\mathrm{H}}=\boldsymbol{U}_{(q)}\boldsymbol{\Lambda}^2\boldsymbol{U}_{(q)}^{\mathrm{H}}\\ \boldsymbol{Q}_{(q)}^{\mathrm{H}}\boldsymbol{Q}_{(q)}=\boldsymbol{V}_{(q)}\boldsymbol{\Lambda}^2\boldsymbol{V}_{(q)}^{\mathrm{H}}\end{cases} \tag{9.4.4}$$

和

$$\begin{cases}\boldsymbol{Q}_{e(c)}\boldsymbol{Q}_{e(c)}^{\mathrm{H}}=\boldsymbol{U}_{(c)}(\boldsymbol{\Lambda}')^2\boldsymbol{U}_{(c)}^{\mathrm{H}}\\ \boldsymbol{Q}_{e(c)}^{\mathrm{H}}\boldsymbol{Q}_{e(c)}=\boldsymbol{V}_{(c)}(\boldsymbol{\Lambda}')^2\boldsymbol{V}_{(c)}^{\mathrm{H}}\end{cases} \tag{9.4.5}$$

由式(9.4.4)和式(9.4.5)可知,$\boldsymbol{U}_{(q)}$ 和 $\boldsymbol{V}_{(q)}$ 的每个列矢量都是 $\boldsymbol{Q}_{(q)}\boldsymbol{Q}_{(q)}^{\mathrm{H}}$ 和 $\boldsymbol{Q}_{(q)}^{\mathrm{H}}\boldsymbol{Q}_{(q)}$ 的特征矢量,对角矩阵 $\boldsymbol{\Lambda}^2$ 则是它们的特征值矩阵。同样,$\boldsymbol{U}_{(c)}$ 和 $\boldsymbol{V}_{(c)}$ 的每个列矢量都是 $\boldsymbol{Q}_{e(c)}\boldsymbol{Q}_{e(c)}^{\mathrm{H}}$ 和 $\boldsymbol{Q}_{e(c)}^{\mathrm{H}}\boldsymbol{Q}_{e(c)}$ 的特征矢量,对角矩阵 $(\boldsymbol{\Lambda}')^2$ 则是它们的特征值矩阵。由于 $\boldsymbol{Q}_{(q)}\boldsymbol{Q}_{(q)}^{\mathrm{H}}$ 和 $\boldsymbol{Q}_{(q)}^{\mathrm{H}}\boldsymbol{Q}_{(q)}$ 都是Hermitian矩阵($\boldsymbol{A}$ 是Hermitian矩阵表示 $\boldsymbol{A}^{\mathrm{H}}=\boldsymbol{A}$),因此它们的特征值都是实数,从而 $(\boldsymbol{\Lambda}')^2$ 是非负实数对角矩阵。

根据定理9.3.3,$\boldsymbol{Q}_{e(c)}\boldsymbol{Q}_{e(c)}^{\mathrm{H}}$ 和 $\boldsymbol{Q}_{e(c)}^{\mathrm{H}}\boldsymbol{Q}_{e(c)}$ 是 $\boldsymbol{Q}_{(q)}\boldsymbol{Q}_{(q)}^{\mathrm{H}}$ 和 $\boldsymbol{Q}_{(q)}^{\mathrm{H}}\boldsymbol{Q}_{(q)}$ 的复数伴随矩阵,这是因为

$(\boldsymbol{Q}_q\boldsymbol{Q}_q^{\mathrm{H}})_{e(c)}=(\boldsymbol{Q}_q)_{e(c)}\cdot(\boldsymbol{Q}_q^{\mathrm{H}})_{e(c)}=\boldsymbol{Q}_{q,e(c)}\cdot(\boldsymbol{Q}_{q,e(c)})^{\mathrm{H}}$。再根据定理 9.3.4,复数伴随矩阵的实数特征值会成对出现,即$(\boldsymbol{\Lambda}')^2$ 中的每个不同的特征值(对角线元素)都会出现偶数次。同时,根据定理 9.3.5 可知,复数伴随矩阵 $\boldsymbol{Q}_{e(c)}\boldsymbol{Q}_{e(c)}^{\mathrm{H}}$ 和 $\boldsymbol{Q}_{e(c)}^{\mathrm{H}}\boldsymbol{Q}_{e(c)}$ 的特征值(都是非负实数)分别是四元数矩阵 $\boldsymbol{Q}_{(q)}\boldsymbol{Q}_{(q)}^{\mathrm{H}}$ 和 $\boldsymbol{Q}_{(q)}^{\mathrm{H}}\boldsymbol{Q}_{(q)}$ 的右特征值。

综合上述分析,有如下结论。

(1) $\boldsymbol{\Lambda}^2$ 中的每个不同的非 0 元素(非负实数)在$(\boldsymbol{\Lambda}')^2$ 中出现 2 次。

(2) $\boldsymbol{U}_{(q)}$ 的列矢量是 $\boldsymbol{Q}_{(q)}\boldsymbol{Q}_{(q)}^{\mathrm{H}}$ 的特征矢量,$\boldsymbol{U}_{(c)}$ 的列矢量是 $\boldsymbol{Q}_{e(c)}\boldsymbol{Q}_{e(c)}^{\mathrm{H}}$ 的特征矢量。于是根据定理 9.3.6,可以利用 $\boldsymbol{Q}_{e(c)}\boldsymbol{Q}_{e(c)}^{\mathrm{H}}$ 的特征矢量矩阵 $\boldsymbol{U}_{(c)}$(即 $\boldsymbol{Q}_{e(c)}$ 奇异值分解的 $\boldsymbol{U}_{(c)}$)计算 $\boldsymbol{Q}_{(q)}\boldsymbol{Q}_{(q)}^{\mathrm{H}}$ 的特征矢量矩阵 $\boldsymbol{U}_{(q)}$(即 $\boldsymbol{Q}_{(q)}$ 奇异值分解的 $\boldsymbol{U}_{(q)}$)。

(3) 与(2)一样,利用 $\boldsymbol{V}_{(c)}$ 计算 $\boldsymbol{V}_{(q)}$。

算法 9.4.1 总结了四元数矩阵的奇异值分解(QSVD)的计算过程。

算法 9.4.1　四元数矩阵的奇异值分解(QSVD)

目的:将四元数矩阵分解为 $\boldsymbol{Q}_{(q)}=\boldsymbol{U}_{(q)}\boldsymbol{\Lambda}_{(r)}\boldsymbol{V}_{(q)}^{\mathrm{H}}$

$\boldsymbol{Q}_{(q)}$ 为 $M\times N$ 大小的四元数矩阵。$\boldsymbol{U}_{(q)}(M\times M)$和 $\boldsymbol{V}_{(q)}(N\times N)$为四元数酉矩阵。奇异值矩阵 $\boldsymbol{\Lambda}_{(r)}$是 $M\times N$ 大小的非负实数对角矩阵,对角线上的元素从大到小排列,其他元素都为 0。

(1) 利用式(9.3.3)和式(9.3.4)计算四元数矩阵 $\boldsymbol{Q}_{(q)}(M\times N)$的复数伴随矩阵 $\boldsymbol{Q}_{e(c)}(2M\times 2N$ 大小);

(2) 利用常规的复数矩阵 SVD 算法计算 $\boldsymbol{Q}_{e(c)}$ 的 SVD:

$$\boldsymbol{Q}_{e(c)}=\boldsymbol{U}_{(c)}\boldsymbol{\Lambda}'_{(r)}\boldsymbol{V}_{(c)}^{\mathrm{H}}$$

奇异值矩阵 $\boldsymbol{\Lambda}'_{(r)}$是 $2M\times 2N$ 大小的非负实数对角矩阵,对角线上的奇异值从大到小排列,且奇异值成对出现。$\boldsymbol{\Lambda}'_{(r)}$中非 0 元素的个数等于矩阵 $\boldsymbol{Q}_{e(c)}$ 的秩。$\boldsymbol{U}_{(c)}(2M\times 2M)$和 $\boldsymbol{V}_{(c)}(2N\times 2N)$为四元数酉矩阵。

(3) 从 $\boldsymbol{\Lambda}'_{(r)}$中的每两个相同(相邻)的对角元素中取 1 个作为 $\boldsymbol{\Lambda}_{(r)}$的元素;

(4) 根据定理 9.6,利用 $\boldsymbol{U}_{(c)}$和 $\boldsymbol{V}_{(c)}$计算 $\boldsymbol{U}_{(q)}$和 $\boldsymbol{V}_{(q)}$。设奇异值 λ 对应 $\boldsymbol{U}_{(c)}$的列矢量为 $\boldsymbol{x}_{(c)}=\begin{pmatrix}x_{1(c)}\\x_{2(c)}\end{pmatrix}_{2M\times 1}$,则 λ 对应 $\boldsymbol{U}_{(q)}$的列矢量为 $\boldsymbol{x}_{(q)}=[x_{1(c)}]-[x_{2(c)}^{*}]j$($x^*$ 代表复数的共轭)。同理,可利用 λ 对应的 $\boldsymbol{V}_{(c)}$列矢量计算 $\boldsymbol{V}_{(q)}$的列矢量。

//算法结束

说明:由于每个奇异值在 $\boldsymbol{\Lambda}'_{(r)}$中出现了两次,所以 $\boldsymbol{U}_{(c)}$和 $\boldsymbol{V}_{(c)}$中每个奇异值对应的列矢量有两个,所以 $\boldsymbol{U}_{(q)}$和 $\boldsymbol{V}_{(q)}$都不是唯一的,一般取第一个列矢量。

下面用一个实例说明 QSVD 的过程。

设 $\boldsymbol{Q}_{(q)}=\begin{pmatrix}1+\mathrm{i}+\mathrm{j}+\mathrm{k} & 2+\mathrm{i}-\mathrm{k}\\1-\mathrm{j}+2\mathrm{k} & 3+2\mathrm{i}-2\mathrm{j}+\mathrm{k}\end{pmatrix}$,求其奇异值分解。

首先,$\boldsymbol{Q}_{(q)}=\begin{pmatrix}1+\mathrm{i}+\mathrm{j}+\mathrm{k} & 2+\mathrm{i}-\mathrm{k}\\1-\mathrm{j}+2\mathrm{k} & 3+2\mathrm{i}-2\mathrm{j}+\mathrm{k}\end{pmatrix}=\begin{pmatrix}1+\mathrm{i} & 2+\mathrm{i}\\1 & 3+2\mathrm{i}\end{pmatrix}+\begin{pmatrix}1+\mathrm{i} & -\mathrm{i}\\-1+2\mathrm{i} & -2+\mathrm{i}\end{pmatrix}\mathrm{j}$

于是,$\boldsymbol{Q}_{e(c)}=\begin{pmatrix}1+\mathrm{i} & 2+\mathrm{i} & 1+\mathrm{i} & -\mathrm{i}\\1 & 3+2\mathrm{i} & -1+2\mathrm{i} & -2+\mathrm{i}\\-1+\mathrm{i} & -\mathrm{i} & 1-\mathrm{i} & 2-\mathrm{i}\\1+2\mathrm{i} & 2+\mathrm{i} & 1 & 3-2\mathrm{i}\end{pmatrix}$

对 $\boldsymbol{Q}_{e(c)}$ 进行 SVD 分解:$\boldsymbol{Q}_{e(c)}=\boldsymbol{U}_{(c)}\boldsymbol{\Lambda}'_{(r)}\boldsymbol{V}_{(c)}^{\mathrm{H}}$

$$\boldsymbol{\Lambda}'_{(r)}=\begin{pmatrix}5.7581 & 0 & 0 & 0\\ 0 & 5.7581 & 0 & 0\\ 0 & 0 & 0.9190 & 0\\ 0 & 0 & 0 & 0.9190\end{pmatrix}$$

$$\boldsymbol{U}_{(c)}=\begin{pmatrix}-0.3550-0.2742\mathrm{i} & 0.2115+0.1935\mathrm{i} & 0.3737+0.7294\mathrm{i} & -0.2101+0.0289\mathrm{i}\\ -0.3954+0.0404\mathrm{i} & 0.0223+0.7471\mathrm{i} & -0.2027-0.3543\mathrm{i} & -0.2300+0.2527\mathrm{i}\\ 0.1328-0.2540\mathrm{i} & 0.2402-0.3788\mathrm{i} & -0.1452-0.1546\mathrm{i} & -0.7492+0.3321\mathrm{i}\\ -0.2338-0.7100\mathrm{i} & 0.3854-0.0968\mathrm{i} & -0.0199-0.3411\mathrm{i} & 0.3804-0.1480\mathrm{i}\end{pmatrix}$$

$$\boldsymbol{V}_{(c)}=\begin{pmatrix}-0.5323 & 0 & 0.2055 & 0.8212\\ -0.5233-0.0581\mathrm{i} & 0.5610+0.3531\mathrm{i} & -0.0722-0.4132\mathrm{i} & -0.3211+0.0657\mathrm{i}\\ 0.0000+0.0000\mathrm{i} & 0.5004-0.1815\mathrm{i} & 0.6385+0.5164\mathrm{i} & -0.1598-0.1292\mathrm{i}\\ 0.4070-0.5233\mathrm{i} & 0.4721-0.2331\mathrm{i} & -0.2084-0.2530\mathrm{i} & 0.3159-0.2759\mathrm{i}\end{pmatrix}$$

再根据算法 9.4.1 的步骤(3)和步骤(4),$\boldsymbol{Q}_{(q)}$ 的 QSVD 为

$$\boldsymbol{\Lambda}_{(r)}=\begin{pmatrix}5.7581 & 0\\ 0 & 0.9190\end{pmatrix}$$

$$\boldsymbol{U}_{(q)}=\begin{pmatrix}-0.3550-0.2742\mathrm{i} & 0.3737+0.7294\mathrm{i}\\ -0.3954+0.0404\mathrm{i} & -0.2027-0.3543\mathrm{i}\end{pmatrix}-\begin{pmatrix}0.1328+0.2540\mathrm{i} & -0.1452+0.1546\mathrm{i}\\ -0.2338+0.7100\mathrm{i} & -0.0199+0.3411\mathrm{i}\end{pmatrix}\mathrm{j}$$

$$=\begin{pmatrix}-0.3550-0.2742\mathrm{i}-0.1328\mathrm{j}-0.2540\mathrm{k} & 0.3737+0.7294\mathrm{i}+0.1452\mathrm{j}-0.1546\mathrm{k}\\ -0.3954+0.0404\mathrm{i}+0.2338\mathrm{j}-0.7100\mathrm{k} & -0.2027-0.3543\mathrm{i}+0.0199\mathrm{j}-0.3411\mathrm{k}\end{pmatrix}$$

$$\boldsymbol{V}_{(q)}=\begin{pmatrix}-0.5323 & 0.2055\\ -0.5233-0.0581\mathrm{i} & -0.0722-0.4132\mathrm{i}\end{pmatrix}-\begin{pmatrix}0 & 0.6385-0.5164\mathrm{i}\\ 0.4070+0.5233\mathrm{i} & -0.2084+0.2530\mathrm{i}\end{pmatrix}\mathrm{j}$$

$$=\begin{pmatrix}-0.5323 & 0.2055-0.6385\mathrm{j}+0.5164\mathrm{k}\\ -0.5233-0.0581\mathrm{i}-0.4070\mathrm{j}-0.5233\mathrm{k} & -0.0722-0.4132\mathrm{i}+0.2084\mathrm{j}-0.2530\mathrm{k}\end{pmatrix}$$

容易验证:$\boldsymbol{Q}_{(q)}=\boldsymbol{U}_{(q)}\boldsymbol{\Lambda}_{(r)}\boldsymbol{V}_{(q)}^{\mathrm{H}}$,$\boldsymbol{U}_{(q)}\boldsymbol{U}_{(q)}^{\mathrm{H}}=\boldsymbol{I}$,$\boldsymbol{V}_{(q)}\boldsymbol{V}_{(q)}^{\mathrm{H}}=\boldsymbol{I}$。

9.4.2 四元数奇异值分解的应用

将一个 RGB 彩色图像 $f(x,y)$ 表示为如下的纯虚四元数矩阵:

$$f_q(x,y)=f_R(x,y)\cdot i+f_G(x,y)\cdot j+f_B(x,y)\cdot k \tag{9.4.6}$$

其中 $f_R(x,y)$、$f_G(x,y)$、$f_B(x,y)$表示 $f(x,y)$的 R、G、B 3 个通道。

一个彩色图像被表示成一个四元数矩阵后,就可以利用 9.4.1 节描述的数学方法对这个彩色图像实行奇异值分解。四元数的奇异值分解在彩色图像处理中有很多应用,下面列举几个应用实例。

(1) 特征图像(Eigen Image)

设彩色图像的奇异值分解为

$$f_q(x,y)=\boldsymbol{U}_{(q)}\boldsymbol{\Lambda}\boldsymbol{V}_{(q)}^{\mathrm{H}} \tag{9.4.7}$$

则 $f_q(x,y)$可分解为

$$f_q(x,y)=\sum_{k=1}^{r}\lambda_k\boldsymbol{u}_{k(q)}\boldsymbol{v}_{k(q)}^{\mathrm{H}} \tag{9.4.8}$$

这里,$\mathrm{rank}(f_q)=r$(f_q 的秩),$\boldsymbol{u}_{k(q)}$ 和 $\boldsymbol{v}_{k(q)}$ 是四元数矩阵 $\boldsymbol{U}_{(q)}$ 和 $\boldsymbol{V}_{(q)}$ 的第 k 个列矢量,λ_k 是

第 k 个奇异值(实对角矩阵 $\boldsymbol{\Lambda}$ 的第 k 个对角元素)。

在式(9.4.8)中,称每个乘积 $\boldsymbol{u}_{k(q)}\boldsymbol{v}_{k(q)}^{\mathrm{H}}$ 为特征图像。所以,彩色图像 $f_q(x,y)$ 是由一系列特征图像的线性组合构成的。类似于灰度图像的 SVD,大的奇异值对应的特征图像对应原始图像中的低频部分(主要信息),而较小的奇异值对应的特征图像则对应彩色图像中的高频部分(细节信息)。

(2) 图像压缩

一般来说,图像的奇异值衰减很快。因此,可以使用前面若干较大的奇异值的特征图像的线性组合逼近原始图像,而舍弃奇异值很小的特征图像,从而达到图像压缩的目的。

$$f_q(x,y) \approx \sum_{k=1}^{K} \lambda_k \boldsymbol{u}_{k(q)} \boldsymbol{v}_{k(q)}^{\mathrm{H}} \tag{9.4.9}$$

这里,$\mathrm{rank}(f_q)=r$(f_q 的秩)。显然,当 $K=\mathrm{rank}(f_q)$ 时,用式(9.4.9)重构出的图像就是完整的原始图像。因为奇异值很小的特征图像表示图像中高频或噪声等信息,所以舍弃它们不会对整个图像质量产生很大的影响。对于一个 $N\times N$ 大小的 24 位 RGB 彩色图像,其存储空间(非压缩)为 $3N^2$(字节),而采用式(9.4.9)需要的存储空间为 $K(8N+1)$个 float 数。

图 9.4.1 显示了彩色 Parrots 图像和彩色 Mandrill 图像的前 48 个和前 90 个奇异值。从图中可以看出,两个图像的前 10 个奇异值下降得非常快,到第 30 个奇异值时已经变得很小了。这说明,图像的能量主要集中在前面 30 个特征图像,特别是前 10 个特征图像上。图 9.4.2 显示了由前 10、30 和 50 个特征图像合成的 Mandrill 图像(见彩插 5)。从图中可以看出,由前 10 个特征图像(图 9.4.2(a))就可恢复出原图像的大概信息了,而由前 30 个特征图像(图 9.4.2(b))恢复出的图像已经非常清晰了,人眼不容易分辨它和前 50 个特征图像(图 9.4.2(c))恢复出的图像的差异,以及它和原始图像的差别。

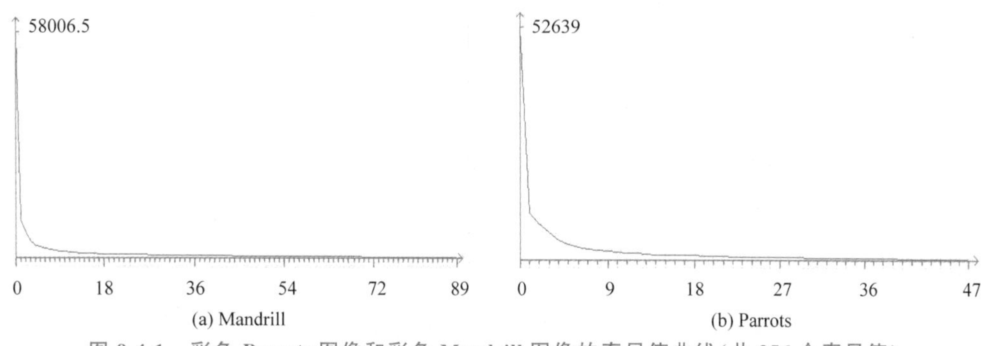

图 9.4.1　彩色 Parrots 图像和彩色 Mandrill 图像的奇异值曲线(共 256 个奇异值)

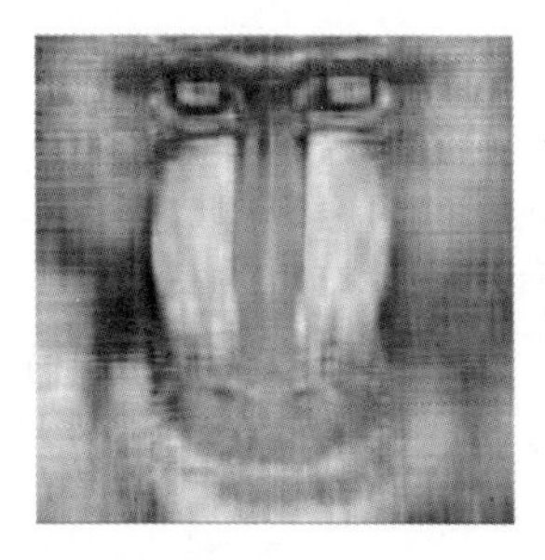
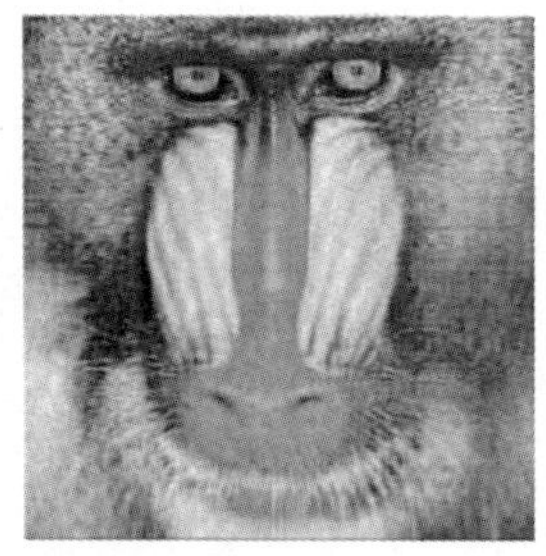
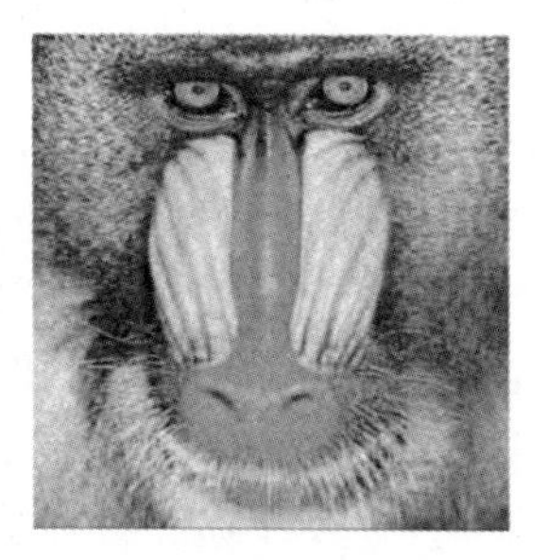

(a) Restored by10 eigen images (PSNR=21.39)　(b) Restored by30 eigen images (PSNR=23.73)　(c) Restored by 50 eigen images (PSNR=26.78)

图 9.4.2　由前 10、30 和 50 个特征图像合成的彩色 Mandrill 图像

(3) 图像增强

大的奇异值特征图像对应原始图像中的低频部分(主要信息),而小的奇异值特征图像则对应图像中的高频部分(细节信息)。因此,利用特征图像重建原始图像时,通过对特征图像加权,就可实现彩色图像增强。

如果采用线性加权,则称为线性增强:

$$f_q(x,y)=\sum_{k=1}^{r}(1+\alpha k)\lambda_k \boldsymbol{u}_{k(q)}\boldsymbol{v}_{k(q)}^{\mathrm{H}} \tag{9.4.10}$$

这里,$r=\mathrm{rank}(f_q)$(f_q 的秩),α 是增强因子。显然,这种方式将增强图像的高频部分,所以它类似于一个高通滤波器。

另一方面,如果采用非线性加权,则称为非线性增强。下面是一种指数增强:

$$f_q(x,y)=\sum_{k=1}^{r}\lambda_k^{\alpha}\boldsymbol{u}_{k(q)}\boldsymbol{v}_{k(q)}^{\mathrm{H}} \tag{9.4.11}$$

在这种增强方式中,若 $\alpha>1$,则式(9.4.11)主要增强低频部分;而当 $\alpha<1$,则式(9.4.11)的效果类似高通滤波器(增强高频细节)。

图 9.4.3 演示了彩色 Mandrill 图像的线性增强的效果(高通增强)。从图中可以看出,增强后的图像在增强纹理细节的同时,很好地维护了彩色图像的色调信息。

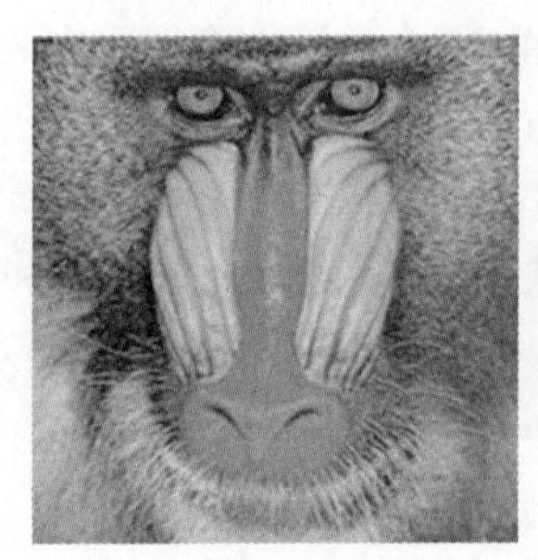
(a) Color Mandrill image

(b) Enhanced by α=0.02

(c) Enhanced by α=0.06

图 9.4.3 QSVD 线性增强(高通增强)

9.5 四元数主成分分析

主成分分析(Principal Component Analysis,PCA)和 Karhunen-Loeve 变换(简称 K-L 变换)是两种密切相关的技术,主要用于去除矢量数据的相关性,从而实现数据的降维。PCA 的变换矩阵是协方差矩阵,而 K-L 变换的变换矩阵则可以有多种形式(二阶矩阵、协方差矩阵、自相关矩阵,等等)。当 K-L 变换使用协方差矩阵为变换矩阵时,K-L 变换就等同于 PCA。对于彩色图像,K-L 变换一般都是基于灰度图像处理技术的,或者是把彩色图像分解成亮度通道和色度通道,再分别单独进行处理。这些方法没有把 3 个彩色通道作为一个整体进行处理,也没有利用颜色通道之间的相关性。基于此,本节将实数 K-L 变换扩展到四元数域,形成了四元数版本的 K-L 变换(Quaternion KLT,QKLT),从而实现了彩色图像的主成分分析。

假设有 M 个 N 维四元数列矢量:

$$\boldsymbol{q}_k=[q_{k1},q_{k2},\cdots,q_{kN}]^{\mathrm{T}}\ (k=1,2,\cdots,M,\ q_{ki}\in Q) \tag{9.5.1}$$

其协方差矩阵(Covariance Matrix)为

$$\boldsymbol{C}_q=\frac{1}{M}\sum_{k=1}^{M}((\boldsymbol{q}_k-\boldsymbol{m}_q)\cdot(\boldsymbol{q}_k-\boldsymbol{m}_q)^{\mathrm{H}}) \tag{9.5.2}$$

这里,H 表示共轭转置,$\boldsymbol{m}_q$ 表示四元数均值列矢量:

$$\boldsymbol{m}_q=\frac{1}{M}\sum_{k=1}^{M}\boldsymbol{q}_k \tag{9.5.3}$$

显然,四元数协方差矩阵 $\boldsymbol{C}_q$ 是一个 $N\times N$ 大小的四元数 Hermitian 矩阵(即它的共轭转置矩阵与其相同,$\boldsymbol{C}_q=\boldsymbol{C}_q^{\mathrm{H}}$),所以其特征值为实数。对 $\boldsymbol{C}_q$ 作特征值分解(见 9.3 节):

$$\boldsymbol{C}_q\cdot\boldsymbol{V}_q=\boldsymbol{V}_q\cdot\boldsymbol{\Lambda}_r \tag{9.5.4}$$

这里,$\boldsymbol{V}_q$ 为 $N\times N$ 大小的四元数特征矢量酉矩阵(每列是一个特征矢量),$\boldsymbol{\Lambda}_r$ 是 $N\times N$ 大小的实数特征值对角矩阵,$\boldsymbol{\Lambda}_r$ 对角线上的特征值根据绝对值从大到小排列。

记 $\boldsymbol{H}_q$ 为四元数特征矢量矩阵 $\boldsymbol{V}_q$ 的共轭转置矩阵:$\boldsymbol{H}_q=(\boldsymbol{V}_q)^{\mathrm{H}}$,那么四元数列矢量 $\boldsymbol{q}_k$ 的 K-L 变换为

$$\boldsymbol{y}_{k(q)}=\boldsymbol{H}_q\cdot(\boldsymbol{q}_k-\boldsymbol{m}_q) \tag{9.5.5}$$

这里,$\boldsymbol{H}_q$(酉矩阵)也叫变换核矩阵,$\boldsymbol{y}_{k(q)}$ 是矢量 $\boldsymbol{q}_k$ 去中心化后的特征表示。

由式(9.5.5)易知,QKLT 的逆变换(Inverse QKLT,IQKLT)为

$$\boldsymbol{q}_k=(\boldsymbol{H}_q)^{\mathrm{H}}\boldsymbol{y}_{k(q)}+\boldsymbol{m}_q \tag{9.5.6}$$

如果将 M 个 N 维四元数列矢量按列排成一个四元数矩阵 $\boldsymbol{A}_q$:

$$\boldsymbol{A}_q=[q_1\quad q_2\quad\cdots\quad q_M] \tag{9.5.7}$$

那么,四元数矩阵 $\boldsymbol{A}_q$ 的 K-L 变换为

$$\boldsymbol{Y}_q=\boldsymbol{H}_q\cdot(\boldsymbol{A}_q-\boldsymbol{M}_q) \tag{9.5.8}$$

这里,$\boldsymbol{M}_q$ 表示由 M 个均值矢量 $\boldsymbol{m}_q$ 组成的均值矩阵($N\times M$ 大小):

$$\boldsymbol{M}_q=[\boldsymbol{m}_q\ \boldsymbol{m}_q\ \cdots\ \boldsymbol{m}_q]_{N\times M} \tag{9.5.9}$$

由于对四元数协方差矩阵 $\boldsymbol{C}_q$ 进行特征值分解时,特征值(实数)是根据绝对值从大到小排列的,隐含 QKLT 变换矩阵 $\boldsymbol{H}_q$ 的行矢量(即特征矢量矩阵 $\boldsymbol{V}_q$ 的列矢量)的重要性也是从大到小排列的。因此,在式(9.5.5)和式(9.5.8)的 QKLT 中,变换结果 $\boldsymbol{y}_{k(q)}$ 和 $\boldsymbol{Y}_q$ 的每个列矢量的第 1 个元素代表了这个矢量的最主要成分(第 2 个元素次之,以此类推),从而减弱了矢量元素之间的相关性。变换结果 $\boldsymbol{Y}_q$(矩阵)的第 1 个行矢量也被称为第 1 主成分,第 2 个行矢量称为第 2 主成分,等等。

根据 QKLT 的逆变换,可以利用 $\boldsymbol{Y}_q$ 的 K 个主要成分逼近四元数矩阵 $\boldsymbol{A}_q$:

$$\boldsymbol{A}_q=\sum_{k=1}^{K}(h_{k(q)}\cdot\boldsymbol{y}_{k(q)}^{\mathrm{T}})+\boldsymbol{M}_q \tag{9.5.10}$$

这里,$h_{k(q)}$ 表示逆变换核$(\boldsymbol{H}_q)^{\mathrm{H}}$ 的第 k 列,$\boldsymbol{y}_{k(q)}^{\mathrm{T}}$ 为特征矩阵 $\boldsymbol{Y}_q$ 的第 k 行。当 K 取矢量的维数 N(矢量的全部元素)时,式(9.5.10)变成:

$$\boldsymbol{A}_q=(\boldsymbol{H}_q)^{\mathrm{H}}\boldsymbol{Y}_q+\boldsymbol{M}_q \tag{9.5.11}$$

这时,$\boldsymbol{A}_q$ 被完美恢复。

图 9.5.1 演示了四元数 KLT 的结果。先对原始图像图 9.5.1(a)做 QKLT,然后利用特征矩阵的 10 个主成分和 50 个主成分重建原始图像 Parrots(256×256 大小),得到图 9.5.1(b)和图 9.5.1(c)。从图中可以看出,使用 10 个主成分重建出的图像(图 9.5.1(b))就可以大概反映原始图像的结构信息(PSNR=24.18),而使用 50 个主成分重建出的图像(图 9.5.1(c))则与原始图像非常逼近了(PSNR=33.75)。

(a) Parrots (256×256) (Original Image)　(b) Restored by10 PCs (PSNR=24.18)　(c) Restored by 50 PCs (PSNR=33.75)

图 9.5.1 QKLT 结果演示(使用 10 个和 50 个主成分重建原始图像)

9.6 四元数 Gabor 滤波器

在图像处理中,往往需要提取图像局部区域的特征(如颜色、边缘、纹理、朝向等)。Gabor 滤波器是一种经典的纹理特征提取算子,广泛用于图像纹理特征的提取和分析。Gabor 滤波器本质上是一种线性滤波器,主要用于分析图像的某个局部区域在某个特定方向上特定频率的信号。一些观点认为,Gabor 滤波器能很好地逼近人眼细胞的感受野,Gabor 滤波器的频率和方向的表达与人类的视觉系统相似。

Gabor 变换是一种改进型(加时-频限制窗口)的 Fourier 变换。经典 Fourier 变换只能反映信号在时域/频域中的整体特性,而无法确定时域信号中包含的某个特定频率的分量信号是在什么时间、什么位置产生的。根据 Fourier 变换的定义,Fourier 变换是信号在整个时域的积分。因此,信号在某个时刻的一个局部变化,整个频谱都会受到影响,因此无法根据频谱的变化确定信号发生变化的相关信息(时间位置和变化的强度)。总之,Fourier 变换反映的是信号频率的全局统计特性,不能进行时一频局部特性的分析。为解决 Fourier 变换的局限性,在 Fourier 变换中引入了时间局部化的窗函数,这样就可以仅对局部信号(而不是整个信号)进行 Fourier 分析。通过选取合适的窗口函数(一般使用高斯函数),可以同时实现时域和频域的局域化。这种加窗口的 Fourier 变换也称为短时 Fourier 变换,还称为 Gabor 变换。Gabor 变换可以利用 Gabor 滤波器和空域信号的卷积实现。

Subakan 和 Vemuri 将实数/复数域的 2D Gabor 滤波器扩展到四元数域[6],定义如下。

$$\begin{cases} g_{\mathrm{H}}(x,y;u_0,v_0,\theta,\sigma_x,\sigma_y)=\dfrac{1}{2\pi\sigma_x\sigma_y}\exp\left(-\dfrac{1}{2}\left(\dfrac{x'^2}{\sigma_x^2}+\dfrac{y'^2}{\sigma_y^2}\right)\right)\cdot\exp(\mu 2\pi(u_0x+v_0y)) \\ \begin{pmatrix} x' \\ y' \end{pmatrix}=\begin{pmatrix} \cos\theta & \sin\theta \\ -\sin\theta & \cos\theta \end{pmatrix}\begin{pmatrix} x \\ y \end{pmatrix} \end{cases} \tag{9.6.1}$$

μ 为单位纯虚四元数,典型地可设为 $\mu=(\mathrm{i}+\mathrm{j}+\mathrm{k})/\sqrt{3}$。$(u_0,v_0)$为笛卡儿坐标系下的中心频率,$(\sigma_x,\sigma_y)$定义时域窗口形状和大小,$\theta=\arctan(v_0/u_0)$表示时域窗的朝向。

将(u_0,v_0)转换为极坐标(F,θ):

$$\begin{cases} F=\sqrt{u_0^2+v_0^2} \\ \theta=\arctan\left(\dfrac{v_0}{u_0}\right) \end{cases},\quad \begin{cases} u_0=F\cos\theta \\ v_0=F\sin\theta \end{cases} \tag{9.6.2}$$

这样，四元数 2D Gabor 滤波器的极坐标形式为

$$\begin{cases} g_{\mathrm{H}}(x,y;\sigma_x,\sigma_y,\theta,F)=\dfrac{1}{2\pi\,\sigma_x\sigma_y}\exp\left(-\dfrac{1}{2}\left(\dfrac{x'^2}{\sigma_x^2}+\dfrac{y'^2}{\sigma_y^2}\right)\right)\exp(\mu 2\pi F x') \\ \begin{pmatrix} x' \\ y' \end{pmatrix}=\begin{pmatrix} \cos\theta & \sin\theta \\ -\sin\theta & \cos\theta \end{pmatrix}\begin{pmatrix} x \\ y \end{pmatrix} \end{cases} \tag{9.6.3}$$

F 为滤波器的径向中心频率。

上面的四元数 Gabor 滤波器的 Fourier 变换为

$$\begin{cases} G_{\mathrm{H}}(u,v)=\exp\left(-\dfrac{1}{2}\left(\dfrac{(u'-F)^2}{\sigma_u^2}+\dfrac{v'^2}{\sigma_v^2}\right)\right) \\ \begin{pmatrix} u' \\ v' \end{pmatrix}=\begin{pmatrix} \cos\theta & \sin\theta \\ -\sin\theta & \cos\theta \end{pmatrix}\begin{pmatrix} u \\ v \end{pmatrix} \\ \sigma_u=\dfrac{1}{2\pi\sigma_x},\quad \sigma_v=\dfrac{1}{2\pi\sigma_y} \end{cases} \tag{9.6.4}$$

当时域窗的朝向 $\theta=0$ 时，式(9.6.4)简化为

$$\begin{cases} G_{\mathrm{H}}(u,v)=\exp\left(-\dfrac{1}{2}\left(\dfrac{(u-u_0)^2}{\sigma_u^2}+\dfrac{v^2}{\sigma_v^2}\right)\right) \\ \sigma_u=\dfrac{1}{2\pi\sigma_x},\sigma_v=\dfrac{1}{2\pi\sigma_y} \end{cases} \tag{9.6.5}$$

从四元数 Gabor 滤波器的 Fourier 变换可以看出，时域窗大小(σ_x,σ_y)决定了频域窗的大小(σ_u,σ_v)，并与频域窗的大小成反比关系：$\sigma_x\sigma_u=\sigma_y\sigma_v=1/2\pi$。

图 9.6.1 显示了一个朝向为 $\pi/4$、大小为 128×128 的四元数 Gabor 滤波器。图 9.6.1(a)和图 9.6.1(b)以 3D 的形式显示了滤波器的实部分量和滤波器的一个虚部($\mu=(\mathrm{i}+\mathrm{j}+\mathrm{k})/\sqrt{3}$时各个虚部都一样)，图 9.6.1(c)则以 2D 的形式显示了实部分量(图 9.6.1(a))。

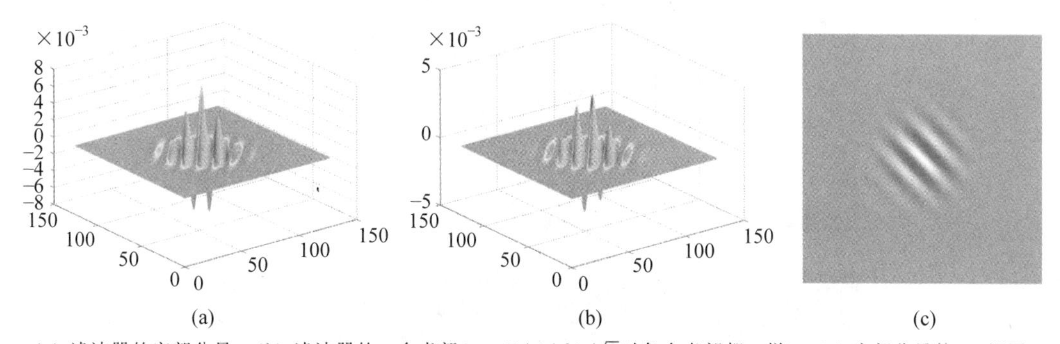

(a) 滤波器的实部分量　(b) 滤波器的一个虚部($\mu=(\mathrm{i}+\mathrm{j}+\mathrm{k})/\sqrt{3}$时各个虚部都一样)　(c) 实部分量的 2D 视图

图 9.6.1　四元数 Gabor 滤波器（朝向为 π/4，大小为 128×128）[6]

四元数 Gabor 滤波器能很好地抽取彩色图像的朝向特征。有时，图像的一些局部区域会出现颜色不同、亮度(明度)相同的像素。对于彩色图像，为了提取它们的朝向、纹理等特征，传统的 Gabor 滤波器需要将彩色图像转换为亮度图像，然后再与传统的 Gabor 滤波器做卷积(提取 Gabor 特征)。显然，对于这些亮度相同但颜色不同的区域，传统的 Gabor 滤波器将提取不到任何特征。但是，使用四元数 Gabor 滤波器，则能很好地提取出朝向、纹理等特征。图 9.6.2 演示了这种情况。图 9.6.2(a)是合成的彩色图像，目标和背景的 RGB 颜色值分别为 (0,220,255) 和 (158,158,158)，它们具有相同的亮度值 158(不管是采用 3 通道取平均，还

是使用 YUV 颜色空间的 Y 分量),如图 9.6.2(b)所示。若使用传统的 Gabor 滤波器提取亮度图像的朝向特征,则得到的结果都是 0(因为目标和背景的亮度值相同)。图 9.6.2(c)显示了使用 12 个朝向的四元数 Gabor 滤波器提取的四元数特征模的最大值响应。可以看出,四元数 Gabor 滤波器较好地抽取到目标区域的轮廓边缘特征。

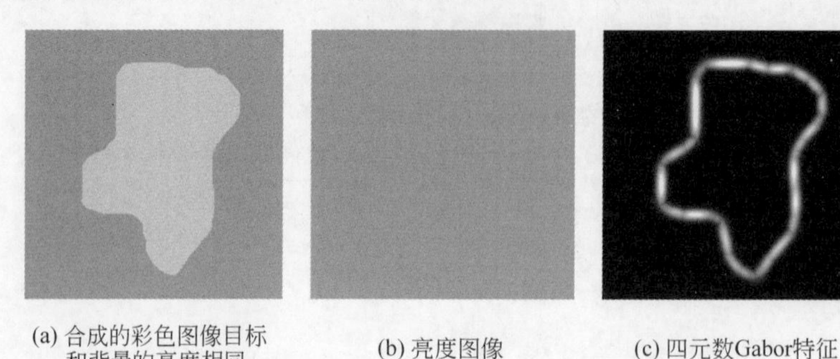

(a) 合成的彩色图像,目标和背景的 RGB 颜色值分别为(0,220,255)和(158,158,158)
(b) 亮度图像(目标和背景的亮度值相同) (c) 12 个朝向的四元数 Gabor 滤波器提取的四元数特征模的最大值

图 9.6.2 四元数 Gabor 特征

图 9.6.3 应用朝向为 $\pi/4$ 的四元数 Gabor 滤波器(见图 9.6.1)与彩色图像做卷积,从而提取彩色图像的朝向特征。其中,图 9.6.3(a)是彩色图像,图 9.6.3(b)显示了四元数特征的模响应,图 9.6.3(c)~图 9.6.3(f)则分别显示了四元数特征的 4 个通道的响应。从图中可以看出,该 Gabor 滤波器能很好地提取朝向接近 $\pi/4$ 的彩色纹理、边缘和细节信息。

(a)彩色图像 (b)四元数特征的模响应 (c)~(f)分别是四元数特征的实部、i、j、k 四个通道的响应

图 9.6.3 应用图 9.6.1 的四元数 Gabor 滤波器提取特征[6]

9.7 四元数应用

四元数的理论和方法广泛应用于彩色图像处理和计算机视觉的各个领域，如彩色频谱分析、彩色图像压缩、彩色图像边缘检测与分割、彩色目标分类和识别，等等。

9.7.1 四元数色差表示

在彩色图像处理中，测量彩色像素之间的颜色差异（颜色距离）很重要。计算彩色像素之间色差的方法有很多种。例如，可以在明度-色度颜色空间（如 CIELAB、CIELUV、YUV、YCbCr 等），利用色度部件（CIELAB 的 A 和 B、YUV 的 U 和 V 等）的欧几里得距离表示色度差异。一些研究利用四元数表示，提出基于四元数旋转理论的色差计算方法[150-151]，实验表明，该色差方法非常有效。

假设 μ 是单位纯虚四元数，令 $\boldsymbol{R}=e^{\mu\theta}$，$\boldsymbol{X}$ 是一个用纯虚四元数表示的三维矢量。那么，$\boldsymbol{RXR}^*$（$\boldsymbol{R}^*$ 是四元数 $\boldsymbol{R}$ 的共轭）表示将一个三维矢量 $\boldsymbol{X}$ 绕轴 $\boldsymbol{\mu}$（单位三维矢量）旋转一个 2θ 角度。

在彩色图像处理中，取 $\boldsymbol{\mu}=(\mathrm{i}+\mathrm{j}+\mathrm{k})/\sqrt{3}$，那么在 RGB 三维空间中，它代表灰度线，因为在这个方向上的像素，3 个分量的灰度值是相等的。如果 $\theta=\pi/2$，即 $\boldsymbol{R}=e^{\boldsymbol{\mu}\theta}=(\mathrm{i}+\mathrm{j}+\mathrm{k})/\sqrt{3}$，则 $\boldsymbol{RXR}^*$ 表示将 $\boldsymbol{X}$ 绕灰度线 $\boldsymbol{\mu}$ 旋转 180°，即将 $\boldsymbol{X}$ 旋转到以 $\boldsymbol{\mu}$ 为对称轴的相反方向，因此 $\boldsymbol{X}+\boldsymbol{RXR}^*$ 应位于灰度线上。

设有两个彩色像素 $\boldsymbol{q}_1=r_1\mathrm{i}+g_1\mathrm{j}+b_1\mathrm{k}$ 和 $\boldsymbol{q}_2=r_2\mathrm{i}+g_2\mathrm{j}+b_2\mathrm{k}$，因为 $\boldsymbol{Rq}_2\boldsymbol{R}^*$ 的实部为 0（可以通过计算验证），所以可设 $\boldsymbol{q}_3=\boldsymbol{q}_1+\boldsymbol{Rq}_2\boldsymbol{R}^*=r_3\mathrm{i}+g_3\mathrm{j}+b_3\mathrm{k}$。如果 $\boldsymbol{q}_1$ 和 $\boldsymbol{q}_2$ 的色调比较接近，那么 $\boldsymbol{q}_3=\boldsymbol{q}_1+\boldsymbol{Rq}_2\boldsymbol{R}^*$ 应在灰度线 $\boldsymbol{\mu}$ 附近；反之，如果 $\boldsymbol{q}_1$ 和 $\boldsymbol{q}_2$ 的色调差异很大，那么 $\boldsymbol{q}_3$ 应远离灰度线 $\boldsymbol{\mu}$。这样，可以使用 $\boldsymbol{q}_3$ 到灰度线 $\boldsymbol{\mu}$ 的欧几里得距离表示 $\boldsymbol{q}_1$ 和 $\boldsymbol{q}_2$ 的色调差异。这等价于图 9.7.1 中矢量 $\overrightarrow{CA}$ 的模。

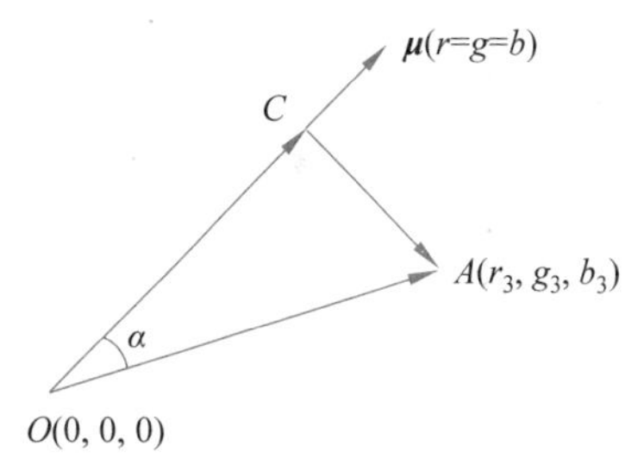

图 9.7.1　RGB 空间中点 $A(r_3, g_3, b_3)$ 到灰度线 $\boldsymbol{\mu}$ 的距离 $|\overrightarrow{CA}|$

容易计算：

$$\overrightarrow{CA}=\overrightarrow{OA}-\overrightarrow{OC}=\left(r_3-\frac{r_3+g_3+b_3}{3}\right)\mathrm{i}+\left(g_3-\frac{r_3+g_3+b_3}{3}\right)\mathrm{j}+\left(b_3-\frac{r_3+g_3+b_3}{3}\right)\mathrm{k} \tag{9.7.1}$$

因此，可以定义一个四元数来描述两个彩色像素 $\boldsymbol{q}_1$ 和 $\boldsymbol{q}_2$ 的色调差异：

$$\boldsymbol{Q}(\boldsymbol{q}_1,\boldsymbol{q}_2)=\left(r_3-\frac{r_3+g_3+b_3}{3}\right)\mathrm{i}+\left(g_3-\frac{r_3+g_3+b_3}{3}\right)\mathrm{j}+\left(b_3-\frac{r_3+g_3+b_3}{3}\right)\mathrm{k} \tag{9.7.2}$$

这里，

$$\boldsymbol{q}_3=\boldsymbol{q}_1+\boldsymbol{Rq}_2\boldsymbol{R}^*=r_3\mathrm{i}+g_3\mathrm{j}+b_3\mathrm{k} \tag{9.7.3}$$

所以,当彩色像素 $\boldsymbol{q}_1$ 和 $\boldsymbol{q}_2$ 的色调比较接近时,$|\boldsymbol{Q}(\boldsymbol{q}_1,\boldsymbol{q}_2)|$应当比较小,若二者颜色一样,则其值为 0;而当 $\boldsymbol{q}_1$ 和 $\boldsymbol{q}_2$ 的色调相差很大时,$|\boldsymbol{Q}(\boldsymbol{q}_1,\boldsymbol{q}_2)|$就会很大。基于上面的分析,文献[150]提出一个高效的开关型矢量中值滤波器。

然而,式(9.7.2)表示的色差四元数没有包含亮度的变化。例如,若彩色像素 $\boldsymbol{q}_1$ 和 $\boldsymbol{q}_2$ 都位于灰度线 $\boldsymbol{\mu}$ 附近(离灰度线很近),那么$|\boldsymbol{Q}(\boldsymbol{q}_1,\boldsymbol{q}_2)|$的值将很小。特别地,若 $\boldsymbol{q}_1$ 和 $\boldsymbol{q}_2$ 都位于灰度线上(如 $\boldsymbol{q}_1=(0,0,0)$和 $\boldsymbol{q}_2=(255,255,255)$),则$|\boldsymbol{Q}(\boldsymbol{q}_1,\boldsymbol{q}_2)|=0$。所以,计算两个彩色像素的颜色距离时,除了色调距离,还需要考虑亮度的变化。基于式(9.7.2)所表示的色差四元数,文献[151]定义了下面的颜色距离公式并应用到彩色视频去噪:

$$CD(\boldsymbol{q}_1,\boldsymbol{q}_2)=w\ |\boldsymbol{Q}(\boldsymbol{q}_1,\boldsymbol{q}_2)|+(1-w)\ |I(\boldsymbol{q}_1,\boldsymbol{q}_2)| \tag{9.7.4}$$

这里,$|\boldsymbol{Q}(\boldsymbol{q}_1,\boldsymbol{q}_2)|$表示 $\boldsymbol{q}_1$ 和 $\boldsymbol{q}_2$ 的色差,$I(\boldsymbol{q}_1,\boldsymbol{q}_2)$表示 $\boldsymbol{q}_1$ 和 $\boldsymbol{q}_2$ 的亮度变化,权值 w 表示色调差异和亮度变化在颜色距离中的重要性。$I(\boldsymbol{q}_1,\boldsymbol{q}_2)$可以归一化为

$$I(\boldsymbol{q}_1,\boldsymbol{q}_2)=k_1(r_2-r_1)+k_2(g_2-g_1)+k_3(b_2-b_1) \tag{9.7.5}$$

k_1、k_2、k_3 表示红、绿、蓝通道对亮度的贡献。典型地,可以设置 $k_1=k_2=k_3=1/3$(亮度是 3 个通道的平均值)或者 $k_1=0.299$,$k_2=0.587$,$k_3=0.114$(YUV、YIQ、YCbCr 颜色空间中的 Y 分量)。

9.7.2 局部朝向检测

在图像处理领域,检测局部图像块的主朝向非常重要。对于灰度图像,图像的局部朝向检测问题已经很好地解决了。但是,对于彩色图像,由于彩色图像的矢量特性和颜色通道之间的相关性,很少有研究从理论上分析和解决彩色图像局部朝向检测的问题。为此,本节利用四元数的理论方法,分析彩色图像的局部朝向检测的方法[152]。

将一个 RGB 彩色图像 $\boldsymbol{f}(x,y)=(R(x,y),G(x,y),B(x,y))$表示为纯虚四元数的形式:

$$\boldsymbol{f}(x,y)=R(x,y)i+G(x,y)j+B(x,y)k \tag{9.7.6}$$

记 $\boldsymbol{f}(x,y)$的四元数 Fourier 变换(QFT)为

$$F_q(u,v)=\int_{-\infty}^{+\infty}\int_{-\infty}^{+\infty} f(x,y)\ \mathrm{e}^{-\mu(ux+vy)}\,\mathrm{d}x\,\mathrm{d}y \tag{9.7.7}$$

这里,μ 是一个单位纯虚四元数,一般被设置为 $\mu=(i+j+k)/\sqrt{3}$。由于四元数乘法的非交换性,四元数信号的 Fourier 变换有 3 种形式:左边、右边、双边。不失一般性,这里采用右边 Fourier 变换。

根据 Fourier 变换的切片定理,信号在空域的朝向可以在频域中检测:信号在频域中的功率谱主要分布在一条通过 Fourier 频域原点的直线附近,这条直线的方向垂直于信号在空域中的主朝向[152-153]。图 9.7.2 显示了 3 个朝向的图像块及它们在四元数频域中的功率谱,从图中可以清楚地看出,朝向的图像块的功率谱主要分布在某个方向的直线附近,且直线的方向垂直于空域中的主朝向。

因此,检测彩色图像的局部朝向问题就演化成一个在四元数频域中的最小化问题:需要在四元数频域中找到一条通过功率谱原点的方向直线 $\boldsymbol{n}$,使得功率谱的所有点到该直线的距离之和 $D(\boldsymbol{n})$最小:

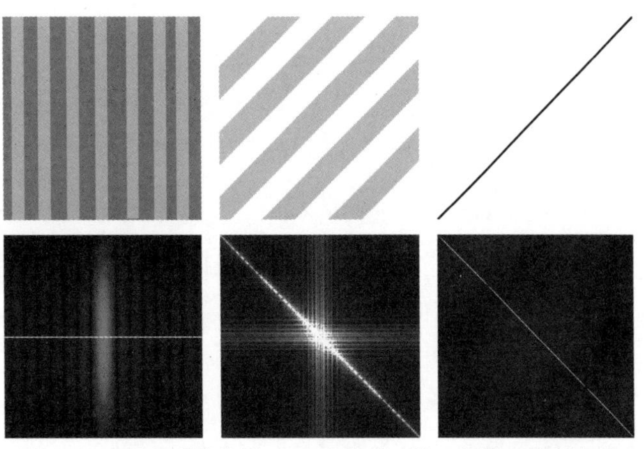

图 9.7.2　朝向图像块及 QFT 功率谱：第 1 行是 3 个朝向的图像块，第 2 行是相应的 QFT 功率谱图像

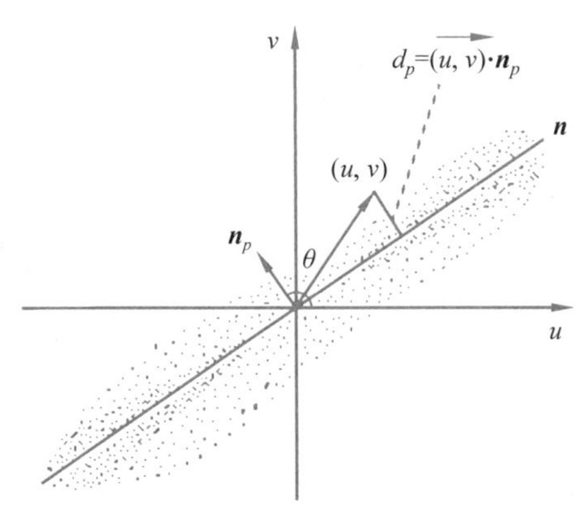

图 9.7.3　点(u,v)到直线 $\boldsymbol{n}$ 的距离，$\boldsymbol{n}_p=(\cos\theta\ \sin\theta)^{\mathrm{T}}$ 是 $\boldsymbol{n}$ 的法矢量

$$D(\boldsymbol{n})=\iint (d_{\boldsymbol{n}}(u,v)\cdot |F_q(u,v)|)^2 \mathrm{d}u\mathrm{d}v \tag{9.7.8}$$

这里，$d_{\boldsymbol{n}}(u,v)$表示四元数频域中的点(u,v)到方向直线 $\boldsymbol{n}$ 的最短距离。

显然，$d_{\boldsymbol{n}}(u,v)$等于矢量$\overrightarrow{(u,v)}$在单位法矢量 $\boldsymbol{n}_p=(\cos\theta\ \sin\theta)^{\mathrm{T}}$（也就是空域主朝向）上的投影，如图 9.7.3 所示。

这样，式(9.7.8)可写为

$$\begin{aligned}
D(\boldsymbol{n}) &= \iint (d_{\boldsymbol{n}}(u,v)\ |F_q(u,v)|)^2 \mathrm{d}u\mathrm{d}v \\
&= \iint (\overrightarrow{(u,v)}\cdot \boldsymbol{n}_p)^2 |F_q(u,v)|^2 \mathrm{d}u\mathrm{d}v \\
&= \iint ((u\ v)\cdot \boldsymbol{n}_p)\left(\boldsymbol{n}_p^{\mathrm{T}}\cdot \begin{pmatrix} u \\ v \end{pmatrix}\right) |F_q(u,v)|^2 \mathrm{d}u\mathrm{d}v \\
&= \iint (u\ v)\begin{pmatrix} \cos^2\theta & \cos\theta\sin\theta \\ \cos\theta\sin\theta & \sin^2\theta \end{pmatrix}\begin{pmatrix} u \\ v \end{pmatrix} |F_q(u,v)|^2 \mathrm{d}u\mathrm{d}v
\end{aligned}$$

将上式写成下面的形式：

$$D(\boldsymbol{n}) = E\cos^2\theta + 2H\cos\theta\sin\theta + G\sin^2\theta \tag{9.7.9}$$

这里，

$$\begin{cases} E=\iint u^2 \cdot |F_q(u,v)|^2 \mathrm{d}u\mathrm{d}v \\ H=\iint uv \cdot |F_q(u,v)|^2 \mathrm{d}u\mathrm{d}v \\ G=\iint v^2 \cdot |F_q(u,v)|^2 \mathrm{d}u\mathrm{d}v \end{cases} \tag{9.7.10}$$

因此，空域主朝向就是最小化式(9.7.9)中的 $D(\boldsymbol{n})$的角度 θ。根据文献[69]，式(9.7.9)中的 $D(\boldsymbol{n})$的最大值和最小值及相应的 θ 值为

$$\lambda_{\max}=\frac{1}{2}((E+G)+\sqrt{(E-G)^2+(2H)^2}) \tag{9.7.11}$$

$$\theta_{\max}=\begin{cases} \mathrm{sgn}(H)\ \arcsin\left(\dfrac{\lambda_{\max}-E}{2\lambda_{\max}-E-G}\right)^{1/2}+k\pi, & (E-G)^2+H^2\neq 0 \\ \text{Undefined}, & (E-G)^2+H^2=0 \end{cases} \tag{9.7.12}$$

$$\lambda_{\min}=\frac{1}{2}((E+G)-\sqrt{(E-G)^2+(2H)^2}) \tag{9.7.13}$$

$$\theta_{\min}=\theta_{\max}+\pi/2 \tag{9.7.14}$$

这里，sgn(·)是符号函数：

$$\mathrm{sgn}(H)=\begin{cases} 1, & H\geqslant 0 \\ -1, & H<0 \end{cases} \tag{9.7.15}$$

因此，$\theta_{\min}$ 就是彩色图像块在空域中的主朝向(式(9.7.9)中的 θ 表示 $\boldsymbol{n}_p$ 的方向，而不是 $\boldsymbol{n}$ 的方向)。

计算空域主朝向后，还需要考虑朝向的强度。对于一个朝向很强的图像区域，在四元数频域中它的功率谱分布将非常靠近直线 $\boldsymbol{n}$，导致 $D(\boldsymbol{n})$的最大值 $\lambda_{\max}$ 将远大于其最小值 $\lambda_{\min}$。另一方面，对于一个各向同性的图像块，其功率谱将分布在四元数频域原点的周围，导致 $D(\boldsymbol{n})$的最大值 $\lambda_{\max}$ 接近其最小值 $\lambda_{\min}$。极端地，如果图像块颜色是均匀的(同一颜色)，则有 $\lambda_{\max}=\lambda_{\min}=0$。因此，朝向的强度 g 可以按下面的公式计算：

$$g=\left|\frac{\lambda_{\max}-\lambda_{\min}}{\lambda_{\max}+\lambda_{\min}}\right|=\left|\frac{\sqrt{(E-G)^2+(2H)^2}}{E+G}\right| \tag{9.7.16}$$

然而，按照式(9.7.10)计算 E、H、G 时，需要先对彩色图像块进行四元数 Fourier 变换，这是非常耗费计算资源和耗时的(即使使用快速 QFT 算法)。为了直接在空域计算这 3 个参数，先给出下面的定理。

定理 9.7.1：假设四元数函数 $\boldsymbol{f}(x,y)$为

$$\boldsymbol{f}(x,y)=f_s(x,y)+f_{\mu1}(x,y)\cdot\mu_1+f_{\mu2}(x,y)\cdot\mu_2+f_{\mu3}(x,y)\cdot\mu_3$$

这里，μ_1 和 μ_2 是两个相互正交的单位纯虚四元数，$\mu_3=\mu_1\mu_2$，$f_s(x,y)$和 $f_{\mu_i}(x,y)(i=1,2,3)$是实值函数。如果 $\boldsymbol{f}(x,y)$绝对可积且 $F_q(u,v)$是它的四元数 Fourier 变换：

$$F_q(u,v)=\iint \boldsymbol{f}(x,y)\ \mathrm{e}^{-\mu_1(ux+vy)}\ \mathrm{d}x\mathrm{d}y$$

那么，下面 3 个公式成立：

$$\iint uv\cdot|F_q(u,v)|^2\mathrm{d}u\mathrm{d}v=\frac{1}{4\pi^2}\iint\left(\frac{\partial f_s}{\partial x}\frac{\partial f_s}{\partial y}+\frac{\partial f_{\mu1}}{\partial x}\frac{\partial f_{\mu1}}{\partial y}+\frac{\partial f_{\mu2}}{\partial x}\frac{\partial f_{\mu2}}{\partial y}+\frac{\partial f_{\mu3}}{\partial x}\frac{\partial f_{\mu3}}{\partial y}\right)\mathrm{d}x\mathrm{d}y \tag{9.7.17}$$

$$\iint u^2 \cdot |F_q(u,v)|^2 \mathrm{d}u\mathrm{d}v = \frac{1}{4\pi^2}\iint\left(\left(\frac{\partial f_s}{\partial x}\right)^2 + \left(\frac{\partial f_{\mu 1}}{\partial x}\right)^2 + \left(\frac{\partial f_{\mu 2}}{\partial x}\right)^2 + \left(\frac{\partial f_{\mu 3}}{\partial x}\right)^2\right)\mathrm{d}x\mathrm{d}y \tag{9.7.18}$$

$$\iint v^2 \cdot |F_q(u,v)|^2 \mathrm{d}u\mathrm{d}v = \frac{1}{4\pi^2}\iint\left(\left(\frac{\partial f_s}{\partial y}\right)^2 + \left(\frac{\partial f_{\mu 1}}{\partial y}\right)^2 + \left(\frac{\partial f_{\mu 2}}{\partial y}\right)^2 + \left(\frac{\partial f_{\mu 3}}{\partial y}\right)^2\right)\mathrm{d}x\mathrm{d}y \tag{9.7.19}$$

为了证明上面的定理，需要使用下面的引理。

引理 9.7.1：如果 μ_1 和 μ_2 是两个相互正交的单位纯虚四元数，且 $\mu_3=\mu_1\mu_2$，那么有

$$\begin{cases}\mu_1^2=\mu_2^2=\mu_3^2=-1\\ \mu_1\mu_2=-\mu_2\mu_1=\mu_3\end{cases} \tag{9.7.20}$$

引理 9.7.2：假设 $f(x,y)$ 是定义在 $(-\infty,+\infty)\times(-\infty,+\infty)$ 的 2D 复数函数且 $F_f(u,v)$ 是它的复数 Fourier 变换，那么式(9.7.21)成立（$*$ 表示共轭）：

$$F_f^*(u,v)=F_{f^*}(-u,-v) \tag{9.7.21}$$

引理 9.7.3：假设 $f(x,y)$ 和 $g(x,y)$ 是两个定义在 $(-\infty,+\infty)\times(-\infty,+\infty)$ 的 2D 复数函数，$F(u,v)$ 和 $G(u,v)$ 是它们的复数 Fourier 变换。若 $\lim\limits_{|x|\to\infty}|f(x,y)|=\lim\limits_{|x|\to\infty}|g(x,y)|=0$ 且 $\lim\limits_{|y|\to\infty}|f(x,y)|=\lim\limits_{|y|\to\infty}|g(x,y)|=0$，那么下面的公式成立：

$$\begin{aligned}\iint uv \cdot F(u,v)\,G^*(u,v)\,\mathrm{d}u\mathrm{d}v &= \frac{1}{4\pi^2}\iint \frac{\partial f(x,y)}{\partial x}\frac{\partial g^*(x,y)}{\partial y}\mathrm{d}x\mathrm{d}y\\ &=\frac{1}{4\pi^2}\iint \frac{\partial f(x,y)}{\partial y}\frac{\partial g^*(x,y)}{\partial x}\mathrm{d}x\mathrm{d}y\end{aligned} \tag{9.7.22}$$

$$\iint u^2 \cdot F(u,v)\,G^*(u,v)\,\mathrm{d}u\mathrm{d}v = \frac{1}{4\pi^2}\iint \frac{\partial f(x,y)}{\partial x}\frac{\partial g^*(x,y)}{\partial x}\mathrm{d}x\mathrm{d}y \tag{9.7.23}$$

$$\iint v^2 \cdot F(u,v)\,G^*(u,v)\,\mathrm{d}u\mathrm{d}v = \frac{1}{4\pi^2}\iint \frac{\partial f(x,y)}{\partial y}\frac{\partial g^*(x,y)}{\partial y}\mathrm{d}x\mathrm{d}y \tag{9.7.24}$$

引理 9.7.1 通过直接计算即可验证，引理 9.7.2 和引理 9.7.3 在后面证明。下面先利用引理 9.7.1、引理 9.7.2、引理 9.7.3 证明定理 9.7.1。

定理 9.7.1 的证明：

$$\begin{aligned}F_q(u,v) &= \iint f(x,y)\,\mathrm{e}^{-\mu_1(ux+vy)}\,\mathrm{d}x\mathrm{d}y\\ &=\iint (f_s(x,y)+f_{\mu 1}(x,y)\cdot\mu_1+f_{\mu 2}(x,y)\cdot\mu_2+f_{\mu 3}(x,y)\cdot\mu_3)\,\mathrm{e}^{-\mu_1(ux+vy)}\,\mathrm{d}x\mathrm{d}y\\ &=\iint\begin{pmatrix}(f_s(x,y)+f_{\mu 1}(x,y)\cdot\mu_1+f_{\mu 2}(x,y)\cdot\mu_2+f_{\mu 3}(x,y)\cdot\mu_3)\\ \cdot(\cos(ux+vy)-\mu_1\cdot\sin(ux+vy))\end{pmatrix}\mathrm{d}x\mathrm{d}y\end{aligned}$$

利用引理 9.7.1，得到：

$$\begin{aligned}F_q(u,v) = &\iint (f_s(x,y)\cdot\cos(ux+vy)+f_{\mu 1}(x,y)\cdot\sin(ux+vy))\,\mathrm{d}x\mathrm{d}y\,+\\ &\mu_1\cdot\iint(f_{\mu 1}(x,y)\cdot\cos(ux+vy)-f_s(x,y)\cdot\sin(ux+vy))\,\mathrm{d}x\mathrm{d}y\,+\\ &\mu_2\cdot\iint(f_{\mu 2}(x,y)\cdot\cos(ux+vy)-f_{\mu 3}(x,y)\cdot\sin(ux+vy))\,\mathrm{d}x\mathrm{d}y\,+\end{aligned}$$

$$\mu_3 \cdot \iint (f_{\mu 3}(x,y) \cdot \cos(ux+vy) + f_{\mu 2}(x,y) \cdot \sin(ux+vy))\,\mathrm{d}x\,\mathrm{d}y$$

将 $F_q(u,v)$ 写成：

$$F_q(u,v) = \phi_s(u,v) + \mu_1 \cdot \phi_{\mu 1}(u,v) + \mu_2 \cdot \phi_{\mu 2}(u,v) + \mu_3 \cdot \phi_{\mu 3}(u,v) \quad (9.7.25)$$

这里，

$$\phi_s(u,v) = \iint (f_s(x,y) \cdot \cos(ux+vy) + f_{\mu 1}(x,y) \cdot \sin(ux+vy))\,\mathrm{d}x\,\mathrm{d}y$$

$$\phi_{\mu 1}(u,v) = \iint (f_{\mu 1}(x,y) \cdot \cos(ux+vy) - f_s(x,y) \cdot \sin(ux+vy))\,\mathrm{d}x\,\mathrm{d}y$$

$$\phi_{\mu 2}(u,v) = \iint (f_{\mu 2}(x,y) \cdot \cos(ux+vy) - f_{\mu 3}(x,y) \cdot \sin(ux+vy))\,\mathrm{d}x\,\mathrm{d}y$$

$$\phi_{\mu 3}(u,v) = \iint (f_{\mu 3}(x,y) \cdot \cos(ux+vy) + f_{\mu 2}(x,y) \cdot \sin(ux+vy))\,\mathrm{d}x\,\mathrm{d}y \quad (9.7.26)$$

这样，

$$|F_q(u,v)|^2 = |\phi_s(u,v)|^2 + |\phi_{\mu 1}(u,v)|^2 + |\phi_{\mu 2}(u,v)|^2 + |\phi_{\mu 3}(u,v)|^2 \quad (9.7.27)$$

因为，

$$\cos(ux+vy) = \frac{1}{2}(\mathrm{e}^{-\mu_1(ux+vy)} + \mathrm{e}^{\mu_1(ux+vy)})$$

$$\sin(ux+vy) = \frac{\mu_1}{2}(\mathrm{e}^{-\mu_1(ux+vy)} - \mathrm{e}^{\mu_1(ux+vy)})$$

所以，

$$\phi_s(u,v) = \frac{1}{2}(F_{f_s}(u,v) + F_{f_s}(-u,-v)) + \frac{\mu_1}{2}(F_{f_{\mu 1}}(u,v) - F_{f_{\mu 1}}(-u,-v))$$

$$\phi_{\mu 1}(u,v) = \frac{1}{2}(F_{f_{\mu 1}}(u,v) + F_{f_{\mu 1}}(-u,-v)) - \frac{\mu_1}{2}(F_{f_s}(u,v) - F_{f_s}(-u,-v))$$

$$\phi_{\mu 2}(u,v) = \frac{1}{2}(F_{f_{\mu 2}}(u,v) + F_{f_{\mu 2}}(-u,-v)) - \frac{\mu_1}{2}(F_{f_{\mu 3}}(u,v) - F_{f_{\mu 3}}(-u,-v))$$

$$\phi_{\mu 3}(u,v) = \frac{1}{2}(F_{f_{\mu 3}}(u,v) + F_{f_{\mu 3}}(-u,-v)) + \frac{\mu_1}{2}(F_{f_{\mu 2}}(u,v) - F_{f_{\mu 2}}(-u,-v))$$

在上面的方程中，$F_\varphi(u,v)$ ($\varphi = f_s,\ f_{\mu 1},\ f_{\mu 2},\ f_{\mu 3}$) 表示实值函数 $\varphi(x,y)$ 关于虚轴 μ_1 的 Fourier 变换。因为 $\phi_s(u,v)$，$\phi_{\mu 1}(u,v)$，$\phi_{\mu 2}(u,v)$，$\phi_{\mu 3}(u,v)$ 的虚部都是 μ_1，且 $f_s(x,y)$ 和 $f_{\mu_i}(x,y)(i=1,2,3)$ 是实值函数，所以计算 $\phi_s(u,v)$，$\phi_{\mu 1}(u,v)$，$\phi_{\mu 2}(u,v)$，$\phi_{\mu 3}(u,v)$ 时，乘法是可以交换的。这样，根据引理 9.7.2，这些方程可以写为

$$\phi_s(u,v) = \frac{1}{2}(F_{f_s}(u,v) + F^*_{f_s}(u,v)) + \frac{\mu_1}{2}(F_{f_{\mu 1}}(u,v) - F^*_{f_{\mu 1}}(u,v))$$

$$\phi_{\mu 1}(u,v) = \frac{1}{2}(F_{f_{\mu 1}}(u,v) + F^*_{f_{\mu 1}}(u,v)) - \frac{\mu_1}{2}(F_{f_s}(u,v) - F^*_{f_s}(u,v))$$

$$\phi_{\mu 2}(u,v) = \frac{1}{2}(F_{f_{\mu 2}}(u,v) + F^*_{f_{\mu 2}}(u,v)) - \frac{\mu_1}{2}(F_{f_{\mu 3}}(u,v) - F^*_{f_{\mu 3}}(u,v))$$

$$\phi_{\mu 3}(u,v)=\frac{1}{2}(F_{f_{\mu 3}}(u,v)+F^*_{f_{\mu 3}}(u,v))+\frac{\mu_1}{2}(F_{f_{\mu 2}}(u,v)-F^*_{f_{\mu 2}}(u,v))$$

因此，$\phi_s(u,v)$，$\phi_{\mu 1}(u,v)$，$\phi_{\mu 2}(u,v)$，$\phi_{\mu 3}(u,v)$都是实值函数，于是有

$$\begin{aligned}
&|\phi_s(u,v)|^2+|\phi_{\mu 1}(u,v)|^2=\phi_S^2(u,v)+\phi_{\mu 1}^2(u,v)\\
&=\frac{1}{4}((F_{f_s}(u,v)+F^*_{f_s}(u,v))+\mu_1(F_{f_{\mu 1}}(u,v)-F^*_{f_{\mu 1}}(u,v)))^2+\\
&\quad\frac{1}{4}((F_{f_{\mu 1}}(u,v)+F^*_{f_{\mu 1}}(u,v))-\mu_1(F_{f_s}(u,v)-F^*_{f_s}(u,v)))^2\\
&=|F_{f_s}(u,v)|^2+|F_{f_{\mu 1}}(u,v)|^2+\mu_1(F^*_{f_s}(u,v)\cdot F_{f_{\mu 1}}(u,v)-F_{f_s}(u,v)\cdot F^*_{f_{\mu 1}}(u,v))
\end{aligned}\tag{9.7.28}$$

在式(9.7.28)中，用到下面的结论：假设 a 是二维复数，a^* 是它的共轭，则有

$$a^2+(a^*)^2=2aa^*=2a^*a=2|a|^2$$

同样，

$$\begin{aligned}
|\phi_{\mu 2}(u,v)|^2+|\phi_{\mu 3}(u,v)|^2=&|F_{f_{\mu 2}}(u,v)|^2+|F_{f_{\mu 3}}(u,v)|^2+\\
&\mu_1(F_{f_{\mu 2}}(u,v)\cdot F^*_{f_{\mu 3}}(u,v)-F^*_{f_{\mu 2}}(u,v)\cdot F_{f_{\mu 3}}(u,v))
\end{aligned}\tag{9.7.29}$$

所以，

$$\begin{aligned}
|F_q(u,v)|^2=&|F_{f_s}(u,v)|^2+|F_{f_{\mu 1}}(u,v)|^2+|F_{f_{\mu 2}}(u,v)|^2+|F_{f_{\mu 3}}(u,v)|^2+\\
&\mu_1(F^*_{f_s}(u,v)\cdot F_{f_{\mu 1}}(u,v)-F_{f_s}(u,v)\cdot F^*_{f_{\mu 1}}(u,v))+\\
&\mu_1(F_{f_{\mu 2}}(u,v)\cdot F^*_{f_{\mu 3}}(u,v)-F^*_{f_{\mu 2}}(u,v)\cdot F_{f_{\mu 3}}(u,v))
\end{aligned}\tag{9.7.30}$$

利用引理 9.7.3，并注意到 f_s 和 $f_{\mu 1}$都是实值函数，得到：

$$\begin{aligned}
&\iint uv\cdot(F^*_{f_s}(u,v)\cdot F_{f_{\mu 1}}(u,v)-F_{f_s}(u,v)\cdot F^*_{f_{\mu 1}}(u,v))\,\mathrm{d}u\mathrm{d}v\\
&=\iint uv\cdot F^*_{f_s}(u,v)\cdot F_{f_{\mu 1}}(u,v)\,\mathrm{d}u\mathrm{d}v-\iint uv\cdot F_{f_s}(u,v)\cdot F^*_{f_{\mu 1}}(u,v)\,\mathrm{d}u\mathrm{d}v\\
&=\frac{1}{4\pi^2}\iint\frac{\partial f_s^*(x,y)}{\partial x}\frac{\partial f_{\mu 1}(x,y)}{\partial y}\,\mathrm{d}x\mathrm{d}y-\frac{1}{4\pi^2}\iint\frac{\partial f_s(x,y)}{\partial x}\frac{\partial f^*_{\mu 1}(x,y)}{\partial y}\,\mathrm{d}x\mathrm{d}y\\
&=\frac{1}{4\pi^2}\iint\frac{\partial f_s(x,y)}{\partial x}\frac{\partial f_{\mu 1}(x,y)}{\partial y}\,\mathrm{d}x\mathrm{d}y-\frac{1}{4\pi^2}\iint\frac{\partial f_s(x,y)}{\partial x}\frac{\partial f_{\mu 1}(x,y)}{\partial y}\,\mathrm{d}x\mathrm{d}y\\
&=0
\end{aligned}\tag{9.7.31}$$

$$\begin{aligned}
&\iint u^2\cdot(F^*_{f_s}(u,v)\cdot F_{f_{\mu 1}}(u,v)-F_{f_s}(u,v)\cdot F^*_{f_{\mu 1}}(u,v))\,\mathrm{d}u\mathrm{d}v\\
&=\iint u^2\cdot F^*_{f_s}(u,v)\cdot F_{f_{\mu 1}}(u,v)\,\mathrm{d}u\mathrm{d}v-\iint u^2\cdot F_{f_s}(u,v)\cdot F^*_{f_{\mu 1}}(u,v)\,\mathrm{d}u\mathrm{d}v\\
&=\frac{1}{4\pi^2}\iint\frac{\partial f_s^*(x,y)}{\partial x}\frac{\partial f_{\mu 1}(x,y)}{\partial x}\,\mathrm{d}x\mathrm{d}y-\frac{1}{4\pi^2}\iint\frac{\partial f_s(x,y)}{\partial x}\frac{\partial f^*_{\mu 1}(x,y)}{\partial x}\,\mathrm{d}x\mathrm{d}y\\
&=\frac{1}{4\pi^2}\iint\frac{\partial f_s(x,y)}{\partial x}\frac{\partial f_{\mu 1}(x,y)}{\partial x}\,\mathrm{d}x\mathrm{d}y-\frac{1}{4\pi^2}\iint\frac{\partial f_s(x,y)}{\partial x}\frac{\partial f_{\mu 1}(x,y)}{\partial x}\,\mathrm{d}x\mathrm{d}y\\
&=0
\end{aligned}\tag{9.7.32}$$

同样，

$$\iint v^2 \cdot (F_{f_s}^*(u,v) \cdot F_{f_{\mu 1}}(u,v) - F_{f_s}(u,v) \cdot F_{f_{\mu 1}}^*(u,v))\,\mathrm{d}u\mathrm{d}v = 0 \tag{9.7.33}$$

$$\iint uv\,(F_{f_{\mu 2}}(u,v) \cdot F_{f_{\mu 3}}^*(u,v) - F_{f_{\mu 2}}^*(u,v) \cdot F_{f_{\mu 3}}(u,v))\,\mathrm{d}u\mathrm{d}v = 0 \tag{9.7.34}$$

$$\iint u^2 \cdot (F_{f_{\mu 2}}(u,v) \cdot F_{f_{\mu 3}}^*(u,v) - F_{f_{\mu 2}}^*(u,v) \cdot F_{f_{\mu 3}}(u,v))\,\mathrm{d}u\mathrm{d}v = 0 \tag{9.7.35}$$

$$\iint v^2 \cdot (F_{f_{\mu 2}}(u,v) \cdot F_{f_{\mu 3}}^*(u,v) - F_{f_{\mu 2}}^*(u,v) \cdot F_{f_{\mu 3}}(u,v))\,\mathrm{d}u\mathrm{d}v = 0 \tag{9.7.36}$$

这样，根据式(9.7.30)～式(9.7.36)和引理 9.7.3，得到

$$\begin{aligned}
&\iint uv \cdot |F_q(u,v)|^2 \mathrm{d}u\mathrm{d}v \\
&= \iint uv \cdot (|F_{f_s}(u,v)|^2 + |F_{f_{\mu 1}}(u,v)|^2 + |F_{f_{\mu 2}}(u,v)|^2 + |F_{f_{\mu 3}}(u,v)|^2)\mathrm{d}u\mathrm{d}v + \\
&\quad \mu_1 \cdot \iint uv \cdot (F_{f_s}^*(u,v) \cdot F_{f_{\mu 1}}(u,v) - F_{f_s}(u,v) \cdot F_{f_{\mu 1}}^*(u,v))\mathrm{d}u\mathrm{d}v + \\
&\quad \mu_1 \cdot \iint uv \cdot (F_{f_{\mu 2}}(u,v) \cdot F_{f_{\mu 3}}^*(u,v) - F_{f_{\mu 2}}^*(u,v) \cdot F_{f_{\mu 3}}(u,v))\mathrm{d}u\mathrm{d}v \\
&= \iint uv \cdot (|F_{f_s}(u,v)|^2 + |F_{f_{\mu 1}}(u,v)|^2 + |F_{f_{\mu 2}}(u,v)|^2 + |F_{f_{\mu 3}}(u,v)|^2)\mathrm{d}u\mathrm{d}v \\
&= \iint uv \cdot F_{f_s}(u,v) \cdot F_{f_s}^*(u,v)\,\mathrm{d}u\mathrm{d}v + \iint uv \cdot F_{f_{\mu 1}}(u,v) \cdot F_{f_{\mu 1}}^*(u,v)\,\mathrm{d}u\mathrm{d}v + \\
&\quad \iint uv \cdot F_{f_{\mu 2}}(u,v) \cdot F_{f_{\mu 2}}^*(u,v)\,\mathrm{d}u\mathrm{d}v + \iint uv \cdot F_{f_{\mu 3}}(u,v) \cdot F_{f_{\mu 3}}^*(u,v)\,\mathrm{d}u\mathrm{d}v \\
&= \frac{1}{4\pi^2}\iint \left(\frac{\partial f_s}{\partial x}\frac{\partial f_s}{\partial y} + \frac{\partial f_{\mu 1}}{\partial x}\frac{\partial f_{\mu 1}}{\partial y} + \frac{\partial f_{\mu 2}}{\partial x}\frac{\partial f_{\mu 2}}{\partial y} + \frac{\partial f_{\mu 3}}{\partial x}\frac{\partial f_{\mu 3}}{\partial y}\right)\mathrm{d}x\mathrm{d}y
\end{aligned}$$

$$\begin{aligned}
&\iint u^2 \cdot |F_q(u,v)|^2 \mathrm{d}u\mathrm{d}v \\
&= \iint u^2 \cdot (|F_{f_s}(u,v)|^2 + |F_{f_{\mu 1}}(u,v)|^2 + |F_{f_{\mu 2}}(u,v)|^2 + |F_{f_{\mu 3}}(u,v)|^2)\mathrm{d}u\mathrm{d}v + \\
&\quad \mu_1 \cdot \iint u^2 \cdot (F_{f_s}^*(u,v) \cdot F_{f_{\mu 1}}(u,v) - F_{f_s}(u,v) \cdot F_{f_{\mu 1}}^*(u,v))\mathrm{d}u\mathrm{d}v + \\
&\quad \mu_1 \cdot \iint u^2 \cdot (F_{f_{\mu 2}}(u,v) \cdot F_{f_{\mu 3}}^*(u,v) - F_{f_{\mu 2}}^*(u,v) \cdot F_{f_{\mu 3}}(u,v))\mathrm{d}u\mathrm{d}v \\
&= \iint u^2 \cdot (|F_{f_s}(u,v)|^2 + |F_{f_{\mu 1}}(u,v)|^2 + |F_{f_{\mu 2}}(u,v)|^2 + |F_{f_{\mu 3}}(u,v)|^2)\mathrm{d}u\mathrm{d}v \\
&= \iint u^2 \cdot F_{f_s}(u,v) \cdot F_{f_s}^*(u,v)\,\mathrm{d}u\mathrm{d}v + \iint u^2 \cdot F_{f_{\mu 1}}(u,v) \cdot F_{f_{\mu 1}}^*(u,v)\,\mathrm{d}u\mathrm{d}v + \\
&\quad \iint u^2 \cdot F_{f_{\mu 2}}(u,v) \cdot F_{f_{\mu 2}}^*(u,v)\,\mathrm{d}u\mathrm{d}v + \iint u^2 \cdot F_{f_{\mu 3}}(u,v) \cdot F_{f_{\mu 3}}^*(u,v)\,\mathrm{d}u\mathrm{d}v \\
&= \frac{1}{4\pi^2}\iint \left(\left(\frac{\partial f_s}{\partial x}\right)^2 + \left(\frac{\partial f_{\mu 1}}{\partial x}\right)^2 + \left(\frac{\partial f_{\mu 2}}{\partial x}\right)^2 + \left(\frac{\partial f_{\mu 3}}{\partial x}\right)^2\right)\mathrm{d}x\mathrm{d}y
\end{aligned}$$

类似地，可以计算：

$$\iint v^2 \cdot |F_q(u,v)|^2 \mathrm{d}u\mathrm{d}v = \frac{1}{4\pi^2}\iint \left(\left(\frac{\partial f_s}{\partial y}\right)^2 + \left(\frac{\partial f_{\mu 1}}{\partial y}\right)^2 + \left(\frac{\partial f_{\mu 2}}{\partial y}\right)^2 + \left(\frac{\partial f_{\mu 3}}{\partial y}\right)^2\right)\mathrm{d}x\mathrm{d}y$$

定理 9.7.1 证明完毕。

现在证明引理 9.7.2 和引理 9.7.3。

引理 9.7.2 的证明：

$$F_f^*(u,v)=\left(\int_{-\infty}^{+\infty}\int_{-\infty}^{+\infty}f(x,y)\ \mathrm{e}^{-j(ux+vy)}\mathrm{d}x\mathrm{d}y\right)^*$$
$$=\int_{-\infty}^{+\infty}\int_{-\infty}^{+\infty}f^*(x,y)\ \mathrm{e}^{j(ux+vy)}\mathrm{d}x\mathrm{d}y$$
$$=F_{f^*}(-u,-v)$$

为了证明引理 9.7.3，需要引用下面的结论。

引理 9.7.4：假设 $f(x,y)$是定义在$(-\infty,+\infty)\times(-\infty,+\infty)$的 2D 复数函数且 $F_f(u,v)$是它的复 Fourier 变换，那么下面的公式成立：

(1) 若 $\lim\limits_{|x|\to\infty}|f(x,y)|=0$，则有 $F_{f'_x}(u,v)=ju\cdot F_f(u,v)$

(2) 若 $\lim\limits_{|y|\to\infty}|f(x,y)|=0$，则有 $F_{f'_y}(u,v)=jv\cdot F_f(u,v)$

引理 9.7.4 的证明：

$$F_{f'_x}(u,v)=\int_{-\infty}^{+\infty}\int_{-\infty}^{+\infty}\frac{\partial f(x,y)}{\partial x}\ \mathrm{e}^{-j(ux+vy)}\mathrm{d}x\mathrm{d}y$$
$$=\int_{-\infty}^{+\infty}\left(\int_{-\infty}^{+\infty}\frac{\partial f(x,y)}{\partial x}\ \mathrm{e}^{-jux}\mathrm{d}x\right)\mathrm{e}^{-jvy}\mathrm{d}y$$
$$=\int_{-\infty}^{+\infty}\left(\int_{-\infty}^{+\infty}\mathrm{e}^{-jux}df(x,y)\right)\mathrm{e}^{-jvy}\mathrm{d}y$$
$$=\int_{-\infty}^{+\infty}\left([\mathrm{e}^{-jux}f(x,y)]_{x=-\infty}^{x=+\infty}-\int_{-\infty}^{+\infty}f(x,y)d\mathrm{e}^{-jux}\right)\mathrm{e}^{-jvy}\mathrm{d}y$$

由于 $\lim\limits_{|x|\to\infty}|f(x,y)|=0$，所以$[\mathrm{e}^{-jux}f(x,y)]_{x=-\infty}^{x=+\infty}=0$，因此

$$F_{f'_x}(u,v)=\int_{-\infty}^{+\infty}\left(ju\int_{-\infty}^{+\infty}\mathrm{e}^{-jux}f(x,y)\mathrm{d}x\right)\mathrm{e}^{-jvy}\mathrm{d}y$$
$$=ju\int_{-\infty}^{+\infty}\int_{-\infty}^{+\infty}f(x,y)\ \mathrm{e}^{-j(ux+vy)}\mathrm{d}x\mathrm{d}y$$
$$=ju\cdot F_f(u,v)$$

同理可证 $F_{f'_y}(u,v)=jv\cdot F_f(u,v)$。

引理 9.7.3 的证明：

$$\iint uv\cdot F(u,v)G^*(u,v)\ \mathrm{d}u\mathrm{d}v$$
$$=\iint(ju\cdot F(u,v))\cdot(-jv\cdot G^*(u,v))\ \mathrm{d}u\mathrm{d}v$$
$$=\iint(ju\cdot F(u,v))\cdot\left(-jv\cdot\iint g^*(x,y)\ \mathrm{e}^{j(ux+vy)}\mathrm{d}x\mathrm{d}y\right)\ \mathrm{d}u\mathrm{d}v$$
$$=\iint F_{f'_x}(u,v)\cdot F_{(g^*)'_y}(-u,-v)\ \mathrm{d}u\mathrm{d}v$$
$$=\iint F_{f'_x}(u,v)\cdot\left(\iint\frac{\partial g^*(x,y)}{\partial y}\ \mathrm{e}^{j(ux+vy)}\mathrm{d}x\mathrm{d}y\right)\ \mathrm{d}u\mathrm{d}v$$
$$=\iint\left(\iint F_{f'_x}(u,v)\cdot\mathrm{e}^{j(ux+vy)}\mathrm{d}u\mathrm{d}v\right)\cdot\frac{\partial g^*(x,y)}{\partial y}\mathrm{d}x\mathrm{d}y$$

$$=\frac{1}{4\pi^2}\iint\frac{\partial f(x,y)}{\partial x}\cdot\frac{\partial g^*(x,y)}{\partial y}\,\mathrm{d}x\,\mathrm{d}y$$

类似地，通过$\iint uv\cdot F(u,v)G^*(u,v)\,\mathrm{d}u\,\mathrm{d}v=\iint(jv\cdot F(u,v))\cdot(-ju\cdot G^*(u,v))\,\mathrm{d}u\,\mathrm{d}v$，可以得到：

$$\iint uv\cdot F(u,v)G^*(u,v)\,\mathrm{d}u\,\mathrm{d}v=\frac{1}{4\pi^2}\iint\frac{\partial f(x,y)}{\partial y}\frac{\partial g^*(x,y)}{\partial x}\,\mathrm{d}x\,\mathrm{d}y$$

同样的方式，

$$\begin{aligned}&\iint u^2\cdot F(u,v)G^*(u,v)\,\mathrm{d}u\,\mathrm{d}v\\&=\iint(ju\cdot F(u,v))\cdot(-ju\cdot G^*(u,v))\,\mathrm{d}u\,\mathrm{d}v\\&=\iint(ju\cdot F(u,v))\cdot\left(-ju\cdot\iint g^*(x,y)\,\mathrm{e}^{j(ux+vy)}\mathrm{d}x\,\mathrm{d}y\right)\mathrm{d}u\,\mathrm{d}v\\&=\iint F_{f'_x}(u,v)\cdot F_{(g^*)'_x}(-u,-v)\,\mathrm{d}u\,\mathrm{d}v\\&=\iint F_{f'_x}(u,v)\cdot\left(\iint\frac{\partial g^*(x,y)}{\partial x}\,\mathrm{e}^{j(ux+vy)}\mathrm{d}x\,\mathrm{d}y\right)\mathrm{d}u\,\mathrm{d}v\\&=\iint\left(\iint F_{f'_x}(u,v)\cdot\mathrm{e}^{j(ux+vy)}\,\mathrm{d}u\,\mathrm{d}v\right)\cdot\frac{\partial g^*(x,y)}{\partial x}\mathrm{d}x\,\mathrm{d}y\\&=\frac{1}{4\pi^2}\iint\frac{\partial f(x,y)}{\partial x}\cdot\frac{\partial g^*(x,y)}{\partial x}\,\mathrm{d}x\,\mathrm{d}y\end{aligned}$$

同样，可以得到：

$$\iint v^2\cdot F(u,v)G^*(u,v)\,\mathrm{d}u\,\mathrm{d}v=\frac{1}{4\pi^2}\iint\frac{\partial f(x,y)}{\partial y}\cdot\frac{\partial g^*(x,y)}{\partial y}\,\mathrm{d}x\,\mathrm{d}y$$

引理 9.3 证明完毕。

根据定理 9.7.1，对于一个彩色图像 $\boldsymbol{f}(x,y)=R(x,y)i+G(x,y)j+B(x,y)k$，参数 E、H、G 可直接在空域计算：

$$\begin{aligned}H&=\iint uv\cdot|F_q(u,v)|^2\mathrm{d}u\,\mathrm{d}v\\&=\frac{1}{4\pi^2}\iint\left(\frac{\partial f_s}{\partial x}\frac{\partial f_s}{\partial y}+\frac{\partial f_{\mu1}}{\partial x}\frac{\partial f_{\mu1}}{\partial y}+\frac{\partial f_{\mu2}}{\partial x}\frac{\partial f_{\mu2}}{\partial y}+\frac{\partial f_{\mu3}}{\partial x}\frac{\partial f_{\mu3}}{\partial y}\right)\mathrm{d}x\,\mathrm{d}y\\&=\frac{1}{4\pi^2}\iint\left(\frac{\partial R(x,y)}{\partial x}\frac{\partial R(x,y)}{\partial y}+\frac{\partial G(x,y)}{\partial x}\frac{\partial G(x,y)}{\partial y}+\frac{\partial B(x,y)}{\partial x}\frac{\partial B(x,y)}{\partial y}\right)\mathrm{d}x\,\mathrm{d}y\end{aligned}\tag{9.7.37}$$

$$\begin{aligned}E&=\iint u^2\cdot|F_q(u,v)|^2\mathrm{d}u\,\mathrm{d}v\\&=\frac{1}{4\pi^2}\iint\left(\left(\frac{\partial f_s}{\partial x}\right)^2+\left(\frac{\partial f_{\mu1}}{\partial x}\right)^2+\left(\frac{\partial f_{\mu2}}{\partial x}\right)^2+\left(\frac{\partial f_{\mu3}}{\partial x}\right)^2\right)\mathrm{d}x\,\mathrm{d}y\\&=\frac{1}{4\pi^2}\iint\left(\left(\frac{\partial R(x,y)}{\partial x}\right)^2+\left(\frac{\partial G(x,y)}{\partial x}\right)^2+\left(\frac{\partial B(x,y)}{\partial x}\right)^2\right)\mathrm{d}x\,\mathrm{d}y\end{aligned}\tag{9.7.38}$$

$$G=\iint v^2 \cdot |F_q(u,v)|^2 \mathrm{d}u\mathrm{d}v$$
$$=\frac{1}{4\pi^2}\iint\left(\left(\frac{\partial f_s}{\partial y}\right)^2+\left(\frac{\partial f_{\mu1}}{\partial y}\right)^2+\left(\frac{\partial f_{\mu2}}{\partial y}\right)^2+\left(\frac{\partial f_{\mu3}}{\partial y}\right)^2\right)\mathrm{d}x\mathrm{d}y \tag{9.7.39}$$
$$=\frac{1}{4\pi^2}\iint\left(\left(\frac{\partial R(x,y)}{\partial y}\right)^2+\left(\frac{\partial G(x,y)}{\partial y}\right)^2+\left(\frac{\partial B(x,y)}{\partial y}\right)^2\right)\mathrm{d}x\mathrm{d}y$$

综上所述,算法 9.7.1 总结了彩色图像块的主朝向 θ 及朝向强度 g 的计算方法。

算法 9.7.1 彩色图像块的主朝向计算方法

输入:彩色图像块 $\boldsymbol{f}(x,y)=(R(x,y),G(x,y),B(x,y))$

输出:θ,g(2 个标量),即 $\boldsymbol{f}(x,y)$的主朝向和朝向强度

(1) 计算彩色图像 $\boldsymbol{f}(x,y)$的每个通道的偏导数(见 6.2.1 节):

$$\frac{\partial R(x,y)}{\partial x},\frac{\partial R(x,y)}{\partial y},\frac{\partial G(x,y)}{\partial x},\frac{\partial G(x,y)}{\partial y},\frac{\partial B(x,y)}{\partial x},\frac{\partial B(x,y)}{\partial y}$$

(2) 根据式(9.7.37)~式(9.7.39) 计算参数图像 H、E、G;

(3) 利用式(9.7.11)和式(9.7.12)求解方程 $D(\boldsymbol{n})=E\cos^2\theta+2H\cos\theta\sin\theta+G\sin^2\theta$ 的极值:

$$\lambda_{\max}=\frac{1}{2}((E+G)+\sqrt{(E-G)^2+(2H)^2})$$

$$\theta_{\max}=\begin{cases}\operatorname{sgn}(H)\arcsin\left(\dfrac{\lambda_{\max}-E}{2\lambda_{\max}-E-G}\right)^{1/2}+k\pi, & (E-G)^2+H^2\neq 0\\ \text{Undefined}, & (E-G)^2+H^2=0\end{cases}$$

(4) 计算 $\boldsymbol{f}(x,y)$的主朝向 θ 及朝向强度 g:

主朝向:$\theta=\theta_{\max}+\dfrac{\pi}{2}$

朝向强度:$g=\dfrac{\sqrt{(E-G)^2+(2H)^2}}{E+G}$

//算法结束

图 9.7.4(见彩插 6 的第 2 行和第 3 行)显示了 4 个图像块及计算出的主朝向(朝向强度和朝向角度),朝向强度的取值范围为[0,1],朝向角度的取值范围为[0,180°]。从图中可以看出,计算出的朝向强度和朝向角度准确地表达了实际的朝向。朝向越明显(越清晰),朝向强度越大;朝向越模糊,朝向强度越小。特别地,对于颜色均匀(颜色相同)的区域,朝向强度为 0(没有朝向)。

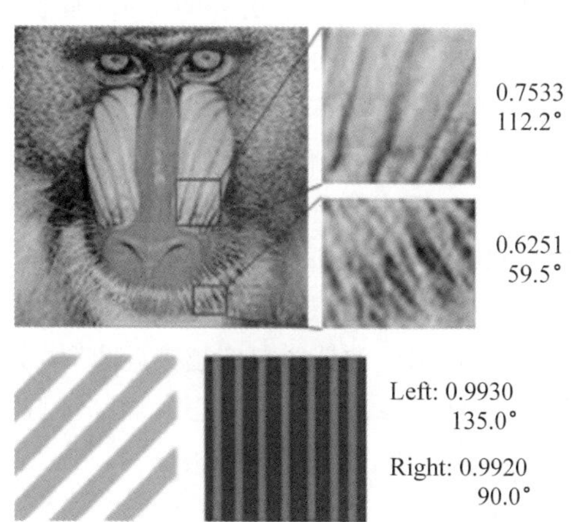

图 9.7.4 朝向强度和朝向角度(图像坐标系 y 轴是向下的)

最后，简要讨论本节彩色朝向计算方法与彩色结构张量的关系。对于灰度图像 $I(x,y)$，结构张量定义为[154]

$$\boldsymbol{T}_{\text{scalar}}=G_\rho\otimes(\nabla I\cdot\nabla I^{\mathrm{T}})=\begin{pmatrix}G_\rho\otimes(I_x)^2 & G_\rho\otimes(I_xI_y)\\ G_\rho\otimes(I_xI_y) & G_\rho\otimes(I_y)^2\end{pmatrix} \tag{9.7.40}$$

这里，$\nabla I=(I_x\ I_y)^{\mathrm{T}}$ 是梯度算子，G_ρ 是均方差为 ρ 的高斯核函数，$\otimes$表示卷积。正因为高斯核函数 G_ρ，才使得结构张量 $\boldsymbol{T}_{\text{scalar}}$ 能捕捉到图像块的局部结构信息：最小特征矢量隐含着局部朝向。然而，如果去除 $\boldsymbol{T}_{\text{scalar}}$ 中的 G_ρ，则 $\boldsymbol{T}_{\text{scalar}}$ 不能捕捉图像块的局部结构信息，这时 $\boldsymbol{T}_{\text{scalar}}$ 仅包含梯度信息：最大特征矢量指示梯度方向。

对于彩色图像，Zenzo 最早定义了结构张量[62]，用于计算彩色图像的梯度（不能用于朝向估计）。该结构张量被定义为 3 个颜色通道偏微分之和：

$$\boldsymbol{T}_{\text{color}}=\sum_{c\in\{R,G,B\}}\nabla I^{(c)}(\nabla I^{(c)})^{\mathrm{T}}=\sum_{c\in\{R,G,B\}}\begin{pmatrix}(I_x^{(c)})^2 & I_x^{(c)}I_y^{(c)}\\ I_x^{(c)}I_y^{(c)} & (I_y^{(c)})^2\end{pmatrix} \tag{9.7.41}$$

该结构张量的最大特征值和特征矢量对应彩色图像的梯度（但没有隐含朝向信息）。后来，一些研究直观地将灰度图像的结构张量扩展到彩色图像：$G_\rho\otimes\boldsymbol{T}_{\text{color}}$ 的最小特征矢量平行彩色图像的局部朝向。但是，由于颜色通道之间的光谱相关性，没有研究从理论上证明 $G_\rho\otimes\boldsymbol{T}_{\text{color}}$ 的最小特征矢量对应彩色图像的局部朝向。

本节的内容为彩色图像朝向检测提供了理论框架。一个彩色图像可以有不同的四元数表示形式，当彩色图像表示为纯虚四元数形式时，本节描述的彩色朝向计算方法与被高斯平滑后的彩色结构张量有点类似。但是，如果彩色图像表示为其他四元数形式（如表示为 4 个部件的四元数：实部为亮度/梯度、3 个虚部为 3 个颜色通道的值），那么本节的彩色朝向估计方法就不同于常规的彩色结构张量。

9.7.3 结构自适应的彩色图像去噪

在图像去噪中，去除噪声和保护纹理细节相互影响。在去除噪声的同时，势必造成图像纹理、边缘等细节的模糊和丢失。去噪能力越强，图像纹理细节就会破坏得越多。去噪强度越小，图像纹理细节就会保持得越好，但噪声会保留得越多。所以，图像去噪算法需要在去除噪声和保护细节之间维持适当的平衡。一个较好的方法是：根据图像局部区域的结构自适应地调整平滑（去噪）的强度。在平滑区域，可以执行更多的平滑；而在纹理细节丰富区域，执行轻度的平滑。基于这种思想，可以使用局部朝向及朝向强度（见 9.7.2 节）描述一个局部区域：朝向强度越强，说明这个区域的纹理结构越强；朝向强度越弱，表明这个区域的纹理结构越弱。特别地，当朝向强度趋近 0 时，表示这个区域内纹理细节很少，属于非常平滑的区域。为了保护纹理细节，应沿主朝向的方向执行平滑操作。这样，通过自适应地控制滤波器窗口的朝向、形状、大小，就能控制噪声去除和细节保护之间平衡（滤波器的朝向、形状和大小决定平滑的强度）。滤波器窗口的朝向应当与图像局部区域的朝向相同，图像区域朝向越强，滤波器窗口应越扁平；反之，图像区域朝向强度越小，滤波器窗口应越接近圆形（或正方形）。

假设 $\boldsymbol{x}_0$ 表示当前位置（(x,y)坐标）、以 $\boldsymbol{x}_0$ 为中心的局部区域的朝向和朝向强度为 $\boldsymbol{l}_{x0}$ 和 $g(\boldsymbol{x}_0)$（使用 9.7.2 节的方法计算）。那么，该位置的滤波器窗口 $W(\boldsymbol{x}_0)$ 定义为如下的椭圆形状：

$$W(\boldsymbol{x}_0)=\{\ \boldsymbol{x}\mid\rho(\boldsymbol{x},\boldsymbol{x}_0)\leqslant 1\ \} \tag{9.7.42}$$

其中，

$$\rho(\boldsymbol{x},\boldsymbol{x}_0)=\frac{((\boldsymbol{x}-\boldsymbol{x}_0)\cdot \boldsymbol{l}_{\boldsymbol{x}_0})^2}{r^2}+\frac{((\boldsymbol{x}-\boldsymbol{x}_0)\cdot \boldsymbol{l}_{\boldsymbol{x}_0}^{\perp})^2}{((1-g(\boldsymbol{x}_0))\,r)^2} \tag{9.7.43}$$

这里，$\boldsymbol{l}_{\boldsymbol{x}_0}^{\perp}$表示$\boldsymbol{l}_{\boldsymbol{x}_0}$的单位法矢量，$r$是预定义的椭圆长轴半径。从式(9.7.43)可以看出，椭圆形滤波器窗口的朝向和形状分别由图像局部区域的朝向$\boldsymbol{l}_{\boldsymbol{x}_0}$和朝向强度$g(\boldsymbol{x}_0)$决定。朝向强度$g(\boldsymbol{x}_0)$越大，滤波器窗口越扁平，从而图像局部结构细节信息保护越强（去噪/平滑能力越弱）。反之，$g(\boldsymbol{x}_0)$越小，滤波器窗口就越接近圆形，从而去噪/平滑能力就越强（结构细节信息保护能力就变弱）。

记$\boldsymbol{l}_{\boldsymbol{x}_0}=(\cos\theta\ \sin\theta)^{\mathrm{T}}$、$\boldsymbol{x}_0=(\boldsymbol{x}_0,\boldsymbol{y}_0)$、$\boldsymbol{x}=(\boldsymbol{x},\boldsymbol{y})$，那么，$\boldsymbol{l}_{\boldsymbol{x}_0}^{\perp}=(-\sin\theta\ \cos\theta)^{\mathrm{T}}$。这样，式(9.7.43)可写为

$$\rho(\boldsymbol{x},\boldsymbol{x}_0)=\frac{((\boldsymbol{x}-\boldsymbol{x}_0)\cos\theta+(\boldsymbol{y}-\boldsymbol{y}_0)\sin\theta)^2}{r^2}+\frac{(-(\boldsymbol{x}-\boldsymbol{x}_0)\sin\theta+(\boldsymbol{y}-\boldsymbol{y}_0)\cos\theta)^2}{((1-g(\boldsymbol{x}_0,\boldsymbol{y}_0))\,r)^2} \tag{9.7.44}$$

图9.7.5显示了几种不同朝向θ和朝向强度g的滤波窗口。从图中可以看出，g越大，滤波器窗口越扁平；g越小，滤波器窗口越接近圆形。

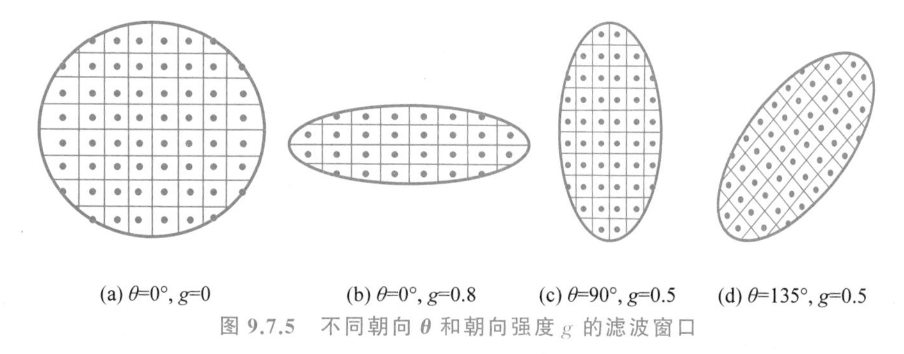

(a) θ=0°, g=0　(b) θ=0°, g=0.8　(c) θ=90°, g=0.5　(d) θ=135°, g=0.5

图9.7.5 不同朝向θ和朝向强度g的滤波窗口

基于上面描述的技术，文献[155]提出一个结构自适应的矢量中值滤波器，用于去除彩色图像中的脉冲噪声，取得了优秀的去噪效果。该矢量滤波器的原理是：对于图像中的每个像素，先计算其局部区域的朝向和朝向强度，再根据式(9.7.42)和式(9.7.44)确定滤波器窗口的大小和形状，最后计算滤波器窗口内像素的中值矢量。假设$\boldsymbol{I}(x,y)$是原始的彩色噪声图像，$\boldsymbol{y}(x,y)$是矢量中值滤波的结果，W表示以(x,y)为中心的朝向窗口（滤波器窗口），那么这种朝向的矢量中值滤波器可以表示为

$$\boldsymbol{y}(x,y)=\min_{\boldsymbol{I}(x,y)}\sum_{(x,y)\in W}\|\boldsymbol{I}(x,y)-\boldsymbol{I}(x_0,y_0)\|_2 \tag{9.7.45}$$

表9.7.1给出了上述结构自适应的朝向矢量中值滤波器($r=7$)与经典的中值滤波器的滤波结果。在Lotus和Parrots图像中分别加入$p_I=0.1$和$p_I=0.2$的随机脉冲噪声（第5章的噪声模型(5.1.1)），在噪声仿真的过程中，通道相关因子取$\rho=0.5$（由噪声仿真算法可知，实际的噪声密度一般为污染率p_I的2～3倍）。从表9.7.1可以看出，不管是去噪性能(PSNR)、细节保护(MAE)，还是颜色保护(NCD)，结构自适应的朝向矢量中值滤波器(adaptive VMF)显著优于经典的矢量中值滤波器(VMF)。图9.7.6显示了adaptive VMF和VMF去噪后的图像。从图中可以看出，结构自适应VMF不但能更好地去除脉冲噪声，而且能更好地保护图像的纹理、边缘和细节。

表 9.7.1 结构自适应的中值滤波器性能比较

Scores	Images					
	Lotus($\rho=0.1$)			Parrots($\rho=0.2$)		
	Noisy	VMF	Adaptive VMF	Noisy	VMF	Adaptive VMF
PSNR	14.05	29.23	30.95	13.05	23.43	25.38
MAE	17.94	2.54	2.29	27.32	6.87	5.98
NCD	0.2244	0.0332	0.0307	0.2868	0.0486	0.0376

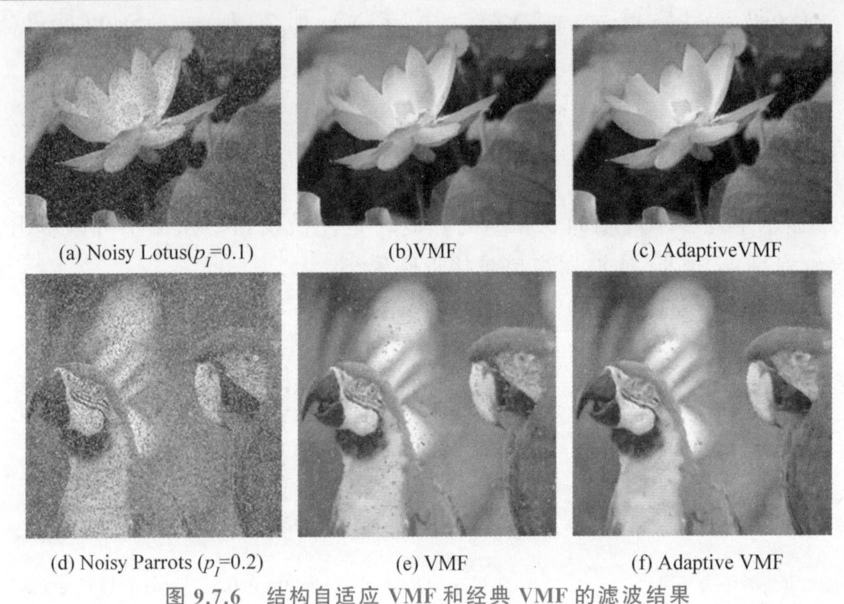

(a) Noisy Lotus(p_I=0.1) (b)VMF (c) AdaptiveVMF

(d) Noisy Parrots (p_I=0.2) (e) VMF (f) Adaptive VMF

图 9.7.6 结构自适应 VMF 和经典 VMF 的滤波结果

9.7.4 四元数卷积神经网络

由于计算机硬件的飞跃性发展和神经网络强大的学习能力，人工神经网络(Artificial Neural Network)发展快速，已被广泛应用到各种图像处理、计算机视觉、人工智能的应用中，并取得了巨大的成功。在目标分类和识别方面，神经网络能将特征提取及目标分类和识别合成为一体。一些经典的神经网络模型已经被广泛用来提取特征和目标分类，如 LeNet、AlexNet、VGGNet、GoogLeNet(Inception)、ResNet。然而，一般的神经网络都是基于标量数据处理的。对于彩色图像，这些神经网络在输入端将彩色图像转换为灰度图像，或者利用神经网络的第 1 个隐藏层将 3 个颜色通道转换为灰度数据(或者将 3 个通道数据直接排列成标量数据输入网络)，再进行后续的处理。这样的处理方式没有充分利用颜色通道的相关性，也有可能造成信息丢失。例如，在把颜色转换成灰度值时不仅会丢弃色调信息，而且会把一些不同的颜色转换成相同的灰度值，如 RGB 颜色 (200,36,10)、(0,114,132)、(10,110,126)、(30,102,114)、(60,90,95) 都被转换成灰度值 82(不管采用 3 通道取平均，还是 YUV 的亮度机制)，从而造成信息丢失。利用神经网络的第一个隐藏层将 3 个通道数据转换为标量数据，这种处理方式也没有充分利用颜色通道的相关性。

针对上述问题，人们提出四元数神经网络[156-157]，并将其成功应用到彩色图像处理和计算机视觉任务中，如彩色图像分割、彩色图像目标分类、彩色图像表情识别、彩色图像行为和姿势识别、彩色图像 3D 形状识别，等等。在四元数神经网络模型中，由于每层(除一些特殊的层)都是用四元数表示的(节点的输入和输出、节点之间连接的权重等)，所以应用四元数神经网络处理彩色图像时，既维护了彩色像素的整体性(不是按单个通道进行处理)，又一定程度上利用了颜色通道之间的相关性，同时也避免了图像信息的丢失。因此，处理彩色图像时，相比常规的实值神经网络，四元数神经网络常常具有明显的优势和更好的性能。

在四元数神经网络中，网络参数如节点之间连接的权值等都是四元数，为了保证这些四元数网络参数是可以学习的(反向传播算法)，损失函数对这些四元数参数必须是可求导的，文献[156-157]证明了在四元数神经网络中四元数参数的可导性。

一个神经网络是由一些基本的层(Layer)组成的，基本的层可以分成两大类：线性层和非线性层。在四元数神经网络中，线性层与实值神经网络的线性层类似。例如，四元数均值池化就是对四元数的四个部件的均值池化；四元数全连接层与实值神经网络的全连接层类似，只不过四元数全连接层的权值都是四元数，权值与节点的相乘是两个四元数的相乘。四元数神经网络与实值神经网络的最大不同，主要体现在非线性层(非线性操作)上。在四元数卷积神经网络中，最基本的非线性操作有四元数卷积(Quaternion Convolution)、四元数激活函数(Quaternion Activation Function)、四元数批归一化(Quaternion Batch-Normalization)、四元数权值初始化(Quaternion Weight Initialization)，等等。

1) 四元数卷积

假设四元数图像和四元数卷积核分别为

$$\boldsymbol{f}_q(x,y)=f_r(x,y)+f_i(x,y)\cdot i+f_j(x,y)\cdot j+f_k(x,y)\cdot k \tag{9.7.46}$$

$$\boldsymbol{g}_q(x,y)=g_r(x,y)+g_i(x,y)\cdot i+g_j(x,y)\cdot j+g_k(x,y)\cdot k \tag{9.7.47}$$

那么，它们的卷积计算如下[157-158]：

$$\begin{aligned}
&\boldsymbol{f}_q(x,y)\otimes \boldsymbol{g}_q(x,y)\\
&=\int_{-\infty}^{+\infty}\int_{-\infty}^{+\infty} f_q(x-\tau,y-\eta)\cdot g_q(\tau,\eta)\,\mathrm{d}\tau\mathrm{d}\eta\\
&=\int_{-\infty}^{+\infty}\int_{-\infty}^{+\infty}\begin{pmatrix}(f_r(x-\tau,y-\eta)+f_i(x-\tau,y-\eta)\cdot i+f_j(x-\tau,y-\eta)\cdot\\ j+f_k(x-\tau,y-\eta)\cdot k)\cdot\\ (g_r(\tau,\eta)+g_i(\tau,\eta)\cdot i+g_j(\tau,\eta)\cdot j+g_k(\tau,\eta)\cdot k)\end{pmatrix}\mathrm{d}\tau\mathrm{d}\eta\\
&=\int_{-\infty}^{+\infty}\int_{-\infty}^{+\infty}\begin{pmatrix}f_r(x-\tau,y-\eta)\cdot g_r(\tau,\eta)-f_i(x-\tau,y-\eta)\cdot g_i(\tau,\eta)\\ -f_j(x-\tau,y-\eta)\cdot g_j(\tau,\eta)-f_k(x-\tau,y-\eta)\cdot g_k(\tau,\eta)\end{pmatrix}\mathrm{d}\tau\mathrm{d}\eta+\\
&\quad i\cdot\int_{-\infty}^{+\infty}\int_{-\infty}^{+\infty}\begin{pmatrix}f_r(x-\tau,y-\eta)\cdot g_i(\tau,\eta)+f_i(x-\tau,y-\eta)\cdot g_r(\tau,\eta)\\ +f_j(x-\tau,y-\eta)\cdot g_k(\tau,\eta)-f_k(x-\tau,y-\eta)\cdot g_j(\tau,\eta)\end{pmatrix}\mathrm{d}\tau\mathrm{d}\eta+\\
&\quad j\cdot\int_{-\infty}^{+\infty}\int_{-\infty}^{+\infty}\begin{pmatrix}f_r(x-\tau,y-\eta)\cdot g_j(\tau,\eta)-f_i(x-\tau,y-\eta)\cdot g_k(\tau,\eta)\\ +f_j(x-\tau,y-\eta)\cdot g_r(\tau,\eta)+f_k(x-\tau,y-\eta)\cdot g_i(\tau,\eta)\end{pmatrix}\mathrm{d}\tau\mathrm{d}\eta+\\
&\quad k\cdot\int_{-\infty}^{+\infty}\int_{-\infty}^{+\infty}\begin{pmatrix}f_r(x-\tau,y-\eta)\cdot g_k(\tau,\eta)+f_i(x-\tau,y-\eta)\cdot g_j(\tau,\eta)\\ -f_j(x-\tau,y-\eta)\cdot g_i(\tau,\eta)+f_k(x-\tau,y-\eta)\cdot g_r(\tau,\eta)\end{pmatrix}\mathrm{d}\tau\mathrm{d}\eta
\end{aligned}$$

即

$$
\begin{aligned}
&\boldsymbol{f}_q(x,y)\otimes \boldsymbol{g}_q(x,y)\\
&=(f_r(x,y)\otimes g_r(x,y)-f_i(x,y)\otimes g_i(x,y)-f_j(x,y)\otimes g_j(x,y)-f_k(x,y)\otimes g_k(x,y))+\\
&\quad i\cdot(f_r(x,y)\otimes g_i(x,y)+f_i(x,y)\otimes g_r(x,y)+f_j(x,y)\otimes g_k(x,y)-f_k(x,y)\otimes g_j(x,y))+\\
&\quad j\cdot(f_r(x,y)\otimes g_j(x,y)-f_i(x,y)\otimes g_k(x,y)+f_j(x,y)\otimes g_r(x,y)+f_k(x,y)\otimes g_i(x,y))+\\
&\quad k\cdot(f_r(x,y)\otimes g_k(x,y)+f_i(x,y)\otimes g_j(x,y)-f_j(x,y)\otimes g_i(x,y)+f_k(x,y)\otimes g_r(x,y))
\end{aligned}
\tag{9.7.48}
$$

式(9.7.48)就是四元数卷积公式。可以看出,在四元数卷积结果中,实部和虚部都是由 2 个四元数信号的 4 个部件之间的相互卷积(相互作用)构成的。可以简洁地将四元数卷积式(9.7.48)写成类似于矩阵相乘的形式:

$$
\boldsymbol{f}_q\otimes\boldsymbol{g}_q=[1\ i\ j\ k]\cdot\left(\begin{bmatrix} f_r & -f_i & -f_j & -f_k\\ f_i & f_r & -f_k & f_j\\ f_j & f_k & f_r & -f_i\\ f_k & -f_j & f_i & f_r\end{bmatrix}\otimes\begin{bmatrix} g_r\\ g_i\\ g_j\\ g_k\end{bmatrix}\right)
\tag{9.7.49}
$$

2) 四元数激活函数

实值神经网络有很多激活函数(Activation Function),本节以 ReLU(Rectified Linear Unit)为例,介绍四元数神经网络的激活函数。最简单的四元数激活函数是将实值神经网络的激活函数直接应用到四元数数据的每个通道:

$$
\begin{aligned}
\mathrm{QReLU}(q)=&\mathrm{ReLU}(\mathrm{Re}(q))+i\cdot\mathrm{ReLU}(\mathrm{Imi}(q))+\\
&j\cdot\mathrm{ReLU}(\mathrm{Imj}(q))+k\cdot\mathrm{ReLU}(\mathrm{Imk}(q))
\end{aligned}
\tag{9.7.50}
$$

$\mathrm{Re}(q)$、$\mathrm{Imi}(q)$、$\mathrm{Imj}(q)$、$\mathrm{Imk}(q)$代表四元数 q 的实部和 3 个虚部。当四元数 q 的 4 个部件同时为正或者同时为负时,QReLU(·)满足 Cauchy-Riemann 方程。

激活函数式(9.7.50)没有考虑四元数各个通道的相关性。为了解决这个问题,可以将 Trabelsi 等提出的二维复数的激活函数扩展到四元数域[159,157]:

$$
\mathrm{mod\ ReLU}(q)=\mathrm{ReLU}(|q|+b)\cdot \mathrm{e}^{\mu\theta}=\begin{cases}(|q|+b)\cdot\dfrac{q}{|q|}, & |q|+b\geqslant 0\\ 0, & \text{其他}\end{cases}
\tag{9.7.51}
$$

其中,$q=|q|\mathrm{e}^{\mu\theta}$($\mu$ 是单位纯虚四元数,θ 为特征角),偏置 b 是需要学习的实值参数。直观上,激活函数(9.7.51)维护了四元数各个通道之间的相关性。注意,mod QReLU(·)不满足 Cauchy-Riemann 方程,因此它不是正则的(Holomorphic)。

3) 四元数批归一化

批归一化[160]:首先,对网络数据进行变换,使得变换后数据的均值为 0、方差为 1;然后,学习尺度变换(均值平移)和平移变换(方差变换),使得变换后的数据分布可以逼近原始数据的分布。这样的处理在很多情况下(特别是对于很深的神经网络),能加速网络训练,并使得网络训练过程更稳定。传统的批归一化处理方法是针对实数数据的。对于四元数数据,不能简单地将实值数据的归一化方法直接应用到四元数数据的每个通道,因为这样处理会使得每个通道的方差不一样(破坏通道之间的相关性)。为了解决矢量数据批归一化的问题,Trabelsi 等提出使用矢量白化(Vector Whitening)的方法对二维复数进行归一化,并应用到复数神经网络[159]。后来,Gaudet 和 Maida 将上述二维复数的白化方法扩展到四元数域(将一个四元数数据看成一个四维实值矢量)[157],从而实现了四元数批数据的归一化处理。

首先,将原始的四元数数据 $\boldsymbol{x}$(用四维列矢量表示)变换为均值为0、方差为1的分布：

$$\widetilde{\boldsymbol{x}} = \boldsymbol{V}^{-1/2}(\boldsymbol{x} - \mathrm{E}[\boldsymbol{x}]) \tag{9.7.52}$$

这里,$\boldsymbol{V}$ 是批数据的协方差矩阵(4×4 大小)：

$$\boldsymbol{V} = \begin{bmatrix} V_{rr} & V_{ri} & V_{rj} & V_{rk} \\ V_{ir} & V_{ii} & V_{ij} & V_{ik} \\ V_{jr} & V_{ji} & V_{jj} & V_{jk} \\ V_{kr} & V_{ki} & V_{kj} & V_{kk} \end{bmatrix}$$

$$= \begin{bmatrix} \mathrm{Cov}(\mathrm{Re}(\boldsymbol{x}),\mathrm{Re}(\boldsymbol{x})) & \mathrm{Cov}(\mathrm{Re}(\boldsymbol{x}),\mathrm{Imi}(\boldsymbol{x})) & \mathrm{Cov}(\mathrm{Re}(\boldsymbol{x}),\mathrm{Imj}(\boldsymbol{x})) & \mathrm{Cov}(\mathrm{Re}(\boldsymbol{x}),\mathrm{Imk}(\boldsymbol{x})) \\ \mathrm{Cov}(\mathrm{Imi}(\boldsymbol{x}),\mathrm{Re}(\boldsymbol{x})) & \mathrm{Cov}(\mathrm{Imi}(\boldsymbol{x}),\mathrm{Imi}(\boldsymbol{x})) & \mathrm{Cov}(\mathrm{Imi}(\boldsymbol{x}),\mathrm{Imj}(\boldsymbol{x})) & \mathrm{Cov}(\mathrm{Imi}(\boldsymbol{x}),\mathrm{Imk}(\boldsymbol{x})) \\ \mathrm{Cov}(\mathrm{Imj}(\boldsymbol{x}),\mathrm{Re}(\boldsymbol{x})) & \mathrm{Cov}(\mathrm{Imj}(\boldsymbol{x}),\mathrm{Imi}(\boldsymbol{x})) & \mathrm{Cov}(\mathrm{Imj}(\boldsymbol{x}),\mathrm{Imj}(\boldsymbol{x})) & \mathrm{Cov}(\mathrm{Imj}(\boldsymbol{x}),\mathrm{Imk}(\boldsymbol{x})) \\ \mathrm{Cov}(\mathrm{Imk}(\boldsymbol{x}),\mathrm{Re}(\boldsymbol{x})) & \mathrm{Cov}(\mathrm{Imk}(\boldsymbol{x}),\mathrm{Imi}(\boldsymbol{x})) & \mathrm{Cov}(\mathrm{Imk}(\boldsymbol{x}),\mathrm{Imj}(\boldsymbol{x})) & \mathrm{Cov}(\mathrm{Imk}(\boldsymbol{x}),\mathrm{Imk}(\boldsymbol{x})) \end{bmatrix} \tag{9.7.53}$$

$\boldsymbol{V}^{-1/2}$ 表示 $\boldsymbol{V}$ 的逆矩阵 $\boldsymbol{V}^{-1}$ 的平方根(对 $\boldsymbol{V}^{-1}$ 的每个元素求平方根)。显然,$\boldsymbol{V}$ 是一个非负实对称矩阵。

然后,对变换后的数据进行尺度变换(均值平移)和平移变换(方差变换)：

$$\mathrm{BN}(\boldsymbol{x}) = \boldsymbol{\gamma} \cdot \widetilde{\boldsymbol{x}} + \boldsymbol{\beta} \tag{9.7.54}$$

其中,$\boldsymbol{\gamma}$ 和 $\boldsymbol{\beta}$ 是两个需要学习的参数：

$$\boldsymbol{\gamma} = \begin{bmatrix} \gamma_{rr} & \gamma_{ri} & \gamma_{rj} & \gamma_{rk} \\ \gamma_{ri} & \gamma_{ii} & \gamma_{ij} & \gamma_{ik} \\ \gamma_{rj} & \gamma_{ij} & \gamma_{jj} & \gamma_{jk} \\ \gamma_{rk} & \gamma_{ik} & \gamma_{jk} & \gamma_{kk} \end{bmatrix}, \boldsymbol{\beta} = [\beta_r \quad \beta_i \quad \beta_j \quad \beta_k]^{\mathrm{T}} \tag{9.7.55}$$

由于 $\boldsymbol{\gamma}$ 是实对称矩阵,所以其需要学习的参数是10个。训练网络时,$\boldsymbol{\gamma}$ 的每个对角线元素被初始化为 $1/\sqrt{4}$、其他元素置0(保证变换后的批数据是单位方差),$\boldsymbol{\beta}$ 初始化为 $\boldsymbol{0}$ 矢量。

4) 四元数权值初始化

网络权值的初始化对于网络(特别是深层网络)训练非常重要。对于实值网络,权值的初始化问题得到了较好的解决。对于二维复数网络,Trabelsi 等提出复数权值的初始化方法[159]。对于四元数网络,Gaudet 和 Maida 则模仿二维复数权值的初始化方法,提出了四元数权值的初始化方法[157]。

首先将四元数权值写成如下形式：

$$\begin{aligned} W &= |W| \mathrm{e}^{u\theta} \\ &= |W| \mathrm{e}^{(i\cdot\cos\varphi_1 + j\cdot\cos\varphi_2 + k\cdot\sqrt{1-\cos^2\varphi_1-\cos^2\varphi_2})\cdot\theta} \\ &= \mathrm{Re}(W) + i\cdot\mathrm{Imi}(W) + j\cdot\mathrm{Imj}(W) + k\cdot\mathrm{Imk}(W) \\ &\quad (\cos^2\varphi_1 + \cos^2\varphi_2 \leqslant 1) \end{aligned} \tag{9.7.56}$$

那么,W 的方差为

$$\mathrm{Var}(W) = E[WW^*] - (E[W])^2 = E[|W|^2] - (E[W])^2 \tag{9.7.57}$$

如果规定 W 的取值对称地分布在 $\boldsymbol{0}$(四元数)附近,则 $E[W]=\boldsymbol{0}$,从而有

$$\mathrm{Var}(W) = E[|W|^2] \tag{9.7.58}$$

由于无法直接计算 $E[|W|^2]$的值,因此考虑四元数 W(式(9.7.56))的模$|W|$的分布属性。假设四元数 W 的 4 个部件都服从均值为 0、均方差为 σ 的正态分布:

$$f(x) = \frac{1}{\sigma\sqrt{2\pi}}\exp\left(-\frac{x^2}{2\sigma^2}\right) \tag{9.7.59}$$

这里,$x \in \{\ \mathrm{Re}(W),\ \mathrm{Imi}(W),\ \mathrm{Imj}(W),\ \mathrm{Imk}(W)\ \}$。

那么,四元数 W 的模$|W|$服从一个有 4 个自由度(Degrees of Freedom,DOF)的正态分布:

$$f_{|W|}(x;\sigma) = \frac{1}{2\sigma^4}x^3\exp\left(-\frac{x^2}{2\sigma^2}\right) \tag{9.7.60}$$

因此,

$$\begin{aligned}E[|W|^2] &= \int_{-\infty}^{+\infty} x^2 f_{|W|}(x;\sigma)\mathrm{d}x \\ &= \int_{-\infty}^{+\infty} x^2\frac{1}{2\sigma^4}x^3\exp\left(-\frac{x^2}{2\sigma^2}\right)\mathrm{d}x \\ &= 4\sigma^2\end{aligned} \tag{9.7.61}$$

于是,

$$\mathrm{Var}(W) = E[|W|^2] = 4\sigma^2 \tag{9.7.62}$$

下面讨论初始化四元数权值 W 时所需的 σ(权值四元数 W 的 4 个部件的正态分布的均方差)。文献[161]和文献[162]分别提出两种权值初始化的方法。第一种方法需要满足:$\mathrm{Var}(W)=2/(n_{\mathrm{in}}+n_{\mathrm{out}})$($n_{\mathrm{in}}$和 n_{out}分别为输入和输出单元的个数)。因此,

$$\sigma = \frac{1}{\sqrt{2(n_{\mathrm{in}}+n_{\mathrm{out}})}} \tag{9.7.63}$$

第二种权值初始化的方法是专门针对 ReLU 激活函数的,需要满足 $\mathrm{Var}(W)=2/n_{\mathrm{in}}$,因此,

$$\sigma = \frac{1}{\sqrt{2n_{\mathrm{in}}}} \tag{9.7.64}$$

由四元数权值式(9.7.56)可知,由$|W|$、φ_1、φ_2、θ 就可计算权值四元数 W。首先,根据网络结构确定权值四元数的 4 个部件的正态分布的均方差 σ。然后,使用 4 个自由度的正态分布计算权值的模$|W|$。最后,计算权值 W。算法 9.7.2 总结了四元数神经网络的权值初始化过程。

算法 9.7.2　四元数神经网络的权值初始化过程

---

(1) 根据网络结构,利用式(9.7.63)或式(9.7.64)计算权值四元数部件的正态分布均方差 σ;

(2) 利用式(9.7.60)表示的 4 个自由度的正态分布生成四元数权值的模$|W|$;

(3) 使用均匀分布 $U[-\pi,\pi]$生成式(9.7.56)中的 3 个相位 φ_1、φ_2 和 θ(需要满足约束条件 $\cos^2\varphi_1+\cos^2\varphi_2\leqslant 1$);

(4) 根据式(9.7.56)和$|W|$、φ_1、φ_2、θ 的值计算四元数权值 W。

//算法结束

习题

9.1 对于一个纯色的彩色图像(如图像由不同强度的红色像素组成),能使用基于四元数表示的方法进行有效处理吗?说明原因。

9.2 对于一个纯色的彩色图像(如图像由不同强度的红色像素组成),以左边四元数Fourier变换为例,证明:对于任意单位纯虚四元数变换轴,该彩色图像的四元数Fourier变换能量谱是相同的,并且与灰度图像(红色通道图像)的Fourier变换能量谱相同。

9.3 将一个灰度图像$f(x,y)$扩展为3个通道的彩色图像$\boldsymbol{I}(x,y)$(3通道是相同的),以左边四元数Fourier变换为例(变换轴$\mu=(i+j+k)/\sqrt{3}$),试推导$\boldsymbol{I}(x,y)$的四元数Fourier变换与灰度图像$f(x,y)$的Fourier变换之间的关系。

9.4 对下面的四元数Hermitian矩阵$\boldsymbol{Q}_{(q)}$进行特征值分解:$\boldsymbol{Q}_{(q)}=\boldsymbol{V}_{(q)}\cdot\boldsymbol{\Lambda}_{(r)}\cdot\boldsymbol{V}_{(q)}^{\mathrm{H}}$,并验证$\boldsymbol{Q}_{(q)}=\boldsymbol{V}_{(q)}\cdot\boldsymbol{\Lambda}_{(r)}\cdot\boldsymbol{V}_{(q)}^{\mathrm{H}}$和$\boldsymbol{V}_{(q)}\boldsymbol{V}_{(q)}^{\mathrm{H}}=\boldsymbol{I}$是否成立。

$$\boldsymbol{Q}_{(q)}=\begin{pmatrix} 1 & 1+i+k & 2i-3j+k \\ 1-i-k & 2 & 5-i-2j+3k \\ -2i+3j-k & 5+i+2j-3k & 5 \end{pmatrix}$$

9.5 对下面的四元数矩阵$\boldsymbol{Q}_{(q)}$进行奇异值分解:$\boldsymbol{Q}_{(q)}=\boldsymbol{U}_{(q)}\boldsymbol{\Lambda}_{(r)}\boldsymbol{V}_{(q)}^{\mathrm{H}}$,并验证$\boldsymbol{Q}_{(q)}=\boldsymbol{U}_{(q)}\boldsymbol{\Lambda}_{(r)}\boldsymbol{V}_{(q)}^{\mathrm{H}}$、$\boldsymbol{U}_{(q)}\boldsymbol{U}_{(q)}^{\mathrm{H}}=\boldsymbol{I}$、$\boldsymbol{V}_{(q)}\boldsymbol{V}_{(q)}^{\mathrm{H}}=\boldsymbol{I}$是否成立。

$$\boldsymbol{Q}_{(q)}=\begin{pmatrix} 1+2i-3j+k & 2+i-2j \\ 2-i+j+k & i+j-k \end{pmatrix}$$

9.6 对于Parrots彩色图像(大小为256×256,二维码Fig_5.2.1),编程实现如下功能。

(1) 进行四元数KLT变换,用变换域的40个主成分重建图像,计算重建图像的PSNR和NCD值。

(2) 对3个通道分别进行灰度图像的KLT变换,用各个通道变换域的40个主成分重建通道图像,然后合成为新的彩色图像,计算新的彩色图像的PSNR和NCD指标,并与(1)的结果进行比较。

9.7 对于下面的朝向图像块(大小为45×45),编程实现:利用四元数空域法计算它的朝向及朝向强度。说明:空域法是指利用式(9.7.37)~式(9.7.39)计算式(9.7.10)的E、H、G。

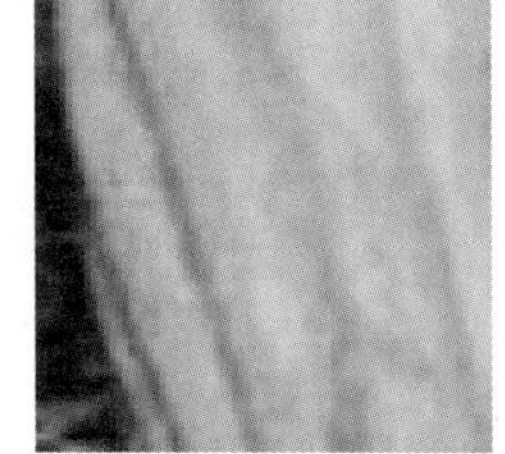

习题9.7的朝向图像块

9.8 编程实现9.7.3节描述的结构自适应的矢量中值滤波器,对图5.2.1所示的Parrots噪声图像(大小为256×256,二维码Fig_5.2.1)进行滤波去噪,给出原始噪声图像和去噪后图像的PSNR、MAE、NCD指标(没有噪声的Parrots彩色图像也包含在二维码Fig_5.2.1中)。

参考文献

[1] PLATANIOTIS K N, VENETSANOPOULOS A N. Color Image Processing and Applications[M]. Berlin: Springer, 2000.

[2] SANGWINE S J, HORNE R E N. The Colour Image Processing Handbook[M]. London: Chapman & Hall, 1998.

[3] PRATT W K. Digital Image Processing[M]. 4th ed. New York: Wiley, 2007.

[4] GONZALEZ R C, WOODS R E. Digital Image Processing [M]. 3rd ed. New York: Prentice Hall, 2007.

[5] HAMILTON W R. Elements of Quaternions[M]. Boston: Ginn & Company, 1887.

[6] SUBAKAN O N, VEMURI B C. A quaternion framework for color image smoothing and segmentation[J]. International Journal of Computer Vision, 2011, 91(3): 233-250.

[7] SHOEMAKE K. Animating rotation with quaternion curves[J]. Computer Graphics, 1985, 19(3): 245-254.

[8] 金伟其，胡威捷. 高等色度学[M]. 北京：北京理工大学出版社，2020.

[9] 王晓红，朱明主，吴光远. 设计色彩学[M]. 上海：复旦大学出版社，2018.

[10] WYSZECKI G, STILES W S. Color Science, Concepts and Methods, Quantitative Data and Formulas[M]. 2nd ed. New York: Wiley, 1982.

[11] HILI B. ROER T. VORHAYEN F W. Comparative analysis of the quantization of color spaces on the basis of the CIELAB color-difference formula[J]. ACM Transactions on Graphics, 1997, 16(2): 109-154.

[12] MCLAREN K. The development of the CIE 1976 (L * a * b *) uniform colour-space and colour-difference formula[J]. Journal of the Society of Dyers and Colourists, 1976, 92: 338-341.

[13] LEVKOWITZ H, HERMAN G T. GLHS: A generalized lightness, hue, and saturation color model [J]. CVGIP: Graphical Models and Image Processing, 1993, 55(4): 271-285.

[14] MUNSELL A H. A Grammar of Color[M]. New York: Van Nostrand Reinhold, 1969.

[15] HOLLA K. Opponent colors as a 2-dimensional feature within a model of the first stages of the human visual system[C]. Proceedings of International Conference on Pattern Recognition, 1982, 1: 561-563.

[16] FLECK M M, FORSYTH D A, BREGLER C. Finding naked people[C]. Proceedings of ECCV, 1996,2: 593-602.

[17] OHTA Y, KANADE T, SAKAI T. Color information for region segmentation [J]. Computer Graphics and Image Processing, 1980, 13(3): 222-241.

[18] TOMINAGA S. Color image segmentation using three perceptual attributes [C]. Proceedings of CVPR, 1986, 1: 628-630.

[19] PITAS I, TSAKALIDES P. Multivariate ordering in color image filtering[J]. IEEE Transactions on Circuits and Systems for Video Technology, 1991, 1(3): 247-260.

[20] BARNETT V. The ordering of multivariate data[J]. Journal of Royal Statistical Society A, 1976, 139(2): 331-354.

[21] BARNETT V, LEWIS T. Outliers in Statistical Data[M]. 3rd ed. New York: Wiley, 1994.

[22] KRZANOWSKI K, MARRIOTT F H C. Multivariate Analysis I: Distributions, ordination and

inference[M]. New York：Halsted Press，1994.

[23] BORG L，LINGOES J. Multidimensional Similarity Structure Analysis[M]. Berlin：Springer，1987.

[24] SJOBERG L. Models of similarity and intensity[J]. Psychological Bulletin，1975，82(2)：191-206.

[25] ESKICIOGLU A M，FISHER P S. Image quality measures and their performance[J]. IEEE Transactions on Communications，1995，43(12)：2959-2965.

[26] LUKAC R，PLATANIOTIS K N. A Taxonomy of Color Image Filtering and Enhancement Solutions [C]. Advances in Imaging and Electron Physics，2006，140：187-264.

[27] RAMPONI G，STROBEL N，MITRA S K，et al. Nonlinear unsharp masking methods for image contrast enhancement[J]. Journal of Electronic Imaging，1996，5(3)：353-366.

[28] POLESEL A，RAMPONI G，MATHEWS V J. Image enhancement via adaptive unsharp masking [J]. IEEE Transactions on Image Processing，2000，9(3)：505-510.

[29] MARCHAND P，MARMET L. Binomial smoothing filter：a way to avoid some pitfalls of least-squares polynomial smoothing[J]. Review of Scientific Instruments，1983，54(8)：1034-1041.

[30] JIN L，JIN M，ZHU Z. Color image sharpening based on local color statistics[J]. Multidimensional Systems and Signal Processing，2018，29(4)：1819-1837.

[31] TOMASI C，MANDUCHI R. Bilateral filtering for gray and color images[C]. Proceedings of ICCV，1998：839-846.

[32] HE K，SUN J，TANG X. Single image haze removal using dark channel prior[C]. Proceedings of CVPR，2009：1956-1963.

[33] HE K，SUN J，TANG X. Guided image filtering[J]. IEEE Transactions on Pattern Analysis and Machine Intelligence，2013，35(6)：1397-1409.

[34] MA Z，WU H R，QIU B. A robust structure-adaptive hybrid vector filter for color image restoration [J]. IEEE Transactions on Image Processing，2005，14(12)：1990-2001.

[35] TRAHANIAS P E，VENETSANOPOULOS A N. Vector directional filters：A new class of multichannel image processing filters[J]. IEEE Transactions on Image Processing，1993，2(4)：528-534.

[36] ASTOLA J，HAAVISTO P，NEUVO Y. Vector median filters[J]. Proceedings of the IEEE，1990，78(4)：678-689.

[37] KARAKOS D G，TRAHANIAS P E. Generalized multichannel image-filtering structures[J]. IEEE Transactions on Image Processing，1997，6(7)：1038-1045.

[38] PITAS I，VENETSANOPOULOS A N. Nonlinear Digital Filters：Principles and Applications[M]. Boston：Kluwer Academic Publishers，1990.

[39] SPENCE C，FANCOURT C. An iterative method for vector median filtering[C]. Proceedings of IEEE International Conference on Image Processing (ICIP)，2007：265-268.

[40] VARDI Y，ZHANG C-H. A modified Weiszfeld algorithm for the Fermat-Weber location problem [J]. Mathematical Programming，2001，90(3)：559-566.

[41] BEDNAR J B，WATT T L. Alpha-trimmed means and their relationship to median filters[J]. IEEE Transactions on Acoustics，Speech and Signal Processing，1984，32(1)：145-153.

[42] SHEN Y，BARNER K E. Fast adaptive optimization of weighted vector median filters[J]. IEEE Transactions on Signal Processing，2006，54(7)：2497-2510.

[43] LUKAC R，SMOLKA B，PLATANIOTIS K N，et al. Selection weighted vector directional filters [J]. Computer Vision and Image Understanding，2004，94(1-3)：140-167.

[44] SMOLKA B. Efficient modification of the central weighted vector median filter[C]. Proceedings of

Pattern Recognition on DAGM Symposium (Lecture Notes in Computer Science, vol. 2449), 2002: 166-73.

[45] SMOLKA B, CHYDZINSKI A. Fast detection and impulsive noise removal in color images[J]. Real-Time Imaging, 2005, 11: 389-402.

[46] LUKAC R. Adaptive vector median filtering[J]. Pattern Recognition Letters, 2003, 24(12): 1889-1899.

[47] LUKAC R. Color image filtering by vector directional order-statistics[J]. Pattern Recognition and Image Analysis, 2002, 12(3): 279-285.

[48] JIN L, XIONG C, LIU H. Improved bilateral filter for suppressing mixed noise in color images[J]. Digital Signal Processing, 2012, 22(6): 903-912.

[49] ZHANG M, GUNTURK B K. Multiresolution bilateral filtering for image denoising[J]. IEEE Transactions on Image Processing, 2008, 17(12), 2324-2333.

[50] BUADES A, COLL B, MOREL J-M. A non-local algorithm for image denoising[C]. Proceedings of CVPR, 2005, 2: 60-65.

[51] DABOV K, FOI A, KATKOVNIK V, et al. Image denoising by sparse 3D transform-domain collaborative filtering[J]. IEEE Transactions on Image Processing, 2007, 16(8): 2080-2095.

[52] DABOV K, FOI A, KATKOVNIK V, et al. Color image denoising via sparse 3D collaborative filtering with grouping constraint in luminance-chrominance space[C]. Proceedings of IEEE International Conference on Image Processing (ICIP), 2007, 1: 313-316.

[53] RUDIN L, OSHER S, FATEMI E. Nonlinear total variation-based noise removal algorithms[J]. Physica D, 1992, 60(1): 259-268.

[54] CHAMBOLLE A. An algorithm for total variation minimization and applications[J]. Journal of Mathematical Imaging and Vision, 2004, 20(1-2): 89-97.

[55] VOGEL C, OMAN M. Iterative methods for total variation denoising[J].SIAM Journal on Scientific Computing, 1996, 17(1): 227-238.

[56] GOLDSTEIN T, OSHER S. The split Bregman method for L1-regularized problems[J]. SIAM Journal on Imaging Sciences, 2009, 2(2): 323-343.

[57] SUTOUR C, DELEDALLE C A, AUJOL J F. Adaptive regularization of the NL-means: Application to image and video denoising[J]. IEEE Transactions on Image Processing, 2014, 23(8): 3506-3521.

[58] PERONA P, MALIK J. Scale-space and edge detection using anisotropic diffusion[J]. IEEE Transactions on Pattern Analysis and Machine Intelligence, 1990, 12(7): 629-639.

[59] BLACK M J, SAPIRO G, MARIMONT D H, et al. Robust anisotropic diffusion[J]. IEEE Transactions on Image Processing, 1998, 7(3): 421-432.

[60] KOSCHAN A, ABIDI M. Detection and classification of edges in color images[J]. IEEE Signal Processing Magazine, 2005, 22(1): 64-73.

[61] ZHU S-Y, PLATANIOTIS K N, VENETSANOPOULOS A N. Comprehensive analysis of edge detection in color image processing[J]. Optical Engineering, 1999, 38(4): 612-625.

[62] ZENZO S Di. A note on the gradient of a multi-image[J]. Computer Vision, Graphics, and Image Processing, 1986, 33(1): 116-125.

[63] CUMANI A. Edge detection in multispectral images[J]. Graphical Models and Image Processing, 1991, 53(1): 40-51.

[64] TRAHANIAS P E, VENETSANOPOULOS A N. Color edge detection using vector order statistics

[J]. IEEE Transactions on Image Processing, 1993, 2(2): 259-264.
[65] RUZON M A, TOMASI C. Edge, junction, and corner detection using color distributions[J]. IEEE Transactions on Pattern Analysis and Machine Intelligence, 2001, 23(11): 1281-1295.
[66] SCHARCANSKI J, VENETSANOPOULOS A N. Edge detection of color images using directional operators[J]. IEEE Transactions on Circuits and Systems for Video Technology, 1997, 7(2): 397-401.
[67] EVANS N, LIU X U. A morphological gradient approach to color edge detection[J]. IEEE Transactions on Image Processing, 2006, 15(6): 1454-1463.
[68] RIVEST J-F, SOILLE P, BEUCHER S. Morphological gradients[J]. Journal of Electronic Imaging, 1993, 2(4): 326-336.
[69] JIN L, LIU H, XU X, et al. Improved direction estimation for Di Zenzo's multichannel image gradient operator[J]. Pattern Recognition, 2012, 45(12): 4300-4311.
[70] CANNY J F. A computational approach to edge detection[J]. IEEE Transactions on Pattern Analysis and Machine Intelligence, 1986, 8(6): 679-698.
[71] MARR D, HILDRETH E. Theory of edge detection[C]. Proceedings of the Royal Society of London, Series B, Biological Sciences, 1980, 207(1167): 187-217.
[72] ABDOU I E, PRATT W K. Quantitative design and evaluation of enhancement/thresholding edge detectors[J]. Proceedings of the IEEE, 1979, 67(5): 753-763.
[73] BOWYER K, KRANENBURG C, DOUGHERTY S. Edge detector evaluation using empirical roc curves[J]. Computer Vision and Image Understanding, 2001, 84(1): 77-103.
[74] DAVIS J, GOADRICH M. The relationship between Precision-Recall and ROC curves [C]. Proceedings of International Conference on Machine Learning (ICML), 2006, 148: 233-240.
[75] VANTARAM S R, SABER E. Survey of contemporary trends in color image segmentation[J]. Journal of Electronic Imaging, 2012, 21(4): 040901.
[76] FARID G-L, JAIR C, ASDRÚBAL L, et al. Segmentation of images by color features: A survey[J]. Neurocomputing, 2018, 292: 1-27.
[77] OTSU N. A threshold selection method from gray-level histograms[J]. IEEE Transactions on Systems, Man and Cybernetics, 1979, SMC-9(1): 62-66.
[78] KURUGOLLU F, SANKUR B, HARMANCI A E. Color image segmentation using histogram multithresholding and fusion[J]. Image and Vision Computing, 2001, 19(13): 915-928.
[79] VINCENT L, SOILLE P. Watersheds in digital space: An efficient algorithm based on immersion simulation[J]. IEEE Transactions on Pattern Analysis and Machine Intelligence, 1991, 13(6): 583-598.
[80] MEYER F. Color image segmentation[C]. Proceedings of International Conference on Image Processing and its Applications, 1992: 303-306.
[81] ROSENFELD A, PFALTZ J L. Distance functions on digital pictures[J]. Pattern Recognition, 1968, 1(1): 33-61.
[82] SHIH F Y, WU Y T. Fast Euclidean distance transformation in two scans using a 3×3 neighborhood [J]. Computer Vision and Image Understanding, 2004, 93(2): 195-205.
[83] KANUNGO T, MOUNT D M, NETANYAHU N S, et al. An efficient k-means clustering algorithm: analysis and implementation[J]. IEEE Transactions on Pattern Analysis and Machine Intelligence, 2002, 24(7): 881-892.
[84] MIGNOTTE M. Segmentation by fusion of histogram-based k-means clusters in different color

spaces[J]. IEEE Transactions on Image Processing, 2008, 17(5): 780-787.

[85] BEZDEK J C, EHRLICH R, FULL W. FCM: The fuzzy C-means clustering algorithm[J]. Computers and Geosciences, 1984, 10(2-3): 191-203.

[86] GREGGIO N, BERNARDINO A, LASCHI C, et al. Fast estimation of Gaussian mixture models for image segmentation[J]. Machine Vision and Applications, Special Issue: Microscopy Image Analysis for Biomedical Applications, 2012, 23(4): 773-789.

[87] DEMPSTER A P, LAIRD N M, RUBIN D B. Maximum likelihood from incomplete data via the EM algorithm[J]. Journal of the royal statistical society, Series B (methodological), 1977: 1-38.

[88] BILMES J A. A gentle tutorial of the EM algorithm and its application to parameter estimation for Gaussian mixture and hidden Markov models[J]. International Computer Science Institute, 1998, 4(510): 126.

[89] FUKUNAGA K, HOSTETLER L D. The estimation of the gradient of a density function, with applications in pattern recognition[J]. IEEE Transactions on Information Theory, 1975, IT-21: 32-40.

[90] COMANICIU D, MEET P. Mean shift analysis and applications[C]. Proceedings of ICCV, 1999, 2: 1197-1203.

[91] SILVERMAN B W. Density Estimation for Statistics and Data Analysis[M]. New York: Chapman and Hall, 1986.

[92] KASS M, WITKIN A, TERZOPOULOS D. Snakes: Active contour models[J]. International Journal of Computer Vision, 1988, 1(4): 321-331.

[93] COHEN L D. On active contour models and balloons[J]. CVGIP: Image Understanding, 1991, 53(2): 211-218.

[94] XU C, PRINCE J L. Snakes, shapes, and gradient vector flow[J]. IEEE Transactions on Image Processing, 1998, 7(3): 359-369.

[95] CASELLES V, CATTÉ F, COLL T, et al. A geometric model for active contours in image processing[J]. Numerische Mathematik, 1993, 66(1): 1-31.

[96] MALLADI R, SETHIAN J A, VENMURI B C. Shape modeling with front propagation: A level set approach[J]. IEEE Transactions on Pattern Analysis and Machine Intelligence, 1995, 17(2): 158-174.

[97] CASELLES V, KIMMEL R, SAPIRO G. Geodesic active contours[J]. International Journal of Computer Vision, 1997, 22(1): 61-79.

[98] MUMFORD D, SHAH J. Optimal approximations by piecewise smooth functions and associated variational problems[J]. Communications on Pure and Applied Mathematics, 1989, 42(5): 577-685.

[99] CHAN T F, VESE L A. Active contours without edges[J]. IEEE Transactions on Image Processing, 2001, 10(2): 266-277.

[100] VESE L A, CHAN T F. A multiphase level set framework for image segmentation using the Mumford and Shah model[J]. International Journal of Computer Vision, 2002, 50(3): 271-293.

[101] LANKTON S, TANNENBAUM A. Localizing region-based active contours[J]. IEEE Transactions on Image Processing, 2008, 17(11): 2029-2039.

[102] LI C M, XU C Y, GUI C, et al. Level set evolution without re-initialization: A new variational formulation[C]. Proceedings of CVPR, 2005, 1: 430-436.

[103] BOYKOV Y, VEKSLER O, ZABIH M R. Fast approximate energy minimization via graph cuts[J]. IEEE Transactions on Pattern Analysis and Machine Intelligence, 2001, 23(11): 1222-1239.

[104] ROTHER C, KOLMOGOROV V, BLAKE A. GrabCut: Interactive foreground extraction using iterated graph cuts[J]. ACM Transactions on Graphics, 2004, 23(3): 309-314.

[105] WU Z, LEAHY R. An optimal graph theoretic approach to data clustering: theory and its application to image segmentation [J]. IEEE Transactions on Pattern Analysis and Machine Intelligence, 1993, 15(11): 1101-1113.

[106] SHI J, MALIK J. Normalized cuts and image segmentation[J]. IEEE Transactions on Pattern Analysis and Machine Intelligence, 2000, 2(8): 888-905.

[107] SARKAR S, BOYER K L. Quantitative measures of change based on feature organization: Eigenvalues and eigenvectors[C]. Proceedings of CVPR, 1996: 478-483.

[108] DING C H, HE X, ZHA H, et al. A min-max cut algorithm for graph partitioning and data clustering[C]. Proceedings of IEEE International Conference on Data Mining, 2001: 107-114.

[109] WANG S, SISKIND J M. Image segmentation with ratio cut[J]. IEEE Transactions on Pattern Analysis and Machine Intelligence, 2003, 25(6): 675-690.

[110] TSENG D C, CHANG C H. Color segmentation using perceptual attributes[C]. Proceedings of International Conference on Pattern Recognition, 1992: 228-231.

[111] TOMINAGA S. Color image segmentation using three perceptual attributes[C]. Proceedings of CVPR, 1986: 628-630.

[112] DENG Y, MANJUNATH B S. Unsupervised segmentation of color texture regions in images and video[J]. IEEE Transactions on Pattern Analysis and Machine Intelligence, 2001, 23(8): 800-810.

[113] DENG Y, KENNEY C, MOORE M, et al. Peer group filtering and perceptual color image quantization[C]. Proceedings of IEEE International Symposium on Circuits and Systems, 1999, 4: 21-24.

[114] GERSHO A, GRAY R M. Vector Quantization and Signal Compression[M]. Boston: Kluwer Academic Publishers, 1992.

[115] ZHANG H, FRITTS J E, GOLDMAN S A. Image segmentation evaluation: a survey of unsupervised methods[J]. Computer Vision and Image Understanding, 2008, 110(2): 260-280.

[116] PENG B, ZHANG L, ZHANG D. A survey of graph theoretical approaches to image segmentation [J]. Pattern Recognition, 2013, 46(3): 1020-1038.

[117] ORCHARD M T, BOUMAN C A. Color quantization of images[J]. IEEE Transactions on Signal Processing, 1991, 39(12): 2677-2690.

[118] CELEBI M E. Forty years of color quantization: A modern, algorithmic survey[J]. Artificial Intelligence Review, 2023, 56(12): 13953-14034.

[119] GERVAUTZ M, PURGATHOFER W. A simple method for color quantization: Octree quantization[M]. Boston: Academic Press, 1990.

[120] FLOYD R W, STEINBERG L. An adaptive algorithm for spatial greyscale[J]. Journal of the Society for Information Display, 1976, 17(2): 75-77.

[121] GENTILE R S, WALOWIT E, ALLEBACH J P. Quantization and multilevel halftoning of color images for near-original image quality[J]. Journal of the Optical Society of America A (Optics and Image Science), 1990, 7(6): 1019-1026.

[122] CHEN Y, PETERSEN H, BENDER W. Lossy compression of palettized images[C]. Proceedings of IEEE International Conference on Acoustics, Speech, and Signal Processing, 1993, 5: 325-328.

[123] WALDEMAR P, RAMSTAD T A. Subband coding of color images with limited palette size[C]. Proceedings of IEEE International Conference on Acoustics, Speech, and Signal Processing, 1994,

5: 353-356.
[124] SHARMA G. Digital Color Imaging Handbook[M]. Boca Raton: CRC Press LLC, 2003.
[125] SAYOOD K. Introduction to Data Compression[M]. 4th ed. Burlington: Morgan Kaufmann, 2012.
[126] SALOMON D. A Concise Introduction to Data Compression[M]. London: Springer, 2008.
[127] JAIN A K. Fundamentals of Digital Image Processing[M]. Englewood Cliffs, N J: Prentice Hall, 1989.
[128] WALLACE G K. The JPEG still picture compression standard[J]. Communications of ACM, 1991, 34(4): 30-44.
[129] LEGER A, OMACHI T, Wallace C K. JPEG still picture compression algorithm[J]. Optical Engineering, 1991, 30: 947-954.
[130] VETTERLI M. Multi-dimensional sub-band coding: Some theory and algorithms[J]. Signal Processing, 1984, 6(2): 97-112.
[131] WOODS J W, O'NEIL S D. Subband coding of images[J]. IEEE Transactions on Acoustics, Speech, and Signal Processing, 1986, 34(5): 1278-1288.
[132] SHAPIRO J M. Embedded image coding using zero trees of wavelet coefficients[J]. IEEE Transactions on Signal Processing, 1993, 41(12): 3445-3462.
[133] LEWIS A S, Knowles G. Image compression using the 2-D wavelet transform[J]. IEEE Transactions on Image Processing, 1992, 1(2): 244-250.
[134] WOHLBERG B, DE JAGER G. A review of the fractal image coding literature[J]. IEEE Transactions on Image Processing, 1999, 8(12): 1716-1729.
[135] JACQUIN A E. Fractal image coding: A review[J]. Proceedings of the IEEE, 1993, 81(10): 1451-1456.
[136] BARNSLEY M F. Fractals everywhere[M]. New York: Academic Press, 1988.
[137] JACQUIN A E. Image coding based on a fractal theory of iterated contractive image transformations [J]. IEEE Transactions on Image Processing, 1992, 1(1): 18-30.
[138] BULOW T. Hypercomplex spectral signal representations for the processing and analysis of images [D]. Kiel: Christian Albrechts University, 1999.
[139] ELL T A, LE BIHAN N, SANGWINE S J. Quaternion Fourier Transforms for Signal and Image Processing[M]. Hoboken: John Wiley & Sons, 2014.
[140] ELL T A, SANGWINE S J. Hypercomplex Fourier transforms of color images[J]. IEEE Transactions on Image Processing, 2007, 16(1): 22-35.
[141] PEI S-C, DING J-J, CHANG J-H. Efficient implementation of quaternion Fourier transform, convolution, and correlation by 2-D complex FFT[J]. IEEE Transactions on Signal Processing, 2001, 49(11): 2783-2797.
[142] MOXEY C E, SANGWINE S T, ELL T A. Hypercomplex correlation techniques for vector images [J]. IEEE Transactions on Signal Processing, 2003, 51(7): 1941-1953.
[143] SANGWINE S J, ELL T A. Hypercomplex auto- and cross-correlation of color images[C]. Proceedings of the IEEE International Conference on Image Processing (ICIP), 1999: 319-322.
[144] HUANG L, SO W. On left eigenvalues of a quaternionic matrix[J]. Linear Algebra and Its Applications, 2001, 323(1-3): 105-116.
[145] ZHANG F. Quaternions and matrices of quaternions[J]. Linear Algebra and Its Applications, 1997, 251: 21-57.
[146] BUNSE-GERSTNER A, BYERS R, MEHRMANN V. A quaternion QR algorithm[J]. Numerische